Transformation zur digital vernetzten Wertschöpfung im Werkzeugbau

Enabling the Digital Transformation of Value Creation in Toolmaking

Von der Fakultät für Maschinenwesen
der Rheinisch-Westfälischen Technischen Hochschule Aachen
zur Erlangung des akademischen Grades eines
Doktors der Ingenieurwissenschaften
genehmigte Dissertation

vorgelegt von

Niklas Kessler

Berichter/in:

Univ.-Prof. Dr.-Ing. Dipl.-Wirt. Ing. Günther Schuh
apl. Prof. Dr.-Ing. Wolfgang Boos

Tag der mündlichen Prüfung: 17. Juni 2024

Diese Dissertation ist auf den Internetseiten der Universitätsbibliothek online verfügbar.

ERGEBNISSE AUS DER PRODUKTIONSTECHNIK

Niklas Kessler

Transformation zur digital vernetzten Wertschöpfung im Werkzeugbau

Herausgeber:
Prof. Dr.-Ing. T. Bergs
Prof. Dr.-Ing. Dipl.-Wirt. Ing. G. Schuh
Prof. Dr.-Ing. C. Brecher
Prof. Dr.-Ing. R. H. Schmitt

Band 23/2024

WZL | RWTH AACHEN UNIVERSITY

Fraunhofer IPT

Bibliografische Information der Deutschen Nationalbibliothek
Die Deutsche Nationalbibliothek verzeichnet diese Publikation in der Deutschen Nationalbibliografie; detaillierte bibliografische Daten sind im Internet über https://portal.dnb.de abrufbar.

Niklas Kessler:

Transformation zur digital vernetzten Wertschöpfung im Werkzeugbau

1. Auflage, 2024

Gedruckt auf holz- und säurefreiem Papier, 100% chlorfrei gebleicht.

Wissenschaftsverlag des Instituts für Industriekommunikation und Fachmedien an der RWTH Aachen
Steinbachstr. 25, 52074 Aachen
Internet: www.apprimus-verlag.de, E-Mail: info@apprimus-verlag.de

Druck: CPI Druckdienstleistungen GmbH
Ferdinand-Jühlke-Straße 7 | 99095 Erfurt

ISBN 978-3-98555-232-0

D 82 (Diss. RWTH Aachen University, 2024)

Vorwort

Die vorliegende Dissertation entstand im Rahmen meiner Tätigkeit am Werkzeugmaschinenlabor WZL der Rheinisch-Westfälischen Technischen Hochschule (RWTH) Aachen. Meine berufliche Laufbahn am WZL begann als studentische Hilfskraft, setzte sich fort als wissenschaftlicher Mitarbeiter und führte mich schließlich zur Position des Gruppenleiters der Abteilung Unternehmensentwicklung am Lehrstuhl für Produktionssystematik. Während dieser Zeit hatte ich das Privileg, an zahlreichen Forschungs-, Weiterbildungs- und Industrieprojekten mitzuwirken und dabei vielfältige Unternehmen, Persönlichkeiten und Methoden im In- und Ausland kennenzulernen. Diese wertvollen Erfahrungen und der intensive Praxisbezug waren entscheidend für die Erarbeitung dieser Dissertation.

Mein besonderer Dank gilt meinem Doktorvater, Professor Günther Schuh, Inhaber des Lehrstuhls für Produktionssystematik, für seine Betreuung und seine visionäre, praxisnahe Forschung. Die Zusammenarbeit war stets geprägt von dem Vertrauen, das er mir für eigenständiges und verantwortungsvolles wissenschaftliches Arbeiten entgegenbrachte. Ebenso möchte ich Professor Wolfgang Boos für die Übernahme des Koreferats und die wertvolle Zusammenarbeit in den letzten Jahren herzlich danken.

Ein besonderer Dank gilt meinen Kolleginnen und Kollegen des WZL und der WBA, die mich bei der Erstellung dieser Dissertation tatkräftig unterstützt haben. Die Zusammenarbeit war stets geprägt von Verlässlichkeit und konstruktiver Kritik. Besonders hervorheben möchte ich meine ehemaligen Vorgesetzten Dr. Christoph Kelzenberg, Gerret Lukas und Dr. David Goertz, die mich stets gefordert und gefördert haben. Ihre neuen Perspektiven haben meine Forschung bereichert und das Vertrauen, mir die Gruppenleitung zu übertragen, hat meine persönliche Entwicklung in außergewöhnlichem Maße geprägt. Weiterhin möchte ich mich bei meinen langjährigen Weggefährten und Freunden Dr. Julian Schweins, Dr. Tim Graberg, Dr. Julian Boshof, Dr. Max Busch, Christoph Ebbecke, Christoph Frey, Julian Trisjono, Jonas Kenfenheuer und Jan Wiese bedanken. Das freundschaftliche Verhältnis hat die Arbeit und die Dienstreisen angenehm und erfüllend gemacht. Mein aufrichtiger Dank gilt ebenfalls meinen ehemaligen studentischen Mitarbeitenden, insbesondere Johanna Arnold, Philine Lichtenberg, Matthias Aßhauer, Johannes Wehling, Yannik Roebers und Alper Avci. Ein weiterer Dank gilt den Unternehmen, die der Validierung dieser Dissertation zugestimmt haben – die WBA Aachener Werkzeugbau Akademie GmbH sowie die Hirschvogel Umformtechnik GmbH.

Ein besonderer Dank gilt ebenfalls meinen großartigen Freunden Maxime Poméon, Simon Hecker, Florian Pohle, Oliver Thelen, Robin Wolters, Dr. Tim Ochel, Dr. Tim Lantzsch und Keanu Birkelbach. Eure Ehrlichkeit, Aufrichtigkeit und der unerschütterliche Zusammenhalt in jeder Lebenslage waren – und werden immer – von unschätzbarem Wert für mich sein.

Mein abschließender Dank gilt meinen Eltern und meiner Schwester für ihre unermüdliche Fürsorge und Unterstützung in jeder Lebensphase. Ihr habt den Grundstein für meine akademische Laufbahn gelegt und ohne euren Rückhalt wäre dieser Erfolg undenkbar gewesen. Ein ebenso großer Dank gilt meiner wundervollen Freundin Lena. Ihr Verständnis, ihre Geduld und ihre Opferbereitschaft sowie die unerschütterliche Unterstützung haben mich stets motiviert und waren die treibende Kraft hinter meinem Erfolg.

Meiner Familie und Lena widme ich diese Dissertation.

Aachen, im Juni 2024 — Niklas Kessler

Kurzzusammenfassung

Die deutsche Branche Werkzeugbau verfügt im internationalen Vergleich über einen exzellenten Ruf in Bezug auf Qualität, Komplexität und Präzision der hergestellten Werkzeuge. Als zentraler Befähiger für die Leistungsfähigkeit der industriellen Produktion nimmt der Werkzeugbau eine Schlüsselposition in der industriellen Wertschöpfungskette ein. In der Folge sieht sich der deutsche Werkzeugbau zunehmend mit zentralen Trends und Herausforderungen der produzierenden Industrie konfrontiert. Neben dem demografischen Wandel und der zunehmenden Produktkomplexität kann insbesondere eine quantitative und qualitative Zunahme von Konkurrenzerzeugnissen des globalen Wettbewerbs verzeichnet werden. Das Wettbewerbsumfeld deutscher Werkzeugbaubetriebe wird somit zunehmend kompetitiver. Vor dem Hintergrund deutlich geringerer Faktorkosten des globalen Wettbewerbs ist eine alleinige Differenzierung über die Höherwertigkeit der Erzeugnisse in Zukunft nicht mehr ausreichend. Eine erfolgreiche Differenzierung kann für den deutschen Werkzeugbau zukünftig ausschließlich über eine Höherwertigkeit des gesamten Leistungserstellungsprozesses erfolgen.

Da inzwischen ein Großteil der deutschen Werkzeugbaubetriebe ihre Industrialisierung erfolgreich gemeistert hat, erfordert die Realisierung eines überlegenen Leistungserstellungsprozesses das Erreichen der nächsten Entwicklungsstufe. Diese Entwicklungsstufe kann als digital vernetzter Werkzeugbau bezeichnet werden. Durch digitale Vernetzung von Ressourcen und Prozessen, aber auch Diensten und Menschen, wird der digital vernetzte Werkzeugbau zur echtzeitfähigen, dynamischen und autonomen Optimierung seiner Wertschöpfung befähigt. Um diesen Zielzustand zu erreichen, muss zunächst jedoch der Wandlungsprozess im Rahmen der digitalen Transformation erfolgreich gestaltet werden. Vor dem Hintergrund ihrer charakteristischen Rahmenbedingungen mangelt es insbesondere Werkzeugbaubetrieben an einer strukturierten und systematischen Vorgehensweise zur Gestaltung ihrer Transformation.

Bezugnehmend auf die beschriebene Problemstellung ist die übergeordnete Zielsetzung der vorliegenden Arbeit die Entwicklung eines Lösungsansatzes, anhand dessen Werkzeugbaubetriebe ihre digitale Transformation systematisch gestalten und ihre Wertschöpfung bedarfsgerecht digital vernetzen können. Im Rahmen der konzipierten Methodik erfolgt hierzu initial eine wertschöpfungsseitige Analyse in Bezug auf Leistungsfähigkeit und digitalen Reifegrad sowie eine Identifikation von digitalen Potenzialen und Handlungsfeldern. In einer weiteren Phase werden potenzielle digitale Erfolgspotenziale unter Berücksichtigung strategischer Bewertungskriterien abgeleitet und ausgestaltet. Diese bilden schließlich die Grundlage für die Synthese von digitalen Funktionsprogrammen, welche zur Systematisierung einer zielgerichteten Transformation dienen.

Die Validierung der entwickelten Methodik erfolgt anhand von zwei Fallbeispielen mit der Hirschvogel Umformtechnik GmbH und der WBA Aachener Werkzeugbau Akademie GmbH. Der wissenschaftliche Beitrag dieser Arbeit besteht in der ganzheitlichen Entwicklung eines Lösungsansatzes für Werkzeugbaubetriebe, um die bedarfsgerechte Gestaltung ihrer wertschöpfungsseitigen digitalen Transformation zu befähigen und so die Wettbewerbsfähigkeit der Branche langfristig und nachhaltig zu sichern.

Abstract

Internationally, the German toolmaking industry is distinguished for the superior quality, complexity, and precision of manufactured tools. Serving as a fundamental driver for industrial production performance, toolmaking is strategically integral to the industrial value chain. As a result, German toolmaking faces central trends and challenges of the manufacturing industry. In addition to demographic change and increasing product complexity, there is a particular increase in both the quantity and quality of competitive products from global competition. Thus, the market environment for German toolmaking companies is becoming increasingly competitive. Against the backdrop of significantly lower factor costs in global competition, differentiation based solely on the higher value of products will no longer be sufficient. In the future, successful differentiation for German toolmaking can only be achieved through establishing superior value creation.

As most German toolmaking companies have now successfully mastered their industrialization, the realization of a superior value creation process requires reaching the next stage of development. This stage is characterized as digitally networked toolmaking. The digital interconnection of resources and processes, as well as services and personnel, empowers digitally networked toolmaking to achieve real-time, dynamic, and autonomous optimization of its value creation. To reach this desired state, the transformation process within the digital transformation must first be effectively orchestrated. Given their unique operating conditions, toolmaking companies particularly lack a structured and systematic approach to managing their transformation.

Addressing this challenge, the primary goal of this thesis is to develop a solution approach that enables toolmaking companies to systematically orchestrate their digital transformation and digitally interconnect their value creation in alignment with individual needs. The methodology begins with an analysis of value creation in terms of performance capability and digital maturity, identifying digital potentials and fields of action. Subsequently, potential digital success factors are derived and refined, taking strategic evaluation criteria into account. These factors lay the foundation for the synthesis of digital function programs designed to systematize a targeted transformation.

The validation of the developed methodology is conducted through two case studies involving Hirschvogel Umformtechnik GmbH and the WBA Tooling Academy Aachen. The scientific contribution of this thesis is the holistic development of a solution that enables toolmaking companies to tailor their digital transformation in value creation, securing the industry's long-term and sustainable competitiveness.

Inhaltsübersicht

Inhaltsverzeichnis

Abbildungsverzeichnis

Abkürzungsverzeichnis

€	Euro
BMC	Business Model Canvas
dt.	deutsch
DCF	Discounted Cash Flow
DE	Deutschland
DEP	Digitale Erfolgspotenziale
DIN	Deutsches Institut für Normung
DSM	Design Structure Matrix
engl.	englisch
ERP	Enterprise Ressource Planning
et al.	et alii
EVA	Economic Value Added
HC	Hilfscluster
IKT	Informations- und Kommunikationstechnologie
IoP	Internet of Production
IoT	Internet of Things
IPT	Fraunhofer Institut für Produktionstechnologie
IW	Inklusionswert
KMU	Kleine und mittelständische Unternehmen
KPI	Key Performance Indicator
KVP	Kontinuierlicher Verbesserungsprozess
Lat.	Lateinisch
MBV	Market-based View
MECE	Mutually Exclusive & Collectively Exhaustive
MES	Manufacturing Execution System
Mio.	Millionen
Mrd.	Milliarden
NC	Numerical Control
NOPAT	Net Operating Profit After Taxes
NW	Nutzwert

NNW	Normierter Nutzwert
OEE	Overall Equipment Effectiveness
OR	Operations Research
PPS	Produktionsplanung und -steuerung
RBV	Ressource-based View
RFID	Radio-Frequency Identifiaction
RWTH	Rheinisch-Westfälische Technische Hochschule
VDI	Verein Deutscher Ingenieure
VDMA	Verein Deutscher Maschinen- und Anlagenbau
VOFI	Vollständiger Finanzplan
vs.	versus
WZL	Werkzeugmaschinenlabor WZL der RWTH Aachen

I Einleitung

Die deutsche Industrie weist im internationalen Vergleich bereits seit Jahrzehnten einen exzellenten Ruf auf und ist für ihre qualitativ hochwertigen, zuverlässigen und innovativen Erzeugnisse bekannt. Dies gilt unter anderem für Produkte, Technologien und Dienstleistungen aus den Bereichen Maschinen- und Fahrzeugbau, Elektroindustrie und Medizintechnik.[1] Die produzierende Industrie hat dabei einen Anteil von 22,9 % an der Bruttowertschöpfung in Deutschland und zeichnet sich durch eine Exportquote in Höhe von 48,4 % aus.[2] Aufgrund ihrer elementaren Bedeutung für die Wirtschaftsleistung kann die produzierende Industrie somit als Rückgrat der Bundesrepublik Deutschland bezeichnet werden. Im Kontext der Globalisierung und der stetigen Verschärfung des Wettbewerbsumfelds ist es für die deutsche Industrie jedoch unabdingbar neue Differenzierungsmerkmale zu entwickeln und so die internationale Führungsposition auch weiterhin zu sichern. Diese Differenzierungsmerkmale können einerseits marktseitig durch die Entwicklung innovativer Produkte und Dienstleistungen realisiert werden. Andererseits birgt jedoch auch die Optimierung der Wertschöpfungsstrukturen – und damit einhergehende Produktivitäts- und Effizienzsteigerungen – das Potenzial zur erfolgreichen Differenzierung im globalen Wettbewerb.

I.1 Problemstellung

Die Notwendigkeit zur Entwicklung neuer Differenzierungsmerkmale trifft insbesondere auf die deutsche Branche Werkzeugbau zu. An der Schnittstelle zwischen Produktentwicklung und Serienproduktion nimmt der Werkzeugbau eine Schlüsselposition in der industriellen Wertschöpfungskette ein.[3] Im internationalen Vergleich weist der deutsche Werkzeugbau eine führende Rolle in Bezug auf Qualität, Komplexität und Präzision der hergestellten Erzeugnisse auf.[4] Bedingt durch seine Schlüsselposition haben sowohl die vorgelagerte Produktentwicklung als auch die nachgelagerte Serienproduktion einen maßgeblichen Einfluss auf die Branche Werkzeugbau. In der Folge sieht sich der Werkzeugbau unmittelbar mit zentralen Trends wie zunehmender Produktderivatisierung und -komplexität, demografischem Wandel, Globalisierung und digitaler Vernetzung der produzierenden Industrie konfrontiert.[5] Das Wettbewerbsumfeld deutscher Werkzeugbaubetriebe wird dabei zunehmend kompetitiver und der Wettbewerbsdruck nimmt kontinuierlich zu.[6] Eine alleinige Differenzierung über die Höherwertigkeit der Erzeugnisse ist vor dem Hintergrund der zunehmenden Wettbewerbsfähigkeit ausländischer Marktbegleiter, insbesondere aus osteuropäischen respektive asiatischen Niedriglohnländern, zukünftig nicht mehr

[1] Vgl. Bundesministerium für Wirtschaft und Klimaschutz (Industriepolitik), 2022.
[2] Vgl. Bundesministerium für Wirtschaft und Klimaschutz (Industriepolitik), 2022.
[3] Vgl. Eversheim; Klocke (Werkzeugbau mit Zukunft), 1998, S. 1.
[4] Vgl. Boos et al. (Tooling in Germany), 2020, S. 4.
[5] Vgl. Boos et al. (World of Tooling), 2018, S. 5;
Boos et al. (Tooling in Germany), 2018, S. 13;
Kelzenberg (Datenstrukturmodell für den digitalen Schatten), 2020, S. 73.
[6] Vgl. Boos et al. (Tooling in Germany), 2018, S. 4.

ausreichend.[7] Gegenüber dem Hochlohnstandort Deutschland können diese Marktbegleiter bereits seit einigen Jahren qualitativ konkurrenzfähige Erzeugnisse bei deutlich geringeren Faktorkosten herstellen.[8] Gleichzeitig erschwert die hohe Leistungsdichte der deutschen Branche Werkzeugbau eine erfolgreiche Differenzierung vom inländischen Wettbewerb.[9] In Anbetracht der derzeitigen Herausforderungen kann der deutsche Werkzeugbau eine Differenzierung deshalb ausschließlich über eine Höherwertigkeit des gesamten Leistungserstellungsprozesses – und nicht nur des finalen Erzeugnisses – realisieren.[10] Eine solche Optimierung der Leistungserstellung erfordert am Hochlohnstandort Deutschland eine erfolgreiche digitale Transformation.[11] Diese stellt mit ihrer Zukunftsvision der Industrie 4.0 jedoch nicht nur einen Befähiger für Werkzeugbaubetriebe zur Bewältigung der aufgeführten Herausforderungen dar. Vielmehr impliziert dieser weitreichende Wandlungsprozess zusätzliche Herausforderungen für die gesamte produzierende Industrie – und somit auch für die Branche Werkzeugbau.[12]

Die digitale Transformation beschreibt den Wandlungsprozess eines handwerklich bzw. industriell geprägten Unternehmens zu einem digital vernetzten Unternehmen. Die Grundlage dessen bildet eine zielorientiere Datenerfassung und -analyse im Produktionsprozess.[13] Den Zielzustand dieses Wandlungsprozesses stellt die Industrie 4.0 dar. Diese ist durch die echtzeitfähige, dynamische und autonome Optimierung von digital vernetzten Ressourcen, Diensten und Menschen charakterisiert.[14] In der Folge ermöglicht die sukzessive und langfristige Realisierung des Zielzustands eines derart digital vernetzten Werkzeugbaus eine Optimierung des Leistungserstellungsprozesses. Bevor die Potenziale der digitalen Vernetzung gehoben werden können, werden Werkzeugbaubetrieben zunächst jedoch zusätzliche Aufwendungen abverlangt. Dabei muss eine Neuausrichtung der Aktivitäten und Ressourcen der Betriebe stattfinden.[15] Die digitale Transformation stellt somit insgesamt ein komplexes Vorhaben dar, welches eine klare Zielformulierung, eine langfristige Ausrichtung sowie eine strategische und dynamische Strukturierung der gesamten Organisation, Prozesse und Ressourcen erfordert. Anhand dieser Merkmale wird deutlich, dass die digitale Transformation einer Strukturierung im strategischen Sinne bedarf.[16] Obwohl die Potenziale der digitalen Vernetzung offenkundig sind, mangelt es der Branche Werkzeugbau derzeit an einem systematischen Lösungsansatz zur strategischen Auslegung und Strukturierung des Transformationsprozesses. So geben 79 % der deutschen Werkzeugbaubetriebe an, dass ihnen ein strukturiertes Vorgehen zur Umsetzung der digitalen Trans-

[7] Vgl. Schuh et al. (Operative Exzellenz), 2010, S. 17.
[8] Vgl. Kühn (Leistungssysteme im Werkzeugbau), 2016, S. 1.
[9] Vgl. Boos et al. (Digitale Transformation im Werkzeugbau), 2019, S. 6.
[10] Vgl. Schuh et al. (Operative Exzellenz), 2010, S. 17.
[11] Vgl. Boos et al. (Digitale Transformation im Werkzeugbau), 2019, S. 6-7;
See (Digitale Transformation in Wertschöpfungsnetzwerken), 2019, S. 24.
[12] Vgl. Kelzenberg (Datenstrukturmodell für den digitalen Schatten), 2020, S. 69-71.
[13] Vgl. Boos et al. (Digitale Transformation im Werkzeugbau), 2019, S. 6-7;
Boos et al. (IT-Infrastruktur zur digitalen Vernetzung), 2021, S. 6-7.
[14] Vgl. Bauernhansl et al. (Standpunkt Industrie 4.0), 2016, S. 6;
See (Digitale Transformation in Wertschöpfungsnetzwerken), 2019, S. 24.
[15] Vgl. Boos et al. (Digitale Transformation im Werkzeugbau), 2019, S. 7.
[16] Vgl. Becker et al. (Entwicklung und Implementierung von Digitalisierungsstrategien), 2019, S. 41-45.

format on fehle. Gleichzeitig prognostizieren die Betriebe jedoch eine geschätzte Produktivitätssteigerung von 30 %.[17] Somit kann die digitale Transformation gleichzeitig als eigenständige Herausforderung sowie als Potenzial zur Adressierung der übrigen vielfältigen Herausforderungen in der Branche Werkzeugbau verstanden werden.

I.2 Zielsetzung und Forschungsfrage

In Bezug auf die beschriebene Problemstellung stellt die übergeordnete Zielsetzung der vorliegenden Arbeit die Entwicklung eines Lösungsansatzes dar, anhand dessen Werkzeugbaubetriebe ihre digitale Transformation strategisch strukturieren und ihre Wertschöpfung digital vernetzen können. Die Anwendung dieses Lösungsansatzes soll Werkzeugbaubetriebe dazu befähigen, Differenzierungsmerkmale durch eine überlegene Leistungserstellung zu realisieren und sich so erfolgreich am Markt zu positionieren. Speziell am Hochlohnstandort Deutschland soll auf diese Weise die Wettbewerbsfähigkeit der Branche Werkzeugbau langfristig sichergestellt werden.

Die Entwicklung einer strukturierten und strategischen Vorgehensweise ist zur erfolgreichen digitalen Transformation essenziell. Es ist jedoch fraglich, ob Lösungsansätze existieren, welche die Entwicklung von Strategien zur digitalen Transformation der Wertschöpfung adressieren und gleichermaßen einen ausreichenden Fokus auf die charakteristischen Randbedingungen der Branche Werkzeugbau aufweisen. Bestehende Ansätze mit ausreichendem Bezug zur Branche Werkzeugbau zeigen sich oftmals defizitär, da sie die langfristige Kontinuität der digitalen Transformation sowie die Kohärenz der Lösungen für die digitale Vernetzung vernachlässigen. Zudem werden die strategischen Erfolgspositionen, die zur erfolgreichen Differenzierung am Markt fundamental sind, zumeist nicht ausreichend fokussiert.[18] Demgegenüber bleiben die Eigenschaften der Branche, wie der charakteristische Auftragsabwicklungsprozess, die Besonderheiten der Einzel- und Kleinserienfertigung sowie die Heterogenität der Branche in Bezug auf Marktzugang und Betriebsgröße, in Ansätzen mit strategischen und transformationsspezifischen Schwerpunkten oftmals unberücksichtigt.[19]

Folglich ist die konkrete Zielsetzung der vorliegenden Arbeit die Entwicklung einer Methodik für die Transformation zur digital vernetzen Wertschöpfung im Werkzeugbau. Diese soll die Werkzeugbaubetriebe zur bedarfsgerechten und effizienten Gestaltung ihrer wertschöpfungsseitigen digitalen Transformation befähigen und so die Herausforderungen der Branche hinreichend adressieren. Zur Eingrenzung des Betrachtungsbereichs einer Dis-

[17] Vgl. Boos et al. (Digitale Transformation im Werkzeugbau), 2019, S. 5.
[18] Vgl. Boos et al. (Digitale Transformation im Werkzeugbau), 2019;
Salmen (Digital vernetzter Shopfloor im Werkzeugbau), 2016.
[19] Vgl. Mohr (Digital Navigator), 2020;
Lipsmeier et al. (Development of Digital Strategies), 2020;
Issa et al. (Framework for digital Transformation & Industrie 4.0-Roadmap), 2018.

sertation sowie zur zielführenden Durchführung des Forschungsprozesses sind grundlegende Forschungsfragen zu formulieren.[20] Im Kontext der vorliegenden Dissertation wird die handlungsleitende Forschungsfrage wie folgt formuliert:[21]

Wie muss eine Methodik für die systematische Transformation zur digital vernetzten Wertschöpfung im Werkzeugbau gestaltet sein?

I.3 Forschungsansatz der Arbeit

Der Forschungsansatz der vorliegenden Arbeit orientiert sich an dem allgemeinen Forschungsverständnis des Lehrstuhls für Produktionssystematik am Werkzeugmaschinenlabor WZL der RWTH Aachen. Dieses basiert auf dem wissenstheoretischen Ansatz nach ULRICH sowie dem forschungsmethodischen Vorgehen nach KUBICEK und wurde bereits in vergangenen Arbeiten, darunter die Arbeiten von SALMEN[22], HENSEN[23] und KELZENBERG[24], erfolgreich angewendet.

Die wissenschaftliche Forschung kann gemäß BINDER & KANTOWSKY als ein Prozess zur Erkenntnisgewinnung verstanden werden. Die gesammelten Erkenntnisse werden der Forschungs- und Wissenschaftsgemeinschaft anschließend als eine neue Wirklichkeit zur Verfügung gestellt. Da Forschung nicht ohne wertende Entscheidungen durchführbar ist, bedarf es vor der Veröffentlichung dieser neuen Erkenntnisse jedoch einer Erläuterung des zugrundeliegenden Forschungsparadigmas bzw. der Erkenntnisperspektive der Forscher.[25]

Die grundlegende Erkenntnisperspektive stellt ein sogenanntes „belief system" dar. Dieses ist ein nicht weiter begründbares Vorverständnis, welches für die vorliegende Arbeit angenommen werden kann und nicht detaillierter nachgewiesen werden muss. Es ist somit als grundlegende Überzeugung zu akzeptieren.[26] Jedoch müssen sowohl die grundlegende Erkenntnisperspektive als auch das methodische Vorgehen der Forschung offengelegt werden. Nur so kann eine intersubjektive Begreifbarkeit der Erkenntnisse aus dem Forschungsprozess gewährleistet werden.[27]

Zur Erläuterung der grundlegenden Ergebnisperspektive kann die vorliegende Arbeit dem Spektrum der Wissenschaft zugeordnet werden. Nach ULRICH & HILL kann Wissenschaft anhand von Formal- und Realwissenschaft differenziert werden.[28] Diese Differenzierung ist in der nachfolgenden Abbildung 1 visualisiert.

---

[20] Vgl. Kubicek (Heuristische Bezugsrahmen), 1977, S. 24-30.
[21] Eine Detaillierung der handlungsleitenden Forschungsfrage erfolgt im Rahmen von Kapitel III.5 anhand weiterer untergeordneter Forschungsfragen.
[22] Vgl. Salmen (Digital vernetzter Shopfloor im Werkzeugbau), 2016.
[23] Vgl. Hensen (Auslegung industrieller Werkzeugbaubetriebe), 2017.
[24] Vgl. Kelzenberg (Datenstrukturmodell für den digitalen Schatten), 2020.
[25] Vgl. Binder; Kantowsky (Technologiepotentiale), 1996, S. 3.
[26] Vgl. Guba; Lincoln (Competing Paradigms in Qualitative Research), 1994, S. 107.
[27] Vgl. Binder; Kantowsky (Technologiepotentiale), 1996, S. 3.
[28] Vgl. Ulrich; Hill (Wissenschaftstheoretische Grundlagen), 1976, S. 305.

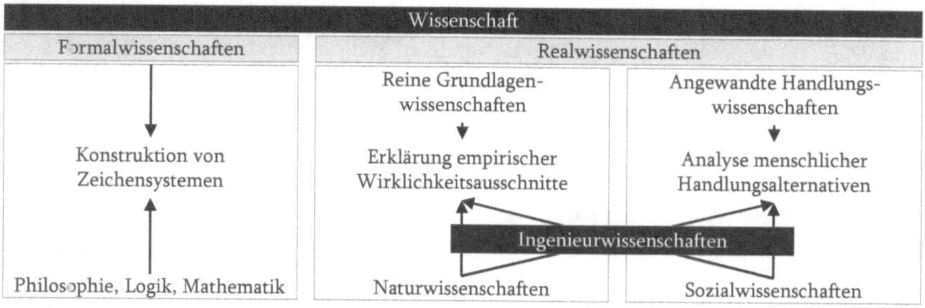

Abbildung 1: Wissenschaftssystematik[29]

Die Zielsetzung der Formalwissenschaften liegt in der Entwicklung von Zeichensystemen und entsprechenden Regeln zu ihrer korrekten Verwendung. Zu den Formalwissenschaften zählen unter anderem die Disziplinen Philosophie, Logik und Mathematik.[30] Als Ergebnisse der Analytik weisen die entwickelten Zeichensysteme und Regeln keinerlei Beziehung zu realen Objekten auf. Stattdessen beziehen sie sich auf abstrakte, nicht reale Objekte wie Zahlen und Zeichen. Die Evidenz der Ergebnisse kann folglich ausschließlich durch Prüfungen der Logik überprüft werden.[31]

Die Realwissenschaften verfolgen demgegenüber das Ziel der empirischen Beschreibung, Erklärung und Gestaltung wahrnehmbarer Wirklichkeitsausschnitte.[32] Die Forschungsergebnisse der Realwissenschaften sind gegenüber denen der Formalwissenschaften nicht analytischer, sondern rein synthetischer Natur. Ihre Überprüfung auf Richtigkeit erfordert daher eine zusätzliche Faktenanalyse.[33] Innerhalb der Realwissenschaften können reine Grundlagenwissenschaften und angewandte Handlungswissenschaften unterschieden werden. Erstere beinhalten die Fachgebiete der Naturwissenschaften wie Chemie, Biologie oder Physik. Die Grundlagenwissenschaften tragen dazu bei, Diskrepanzen zwischen beobachteten Ereignissen und der zugrundeliegenden Theorie zu verstehen und zu erläutern. Handlungswissenschaften können hingegen den Sozialwissenschaften zugerechnet werden und umfassen unter anderem die Soziologie, Ökonomie und Betriebswissenschaftslehre.[34]

Die Ingenieurwissenschaften können den Realwissenschaften zugeordnet werden, wobei eine eindeutige Zuordnung zu den Grundlagen- oder Handlungswissenschaften nicht vorgenommen werden kann. Die vorliegende Arbeit ist aufgrund ihres hohen unternehmerischen Praxisbezugs und der methodischen Unterstützung menschlichen Handelns jedoch eindeutig den Handlungswissenschaften zugehörig. Dabei weist sie zudem Schnittmengen zu Betriebswirtschaftslehre auf.

Abschließend ist die grundlegende Erkenntnisperspektive der vorliegenden Arbeit zu definieren. Die Überzeugungen des Forschenden sind dafür als Teil des bestehenden Vorverständnisses der Arbeit offenzulegen. Diese Überzeugungen beinhalten wertgebundene und

---

[29] Vgl. Ulrich; Hill (Wissenschaftstheoretische Grundlagen), 1976, S. 305.
[30] Vgl. Ulrich; Hill (Wissenschaftstheoretische Grundlagen), 1976, S. 305.
[31] Vgl. Schanz (Führungsforschung), 1987, S. 2039.
[32] Vgl. Ulrich; Hill (Wissenschaftstheoretische Grundlagen), 1976, S. 305.
[33] Vgl. Schanz (Führungsforschung), 1987, S. 2039.
[34] Vgl. Ulrich; Hill (Wissenschaftstheoretische Grundlagen), 1976, S. 305.

wissenschaftliche Annahmen, die weder bewiesen noch empirisch untersucht werden können. Die Offenlegung dieser subjektiven Prämissen dient der Überwindung des sogenannten Subjektivitätskriteriums wissenschaftlicher Arbeiten.[35] Die Überzeugungen sowie das zugrundeliegende Grundverständnis werden in der Wissenschaftstheorie Paradigma[36], Forschungs-[37] oder Erkenntnisprogramm[38] genannt. In der Betriebswissenschaftslehre bilden der faktortheoretische Ansatz nach GUTENBERG, der Systemansatz nach ULRICH und der entscheidungstheoretische Ansatz nach HEINEN die drei zentralen Leitgedanken.[39] Im Kontext der vorliegenden Arbeit ist besonders der Systemansatz nach ULRICH als grundlegende Wissenschaftstheorie qualifiziert, da dieser praxisnah, integrativ und offen ist. Somit weist er eine große Nähe zu den Ingenieurwissenschaften und dementsprechend eine grundsätzliche Eignung für den vorliegenden Anwendungsfall auf.[40]

Ein weiterer zentraler Aspekt des Forschungsprozesses ist die gewählte Forschungsmethodologie. Diese bestimmt die Gestaltung des Erkenntnisprozesses zur Entwicklung neuer Lösungen und zur Generierung neuen Wissens. Gemäß POPPER beginnt die Gewinnung von Erkenntnissen nicht mit der Wahrnehmung, der Beobachtung oder dem Sammeln von Daten oder Tatsachen. Stattdessen bildet ein konkretes Problem bzw. bilden mehrere konkrete Probleme den Ausganspunkt dieses Prozesses.[41] Diese Probleme werden durch die anwendungsorientierten Handlungswissenschaften gelöst.

Im Kontext der anwendungsorientierten Handlungswissenschaften bietet sich der Einsatz der explorativen Forschung als zugrundeliegende Forschungsmethodologie an.[42] Diese verfolgt das Ziel, analytische Lösungen und theoretische Aussagen auf Basis von Erfahrungswissen des Forschenden weiterzuentwickeln.[43] Bedingt durch die Zuordnung zu den Handlungswissenschaften und die Wahl des Systemansatzes nach ULRICH wird im Rahmen der vorliegenden Arbeit die Forschungsmethodologie der explorativen Forschung verwendet. Das Forschungsmethodische Vorgehen ist in der nachfolgenden Abbildung 2 dargestellt.

---

[35] Vgl. Ulrich; Hill (Wissenschaftstheoretische Grundlagen), 1976, S. 306.
[36] Vgl. Kuhn (Struktur wissenschaftlicher Revolutionen), 2020, S. 25.
[37] Vgl. Lakatos (Wissenschaftliche Forschungsprogramme), 1974, S. 89-91.
[38] Vgl. Albert (Marktsoziologie und Entscheidungslehre), 1998, S. 8-10.
[39] Vgl. Ulrich; Hill (Wissenschaftstheoretische Grundlagen), 1976, S. 307-309.
[40] Vgl. Ulrich; Hill (Wissenschaftstheoretische Grundlagen), 1976, S. 308-309.
[41] Vgl. Popper (Logik der Sozialwissenschaften), 1975, S. 104.
[42] Vgl. Komorek (Kollaborative Wertschöpfung im Werkzeugbau), 2014, S. 6;
Pitsch (Vernetzung von Werkzeugbaustandorten), 2014, S. 6-7;
Salmen (Digital vernetzter Shopfloor im Werkzeugbau), 2016, S. 7
Kelzenberg (Datenstrukturmodell für den digitalen Schatten), 2020, S. 8.
[43] Vgl. Kubicek (Heuristische Bezugsrahmen), 1977, S. 13.

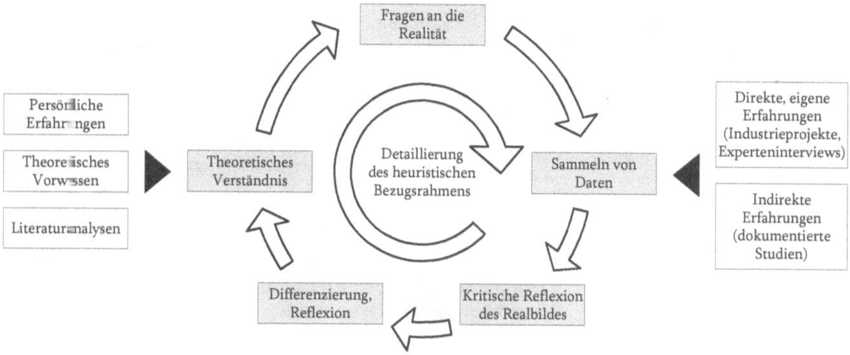

Abbildung 2: Forschungsmethodisches Vorgehen[44]

Gemäß KUBICEK werden wissenschaftliche Aussagen im Kontext der explorativen Forschung durch einen geleiteten Lernprozess entwickelt, welcher auf systematischem Erfahrungswissen des Forschenden basiert. Neben der Gewinnung von Erfahrungswissen verfolgt dieser Lernprozess ebenso die kreative Umsetzung in theoretische Aussagen.[45] Zielsetzung hierbei ist folglich die Fragestellung an die Realität sowie die theoretische Verarbeitung der gewonnenen Erkenntnisse, um so wiederum neue Fragestellungen zu entwickeln. Die explorative Forschung stellt somit keine reine Untersuchung und Überprüfung aufgestellter Hypothesen dar, sondern fokussiert zusätzlich die Entwicklung theoretischer Aussagen.[46]

Den Mittelpunkt des Forschungsprozesses in der explorativen Forschung bildet der heuristische Bezugsrahmen. Dieser veranschaulicht das Vorverständnis des Autors und ist handlungsleitend für die Lösung praxisrelevanter Probleme im Zuge des Forschungsprozesses. Den Ausgangspunkt für die Entwicklung eines heuristischen Bezugsrahmens bildet ein nicht ausreichendes Verständnis bzw. eine unzureichende Beherrschung eines theoretischen Problems.[47] Da die Problemstellung der vorliegenden Arbeit bereits in Kapitel I.1 erläutert wurde, kann der heuristische Bezugsrahmen im Folgenden entwickelt werden. Dieser besteht aus sechs Teilen, welche in der nachfolgenden Abbildung 3 visualisiert sind.

---

[44] Vgl. Kubicek (Heuristische Bezugsrahmen), 1977, S. 14-15;
Tomczak (Forschungsmethoden in der Marketingwissenschaft), 1992, S. 84.

[45] Vgl. Kubicek (Heuristische Bezugsrahmen), 1977, S. 13.

[46] Vgl. Kubicek (Heuristische Bezugsrahmen), 1977, S. 14.

[47] Vgl. Tomczak (Forschungsmethoden in der Marketingwissenschaft), 1992, S. 84.

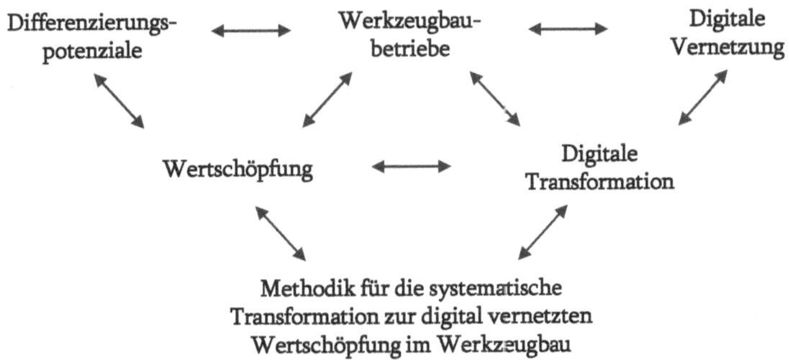

Abbildung 3: Heuristischer Bezugsrahmen der vorliegenden Arbeit[48]

Das zentrale Element des heuristischen Bezugsrahmens bilden interne und externe Werkzeugbaubetriebe. Aufgrund der stetigen Verschärfung des globalen Wettbewerbsumfelds müssen deutsche Werkzeugbaubetriebe zwingend eine Differenzierung durch einen überlegenen Leistungserstellungsprozess realisieren. Am Hochlohnstandort Deutschland kann dies unter anderem durch eine erfolgreiche digitale Vernetzung der Wertschöpfung und der damit einhergehenden Produktivitäts- und Effizienzsteigerungen erfolgen. Trotz der offenkundigen Potenziale der digitalen Vernetzung stellt dieser Wandlungsprozess Werkzeugbaubetriebe gegenwärtig vor große Herausforderungen und resultiert in einem ungenügenden Umsetzungsstand in der Branche. Damit Werkzeugbaubetriebe den Zielzustand einer digital vernetzten Wertschöpfung nachhaltig realisieren können, bedarf es einer systematischen digitalen Transformation. Die Gestaltung dieses Transformationsprozesses muss dabei zwangsläufig strategisch und unter Berücksichtigung der individuellen Zielsetzung und Randbedingungen der Betriebe erfolgen. Die Kombination von Wertschöpfungsfokus und digitaler Transformation resultiert in einer Methodik für die systematische Transformation zur digital vernetzten Wertschöpfung im Werkzeugbau.

Die Grundlage dieser Arbeit stellt das Erfahrungswissen des Autors dar. Dieses wurde im Rahmen der Tätigkeit als wissenschaftlicher Mitarbeiter in der Abteilung Unternehmensentwicklung am Lehrstuhl für Produktionssystematik des Werkzeugmaschinenlabors WZL der RWTH Aachen seit 2018 kontinuierlich aufgebaut und weiterentwickelt. In zahlreichen Industrieberatungs- und Forschungsprojekten sowie in Lehr- und Weiterbildungsveranstaltungen war die Gestaltung der digitalen Transformation produzierender Unternehmen zentraler Themenschwerpunkt. Ein besonderer Fokus lag dabei auf der Branche Werkzeugbau, welche den Betrachtungsbereich der vorliegenden Arbeit darstellt. Durch das intensive Studium der forschungsrelevanten Theorie zur digitalen Transformation sowie zur strategischen Gestaltung der Wertschöpfung wurde zudem das Verständnis ergänzt und reflektiert.

Im Zuge der Leitung einer Vielzahl nationaler und internationaler Industrieprojekte in internen und externen Werkzeugbaubetrieben mit den Themen Benchmarking, Auftragsabwicklungsanalyse, Standardisierung, strategische Ausrichtung und digitale Vernetzung

[48] Eigene Darstellung.

konnte ein detailliertes Verständnis für die Strukturen des Werkzeugbaus aufgebaut werden. Durch die Leitung des Konsortialprojekts „Digitale Transformation im Werkzeugbau – individuelle digitale Erfolgspotenziale identifizieren und den Wandel strategisch gestalten“, durchgeführt mit der WBA Aachener Werkzeugbau Akademie GmbH und sieben repräsentativen Unternehmen der Branche Werkzeugbau, konnte das Verständnis über die digitale Vernetzung und die Problemstellungen im Zuge des Transformationsprozesses weiter vertieft werden.

Weiterhin konnte die Detaillierung der Themenstellung sowie die Beantwortung spezifischer Fragestellungen im Kontext der systematischen Transformation zur digital vernetzten Wertschöpfung im Werkzeugbau in zahlreichen Kolloquiumsvorträgen, Seminaren und Arbeitskreisen mit Fachleuten aus der Branche erfolgen. Die Forschungsergebnisse konnten hierbei durch den Austausch mit Experten aus Theorie und Praxis verbessert werden, um so mit den gewonnenen Erkenntnissen den Handlungsbedarf aus der Theorie und Praxis ableiten und beantworten zu können. Gleichzeitig ermöglichte dieser Austausch die Validierung der im Rahmen dieser Arbeit entwickelten Methodik für die systematische Transformation zur digital vernetzten Wertschöpfung im Werkzeugbau.

I.4 Aufbau der Arbeit

Die vorliegende Arbeit kann der explorativen Forschung zugeordnet werden, sodass sich der Aufbau der Arbeit am Forschungsprozess für angewandte Forschung nach ULRICH orientiert.[49] Der Ausgangspunkt für diesen Forschungsprozess sind praxisrelevante Problemstellungen. Diese werden sowohl theoretisch als auch anwendungsspezifisch zur Ableitung von Modellen und Regeln analysiert, sodass in der Folge ein abstrahierter Lösungsansatz für das Problem formuliert werden kann. Abschließend wird dieser Lösungsansatz in der Praxis validiert.[50] Die nachfolgende Abbildung 4 visualisiert die Phasen angewandter Forschung nach ULRICH und verknüpft diese mit den jeweiligen Kapiteln der vorliegenden Arbeit.

[49] Vgl. Ulrich; Hill (Wissenschaftstheoretische Grundlagen), 1976, S. 305-309.
[50] Vgl. Ulrich (Management), 1984, S. 193.

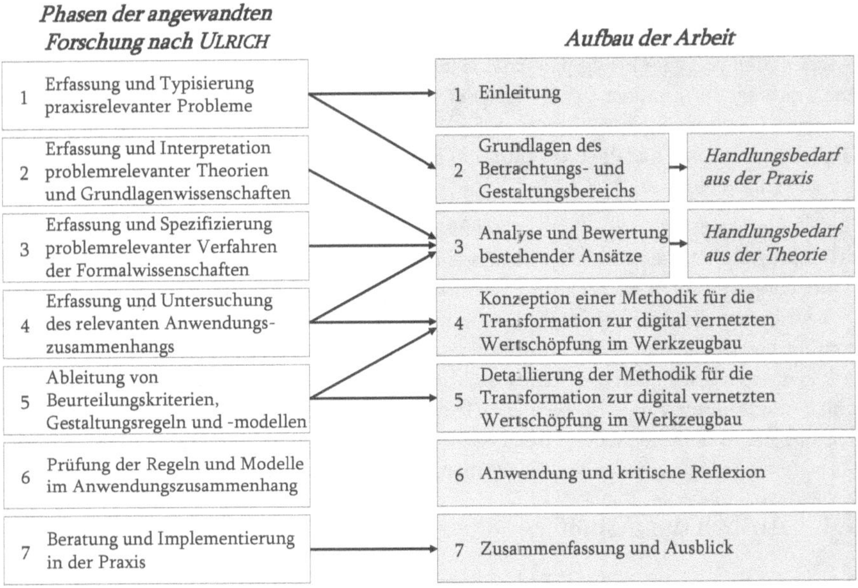

Abbildung 4: Aufbau der Arbeit im Kontext angewandter Forschung nach ULRICH[51]

Die vorliegende Arbeit umfasst sieben Hauptkapitel mit jeweils mehreren Unterkapiteln. Zu Beginn führt das erste Kapitel in die Thematik der vorliegenden Arbeit ein und erläutert dabei die grundlegende Problemstellung. Auf Basis dessen werden die Zielsetzung der Arbeit sowie die handlungsleitende Forschungsfrage formuliert. Abschließend werden der Forschungsansatz sowie der Aufbau der Arbeit vorgestellt.

Im Rahmen des zweiten Kapitels werden die notwendigen theoretischen Grundlagen hinsichtlich des Betrachtungs- und Gestaltungsbereichs eingeführt. Die digitale Transformation der Wertschöpfung ist der erste Teil des Betrachtungsbereichs, weshalb diese zunächst definiert wird. Zudem werden die befähigenden Faktoren und die Reifegradstufen der Industrie 4.0 sowie die Typen und Implikationen der digitalen Transformation vorgestellt. Anschließend wird mit dem Werkzeugbau der zweite Teil des Betrachtungsbereichs eingeführt und in Bezug auf seine bezeichnenden Charakteristika beschrieben. Es folgt die Darlegung des Gestaltungsbereichs, welcher maßgeblich durch die Strategie verkörpert wird. Dabei wird zunächst eine Begriffsdefinition vorgenommen und das strategische Management mit seinen verschiedenen Interpretationen detailliert vorgestellt. Abschließend wird im Rahmend des Grundlagenkapitels der Handlungsbedarf aus der Praxis abgeleitet.

Das dritte Kapitel dient zur Analyse bestehender wissenschaftlicher Ansätze. Hierbei soll überprüft werden, ob diese eine Eignung zur Beantwortung der eingangs formulierten Forschungsfrage aufweisen. Zur Sicherstellung einer repräsentativen und einheitlichen Analyse wird zunächst eine entsprechende Analysesystematik bestehend aus Bewertungs- und Anforderungssystem erstellt. Darauf aufbauend erfolgen Vorstellung und Bewertung von

[51] I. A. a. Ulrich (Management), 1984, S. 193.

neun ausgewählten und relevanten wissenschaftlichen Ansätzen. Die Bewertung basiert dabei auf der entwickelten Analysesystematik. Das Bewertungsergebnis der neun Ansätze wird anschließend aggregiert und zur Herleitung des Handlungsbedarfs aus der Theorie verwendet. Zum Abschluss des Kapitels wird die handlungsleitende Forschungsfrage durch die Formulierung von Teilforschungsfragen konkretisiert.

Im vierten Kapitel erfolgt die Konzeption der Methodik für die systematische Transformation zur digital vernetzten Wertschöpfung im Werkzeugbau. Dazu werden zu Beginn die Grundlagen der Systemtechnik und Modelltheorie erläutert, welche die Basis der Methodenentwicklung darstellen. Basierend auf den bestehenden Ansätzen des dritten Kapitels sowie einer Synthese der verschiedenen Ansätze des strategischen Managements wird zudem ein Ordnungsrahmen für die Konzeption der Methodik entworfen. Dies ermöglicht anschließend die Konzeption der einzelnen Phasen der Methodik. Das vierte Kapitel endet mit einem Abgleich der konzeptionierten Methodik mit den definierten Anforderungen aus dem Anforderungssystem des dritten Kapitels.

Im fünften Kapitel werden die konzeptionierten Phasen des vierten Kapitels detailliert. In diesem Kontext sind für jede Phase zwei Methodikschritte konkretisiert, die jeweils verschiedene Teilschritte beinhalten. In der Analysephase erfolgt eine Bestandsaufnahme in Bezug auf die zugrundeliegenden Funktionalbereiche, die interne Leistungsfähigkeit sowie den digitalen Reifegrad des betrachteten Werkzeugbaubetriebs. Zudem werden konkrete Handlungsfelder aggregiert, die die Basis für die Ausgestaltung und Bewertung der Vorteilhaftigkeit spezifischer digitaler Lösungen im Rahmen der Gestaltungsphase bilden. Zuletzt werden im Rahmen der Synthesephase kongruente digitale Lösungen gruppiert und darauf aufbauend digitale Funktionsprogramme entwickelt. Jeder Methodikschritt umfasst eine ergänzende Beschreibung theoretischer Grundlagen, deren Kenntnis für den jeweiligen Methodikschritt erforderlich ist. Das Kapitel wird durch die integrative Zusammensetzung der Methodikschritte zur holistischen Methodik abgeschlossen.

Das sechste Kapitel umfasst die Validierung der Methodik anhand von zwei Fallbeispielen im Anwendungskontext. Zunächst wird dazu die jeweilige Ausgangssituation des Unternehmens dargestellt. Anschließend werden die einzelnen Schritte der Methodik angewendet und erläutert. Den Abschluss des Kapitels bildet eine kritische Reflexion, im Rahmen derer die Ergebnisse der Validierung mit den definierten Anforderungen an eine Methodik für die systematische Transformation zur digital vernetzten Wertschöpfung im Werkzeugbau verglichen und bewertet werden.

Das siebte Kapitel dient zur Zusammenfassung der Ergebnisse und Erkenntnisse der vorliegenden Arbeit. Dabei erfolgt ein Ausblick auf den weiteren Forschungsbedarf im Kontext der wertschöpfungsseitigen digitalen Transformation von Werkzeugbaubetrieben.

II Grundlagen des Betrachtungsbereichs

Im Rahmen des zweiten Kapitels erfolgt die Einführung in den Kontext des Betrachtungs- und Gestaltungsbereichs, um so ein einheitliches Verständnis für die vorliegende Arbeit zu etablieren. Zunächst erfolgt die Erläuterung der theoretischen Grundlagen der digitalen Vernetzung im Kontext der Wertschöpfung sowie der zugehörigen digitalen Transformation von Unternehmen. Dazu werden Begrifflichkeiten definiert und die historische Entwicklung der Wertschöpfung inklusive der aktuellen Zukunftsvision Industrie 4.0 dargestellt. Ferner werden verschiedene Typen der digitalen Transformation klassifiziert sowie deren Implikationen analysiert. Im Anschluss werden die theoretischen Grundlagen des Werkzeugbaus mit Fokus auf Branchenstruktur, Leistungsspektrum, Auftragsabwicklung sowie aktuellen Herausforderungen und Trends der Branche vorgestellt. Im dritten Teil des Kapitels erfolgt die Betrachtung der theoretischen Grundlagen in Bezug auf Strategieentwicklung und strategisches Management. Abschließend wird der konkrete Handlungsbedarf aus der Praxis abgeleitet und spezifiziert.

II.1 Digitale Transformation der Wertschöpfung

Im folgenden Kapitel wird die digitale Transformation der Wertschöpfung als grundlegender Betrachtungsbereich der vorliegenden Arbeit beleuchtet. In diesem Kontext erfordert die angestrebte Transformation zur digital vernetzten Wertschöpfung im Werkzeugbau zunächst die Etablierung eines einheitlichen Begriffsverständnisses. Dazu werden nachfolgend die Begrifflichkeiten und Inhalte sowohl von Wertschöpfung als auch digitaler Transformation definiert. Die Entwicklung der Wertschöpfung mündet derzeit im Zielzustand der Industrie 4.0, sodass diese ebenfalls detailliert vorgestellt wird. Auf Basis der vorgestellten Grundlagen werden abschließend die Implikationen hinsichtlich der Potenziale und Herausforderungen betrachtet, die mit einer digitalen Transformation der Wertschöpfung korrelieren.

II.1.1 Begriffsdefinition & -abgrenzung

Der Begrifflichkeit der digitalen Transformation der Wertschöpfung liegen aus literarischer Sicht die beiden gleichnamigen Dimensionen zugrunde. Anhand dieser beiden Dimensionen erfolgt nachstehend die Begriffsdefinition und -abgrenzung. Dabei wird zunächst die Wertschöpfung sowie deren bezeichnende Elemente beschrieben. Anschließend erfolgt die detaillierte Betrachtung der digitalen Transformation mit Fokus auf der zuvor erläuterten Dimension der Wertschöpfung.

II.1.1.1 Wertschöpfung

Basierend auf der Zusammensetzung des Wortes, bezeichnet Wertschöpfung grundsätzlich das unternehmerische Schaffen von Wert.[52] Gemäß WUNDERER kann dieser Wert als Differenz zwischen übernommener Vorleistung und der Abgabeleistung definiert werden.[53] In Analogie zu dieser Definition beschreibt Wertschöpfung die Differenz zwischen dem Wert, zu dem eine Leistung am Markt veräußert werden kann und dem Wert, zu dem die zur Leistungserstellung benötigten Mittel beschafft werden. Dabei wird der Wert widergespiegelt, welcher durch die Aktivitäten des Unternehmens und seiner Mitarbeitenden geschaffen wurde. Die Wertschöpfung, welche von vorgelagerten Wertschöpfungspartnern bzw. Lieferanten – also nicht vom eigenen Unternehmen – betrieben wurde, wird dabei nicht in die unternehmensspezifische Wertschöpfung einkalkuliert.[54] Gleichwohl kann Wertschöpfung sowohl intern im Unternehmen als auch extern bei Wertschöpfungspartnern realisiert werden.[55] Hierbei variiert lediglich der Betrachtungsfokus bzw. die Bilanzhülle. Dem Verständnis von MÜLLER-STEWENS & LECHNER folgend liegt der Fokus bei der unternehmerischen Schaffung von Werten noch deutlicher auf ein- und ausgehenden Faktoren:[56]

"Wertschöpfung entsteht, wenn Inputfaktoren so miteinander kombiniert werden, dass ein Output entsteht, dessen Wert höher ist als der der eingekauften oder zur Verfügung stehenden Inputfaktoren."

Die Wertsteigerung wird gemäß diesem Verständnis durch den Einsatz und die Kombination von Fähigkeiten und Ressourcen eines Unternehmens erzielt, wobei auch hier auf die Differenz zwischen beschafftem und veräußertem Wert verwiesen wird. Das Antonym zur Wertschöpfung bildet die sogenannte Wertvernichtung, welche im Falle eines negativen Saldos von beschaffter und veräußerter Leistung besteht.[57]

Die Kombination von Fähigkeiten und Ressourcen wird häufig auch als Prozess der Leistungserstellung bezeichnet und ist mithin auf eine Aneinanderreihung unternehmerischer Aktivitäten zurückzuführen.[58] Es ist ersichtlich, dass die Wertschöpfung bzw. Leistungserstellung von Unternehmen auf zahlreichen Faktoren und zentralen Elementen basiert und von diesen abhängt.[59] Die zentralen Elemente der Wertschöpfung sind in der nachfolgenden Abbildung 5 visualisiert und werden anschließend für das weitere Verständnis der vorliegenden Arbeit definiert.

---

[52] Vgl. Weber (Wertschöpfung), 1980, S. 1;
Thommen et al. (Betriebswirtschaftslehre), 2017, S. 407.

[53] Vgl. Wunderer; Jaritz (Personalcontrolling), 2007, S. 14.

[54] Vgl. Ruggles; Ruggles (National income accounts and income analysis), 1956, S. 50.

[55] Vgl. Kistner (Produktions- und Kostentheorie), 1993, S. 10;
Dyckhoff (Produktionstheorie), 2006, S. 3;
Becker (Prozesse in der Produktion optimieren), 2008, S. 9.

[56] Vgl. Müller-Stewens; Lechner (Strategisches Management), 2011, S. 354.

[57] Vgl. Müller-Stewens; Lechner (Strategisches Management), 2011, S. 354.

[58] Vgl. Bach et al. (Organisation), 2017, S. 3.

[59] Vgl. Bach et al. (Organisation), 2017, S. 3-4.

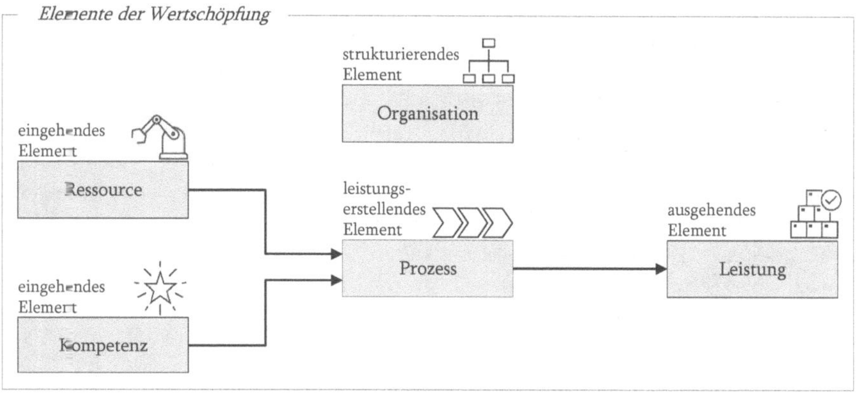

Abbildung 5: Zentrale Elemente der Wertschöpfung[60]

Gemäß KOMOREK stellen insbesondere Ressourcen und Kompetenzen die zentralen befähigenden Faktoren für die Wertschöpfung im Werkzeugbau dar.[61] Daher können sowohl Ressource als auch Kompetenz als die eingehenden Elemente der Wertschöpfung verstanden werden.[62] Die übergeordnete Struktur, anhand welcher die Wertschöpfung vollzogen wird, wird als Organisation bezeichnet und stellt ein weiteres Element der Wertschöpfung dar.[63] Basierend auf dem strukturierenden Element der Organisation sowie den eingehenden Elementen Ressource und Kompetenz wird deutlich, dass die Wertschöpfung mit ihren Aktivitäten einen Prozess bildet.[64] Mithin stellt der Prozess ein weiteres Element der Wertschöpfung dar.[65] Dieser bezeichnet das leistungserstellende Element der Wertschöpfung. Darauf aufbauend können Leistungen als Ergebnisse der Wertschöpfung verstanden werden.[66] Mithin stellt die Leistung das letzte und ausgehende Element der Wertschöpfung dar.[67] Nachfolgend werden die fünf zentralen Elemente der Wertschöpfung detailliert vorgestellt.

Ressource - eingehendes Element der Wertschöpfung

Im Kontext der unternehmerischen Wertschöpfung stellen Ressourcen Inputfaktoren für die Leistungserstellung dar. Nach FREILING wird der Begriff Ressource jedoch innerhalb der literarischen Grundlage als „völlig uneinheitlich" und „inhaltlich […] unscharf gefasst" erklärt.[68] Nach KRÜGER & HOMP bezeichnen Ressourcen jene Faktoren, die bei der Herstellung

---

[60] Eigene Darstellung.
[61] Vgl. Komorek (Kollaborative Wertschöpfung im Werkzeugbau), 2014, S. 44-45.
[62] Dem Verständnis von MÜLLER-STEWENS & LECHNER folgend können die eingehenden Elemente der Wertschöpfung auch als Inputfaktoren bezeichnet werden.
Müller-Stewens; Lechner (Strategisches Management), 2011, S. 354.
[63] Vgl. Bach et al. (Organisation), 2017, S. 14.
[64] Vgl. Wiendahl (Betriebsorganisation), 2014, S. 30;
Wiendahl (Betriebsorganisation), 2014, S. 46.
[65] Vgl. Bach et al. (Organisation), 2017, S. 14.
[66] Vgl. Gutenberg (Grundlagen der Betriebswirtschaftslehre), 1971, S. 1-2.
[67] Dem Verständnis von MÜLLER-STEWENS & LECHNER folgend können die ausgehenden Elemente der Wertschöpfung auch als Outputfaktoren bezeichnet werden.
Müller-Stewens; Lechner (Strategisches Management), 2011, S. 354.
[68] Vgl. Freiling (Resource-based View und ökonomische Theorie), 2001, S. 13.

von Produkten in Form von Gütern und Dienstleistungen benötigt werden.[69] Die Autoren CAPRON & HULLAND liefern eine umfassendere Definition. Diese inkludiert unter dem Begriff sämtliche Wissensbestände, physische Vermögenswerte, Humankapital sowie andere materielle und immaterielle Faktoren, die ein Unternehmen besitzt oder kontrolliert und diesem die effiziente Produktion von Marktangeboten ermöglichen.[70] Die Unterscheidung zwischen materiellen und immateriellen Ressourcen wird in einer Vielzahl von Definitionen durchgeführt.[71] In diesem Kontext umfassen materielle Ressourcen sowohl finanzielle, physische als auch IT-basierte Ressourcen. Demgegenüber können immaterielle Ressourcen in Bestand-, Human-, strukturelle und kulturelle Ressourcen gegliedert werden.[72] In der nachfolgenden Abbildung 6 sind sowohl die materiellen als auch die immateriellen Ressourcen in den einzelnen Subkategorien visualisiert.

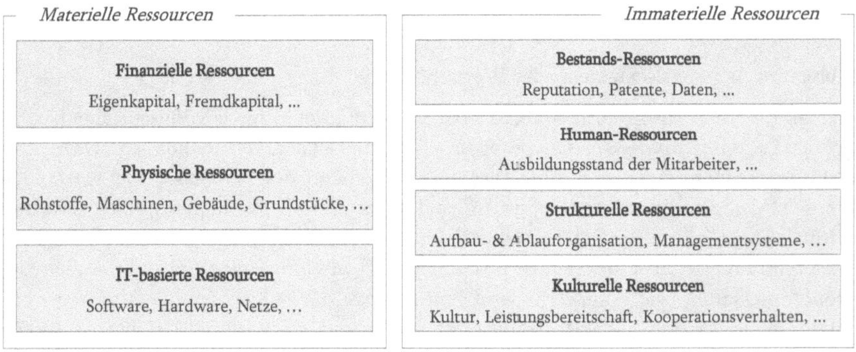

Abbildung 6: Übersicht materieller und immaterieller Ressourcen eines Unternehmens[73]

Um aus materiellen und immateriellen Ressourcen durch ihre Transformation einen tatsächlichen Wert zu schöpfen, bedarf es der Einbringung von Kompetenzen.[74] Als weiteres eingehendes Element der Wertschöpfung werden diese im Folgenden weiter detailliert.

Kompetenz - eingehendes Element der Wertschöpfung

Grundsätzlich setzen sich Kompetenzen aus den zuvor betrachteten Ressourcen sowie aus Fähigkeiten zusammen.[75] Gemäß KAMPKER können Fähigkeiten dabei als Bündelung und Kombination von Ressourcen sowie als deren wechselseitige Vermittlung und Koordination verstanden werden. Fähigkeiten können von Individuen, organisatorischen Einheiten oder ganzen Unternehmen beherrscht werden.[76] Während die zuvor betrachteten Ressourcen jegliche zur Leistungserbringung benötigten Güter und Einsatzfaktoren repräsentieren, beschreiben Fähigkeiten demnach, wie ein Unternehmen seine Ressourcen zielorientiert, effizient und koordiniert einzusetzen vermag.[77] Durch Zusammenführung und erfolgreichen

---

[69] Vgl. Krüger; Homp (Kernkompetenz-Management), 1997, S. 222.
[70] Vgl. Capron; Hulland (A Resource-Based View), 1999, S. 42.
[71] Vgl. Freiling (Resource-based View und ökonomische Theorie), 2001, S. 14.
[72] Vgl. Müller-Stewens; Lechner (Strategisches Management), 2011, S. 198-199.
[73] I. A. a. Müller-Stewens; Lechner (Strategisches Management), 2011, S. 199.
[74] Vgl. Freiling (Resource-based View und ökonomische Theorie), 2001, S. 22-23.
[75] Vgl. Hungenberg (Strategisches Management), 2014, S. 149.
[76] Vgl. Kampker (Kompetenzbasierte Geschäftsausweitung), 2004, S. 76.
[77] Vgl. Hungenberg (Strategisches Management), 2014, S. 149.

Einsatz von Fähigkeiten und Ressourcen entstehen somit Kompetenzen.[78] Grundsätzlich lassen sich persönliche und betriebliche Kompetenzen unterscheiden. Erstere können in personale, aktivitätsbezogene, fachlich-methodische sowie sozial-kommunikative Kompetenzen unterteilt werden.[79] Demgegenüber können betriebliche Kompetenzen, welche von organisatorischen Einheiten oder ganzen Unternehmen beherrscht werden, nach LADO ET AL. wie folgt klassifiziert werden:[80]

- *Verwaltungsorientierte Kompetenzen* – Kompetenzen, welche die Bestimmung und Kommunikation strategischer Zielsetzungen und Zukunftsvisionen sowie die Befähigung der Mitarbeitenden zur Realisierung dieser ermöglichen.
- *Ressourcenorientierte Kompetenzen* – Kompetenzen, welche den Erwerb und die Bereitstellung von Ressourcen für die Leistungserstellung ermöglichen, um so langfristige Wettbewerbsvorteile zu realisieren.
- *Transformationsorientierte Kompetenzen* – Kompetenzen, welche das zielorientierte, effiziente und koordinierte Wandeln der Inputfaktoren in Outputfaktoren ermöglichen.
- *Output-orientierte Kompetenzen* – Kompetenzen, welche das nachhaltige Wachstum eines Unternehmens durch physische wie auch nicht-physische Outputfaktoren, die Kunden einen gewissen Wert bieten, ermöglichen.

Von den aufgeführten betrieblichen Kompetenzen sind insbesondere ressourcenorientierte wie auch transformationsorientierte Kompetenzen essenziell für den Prozess der Wertschöpfung. Die Output-orientierten Kompetenzen dienen insbesondere zur Erzeugung positiver Resonanz bei Kunden. Verwaltungsorientierte Kompetenzen bilden demgegenüber die Basis für die strategische Ausrichtung eines Unternehmens, welche im Rahmen von Kapitel II.3 detailliert betrachtet wird. Die erfolgreiche Realisierung strategischer Ausrichtungen in Unternehmen wird zudem maßgeblich durch Organisationsstrukturen befähigt.[81] Als strukturierendes Element der Wertschöpfung wird die Organisationsstruktur nachfolgend ebenfalls weiter detailliert.

Organisation - strukturierendes Element der Wertschöpfung

Nach EVERSHEIM ist die Organisation in einem Unternehmen für die Strukturierung der Wertschöpfung verantwortlich, um so die Leistungserstellung anhand des zielorientierten und effizienten Einsatzes von Ressourcen zu koordinieren. Die Organisation umfasst dabei einerseits die Tätigkeit, in welcher die Strukturierung der betrieblichen Aktivitäten stattfindet. Andererseits verkörpert sie gleichzeitig die hervorgebrachte Struktur, welche das Ergebnis der Tätigkeit selbst darstellt.[82] Während die Tätigkeit der Strukturierung auch als instrumentelle Organisation bezeichnet wird, kann die resultierende Struktur auch als institutionelle Organisation betitelt werden.[83] Die Arten der Organisation können anhand der

[78] Vgl. Homp (Aufbau von Kernkompetenzen), 2000, S. 11.
[79] Vgl. Erpenbeck; Sauter (So werden wir lernen!), 2013, S. 33-34;
Rosenstiel et al. (Strategisches Kompetenzmanagement), 2004, S. 110-111.
[80] Vgl. Lado et al. (Competency-Based Competitive Advantage), 1992, S. 82-86.
[81] Vgl. Frese et al. (Grundlagen der Organisation), 2019, S. 316.
[82] Vgl. Eversheim (Organisation der Produktionstechnik), 1996, S. 268-269.
[83] Vgl. Hansmann (Industrielles Management), 2006, S. 191.

Aufbau-, Ablauf- und Projektorganisation differenziert werden und bilden durch ihr Zusammenspiel das Gesamtkonstrukt in einem Unternehmen.[84] Das strukturelle Konstrukt eines Unternehmens wird durch die Aufbauorganisation abgebildet. Sie legt fest, wie die Aufgaben zur Funktion eines Unternehmens gebildet und aufgeteilt werden. Zudem sind in der Aufbauorganisation Beziehungen und Verantwortlichkeiten definiert.[85] Die Aufbauorganisation kann in drei grundlegende Organisationsstrukturen unterteilt werden:[86]

- *Funktionale Organisationsstruktur* – Organisationseinheiten sind unterhalb der Führungsebene anhand unterschiedlicher Funktionen gegliedert.
- *Divisionale Organisationsstruktur* – Organisationseinheiten sind unterhalb der Führungsebene anhand unterschiedlicher Objekte gegliedert.[87]
- *Matrix-Organisationsstruktur* – Organisationseinheiten sind unterhalb der Führungsebene mehrdimensional sowohl anhand unterschiedlicher Funktionen als auch Objekte gegliedert.

Die aufgeführten Organisationsstrukturen sowie die spezifischen Merkmale sind in der nachfolgenden Abbildung schematisch dargestellt.

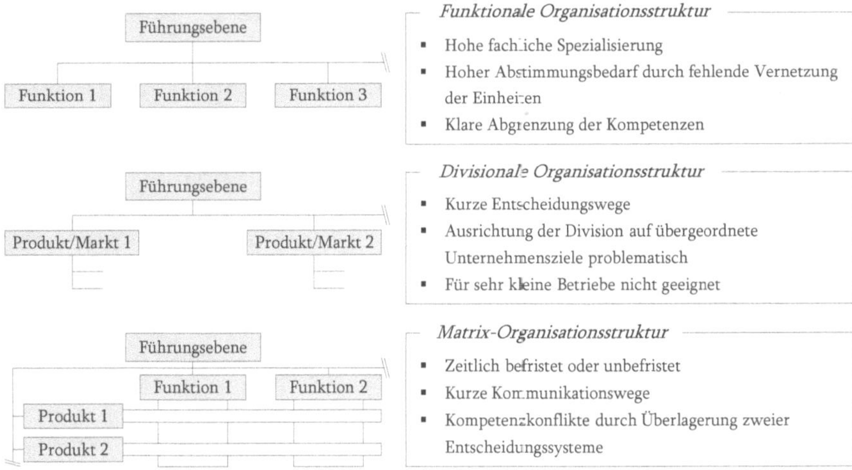

Abbildung 7: Grundlegende Organisationsstrukturen der Aufbauorganisation[88]

Gegenüber der Aufbauorganisation fokussiert die Ablauforganisation den operativen Vollzug der festgelegten Aufgaben. Basierend auf zeitlichen und räumlichen Aspekten werden

[84] Vgl. Bullinger et al. (Unternehmensorganisation), 2009, S. 4-7.
[85] Vgl. Hub (Einführung Betriebsorganisation), 1994, S. 4-5.
[86] Vgl. Spennemann (Organisationsstrukturen im Werkzeugbau), 2001, S. 10; Hungenberg (Strategisches Management), 2014, S. 331-338; Wiendahl (Betriebsorganisation), 2014, S. 31-32.
[87] Die anhand der Objekte gebildeten Divisionen werden in der Literatur häufig auch als Bereiche oder Sparten bezeichnet. Sie können sich bspw. auf spezifische Produkte oder Marken beziehen. Vgl. Hungenberg (Strategisches Management), 2014, S. 332.
[88] Vgl. Spennemann (Organisationsstrukturen im Werkzeugbau), 2001, S. 10; I. A. a. Wiendahl (Betriebsorganisation), 2014, S. 31-32.

dazu die für die Aufgabenerfüllung notwendigen Prozesse definiert und strukturiert.[89] Somit wird festgelegt, welche Aktivitäten zu welcher Zeit und in welcher Reihenfolge durchgeführt werden müssen.[90] Gleichermaßen erfolgt im Rahmen der Ablauforganisation die Definition notwendiger Informations- und Materialflüsse sowie die räumliche Anordnung von Arbeitsplätzen.[91] Nachfolgend werden die Prozesse, welche wesentlich durch die Ablauforganisation strukturiert werden, als leistungserstellende Elemente der Wertschöpfung vorgestellt.

Prozess - leistungserstellendes Element der Wertschöpfung

Gemäß BECKER sind Prozesse in steigendem Detailgrad aus Teilprozessen, Schritten und Aktivitäten zusammengesetzt.[92] Ein Prozess wird demnach durch die zielorientierte Verkettung und Kombination von Aktivitäten gebildet. Die Aktivitäten dienen dabei der Transformation von Input- zu definierten Outputfaktoren.[93] Diese allgemeine Definition wird durch die Autoren SCHMELZER & SESSELMANN im Kontext der Wertschöpfung weiter spezifiziert. Im Fokus steht dabei der Kunde, welcher mit Definition seiner Anforderungen den Ausgangspunkt des Prozesses und mit Erhalt der Leistung zudem auch den Endpunkt bildet. Dazwischen werden diverse wertschöpfende Aktivitäten ausgeführt, die eigentlichen Prozess der Leistungserstellung bilden.[94] Bezugnehmend auf den Kundennutzen, der durch die erbrachte Leistung generiert wird, stellt der Prozess somit das leistungserstellende Element der Wertschöpfung dar.[95] Dem Verständnis von PANDE & HOLPP folgend können Prozesse zudem durch weitere Elemente beschrieben werden. Demnach ist ein Prozess durch die verketteten Elemente Lieferanten, Inputfaktoren, dem Prozess selbst, Outputfaktoren sowie Kunden charakterisiert.[96] Die Prozesse selbst sowie die ein- bzw. ausgehenden Faktoren können so durch verschiedene Merkmale beschrieben werden. SCHUH & KAMPKER fassen diese unter dem Begriff der konstituierenden Merkmale zusammen.[97] Diese sind in der nachfolgenden Abbildung 8 aggregiert dargestellt.

---

[89] Vgl. Hub (Einführung Betriebsorganisation), 1994, S. 5; Gaitanides (Prozessorganisation), 2007, S. 23-24.
[90] Vgl. Gienke et al. (Handbuch Produktion), 2007, S. 49.
[91] Vgl. Bullinger et al. (Unternehmensorganisation), 2009, S. 5.
[92] Vgl. Becker (Prozesse in der Produktion optimieren), 2008, S. 8.
[93] Vgl. Schwalbach; Oberhammer (Produktionstheorie), 2008, S. 5; Schmelzer; Sesselmann (Geschäftsprozessmanagement), 2013, S. 52.
[94] Vgl. Schmelzer; Sesselmann (Geschäftsprozessmanagement), 2013, S. 52-53.
[95] Vgl. Kuhlmann (Corporate Tooling), 2017, S. 27-28.
[96] Vgl. Pande; Holpp (Six Sigma), 2002, S. 52-53.
[97] Vgl. Schuh; Kampker (Strategie und Management), 2011, S. 364-365.

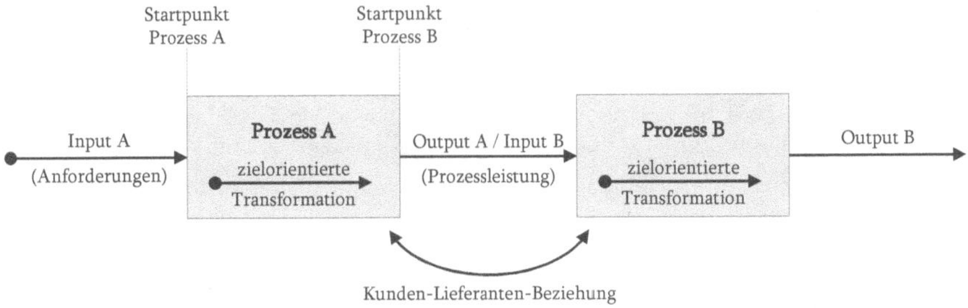

Abbildung 8: Konstituierende Merkmale zur Charakterisierung von Prozessen[98]

Im Kontext der konstituierenden Merkmale wird insbesondere die Beziehung zwischen Kunden und Lieferanten sowie die Zielorientierung des Transformationsprozesses von Input- zu Outputfaktoren fokussiert.[99] Zudem weisen einzelne Prozesse einen klar definierten Start- und Endpunkt auf, die jeweils anhand der ersten und letzten Aktivität bestimmt werden können.[100]

Im unternehmerischen Kontext können nach STEINBUCH mit Geschäftsprozessen, Logistikprozessen und Fertigungsprozessen drei verschiedene Prozessarten klassifiziert werden. Während Geschäftsprozesse die Informationsverarbeitung fokussieren, umfassen Logistikprozesse sämtliche Prozesse bzgl. des Umgangs mit Material. Dazu zählen Transporte, Bereitstellungen, Lagerungen oder Kommissionierungen. Zusätzlich dienen Fertigungsprozesse der Erzielung von Wertschöpfung durch die Transformation von Input- zu Outputfaktoren.[101] Unabhängig von der spezifischen Klassifizierung eines Prozesses, dient die Kombination der Prozesse in Unternehmen grundsätzlich immer dem übergeordneten Ziel der Wertschöpfung.[102] Ergebnis eines jeden wertschöpfenden Prozesses ist letztlich die Leistung, welche als ausgehendes Element der Wertschöpfung nachfolgend kurz erläutert wird.[103]

Leistung - ausgehendes Element der Wertschöpfung

Im Rahmen der vorangegangenen Erläuterungen zu den einzelnen Elementen der Wertschöpfung wurde bereits vielfach auf die Leistung als ausgehendes Element der Wertschöpfung verwiesen. Leistungen können grundsätzlich in materielle Sach- und immaterielle Dienstleistungen unterteilt werden. Sowohl Sach- als auch Dienstleistungen gehen aus einem leistungserstellenden Prozess bzw. einer wertschöpfenden Aktivität hervor.[104] Beide Leistungsarten dienen zur Erfüllung von Kundenbedürfnissen.[105] Bezeichnendes Merkmal

---

[98] I. A. a. Schuh; Kampker (Strategie und Management), 2011, S. 365;
Kuhlmann (Corporate Tooling), 2017, S. 28;
Schmelzer; Sesselmann (Geschäftsprozessmanagement), 2013, S. 53;
Kuhlmann (Geschäftsprozesse im industriellen Werkzeugbau), 2011, S. 12.
[99] Vgl. Hammer; Champy (Reeingineering the Corporation), 2006, S. 57-58;
Kuhlmann (Geschäftsprozesse im industriellen Werkzeugbau), 2011, S. 12.
[100] Vgl. Schuh; Kampker (Strategie und Management), 2011, S. 365.
[101] Vgl. Steinbuch (Prozessorganisation), 1998, S. 30-31.
[102] Vgl. Bach et al. (Organisation), 2017, S. 3-4.
[103] Vgl. Schmelzer; Sesselmann (Geschäftsprozessmanagement), 2013, S. 52.
[104] Vgl. Stark; Müller (Hybride Leistungsbündel), 2012, S. 46.
[105] Vgl. Frick (Geschäftsmodelle im Werkzeugbau), 2006, S. 196.

von Leistungen ist die Leistungstiefe. Diese beschreibt das Verhältnis von innerbetrieblichen Aktivitäten eines Wertschöpfungsprozesses zu äußerlichen Aktivitäten, die jedoch für eine erfolgreiche Leistungserstellung notwendig sind. Demnach weist ein Unternehmen eine hohe Leistungstiefe auf, wenn eine große Anzahl wertschöpfender Aktivitäten für die Leistungserstellung innerbetrieblich erbracht wird.[106]

Im Betrachtungsbereich der vorliegenden Arbeit dient die digitale Transformation der Wertschöpfung zur Realisierung des Zielzustands eines digital vernetzten Werkzeugbaus. Nachdem die Wertschöpfung mit ihren zugrundeliegenden zentralen Elementen Ressource, Kompetenz, Organisation, Prozess und Leistung ausführlich vorgestellt wurden, erfolgt im weiteren Verlauf daher eine detaillierte Betrachtung der digitalen Transformation.

II.1.1.2 Digitale Transformation

Seit der Bekanntmachung des Bundesministeriums für Bildung und Forschung im Jahr 2011 sowie der Hightech-Strategie 2020 der Bundesregierung sind die Begrifflichkeiten um den digitalen Wandel omnipräsent.[107] Neben der digitalen Transformation kursieren verschiedene Begrifflichkeiten im Spannungsfeld des digitalen Wandels.[108] Hierbei wird durch den digitalen Wandel eine Hierarchie aus den Begriffen Digitalisierung, digitale Transformation und Industrie 4.0 aufgespannt.[109] Da diese im allgemeinen Gebrauch inkonsistente und in Summe missverständliche Anwendung finden, bedürfen sie einer klaren Abgrenzung.[110]

Nach SCHUH ET AL. ist es die Aufgabe der Digitalisierung, die notwendigen Voraussetzungen für die Realisierung der Zukunftsvision Industrie 4.0 zu schaffen.[111] Somit kann diese als Befähiger bzw. Wegbereiter verstanden werden.[112] Die wegbereitenden Entwicklungsstufen der Digitalisierung sind die Computerisierung und Konnektivität. Computerisierung beschreibt die isolierte Nutzung von Informationstechnologie (IT) für die Abwicklung repetitiver Aufgaben. Werden die vormals isolierten IT-Systeme miteinander verknüpft, so wird dies als Konnektivität bezeichnet.[113]

Demgegenüber bezeichnet die digitale Transformation den notwendigen Wandlungsprozess zur Verwirklichung des digitalen Wandels.[114] Die digitale Transformation kann dabei einerseits gesamtgesellschaftlich gefasst werden. Diesem Verständnis nach stellt sie einen „grundlegenden Wandel der gesamten Unternehmenswelt durch die Etablierung neuer Technologien auf Basis des Internets mit fundamentalen Auswirkungen auf die gesamte Gesellschaft dar".[115] Anderseits kann die digitale Transformation auch im Kontext einzelner Unternehmen interpretiert werden. In diesem Kontext beschreibt diese einen Prozess, in dem Unternehmen ihr Geschäft neu erfinden und Tätigkeiten digitalisieren. Durch diesen Prozess sollen Unternehmen das vollständige Potenzial der informationstechnologischen

106 Vgl. Picot (Gestaltung der Leistungstiefe), 1991, S. 337-338.
107 Vgl. BMBF (Bekanntmachung BMBF), 2011.
108 Vgl. Ritter; Pedersen (Digitization Capability), 2020, S. 181-183.
109 Vgl. See (Digitale Transformation in Wertschöpfungsnetzwerken), 2019, S. 20-24.
110 Vgl. Kersten et al. (Digitalisierung als Wegbereiter), 2018, S. 103.
111 Vgl. Schuh et al. (Industrie 4.0 Maturity Index), 2020, S. 17.
112 Vgl. See (Digitale Transformation in Wertschöpfungsnetzwerken), 2019, S. 23.
113 Vgl. Schuh et al. (Industrie 4.0 Maturity Index), 2020, S. 17-18.
114 Vgl. See (Digitale Transformation in Wertschöpfungsnetzwerken), 2019, S. 23.
115 Vgl. Pricewaterhoouse Coopers - PwC (Digitale Transformation), 2013, S. 9.

Möglichkeiten entlang ihrer Wertschöpfungskette realisieren.[116] In Bezug auf die vorliegende Arbeit wird ersichtlich, dass dem zuletzt genannten Verständnis gefolgt werden sollte, da die digitale Transformation von Werkzeugbaubetrieben, und nicht des gesamtwirtschaftlichen Kollektivs, betrachtet wird. Ferner wird deutlich, dass die digitale Transformation einen Prozess darstellt, der strategisch und über einen langfristigen Zeitraum vollzogen werden muss.[117] Gemäß ROTH bedeutet die digitale Transformation „die Integration und Implementierung der digitalen Technologien in die bestehende Geschäftswelt" und bietet weiterhin „die Chance für einen Wandel bestehender Geschäftsmodelle und die Generierung neuer Geschäftspotenziale".[118] Zusammenfassend kann die digitale Transformation daher als Wandlungsprozess verstanden werden, der für die erfolgreiche Realisierung des digitalen Wandels vollzogen werden muss.

Gegenüber der Digitalisierung als Wegbereiter und der digitalen Transformation als Wandlungsprozess stellt Industrie 4.0 die Zukunftsvision dar, die durch erfolgreiche Realisierung des digitalen Wandels angestrebt wird.[119] Erstmals geprägt wurde der Begriff im Jahr 2011 durch den gleichnamigen Arbeitskreis, der infolge einer Kooperation der Deutschen Akademie der Technikwissenschaften (acatech) und der Robert Bosch GmbH gegründet wurde. Der Arbeitskreis „Industrie 4.0" fand dahingehend Einzug in die Hightech-Strategie der Bundesregierung.[120] Industrie 4.0 wird dabei als Startpunkt der vierten industriellen Revolution angesehen. Für ein grobes Verständnis über die weiteren Entwicklungsstadien der industriellen Revolution sind diese in der nachfolgenden Abbildung 9 hinsichtlich ihrer charakteristischen Merkmale sowie der jeweiligen Zeiträume kompakt zusammengefasst.

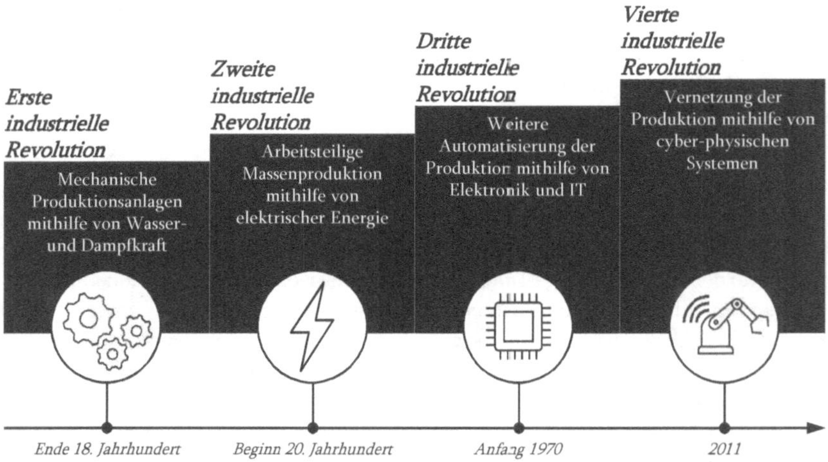

Abbildung 9: Entwicklungsstadien der industriellen Revolution[121]

[116] Vgl. Bowersox et al. (The Digital Transformation), 2005, S. 22.
[117] Vgl. Mazzone (Digital or Death), 2014, S. 8.
[118] Vgl. Roth (Industrie 4.0 – Hype oder Revolution), 2016, S. 3.
[119] Vgl. See (Digitale Transformation in Wertschöpfungsnetzwerken), 2019, S. 24.
[120] Vgl. Hoppe (High-Performance Automation), 2014, S. 249.
[121] I. A. a. Kagermann et al. (Zukunftsprojekt Industrie 4.0), 2013, S. 17.

Gemäß LASI ET AL. sind die Fertigungssysteme der Zukunftsvision Industrie 4.0 charakterisiert durch Modularität und Effizienz sowie Möglichkeiten zur autonomen Steuerung der Herstellungsprozesse durch die Produkte selbst. Diesem Verständnis folgend sollen effiziente Herstellungsprozesse von Unikaten befähigt werden, die den wirtschaftlichen Rahmenbedingungen einer Massenproduktion entsprechen.[122] Demgegenüber fokussieren die Autoren ROTH ET AL. insbesondere die ganzheitliche Vernetzung von Humanressourcen und physischen Ressourcen[123], die in den Leistungserstellungsprozess entlang der gesamten Wertschöpfungskette integriert sind. Infolge von Echtzeitauswertungen der anfallenden produktionsrelevanten Daten sollen so die Transparenz und Effizienz der Wertschöpfungsprozesse potenziert werden. Ferner soll der Kundennutzen durch intelligente Produkte und Dienstleistungen optimiert werden.[124]

In der nachfolgenden Abbildung 10 sind Digitalisierung, digitale Transformation sowie Industrie 4.0 als zentrale Begrifflichkeiten des digitalen Wandels mit ihren wesentlichen Merkmalen zusammenfassend visualisiert.

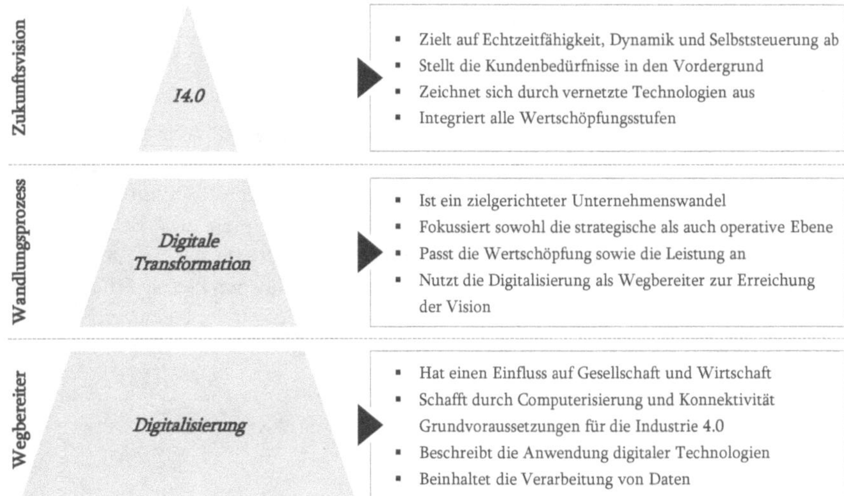

Abbildung 10: Hierarchisierung zentraler Begrifflichkeiten des digitalen Wandels[125]

Die Zukunftsvision Industrie 4.0 stellt eine durch Echtzeitfähigkeit und Autonomie geprägte sowie kundenorientierte und digital vernetzte Vision der zukünftigen Produktion dar. Da Industrie 4.0 im Kern die ganzheitliche Vernetzung von Maschinen, Ressourcen, Mitarbeitenden und Prozessen mithilfe von Informations- und Kommunikationstechnolo-

[122] Vgl. Lasi et al. (Industrie 4.0), 2014, S. 261.
[123] Vgl. Kapitel II.1.1.1 – Ressource als eingehendes Element der Wertschöpfung
[124] Vgl. Roth (Industrie 4.0 – Hype oder Revolution), 2016, S. 6.
[125] I. A. a. Kersten et al. (Digitalisierung als Wegbereiter), 2018, S. 104;
See (Digitale Transformation in Wertschöpfungsnetzwerken), 2019, S. 24.

gien (IKT) darstellt, kann diese grundsätzlich auch analog als digitale Vernetzung bezeichnet werden.[126] Zur Erreichung dieser ganzheitlichen digitalen Vernetzung im Sinne der Industrie 4.0 sind umwälzende Veränderungen erforderlich. Die digitale Transformation beschreibt den systematischen Wandlungsprozess zur Adressierung und Gestaltung der erforderlichen Veränderungen. Diese adaptieren Wertschöpfung und Geschäftsmodelle durch Maßnahmen auf strategischer und operativer Ebene als prozessuale Wandlung eines Unternehmens. Die Digitalisierung stellt als Grundvoraussetzung das elementare Werkzeug dieses Wandlungsprozesses dar und ermöglicht diesen durch Anwendung digitaler Technologien und Verarbeitung von Daten.[127]

II.1.2 Wertschöpfung in der Industrie 4.0

Zur Erlangung eines detaillierten Verständnisses für die digital vernetzte Wertschöpfung in Zeiten der Industrie 4.0 werden nachfolgend zunächst die wesentlichen befähigenden Faktoren betrachtet. Da die Industrie 4.0 gemäß SCHUH ET AL. als ein Entwicklungsweg bzw. Evolutionsprozess verstanden werden kann, werden anschließend zudem die Reifegradstufen der Industrie 4.0 vorgesellt.[128]

II.1.2.1 Befähigende Faktoren der Industrie 4.0

Für die erfolgreiche Realisierung der Zukunftsvision Industrie 4.0 können – neben dem notwendigen Wandlungsprozess der digitalen Transformation – diverse befähigende Faktoren definiert werden.[129] Gemäß SEE können diese befähigenden Faktoren im Wesentlichen durch cyber-physische Systeme, das Internet der Dinge, Vernetzung, Echtzeit-Transparenz sowie Autonomie zusammengefasst werden.[130] Die Autoren KAGERMANN ET AL. sowie PFOHL ET AL. liefern mit ihren Vorarbeiten einen maßgeblichen Beitrag für dieses Verständnis.[131] In der nachfolgenden Abbildung 11 ist eine Übersicht der befähigenden Faktoren von Industrie 4.0 aufgeführt. Anschließend werden die einzelnen Faktoren kompakt erläutert.

---

[126] I. A. a. Kagermann et al. (Zukunftsprojekt Industrie 4.0), 2013, S. 5-8;
Kelzenberg (Datenstrukturmodell für den digitalen Schatten), 2020, S. 13.

[127] Vgl. See (Digitale Transformation in Wertschöpfungsnetzwerken), 2019, S. 24.

[128] Vgl. Schuh et al. (Industrie 4.0 Maturity Index), 2020, S. 17.

[129] Vgl. Kagermann (Chancen von Industrie 4.0), 2014, S. 603-604.

[130] Vgl. See (Digitale Transformation in Wertschöpfungsnetzwerken), 2019, S. 24-26.

[131] Vgl. Kagermann et al. (Zukunftsprojekt Industrie 4.0), 2013, S. 6-36;
Pfohl et al. (Concept and Diffusion-Factors of Industry 4.0), 2017, S. 383-386.

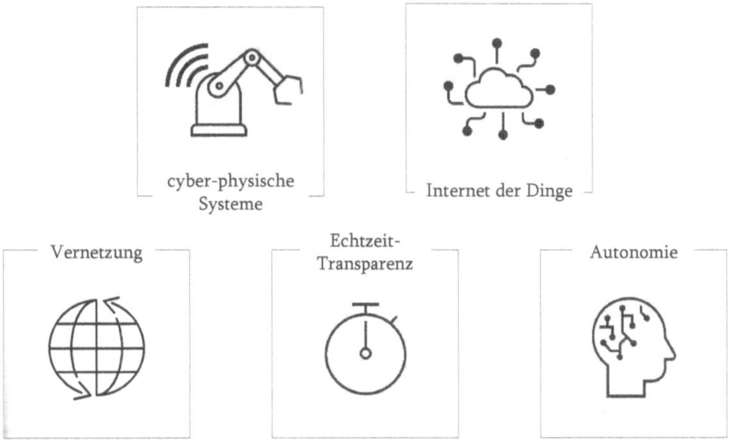

Abbildung 11: Befähigende Faktoren der Industrie 4.0[132]

Cyber-physische Systeme (CPS) bezeichnen eingebettete Systeme, die aktiv und reaktiv mit ihrer Umgebung interagieren und bspw. in Produktion und Logistik von Unternehmen integriert sind.[133] Im Kontext produzierender Unternehmen können insbesondere Produkte, Maschinen, Werkzeuge sowie Transportmittel als typische CPS genannt werden.[134] CPS sind mit Sensorik und Aktorik ausgestattet und befähigen durch ihre Möglichkeiten der Datenerfassung, -speicherung sowie -auswertung zur Ableitung von bedarfsgerechten Reaktionen. Mithilfe der integrierten Aktorik können diese Reaktionen im jeweiligen Anwendungsfall in der physischen Welt ausgeübt werden. Somit verknüpfen CPS Software und physische Systeme. Mithilfe dedizierter Mensch-Maschine-Schnittstellen können zudem Kollaboration und Informationsaustausch zwischen CPS und Arbeitskräften sichergestellt werden.[135] BROY bezeichnet den Aufbau der einzelnen Elemente (Software, Sensorik, Aktorik, Schnittstellen) als „Zwiebelschalenstruktur". Dabei umfassen sich die aufgeführten Elemente der Chronologie entsprechend von innen nach außen und werden vom eingebetteten CPS integriert.[136] CPS kommunizieren kontinuierlich mit anderen CPS.[137] Sofern im Produktionsumfeld mehrere CPS miteinander verknüpft werden, bezeichnet man dies auch als cyber-physische Produktionssysteme (CPPS).[138] Die effiziente Interaktion der CPS innerhalb eines CPPS erfordert jedoch eine entsprechende Plattform zur Beherrschung der kontinuierlichen Kommunikation.[139]

Das Internet der Dinge, oder engl. Internet of Things (IoT), ermöglicht als weiterer befähigender Faktor ebendiese Kommunikation innerhalb von CPPS, indem es die physische

[132] Eigene Darstellung.
[133] Vgl. Kagermann et al. (Zukunftsprojekt Industrie 4.0), 2013, S. 18.
[134] Vgl. See (Digitale Transformation in Wertschöpfungsnetzwerken), 2019, S. 25.
[135] Vgl. acatech (Cyber-Physical Systems), 2011, S. 13.
[136] Vgl. Broy (Innovation durch CPS), 2010, S. 23-24.
[137] Vgl. Bischoff et al. (Potenziale von Industrie 4.0 im Mittelstand), 2015, S. 131.
[138] Vgl. Monostori et al. (Cyber-Physical Systems in Manufacturing), 2016, S. 623-624.
[139] Vgl. Kagermann et al. (Zukunftsprojekt Industrie 4.0), 2013, S. 28.

Welt mit ihrem digitalen Abbild verknüpft.[140] Das IoT stellt dabei ursprünglich ein eigenständiges Logistiknetzwerk dar, welches auf der Radiofrequenzidentifikation (RFID) basiert.[141] Inzwischen sind jedoch ebenfalls Elemente der CPS, wie Sensorik und Aktorik, als feste Bestandteile in das IoT integriert.[142] Somit verkörpert das IoT ein vollkommen selbstorganisiertes System, in welchem CPS die autonome Interaktion von Objekten und Prozessen ermöglichen.[143] Das IoT und die CPS sollen so gemeinsam die Wertschöpfung und Arbeitsorganisation von Unternehmen, Geschäftsmodelle sowie nachgelagerte Dienstleistungen möglichst effizient gestalten.[144] In der nachfolgenden Abbildung 12 sind das Konzept des IoT sowie ein exemplarisches CPS mit seinen zentralen Elementen schematisch dargestellt.

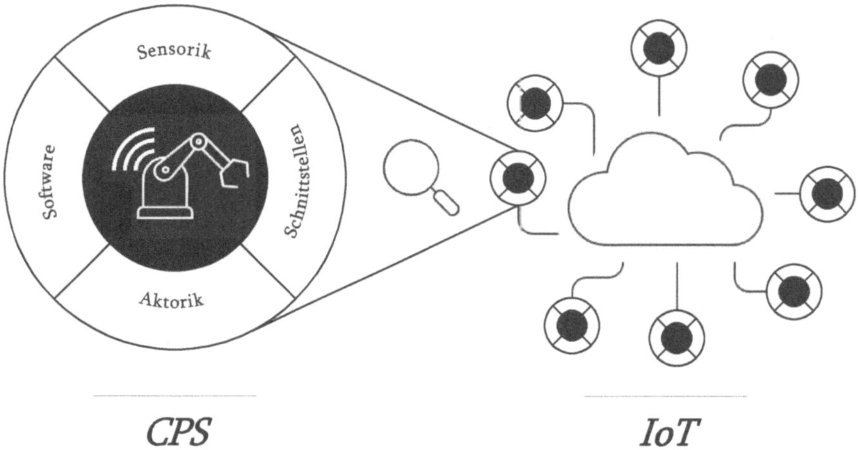

Abbildung 12: Integration von cyber-physischen Systemen im Internet der Dinge[145]

Einen weiteren befähigenden Faktor stellt die Vernetzung intelligenter Objekte dar. Diese resultiert aus der Integration von CPS in das IoT und ist im Zuge der Realisierung von Industrie 4.0 unvermeidbar.[146] Die Vernetzung kann anhand einer vertikalen und horizontalen Dimension differenziert werden. Gemäß BISCHOFF ET AL. können die Potenziale von Industrie 4.0 nur dann vollständig realisiert werden, wenn die Vernetzung sowohl in der vertikalen als auch horizontalen Dimension ganzheitlich erfolgt.[147] Die Dimensionen können wie folgt definiert werden:[148]

---

[140] Vgl. Sisinni et al. (Industrial Internet of Things), 2018, S. 4725.
[141] Vgl. Brand et al. (Internet der Dinge), 2009, S. 32;
Li et al. (Internet of Things: Survey), 2015, S. 244.
[142] Vgl. Misra et al. (IoT - A Technological Analysis), 2016, S. 24.
[143] Vgl. Brand et al. (Internet der Dinge), 2009, S. 13;
Li et al. (Internet of Things: Survey), 2015, S. 246-247.
[144] Vgl. Kagermann et al. (Zukunftsprojekt Industrie 4.0), 2013, S. 18.
[145] I. A. a. Broy (Innovation durch CPS), 2010, S. 24;
Sunyaev (Internet of Things), 2020, S. 303.
[146] Vgl. Bauernhansl (Vierte Industrielle Revolution), 2014, S. 18.
[147] Vgl. Bischoff et al. (Potenziale von Industrie 4.0 im Mittelstand), 2015, S. 181.
[148] Vgl. Schuh et al. (Geschäftsmodell-Innovation), 2017, S. 18-20.

- *Vertikale Vernetzung* – Vernetzung innerhalb eines Unternehmens, d. h. die Integration von IT-Systemen über verschiedene Hierarchieebenen eines Unternehmens (*„der Vertikalen“*) hinweg zur Erreichung einer durchgehenden und konsistenten Leistungserstellung.
- *Horizontale Vernetzung* – Vernetzung entlang der Wertschöpfungskette, d. h. die Integration von IT-Systemen über die Grenzen der unternehmenseigenen Wertschöpfung (*„der Horizontalen“*) hinaus zum unternehmensübergreifenden Austausch von Energie-, Material- und Informationsflüssen.

Gleichzeitig bildet eine vertikale Vernetzung die Basis zur Befähigung von horizontaler Vernetzung. Zusammenfassend erzeugt die Zukunftsvision Industrie 4.0 so ein umfassendes Netzwerk mit verschiedenen Akteuren und Positionen bestehend aus Mensch, Maschine, Betriebsmittel und Technologie und befähigt zur dynamischen Beherrschung komplexer Produktionssysteme.[149]

Die ganzheitliche vertikale und horizontale Vernetzung begünstigt mit der Echtzeit-Transparenz einen weiteren befähigenden Faktor. Diese bezeichnet die für die Industrie 4.0 essenzielle Verfügbarkeit und Verwendung sämtlicher produktionsrelevanter Informationen zum Zeitpunkt ihrer Entstehung. Grundsätzlich können Informationstransparenz und Informationsnutzung unterschieden werden. Erstere fokussiert einzig die Bereitstellung relevanter Informationen wie bspw. Informationen über aktuelle Lieferengpässe. Letztere berücksichtigt, dass die anfallenden Daten auch tatsächlich analytisch in Prozesse einfließen.[150] Durch die vertikale Vernetzung wird ermöglicht, dass die zur Verfügung gestellten Informationen dabei sowohl auf strategischer als auch operativer Ebene eines Unternehmens einsehbar sind. Die horizontale Vernetzung ermöglicht zudem angrenzenden Unternehmen entlang der Wertschöpfungskette einen Zugriff auf die Informationen. Die so erzielte datenbasierte Transparenz befähigt zur Realisierung effizienter und kollaborativer Entscheidungsfindung entlang der gesamten Wertschöpfungskette.[151]

Die Autonomie stellt den letzten befähigenden Faktor der Industrie 4.0 dar, welcher im Kontext der vorliegenden Arbeit betrachtet wird. Diese befähigt zur Selbstorganisation aller miteinander kommunizierenden und agierenden Komponenten innerhalb eines Systems (bzw. des IoT). Sowohl Prozesse als auch Entscheidungen werden dabei sukzessive durch lernende Algorithmen automatisiert.[152] Dazu ist es essenziell, Entscheidungen und die hierfür benötigten Informationen zu dezentralisieren. Die benötigten Informationen müssen zudem den Faktor der Echtzeit-Transparenz erfüllen.[153]Insgesamt kann so auf dem Entwicklungspfad zur Industrie 4.0 langfristig eine vollständige Selbstorganisation und Selbstoptimierung von Produktionssystemen erreicht werden.[154]

Die befähigenden Faktoren von Industrie 4.0 können zunächst anhand einzelner Use Cases in ein Unternehmen integriert werden. Ein Use Case kann dabei sinngemäß als konkreter

---

[149] Vgl. Kagermann et al. (Zukunftsprojekt Industrie 4.0), 2013, S. 6;
Schuh et al. (Geschäftsmodell-Innovation), 2017, S. 18.

[150] Vgl. Hermann et al. (Design Principles for Industrie 4.0), 2016, S. 3931;
See (Digitale Transformation in Wertschöpfungsnetzwerken), 2019, S. 26.

[151] Vgl. Pfohl et al. (Concept and Diffusion-Factors of Industry 4.0), 2017, S. 384-385.

[152] Vgl. Pfohl et al. (Concept and Diffusion-Factors of Industry 4.0), 2017, S. 386.

[153] Vgl. Hermann et al. (Design Principles for Industrie 4.0), 2016, S. 3933.

[154] Vgl. Bischoff et al. (Potenziale von Industrie 4.0 im Mittelstand), 2015, S. 131.

Anwendungsfall der Industrie 4.0 mit einem spezifischen Nutzen verstanden werden.[155] Use Cases sind nicht trennscharf in Bezug auf die befähigenden Faktoren und verknüpfen sowie integrieren oftmals mehrere dieser Faktoren gleichzeitig. Durch die sukzessive Implementierung verschiedener Use Cases erreichen produzierende Unternehmen auf dem Entwicklungspfad zur Industrie 4.0 verschiedene Reifegradstufen, die sich hinsichtlich ihres konkreten Nutzens unterscheiden. Diese Reifegradstufen auf dem Entwicklungspfad zur Zukunftsvision Industrie 4.0 werden im nachfolgenden Kapitel II.1.2.2 kurz erläutert.

II.1.2.2 Reifegradstufen der Industrie 4.0

Im Folgenden wird die Entwicklung der Wertschöpfung spezifisch für die Industrie 4.0 aufgezeigt. Für die vierte industrielle Revolution wird im Rahmen der vorliegenden Arbeit mithin eine höhere Auflösung gegenüber den übrigen Entwicklungsstufen der industriellen Revolution gewählt. Die Industrie 4.0 repräsentiert dementsprechend keinen konkreten Status, der entweder bereits erreicht wurde oder den es noch zu erreichen gilt. Vielmehr stellt die Industrie 4.0 einen Entwicklungspfad dar, welcher die Wertschöpfung durch erfolgreiche Realisierung sukzessive weiterentwickelt. SCHUH ET AL. belegen dies, indem sie diesen Entwicklungspfad als mehrjährigen Transformationsprozess charakterisieren und diesen in vier verschiedene Reifegradstufen unterteilen.[156] Die vier Reifegradstufen der Industrie 4.0 sind mit ihren elementaren Charakteristika in Abhängigkeit zum Fortschritt der Entwicklung sowie ihrem generierten Nutzen in der nachfolgenden Abbildung 13 dargestellt.

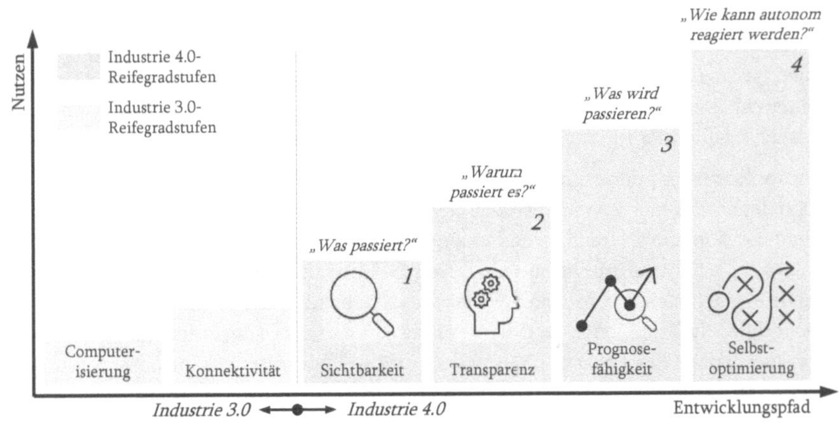

Abbildung 13: Reifegradstufen der Industrie 4.0[157]

Die zusätzlichen ausgegrauten Reifegradstufen, Computerisierung und Konnektivität, referenzieren auf die Industrie 3.0. Diese verkörpern die Digitalisierung und bilden somit die

[155] Vgl. Schindler et al. (Use Cases aus Forschung und Praxis), 2016, S. 143-146.
[156] Vgl. Schuh et al. (Industrie 4.0 Maturity Index), 2020, S. 15-18;
Boos et al. (Smart Tooling), 2016, S. 9.
[157] Vgl. Schuh et al. (Industrie 4.0 Maturity Index), 2020, S. 16;
Boos et al. (Smart Tooling), 2016, S. 9.

Basis für den folgenden Entwicklungspfad der Industrie 4.0.[158] Da diese Reifegradstufen sowie ihre designierten Entwicklungen im Kontext der vorangegangen Ausführungen bereits ausführlich erläutert sind, erfolgt an dieser Stelle keine weitere Betrachtung.

Die Sichtbarkeit repräsentiert die erste Reifegradstufe der Industrie 4.0 und zielt darauf ab, alle relevanten Daten im Produktionsumfeld sichtbar zu machen. Dazu ist es erforderlich, für die Objekte und Prozesse im Produktionsumfeld digitale Abbilder zu erzeugen. Diese digitale Identität eines jeden Objekts bzw. Prozesses wird auch als „digitaler Schatten“ bezeichnet. Die Verknüpfung der digitalen Schatten von Produkten, Prozessen und Ressourcen entlang einer Wertschöpfungskette erzeugt eine echtzeitfähige Auswertungsbasis, welche alle relevanten Daten des Gesamtsystems in digitaler Form und benötigter Granularität beinhaltet.[159] Darüber hinaus sollten bestehende betriebliche Systeme als weitere Datenquellen in die Auswertungsbasis integriert und mit IKT verknüpft werden. Exemplarisch können hierfür Enterprise Resource Planning (ERP) oder Manufacturing Execution Systeme (MES) genannt werden.[160]

Die zweite Reifegradstufe verfolgt das Ziel, Transparenz und Verständnis zu erzeugen. Die Verfügbarkeit des digitalen Schattens bildet hierfür die Grundlage. Mithilfe verschiedener Analyseverfahren als befähigende Faktoren werden die aufgenommenen Daten verknüpft, aggregiert und in einen kontextbezogenen Zusammenhang überführt. Auf Basis dieser detaillierten Analysen der erfassten Daten werden wechselseitige Abhängigkeiten sowie Ursache-Wirkgefüge identifiziert. Die Aggregation der identifizierten Muster und Abhängigkeiten ist Voraussetzung zur späteren Entscheidungsfindung.[161] Gemäß KELZENBERG müssen produzierende Unternehmen zur Schaffung von Transparenz die Verfügbarkeit der erforderlichen Daten sicherstellen. Gleichzeitig sind spezifische Kompetenzen erforderlich, um die unterschiedlichen Analyseverfahren anzuwenden und die Daten zielgerichtet verknüpfen und auswerten zu können.[162]

Die Erlangung einer Prognosefähigkeit ist das Ziel der dritten Reifegradstufe. Aufbauend auf den beiden vorangegangenen Reifegradstufen werden produzierende Unternehmen dazu befähigt, zukünftige Zustände von Produkten, Prozessen, Ressourcen und Systemen vorherzusagen. Basis dessen bildet das umfassende Verständnis für wechselseitige Zusammenhänge und Ursache-Wirkgefüge. Durch Projektion unterschiedlicher Zukunftsszenarien können produzierende Unternehmen, die die Reifegradstufe der Prognosefähigkeit erreicht haben, Ereignisse sowie deren Eintrittswahrscheinlichkeit antizipieren und proaktiv Maßnahmen als Reaktion einleiten.[163]

---

[158] Vgl. Schuh et al. (Industrie 4.0 Maturity Index), 2020, S. 18-19;
Boos et al. (Smart Tooling), 2016, S. 9-10.

[159] Vgl. Schuh et al. (Industrie 4.0 Maturity Index), 2020, S. 18-19;
Boos et al. (Smart Tooling), 2016, S. 9-10.

[160] Vgl. Kelzenberg (Datenstrukturmodell für den digitalen Schatten), 2020, S. 19.

[161] Vgl. Schuh et al. (Industrie 4.0 Maturity Index), 2020, S. 20;
Boos et al. (Smart Tooling), 2016, S. 10.

[162] Vgl. Kelzenberg (Datenstrukturmodell für den digitalen Schatten), 2020, S. 19.

[163] Vgl. Schuh et al. (Industrie 4.0 Maturity Index), 2020, S. 20;
Boos et al. (Smart Tooling), 2016, S. 10.

Die Selbstoptimierung ist Ziel der vierten und finalen Reifegradstufe von Industrie 4.0. Basierend auf der erlangten Transparenz über Produktionsprozesse sowie der Prognosefähigkeit werden produzierende Unternehmen befähigt, selbstoptimierende Produkte, Prozesse, Ressourcen und Systeme zu implementieren. Entscheidungen können dadurch autonom vom Gesamtsystem getroffen werden, um das Unternehmen und sein gesamtes Produktionsumfeld anhand von kontinuierlicher Adaptierung zu optimieren. Durch die computergestützte Entscheidungsfindung erfolgt diese konstante Anpassung an die spezifisch vorliegenden Rahmenbedingungen und Umwelteinflüsse in Echtzeit. Ist ein produzierendes Unternehmen vor diesem Hintergrund zur Selbstoptimierung in der Lage, so hat es den höchsten Reifegrad von Industrie 4.0 erreicht.[164]

Obwohl das Erreichen der vierten Reifegradstufe sowie die erfolgreiche Realisierung der befähigenden Faktoren das finale Ziel des digitalen Wandels darstellen, bilden sie nicht den Kern der vorliegenden Arbeit. Wie zu Beginn dieses Kapitels erläutert, stellt die Industrie 4.0 eine Zukunftsvision dar, deren Erreichen eine längerfristige Entwicklung beinhaltet. Dieser Wandlungsprozess, der den Bogen zwischen der dritten industriellen Revolution und der Industrie 4.0 aufspannt, wird durch die digitale Transformation abgebildet. Im Folgenden soll daher der Begriff der digitalen Transformation in der Betrachtung fokussiert werden sowie stellvertretend für die beschriebenen Aspekte der Industrie 4.0 gelten. Um den Wandlungsprozess zur Industrie 4.0 strukturell erfolgreich zu gestalten, müssen verschiedene Typen aufgezeigt werden, anhand derer eine digitale Transformation erfolgen kann.

II.1.3 Typen der digitalen Transformation

Die Realisierung von Industrie 4.0 kann gemäß SCHEER anhand von verschiedenen Implementierungsstrategien erfolgen, weshalb grundsätzlich drei Transformationstypen für Unternehmen differenziert werden können. Der erste Transformationstyp wird durch die sogenannte Blue Ocean-Strategie beschrieben. Diese setzt voraus, dass eine disruptive Innovation zur Errichtung eines vollkommen neuen Geschäftsmodells genutzt wird. Charakteristisch für die Blue Ocean-Strategie ist somit, dass nicht ein bestehendes Geschäftsmodell weiter optimiert wird, sondern das prinzipiell mit möglichst vielen bestehenden Mustern und Prinzipien gebrochen wird. Dadurch soll das Potenzial der disruptiven Innovation gänzlich ausgeschöpft werden, ohne durch bestehende Restriktionen gehemmt zu werden.[165] Exemplarisch für ein solches Unternehmen kann Tesla als führender Hersteller von Elektrofahrzeugen genannt werden.[166] Am Standort Deutschland findet die Blue Ocean-Strategie in Bezug auf die digitale Transformation bzw. Industrie 4.0 nahezu keine Anwendung. Dies kann dadurch bedingt sein, dass die deutsche Industrie mit ihren traditionellen und bestehenden Geschäftsmodellen noch hinreichend erfolgreich ist.[167]

---

[164] Vgl. Schuh et al. (Industrie 4.0 Maturity Index), 2020, S. 20;
Boos et al. (Smart Tooling), 2016, S. 10.
[165] Vgl. Scheer (Industrie 4.0: Vision und Implementierung), 2016, S. 43.
[166] Vgl. Wagner (Tesla - Statistics & Facts);
Scheer (Industrie 4.0: Vision und Implementierung), 2016, S. 43.
[167] Vgl. Scheer (Industrie 4.0: Vision und Implementierung), 2016, S. 44.

Die Fokussierung von Smart Services (dt. intelligente Dienstleistungen) stellt einen weiteren Transformationstypen für Unternehmen dar. Durch das Angebot von IT-Beratungsdienstleistungen, produktbezogenen Dienstleistungen oder Leasingkonzepten sollen Unternehmen hierbei neuartige Potenziale erschließen. Ziel der Unternehmung ist somit nicht mehr die einmalige Veräußerung eines spezifischen Produktes, sondern eine kontinuierliche und zyklische Leistungsabgabe der Produktfunktion an den Kunden. Durch Fokussierung von Smart Services treibt ein Unternehmen insbesondere seine marktseitige digitale Transformation voran und agiert in der Folge als Dienstleister am Markt.[168]

Das Stufenkonzept bildet gemäß SCHEER den letzten Transformationstypen für Unternehmen. Dieses beschreibt die schrittweise Entwicklung zur Realisierung der Zukunftsvision Industrie 4.0. Diesem Transformationstypen zur Implementierung von Industrie 4.0 kann auch das Reifegradmodell nach SCHUH ET AL. zugeordnet werden.[169] Dem Verständnis des Stufenkonzepts folgend, beschreiten Unternehmen den Entwicklungspfad der digitalen Transformation inkrementell. Dabei werden die verschiedenen Reifegradstufen durch graduelle Implementierung verschiedener Technologien in den einzelnen Funktionsbereichen erreicht.[170] Die nachfolgende Abbildung 14 grenzt die drei vorgestellten Transformationstypen voneinander ab.

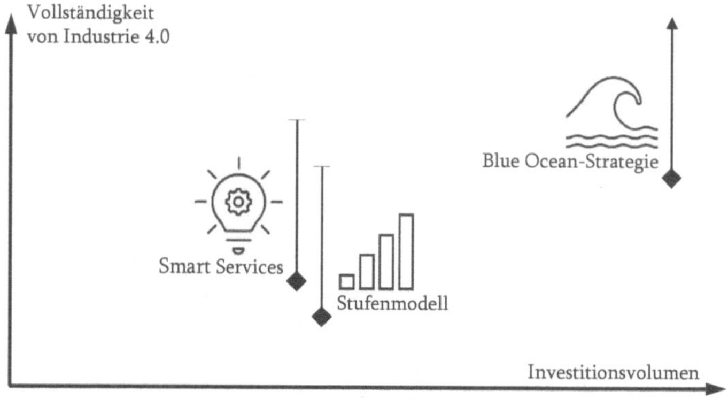

Abbildung 14: Vergleich der Transformationstypen zur Realisierung von Industrie 4.0[171]

Die Transformationstypen lassen sich anhand von ihrem benötigten Investitionsvolumen sowie ihrem Potenzial zur Realisierung einer vollständigen Industrie 4.0 differenzieren. Die Linie oberhalb der Raute induziert die Spanne, wie weit der jeweilige Transformationstyp dahingehend weiterentwickelt werden kann. Das Investitionsvolumen impliziert zudem das Ausmaß der Komplexität sowie den erforderlichen zeitlichen Aufwand. Während die Blue Ocean-Strategie das höchste Potenzial zur ganzheitlichen Realisierung von Industrie 4.0 aufweist, verfügt sie auch mit weitem Abstand über die höchsten Investitionskosten. Die Smart Services sowie das Stufenkonzept weisen demgegenüber zunächst ein eher

[168] Vgl. Scheer (Industrie 4.0: Vision und Implementierung), 2016, S. 47.
[169] Vgl. Kapitel II.1.2.2;
Schuh et al. (Industrie 4.0 Maturity Index), 2020, S. 17-21.
[170] Vgl. Scheer (Industrie 4.0: Vision und Implementierung), 2016, S. 44-47.
[171] I. A. a. Scheer (Industrie 4.0: Vision und Implementierung), 2016, S. 43.

durchschnittliches Potenzial zur ganzheitlichen Realisierung von Industrie 4.0 auf. Gleichzeitig bieten sie jedoch enorme Kostenvorteile und können die Transformationsfähigkeit eines Unternehmens zur Realisierung von Industrie 4.0 durch Weiterentwicklungen sukzessive steigern.[172] In der Literatur wird im Zuge der digitalen Transformation von Unternehmen zumeist auf den Begriff Strategie verwiesen.[173] Demnach ist bereits ersichtlich, dass zur erfolgreichen Realisierung der digitalen Transformation durch ein Unternehmen gewisse Strategien entwickelt werden müssen. Die theoretischen Grundlagen der Strategie und Strategieentwicklung werden daher im Rahmen von Kapitel II.3 vorgestellt.

Neben den Implementierungsstrategien können zudem weitere Parameter für die Typisierung der digitalen Transformation herangezogen werden:[174]

- *Zieldimension* – welches Ziel wird durch die Transformation erreicht? Folgende Zieldimensionen können unterschieden werden: Zeit (bspw. schnellere Leistungsbereitstellung, schnellere Produktion), Finanzen (bspw. Kosteneinsparungen, Umsatzsteigerungen), Raum (bspw. Automatisierung, Vernetzung) oder Qualität (bspw. Produktqualität, Prozessqualität).
- *Transformationsgrad* – wie intensiv erfolgt die Transformation? Folgende Transformationsgrade können unterschieden werden: inkrementelle (geringfügige) Transformation, radikale (fundamentale) Transformation.
- *Objekte* – welche Objekte erfahren die Transformation? Folgende Objekte können differenziert werden: einzelne Elemente von Geschäftsmodellen (bspw. Prozesse, Kundenbeziehungen, Produkte), vollständige Geschäftsmodelle, Wertschöpfungsketten oder Wertschöpfungsnetzwerke.

Sind diese Parameter festgelegt, ermöglichen sie eine noch präzisere Typisierung der digitalen Transformation. Jedoch sind nicht alle Kombinationen dieser Parameter in Abhängigkeit der zuvor genannten Implementierungsstrategien unbedingt sinnvoll. So sollte bspw. eine Blue Ocean-Strategie, bei der ausschließlich Kundenbeziehungen als einzelnes Element eines Geschäftsmodells transformiert werden, vermieden werden.

Es ist ersichtlich, dass anhand der aufgeführten Vorgehensweisen und Parameter bereits eine erste Eingrenzung für die vorliegende Arbeit erfolgen kann. Im weiteren Verlauf wird das Stufenkonzept nach SCHEER fokussiert, da es die geeignetste Variante zur digitalen Transformation von Werkzeugbaubetrieben am Standort Deutschland darstellt. Sowohl die Blue Ocean-Strategie als auch die Fokussierung von Smart Services sind für die vorliegende Arbeit weniger relevant. Bedingt durch hohe Investitions- und Organisationsaufwände ist die Blue Ocean-Strategie für die durch geringe Mitarbeitenden- und Umsatzzahlen geprägte Branche Werkzeugbau nicht anforderungsgerecht.[175] Demgegenüber weisen Smart Services einen Anwendungsbezug für den Werkzeugbau auf.[176] Dennoch sind diese aufgrund ihrer markt- und leistungsbezogenen Perspektive ungeeignet für den wertschöpfungsspezifi-

[172] Vgl. Scheer (Industrie 4.0: Vision und Implementierung), 2016, S. 43.
[173] Vgl. Schallmo et al. (Digitale Transformation von Geschäftsmodellen), 2017, S. 8-11; Scheer (Industrie 4.0: Vision und Implementierung), 2016, S. 43-46.
[174] Vgl. Schallmo et al. (Digitale Transformation von Geschäftsmodellen), 2017, S. 8.
[175] Vgl. Kapitel II.2.2
[176] Vgl. Boos et al. (Digitale Transformation im Werkzeugbau), 2019, S. 7.

schen Kontext der vorliegenden Arbeit. Dies bedingt weiterhin, dass im Kontext des Objekt-Parameters das Produkt als einzelnes Geschäftsmodell-Element aus dem Betrachtungsbereich ausgegrenzt werden kann. Es soll nicht die digitale Transformation des Leistungsportfolios (Smart Services und Produkte) thematisiert werden, sondern die Art und Weise der Leistungserstellung. Für die vorliegende Arbeit ist die digitale Transformation daher als Wandlungsprozess zur Industrie 4.0 zu verstehen, wobei sich die Ausrichtung der Veränderungen auf die Wertschöpfung eines Unternehmens konzentriert. Das Verständnis nach KERSTEN ET AL. ist vor diesem Hintergrund besonders treffend:[177]

> *"Die digitale Transformation beschreibt auf Unternehmensebene die Veränderung von Wertschöpfungsprozessen durch die Weiterentwicklung bestehender und die Implementierung neuer Technologien, Anpassungen der Unternehmensstrategien [...] sowie den Erwerb der dafür erforderlichen Kompetenzen bzw. Qualifikationen. Die verfolgten Ziele sind eine Erhöhung der Flexibilität und Produktivität im Unternehmen [...]."*

II.1.4 Implikationen der digitalen Transformation der Wertschöpfung

Auf Basis der erfolgten Typisierung der digitalen Transformation sowie der Eingrenzung des Verständnisses für die vorliegende Arbeit, erfolgt nachstehend eine Untersuchung der Implikationen dieses Wandlungsprozesses. Dabei werden zunächst die Potenziale betrachtet, welche durch die wertschöpfungsseitige digitale Transformation realisiert werden können. Anschließend werden die Herausforderungen vorgestellt, mit welchen sich Unternehmen im Zuge ihrer digitalen Transformation der Wertschöpfung konfrontiert sehen.

II.1.4.1 Potenziale der digitalen Transformation der Wertschöpfung

Das Wertschöpfungspotenzial des durch die digitale Transformation zu erreichenden Zielzustands Industrie 4.0 wird für die Branchen der produzierenden Industrie, der Land- und Forstwirtschaft sowie der IKT-Branche bis 2025 auf insgesamt 78,77 Mrd. € geschätzt. Dieses ist auf verschiedene Faktoren zurückzuführen.[178]

BISCHOFF ET AL. identifizieren zwei wesentliche Sektoren zur Generierung wirtschaftlicher Potenziale im Kontext der digitalen Transformation für mittelständische Unternehmen. Zum einen kann durch die digitale Transformation der Wertschöpfung eine Reduktion von Produktionskosten erzielt werden, was dem erhöhten Kostendruck aufgrund von Globalisierung und zunehmender Transparenz der Anbietermärkte entgegenwirkt.[179] Dies wird wesentlich durch effizientere Prozesse, weniger Verschwendung und verstärkte Substitutionen realisiert, die die Kosten für Material, Bestände, Fertigung, Logistik und Instandhaltung sowie Komplexitäts- und Qualitätskosten der Produktion verringern.[180] BAUERNHANSL ET AL. prognostizieren Einsparpotenziale für die genannten Kostenarten im Durchschnitt auf 20 % bis 35 %.[181] Diese Einschätzung spiegelt sich auch in einer Studie nach BOOS ET AL.

---

[177] Vgl. Kersten et al. (Potenziale der Digitalisierung), 2017, S. 51.
[178] Vgl. Bauer et al. (Volkswirtschaftliches Potenzial von Industrie 4.0), 2014, S. 8.
[179] Vgl. Bischoff et al. (Potenziale von Industrie 4.0 im Mittelstand), 2015, S. 71-72.
[180] Vgl. Bauer et al. (Volkswirtschaftliches Potenzial von Industrie 4.0), 2014, S. 8.
[181] Vgl. Bauernhansl et al. (Standpunkt Industrie 4.0), 2016, S. 8-9;
Bischoff et al. (Potenziale von Industrie 4.0 im Mittelstand), 2015, S. 71-72.

wider, die eine geschätzte Produktivitätssteigerung von 30 % infolge der digitalen Transformation ausweisen.[182] Die Entfaltung der Nutzenpotenziale erfolgt dabei nicht revolutionär. Vielmehr wird eine evolutionäre Veränderung der Industrie stattfinden.[183] Neben der Reduktion von Produktionskosten wird zum anderen die Erschließung neuer Umsatzpotenziale ermöglicht. Dies wird bspw. durch eine schnellere Belieferung der Märkte, Flexibilisierung der Produktion, Transparenz der Produktion gegenüber Kunden oder einer Individualisierung und Qualitätssteigerung der Produkte ermöglicht. Die Basis zur Realisierung dieser Potenziale stellt eine fundierte Entscheidungsfindung dar, die durch die zeit- und ortsunabhängige Verfügbarkeit von qualitativ hochwertigen Informationen befähigt wird.[184] In Unternehmen, die den Zielzustand Industrie 4.0 durch erfolgreiche digitale Transformation erreicht haben, kann diese Entscheidungsfindung zusätzlich automatisiert werden. Dadurch kann von der kontinuierlichen Selbstoptimierung als vierte Reifegradstufe der Industrie 4.0 profitiert werden, wobei äußere Gegebenheiten permanent berücksichtigt werden.[185] Neben den aufgeführten wirtschaftlichen Aspekten können durch Erreichung des Zielzustands Industrie 4.0 zudem soziale und ergonomische Potenziale erschlossen werden. So ermöglichen bspw. Assistenzsysteme einerseits eine Reduktion von Fehlern sowie eine Steigerung von Schnelligkeit und Flexibilität von Produktionsprozessen. Andererseits unterstützten sie die Mitarbeitenden und reduzieren physische wie auch kognitive Belastungen für diese. Diese sind dadurch in der Lage, sich auf ihre Kerntätigkeiten zu fokussieren, was zudem die Arbeitssicherheit positiv beeinflusst.[186]

II.1.4.2 Herausforderungen der digitalen Transformation der Wertschöpfung

Die digitale Transformation wird als zentrale unternehmerische und gesellschaftliche Herausforderungen der Gegenwart bezeichnet.[187] Grundsätzlich ist es nicht möglich, die vorab aufgeführten Nutzenpotenziale ohne Weiteres zu generieren, da speziell die Transformation der Wertschöpfung diverse Herausforderungen birgt. Dies gilt insbesondere für KMU, wie es typischerweise auch Werkzeugbaubetriebe sind.[188] Die Herausforderungen bestehen aus einer Schnittmenge von strategischen, organisatorischen und kulturellen Fragestellungen.[189]

Als eine der maßgeblichen Herausforderungen der digitalen Transformation kann die segmentierte Umsetzung identifiziert werden. Zur Erreichung des Zielzustands Industrie 4.0 ist eine isolierte Implementierung und Anwendung einzelner Lösungen und Technologien nicht ausreichend. Das wahre Potenzial der Industrie 4.0 infolge einer erfolgreichen digitalen Transformation resultiert erst aus der Kombination und Vernetzung verschiedener Lösungen über den gesamten Wertschöpfungsprozess. Ausschließlich autarke Einsätze werden in diesem Kontext auch häufig als „Insellösungen" oder im Kollektiv als „Industrie 3.x-Konzept" bezeichnet.[190] Für die ganzheitliche Realisierung des Zielzustands Industrie

[182] Vgl. Boos et al. (Digitale Transformation im Werkzeugbau), 2019, S. 5.
[183] Vgl. Bauer et al. (Volkswirtschaftliches Potenzial von Industrie 4.0), 2014, S. 8.
[184] Vgl. Bischoff et al. (Potenziale von Industrie 4.0 im Mittelstand), 2015, S. 72-74.
[185] Vgl. Schuh et al. (Industrie 4.0 Maturity Index), 2020, S. 20-21.
[186] Vgl. Bischoff et al. (Potenziale von Industrie 4.0 im Mittelstand), 2015, S. 90-93.
[187] Vgl. Lemke et al. (Einführung in die Wirtschaftsinformatik), 2017, S. 1.
[188] Vgl. Voigt et al. (Industrie 4.0 – Risiken für KMU), 2019, S. 533-534.
[189] Vgl. Schneider et al. (Informationsgetriebene Geschäftsmodelle des IoT), 2018, S. 68.
[190] Vgl. Graef (Industrie 4.0-Gesamtkonzept), 2016, S. 78-79.

4.0 ist es daher essenziell, eine Umsetzungsplanung für den Transformationsprozess durchzuführen und Umsetzungsfortschritte kontinuierlich abzugleichen. Dazu müssen detaillierte Überlegungen zum Grad und zu den Objekten der digitalen Transformation angestellt werden, um den Typus entsprechend der Randbedingungen des eigenen Unternehmens anzupassen.[191]

Die Autoren VOIGT ET AL. identifizieren ferner zahlreiche ökonomische Herausforderungen, die insbesondere KMU betreffen. Demnach fallen für die digitale Transformation hohe Investitions- und Personalkosten an, deren Amortisation jedoch ungewiss ist. Weiterhin existieren soziale und kommunikative Herausforderungen.[192] So gestaltet eine unzureichende Kommunikation respektive Akzeptanz mit bzw. seitens der Belegschaft einen erfolgreichen Wandlungsprozess nahezu unmöglich. Darüber hinaus bestehen technische Herausforderungen, bei denen die wechselseitigen Abhängigkeiten im Falle eines Systemausfalls einen Stillstand für das gesamte Produktionsumfeld bewirken können.[193] Doch auch im Kontext der anfallenden und gesammelten Daten existieren Fragestellungen, die es im Rahmen der digitalen Transformation zu adressieren gilt. Durch die Menge der anfallenden Daten existieren Herausforderungen in Bezug auf Datenqualität, Stabilität sowie Schnittstellen. Zudem können Datenschutz und Datensicherheit im Kontext personen- aber auch produktionsspezifischer Daten als weitere datenspezifische Herausforderungen der digitalen Transformation aufgeführt werden.[194]

Zusammenfassend kann die digitale Transformation in ihrer Gesamtheit als ein hochkomplexes Vorhaben mit zahlreichen umwälzenden Veränderungen charakterisiert werden.[195] Für die Strukturierung und Organisation eines solchen Vorhabens stellt eine entsprechende Strategie ein zentrales Werkzeug dar.[196] Gemäß HELD & KOCH sind fehlende Strategien sowie ein fehlerhaftes oder sich zurückziehendes Management die Hauptursachen für das Scheitern von digitalen Transformationsprozessen. Die Entwicklung einer Strategie für die digitale Transformation kann somit als finale Herausforderung bezeichnet werden.[197] Wie in Kapitel II.1.3 bereits thematisiert, ist die Entwicklung und Wahl einer passenden Strategie zur digitalen Transformation von zentraler Bedeutung. Dies bestätigen die Autoren BOWERSCX ET AL., indem sie die Neuausrichtung der strategischen Vision als Startpunkt für die digitale Transformation von Unternehmen definieren.[198] BECKER ET AL. leiten in ihren Ausführungen anhand der Definition von digitalen Transformationsprozessen und den Merkmalen einer Strategie ebenfalls her, dass eine entsprechende Strategie einen notwendigen Bestandteil einer erfolgreichen digitalen Transformation darstellt.[199] Im Anschluss an die Erläuterung des Betrachtungsbereichs, welche im nachfolgenden Kapitel II.2 mit Vorstellung der theoretischen Grundlagen des Werkzeugbaus abgeschlossen wird, folgen daher in

---

[191] Vgl. Kapitel II.1.3
[192] Vgl. Voigt et al. (Industrie 4.0 – Risiken für KMU), 2019, S. 524-527.
[193] Vgl. Voigt et al. (Industrie 4.0 – Risiken für KMU), 2019, S. 524-526.
[194] Vgl. Roth (Industrie 4.0 – Hype oder Revolution), 2016, S. 13;
Kirchner et al. (Wertschöpfung im digitalen Zeitalter), 2018, S. 42.
[195] Vgl. Albukhitan (Digital Transformation Strategy for Manufacturing), 2020, S. 667.
[196] Vgl. Kane et al. (Strategy Drives Digital Transformation), 2015, S. 3.
[197] Vgl. Held; Koch (Einführungsstrategien für die Digitalisierung), 2019, S. 508.
[198] Vgl. Bowersox et al. (The Digital Transformation), 2005, S. 23.
[199] Vgl. Becker et al. (Entwicklung und Implementierung von Digitalisierungsstrategien), 2019, S. 41.

Kapitel II.3 die Ausführungen zum Gestaltungsbereich. Dieser wird durch das Themenfeld Strategie komplettiert.

II.2 Werkzeugbau

Die vorliegende Arbeit thematisiert die Transformation zur digital vernetzten Wertschöpfung produzierender Unternehmen. Der Fokus liegt in diesem Kontext jedoch nicht auf der Gesamtheit aller produzierenden Unternehmen, sondern ist auf die Branche Werkzeugbau eingegrenzt. Als Bindeglied zwischen Produktentwicklung und Serienproduktion nimmt der Werkzeugbau in der industriellen Wertschöpfungskette eine Schlüsselposition ein.[200] Mithin fungiert der Werkzeugbau als zentraler Befähiger für die Leistungsfähigkeit der industriellen Produktion und somit auch für den Erfolg von industriell produzierenden Unternehmen.[201] In diesem Kontext ermöglichen die Produktivität sowie Herstellkosten und -qualität der Werkzeuge maßgeblich eine wirtschaftliche Produktion in Serie.[202]

In den folgenden Unterkapiteln werden die Grundlagen zum Werkzeugbau beschrieben. Nachdem zu Beginn durch Erläuterung und Abgrenzung relevanter Begrifflichkeiten ein einheitliches Verständnis geschaffen wird, erfolgt anschließend die Vorstellung der Branchenstruktur. Daraufhin folgt eine Betrachtung der Wertschöpfung im Werkzeugbau, wobei der Fokus auf dem Leistungsspektrum, der branchenspezifischen Prozesskette sowie den Auftragsarten liegt. Nachdem durch diese Ausführungen ein grundlegendes Verständnis für den Werkzeugbau als Branche sowie für die spezifischen Charakteristika vorhanden ist, werden abschließend die Entwicklung der Branche sowie gegenwärtige Herausforderungen und Trends untersucht.

II.2.1 Begriffsdefinition & -abgrenzung

Für die industrielle Produktion von Erzeugnissen werden in den meisten Fällen industrielle Werkzeuge benötigt. Typische Beispiele für Branchen, in denen eine Hochvolumenproduktion durch industrielle Werkzeuge wirtschaftlich gestaltet werden kann, sind die Automobil- sowie deren Zulieferindustrie, Haushaltswaren- und -geräteindustrie sowie die verschiedenen Konsumgüterindustrien.[203] Obwohl industrielle Werkzeuge demnach Befähiger eine wirtschaftlichen Hochvolumenproduktion sind, findet die Bedeutung des Begriffs in der Öffentlichkeit nahezu keine Anwendung. Der Begriff des Werkzeugs wird dort vielmehr mit Handwerkzeugen (bspw. Hammer oder Schraubendreher) oder Standardwerkzeugen (bspw. Bohr- oder Fräswerkzeuge) assoziiert.[204] Mithin existiert in Theorie und Praxis kein einheitliches Verständnis für die Begriffe „Werkzeug“ und „Werkzeugbau“.[205] Für die vorliegende Arbeit werden die Begriffe daher im Folgenden eindeutig definiert und voneinander abgegrenzt, um so ein einheitliches Verständnis zu erzeugen.

200 Vgl. Eversheim; Klocke (Werkzeugbau mit Zukunft), 1998, S. 1
201 Vgl. Holmes et al. (Innovation in the Automotive Tool, Die and Mould Industry), 2005, S. 120-122.
202 Vgl. Klotzbach (Industrieller Werkzeugbau), 2007, S. 42.
203 I. A. a. Klotzbach (Industrieller Werkzeugbau), 2007, S. 42.
204 Vgl. Klotzbach (Industrieller Werkzeugbau), 2007, S. 42.
205 Vgl. Kelzenberg (Datenstrukturmodell für den digitalen Schatten), 2020, S. 45.

II.2.1.1 Werkzeug

Gemäß der Richtlinie 2815[206] des Vereins Deutscher Ingenieure e. V. (VDI) bezeichnen Werkzeuge Fertigungsmittel, die eine mechanische, physikalische bzw. chemische Veränderung in Form oder Substanz durch unmittelbare Einwirkung auf ein Material bezwecken. Weiterhin werden durch die Richtlinie zusätzlich Fertigungsmittel wie bspw. Maschinen, Vorrichtungen oder andere Hilfsstoffe definiert, welche wiederum gemeinsam mit den Prüf-, Handhabungs-, Transport- und Lagermitteln unter dem Begriff Betriebsmittel aggregiert werden.[207] In der nachfolgenden Abbildung 15 ist der Bezug von Betriebs- und Fertigungsmitteln zusammenfassend dargestellt.

Abbildung 15: Betriebsmittel nach VDI-Richtlinie 2815[208]

Gemäß EVERSHEIM & KLOCKE können der Definition des Werkzeugs die sogenannten Hohlformwerkzeuge zur Produktion von Metall- und Kunststoffkomponenten, Bearbeitungswerkzeuge (bspw. Fräsköpfe, Drehmeißel und Schneidplatten) sowie Sonderwerkzeuge (bspw. Räumnadeln) zugeordnet werden. Hohlformwerkzeuge stellen dabei eines der charakteristischen Erzeugnisse des Werkzeugbaus dar. Diese zeichnen sich durch eine teileweise oder vollständige Abbildung der Werkstückform auf der Werkzeuggeometrie aus. Das Spektrum der Hohlformwerkzeuge umfasst Spritz- und Druckgießwerkzeuge, Stanz-, Press- und Formwerkzeuge sowie Schmiedegesenke.[209] Der Betrachtungsbereich der vorliegenden Arbeit fokussiert ausschließlich die Hohlformwerkzeuge, die nachfolgend unabhängig vom Fertigungsverfahren in der Serienproduktion als Werkzeuge bezeichnet werden. Die übrigen Arten von Werkzeugen, die der obigen Definition entsprechen, werden mithin exkludiert und nicht näher betrachtet. Abschließend gilt es hervorzuheben, dass Werkzeuge eine Vielzahl individueller Funktionen und Merkmale aufweisen können und dabei höchste Anforderungen an Präzision und Oberflächengüte erfüllen müssen.[210] Als Mittel zur Arbeitsverrichtung, welche stets gemeinsam mit Maschinen und Anlagen eingesetzt werden, stellen sie ein Produktionsmittel dar.

[206] Obwohl die VDI-Richtlinie 2815 bereits 2001 ersatzlos zurückgezogen wurde, erfährt diese weiterhin allgemein Anerkennung und Verwendung in der Branche Werkzeugbau. Siehe dazu auch Boos (Modulare Werkzeuge), 2008, S. 28 oder Kuhlmann (Geschäftsprozesse im industriellen Werkzeugbau), 2011, S. 26.

[207] Vgl. VDI (VDI-Richtlinie 2815), 1978.

[208] Vgl. VDI (VDI-Richtlinie 2815), 1978.

[209] Vgl. Eversheim; Klocke (Werkzeugbau mit Zukunft), 1998, S. 24-25.

[210] Vgl. Klocke; Arntz (Technologien für den Werkzeugbau), 2004.

II.2.1.2 Werkzeugbau

Die Bedeutung des Begriffs Werkzeugbau lässt sich anhand von zwei Ausprägungen differenzieren. Einerseits bezeichnet dieser Unternehmen respektive Organisationseinheiten, welche Werkzeuge produzieren. Andererseits kann der Begriff Werkzeugbau auch synonym für die gesamte werkzeugproduzierende Branche verwendet werden.[211] Zu den Erzeugnissen der werkzeugproduzierenden Branche gehören neben Hohlformwerkzeugen für die Serienproduktion als zentrale Sachleistungen weiterhin Vorrichtungen, Prüfmittel und Modelle.[212] Bedingt durch die Heterogenität, die das Leistungsspektrum des Werkzeugbaus aufweist, werden verschiedene Bezeichnungen wie Formenbau, Betriebsmittelbau, Vorrichtungsbau, Werkzeug- und Anlagenbau sowie verschiedene Kombinationen dieser Bezeichnungen verwendet.[213] FRICK[214], sowie in ähnlicher Form PITSCH[215] und KUHLMANN[216], verwenden den Begriff „Werkzeugbaubetrieb" für ein Unternehmen bzw. eine Organisationseinheit und den Begriff „Werkzeugbau" für die Branche als Ganzes. Diese Begriffsauslegung findet auch im Rahmen der vorliegenden Arbeit Anwendung.

Ein charakteristisches Merkmal zur Differenzierung der Unternehmen innerhalb der Branche Werkzeugbau stellt der unternehmensspezifische Marktzugang dar. Dieser lässt sich in interne sowie externe Werkzugbaubetriebe differenzieren, wobei große Diskrepanzen hinsichtlich Eigenschaften und Zielsetzungen der Unternehmen vorhanden sind.[217] Gemäß der gemeinsamen Datenbank des Werkzeugmaschinenlabors WZL der RWTH und des Fraunhofer-Instituts für Produktionstechnologie IPT weisen ca. 52 % aller Werkzeugbaubetriebe in Deutschland einen externen und ca. 48 % einen internen Marktzugang auf.[218] Die Verteilung des Marktzugangs deutscher Werkzeugbaubetriebe kann der nachfolgenden Abbildung 16 entnommen werden.

Abbildung 16: Marktzugang deutscher Werkzeugbaubetriebe[219]

---

[211] Vgl. Kühn (Leistungssysteme im Werkzeugbau), 2016, S. 33.

[212] Eine genaue Definition des Leistungsspektrums im Werkzeugbau sowie der einzelnen Werkzeugtypen erfolgt in Kapitel II.2.3.1; Vgl. Eversheim; Klocke (Werkzeugbau mit Zukunft), 1998, S. 25-26; Kozielski (Kennzahlensystem für den Werkzeugbau), 2010, S. 14.

[213] Vgl. Brankamp (Werkzeug- und Betriebsmittelbau), 1991, S. 5-7.

[214] Vgl. Frick (Geschäftsmodelle im Werkzeugbau), 2006, S. 20-21.

[215] Vgl. Pitsch (Vernetzung von Werkzeugbaustandorten), 2014, S. 34.

[216] Vgl. Kuhlmann (Corporate Tooling), 2017, S. 65-66.

[217] Vgl. Pitsch (Vernetzung von Werkzeugbaustandorten), 2014, S. 34.

[218] Vgl. WZL/IPT (Gemeinsame Datenbank zum Werkzeugbau), Stand Februar 2023.

[219] Eigene Darstellung.

Werkzeugbaubetriebe mit internem Marktzugang sind Bestandteil eines produzierenden Unternehmens und gliedern sich in dessen Aufbauorganisation ein.[220] Das übergeordnete Mutterunternehmen fungiert dabei gleichzeitig als Kapitalgeber und Hauptabnehmer für die erstellten Leistungen des internen Werkzeugbaus. Die wesentliche Zielsetzung ist dabei die Sicherstellung der Werkzeugversorgung für die Serienproduktion sowie die Steigerung der Gesamtproduktivität des Mutterunternehmens. Dies soll insbesondere durch Integration von Effizienz, Verfügbarkeit und Zuverlässigkeit erfolgen. Gleichzeitig können ein Know-how-Schutz hinsichtlich wettbewerbsentscheidender Kompetenzen, Unabhängigkeit von externen Lieferanten sowie die Optimierung und Reduzierung interner Schnittstellen sichergestellt werden.[221] Für die Realisierung differenzierender Zielsetzungen existieren verschiedene Möglichkeiten, um einen internen Werkzeugbau in das Mutterunternehmen einzugliedern. Nach EVERSHEIM & KLOCKE kann zwischen der Integration als Abteilung, Cost-Center und Profit-Center unterschieden werden.[222] Die Organisationsformen zur Integration interner Werkzeugbaubetriebe sowie die spezifischen Vor- und Nachteile sind in Abbildung 17 zusammenfassend dargestellt.

	Abteilung	***Cost-Center***	***Profit-Center***
Ausrichtung	Aufgabenorientierung	Kostenorientierung	Leistungsorientierung
Arbeitsweise	Kostenumlage auf andere Bereiche	Eigenverantwortung hinsichtlich Kosten	Eigenverantwortung hinsichtlich Ergebnis
Vorteile	„Unbeschränkte" Finanzmittel	Kostensenkung durch Kostenverantwortung	Vergleichsmöglichkeit mit externen Anbietern
Nachteile	Hohe Kosten durch fehlende Verantwortung	Bedingter Rentabilitätsvergleich	Höherer administrativer Aufwand

Abbildung 17: Organisationsformen zur Integration interner Werkzeugbaubetriebe[223]

Die Organisationsform Abteilung stellt die traditionelle Integration eines internen Werkzeugbaus dar. Diese Organisationsform ist durch eine Aufgabenorientierung und exklusive Fertigung der Erzeugnisse für das Mutterunternehmen charakterisiert. Die verursachten Kosten werden dabei vollumfänglich auf die anderen Abteilungen des Unternehmens umgelagert. Eine eigene Erfolgsrechnung wird bei dieser Organisationsform mithin nicht durchgeführt. In der Folge verfügt der Werkzeugbau über nahezu unbeschränkte finanzielle Mittel zur Herstellung der Werkzeuge. Gleichzeitig ergeben sich jedoch weder Kostentransparenz noch unmittelbare Kostenverantwortung. Dies resultiert häufig in einer erschwerten Identifikation und Zuordnung von vermeidbaren Mehrkosten und Ausgaben. Die Organisationsform Cost-Center verfolgt durch eine stark kostenorientierte Ausrichtung das Ziel einer Kostenreduzierung. Die Arbeitsweise des Cost-Centers kann durch eine Eigenverantwortung hinsichtlich der verursachten Kosten charakterisiert werden. Für das Mutterunternehmen kann so der Kostenaufwand für die Werkzeugherstellung reduziert

[220] Vgl. Eversheim; Klocke (Werkzeugbau mit Zukunft), 1998, S. 74.
[221] Vgl. Kuhlmann (Geschäftsprozesse im industriellen Werkzeugbau), 2011, S. 27.
[222] Vgl. Eversheim; Klocke (Werkzeugbau mit Zukunft), 1998, S. 3-5.
[223] Vgl. Kuhlmann (Geschäftsprozesse im industriellen Werkzeugbau), 2011, S. 27.

werden. Gleichermaßen kann das Mutterunternehmen angefragte Kostenkalkulationen des internen Werkzeugbaus unmittelbar mit externen Wettbewerbern vergleichen. Dies ermöglicht dem internen Werkzeugbau die Option des „Last Call“, welcher die Anpassung des eigenen Angebots entsprechend des aufgerufenen Marktpreises darstellt. Durch die Ausrichtung eines internen Werkzeugbaus als Profit-Center positioniert dieser sich als eigenständiger Geschäftsbereich mit entsprechender Leistungsorientierung. Basierend auf den Vorgaben des Mutterunternehmens besteht eine vollständige Kosten- und Ergebnisverantwortung. Dadurch können direkte und aussagekräftige Vergleiche mit externen Wettbewerbern durchgeführt werden, sodass ein hoher Kostendruck die Folge ist. Aufgrund der Notwendigkeit einer Ausweisung der internen Erfolgsrechnung ist der administrative Aufwand bei dieser Organisationsform am höchsten.[224] Bedingt durch den stetig steigenden Wettbewerbsdruck werden heute die meisten internen Werkzeugbaubetriebe als Cost- oder Profit-Center geführt.[225]

Demgegenüber stellen Werkzeugbaubetriebe mit externem Marktzugang eigenständige Unternehmen dar, die im Auftrag verschiedener Kunden Werkzeuge herstellen. Dabei agieren sie mit der Absicht der Gewinnerzielung in der freien Wirtschaft und folgen dem sogenannten erwerbswirtschaftlichen Prinzip.[226] Externe Werkzeugbaubetriebe bedienen häufig einen breiten Kundenstamm, der sich mitunter über verschiedene Branchen erstrecken kann. Solche Betriebe sind weniger stark von einzelnen Kunden bzw. Kundensegmenten abhängig, sodass das Risiko von konjunkturellen Auslastungsschwankungen reduziert werden kann.[227] Bedingt durch die Zusammenarbeit mit verschiedenen Kunden und die Abwicklung unterschiedlicher Aufträge generieren externe Werkzeugbaubetriebe häufig ein umfassendes Wissen und entwickeln entsprechende Problemlösungskompetenzen. Gegenüber weiteren Marktbegleitern stellt dies ein Differenzierungsmerkmal dar, welches nur schwer imitiert werden kann.[228] Grundsätzlich lassen sich zwei Typen externer Werkzeugbaubetriebe unterscheiden. Neben eigenständigen und wirtschaftlich unabhängigen Werkzeugbaubetrieben existieren außerdem solche Betriebe, die in einen Unternehmensverbund eingegliedert sind.[229] Diese bieten ihre Leistungen ausschließlich am Markt und nicht unternehmensintern an. Die Geschäftstätigkeiten werden jedoch unter dem Namen des Mutterunternehmens ausgeführt. Weiterhin erfolgt eine Integration in die Gesamtbilanz des Mutterunternehmens.

II.2.2 Branchenstruktur

Die Branche Werkzeugbau kann innerhalb des Verbands Deutscher Maschinen- und Anlagenbauer (VDMA) zum Bereich Präzisionswerkzeuge zugeordnet werden. Die Branche ist am Standort Deutschland überwiegend mittelständisch geprägt und kann durch eine

[224] Vgl. Eversheim; Klocke (Werkzeugbau mit Zukunft), 1998, S. 74-76.
[225] Vgl. Kelzenberg (Datenstrukturmodell für den digitalen Schatten), 2020, S. 47.
[226] Vgl. Klotzbach (Industrieller Werkzeugbau), 2007, S. 53;
Bardmann (Allgemeine Betriebswirtschaftlehre), 2019, S. 267-271
[227] Vgl. Schleyer (Kooperationsmanagement im Werkzeugbau), 2006, S. 22;
Spennemann (Organisationsstrukturen im Werkzeugbau), 2001, S. 12;
Eversheim; Klocke (Werkzeugbau mit Zukunft), 1998, S. 4.
[228] Vgl. Westekemper (Angebotspreisbildung im Werkzeugbau), 2002, S. 7;
Schleyer (Kooperationsmanagement im Werkzeugbau), 2006, S. 22.
[229] Vgl. Eversheim; Klocke (Werkzeugbau mit Zukunft), 1998, S. 4.

starke Heterogenität charakterisiert werden. Derzeit sind rund 54.000 Mitarbeitende in etwa 3.800 Betrieben beschäftigt, wobei in 65 % dieser Betriebe weniger als 50 Mitarbeitende tätig sind. Demgegenüber beschäftigt lediglich 1 % der Werkzeugbaubetriebe am Standort Deutschland mehr als 100 Mitarbeitende. Dabei gilt es zu beachten, dass für solche Betriebsgrößen maßgeblich interne Werkzeugbaubetriebe mit Tätigkeitsfeldern in der Automobilindustrie verantwortlich sind.[230] Grundsätzlich kann anhand der starken Fragmentierung der Branche Werkzeugbau ermittelt werden, dass ein Großteil der Werkzeugbaubetriebe den kleinen und mittleren Unternehmen (KMU) zugeordnet werden kann.[231] Die Heterogenität hinsichtlich der Mitarbeitendenstruktur kann der nachfolgenden Abbildung 18 entnommen werden.

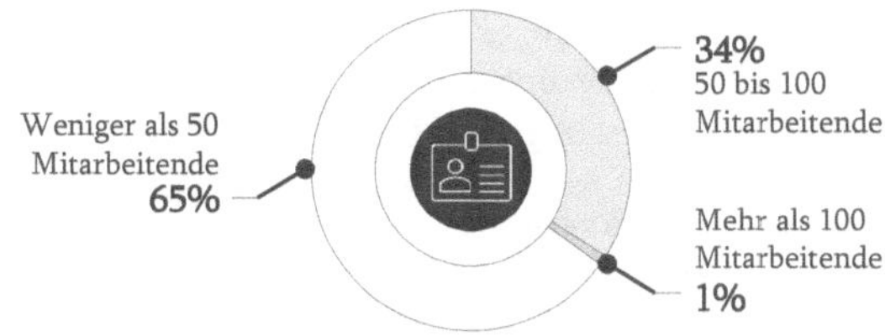

Abbildung 18: Mitarbeitendenstruktur der deutschen Branche Werkzeugbau[232]

In Bezug auf die Mitarbeitenden der deutschen Branche Werkzeugbau können drei charakteristische Entwicklungen festgestellt werden. Erstens kann für die letzten drei Jahre ein Anstieg des Durchschnittsalters der Beschäftigten von 39,5 Jahre auf 40,9 Jahre beobachtet werden. Um auch zukünftig die Beschäftigung von fähigen Arbeitskräften sicherzustellen, ist es daher essenziell für die Betriebe, verstärkt jüngere Mitarbeitende zu akquirieren. In diesem Kontext kann eine positive Entwicklung hinsichtlich eines Anstiegs der Ausbildungsquote von 10,9 % im Jahr 2016 auf 12,9 % im Jahr 2018 festgestellt werden. Ebenfalls kann eine Zunahme der durchschnittlichen Unternehmenszugehörigkeit von 15,2 Jahren konstatiert werden. Dies spricht für eine niedrige Fluktuationsrate der Beschäftigten und kann auf eine hohe Mitarbeitendenzufriedenheit schließen lassen.[233]

Wie FRICK bereits im Jahr 2006 betont, nimmt die deutsche Branche Werkzeugbau im Vergleich zur internationalen Konkurrenz eine Spitzenstellung ein. Diese Feststellung basiert im Wesentlichen auf dem produzierten Werkzeugwert sowie dem Leistungsniveau eines Werkzeugbaumarktes.[234] Auch heute noch gehören deutsche Werkzeugbaubetriebe zu den internationalen Hauptproduzenten der Branche – trotz stärker globalisierten Märkten mit

---

230 Vgl. Boos et al. (Tooling in Germany), 2020, S. 13;
Ursprung der Mitarbeitendenanzahl ist der Fachverband Präzisionswerkzeuge des VDMA. Ferner gilt es zu beachen, dass Unternehmen in Deutschland mit weniger als 20 Mitarbeitenden keine Verpflichtung obliegt, Informationen hinsichtlich Produktion, Leistungen sowie Mitarbeidenenanzahl auszuweisen (Vgl. VDMA (Präzisionswerkzeuge 2019), 2019).

231 Vgl. Kelzenberg (Datenstrukturmodell für den digitalen Schatten), 2020, S. 48;
Die Größenklasse für KMU ist per Definition der Europäischen Kommission auf eine Beschäftigtenanzahl von unter 250 und einen Jahresumsatz von weniger als 50 Mio. € bzw. eine Jahresbilanzsumme von weniger als 43 Mio. € festgelegt (Vgl. Europäische Kommission (KMU), 2003).

232 Vgl. Boos et al. (Tooling in Germany), 2020, S. 13.

233 Vgl. Boos et al. (Tooling in Germany), 2020, S. 13-29.

234 Vgl. Frick (Geschäftsmodelle im Werkzeugbau), 2006, S. 24.

vielen aufstrebenden Marktteilnehmern.[235] Zu den wichtigsten Handelspartnern deutscher Werkzeugbaubetriebe zählen neben China und den USA insbesondere Mexiko, Italien, Tschechien, Österreich und die Schweiz.[236] Innerhalb Europas stellt der deutsche Werkzeugbau den größten und wichtigsten Werkzeugbaumarkt dar, was sich auch in dem europaweit größten Produktionsvolumen widerspiegelt.[237] Im internationalen Vergleich der Werkzeugproduktion belegt Deutschland nach China, den USA und Japan den vierten Platz.[238] Dies kann einerseits auf die enge Verknüpfung deutscher Werkzeugbaubetriebe mit der Automobilindustrie, bei gleichzeitiger Verteilung der Wertschöpfung auf ein breites Spektrum kleiner und mittlerer Unternehmen, zurückgeführt werden. Andererseits erfüllen deutsche Werkzeugbaubetriebe höchste Anforderungen an Qualität und Komplexität der Werkzeuge, was bspw. für die Automobilindustrie unabdingbar ist.[239] Die starke Verknüpfung des deutschen Werkzeugbaus mit der Automobilindustrie sowie die ausgeprägte Integration in deren Wertschöpfungskette kann dabei insbesondere durch regionale Bündelungen beider Branchen begründet werden.[240]

II.2.3 Wertschöpfung im Werkzeugbau

Wie eingangs in Kapitel II.2 erwähnt, ist der Werkzeugbau Befähiger der industriellen Produktion und hat somit maßgeblichen Einfluss auf die Leistungsfähigkeit industriell produzierender Unternehmen.[241] Die größten Abnehmer von Werkzeugen sind demnach Serienproduzenten, während der Werkzeugbau selbst jedoch durch Einzel- und Kleinserienfertigung charakterisiert werden kann. Dies ist dadurch bedingt, dass die Erzeugnisse des Werkzeugbaus lediglich in geringer Stückzahl benötigt werden und es sich dabei um individuell an die Kundenbedürfnisse angepasste Unikate handelt.[242] Dadurch sind fähige Werkzeugbaubetriebe in der Lage, maßgeblichen Einfluss auf Produktqualität und -gestalt, Kosteneffizienz des Produkts und Produktivität der gesamten Produktion zu nehmen und diese positiv zu beeinflussen.[243] Die Stellung in der industriellen Wertschöpfungskette sowie der Einfluss des Werkzeugbaus auf die industrielle Produktion machen deutlich, dass dieser einen wesentlichen Anteil an der Wertschöpfung in der industriellen Wertschöpfungskette besitzt.[244] Der Begriff Wertschöpfung kann in diesem Kontext synonym zur Leistungserstellung verstanden werden und beschreibt somit die sukzessive Wertsteigerung von Produkten durch die Kombination von Aktivitäten und Ressourcen.[245] Aus diesem Grund soll

---

[235] Dazu kann auf eine Reihe von Statistiken der Branche Werkzeugbau mit Bezug zu Produktion und Export verschiedener Werkzeugarten verwiesen werden.
Vgl. Boos et al. (World of Tooling), 2018, S. 172-187.
[236] Vgl. Boos et al. (Tooling in Germany), 2020, S. 14-15.
[237] Vgl. Boos et al. (Tooling in Germany), 2020, S. 14.
[238] Vgl. Boos et al. (World of Tooling), 2018, S. 16-33.
[239] Vgl. Boos et al. (World of Tooling), 2018, S. 33-34.
[240] Vgl. Holmes et al. (Innovation in the Automotive Tool, Die and Mould Industry), 2005, S. 120-130.
[241] Vgl. Eversheim; Klocke (Werkzeugbau mit Zukunft), 1998, S. 1.
[242] Vgl. Frick (Geschäftsmodelle im Werkzeugbau), 2006, S. 21-22.
[243] Vgl. Frick (Geschäftsmodelle im Werkzeugbau), 2006, S. 22.
[244] Vgl. Eversheim et al. (Orientierung für den Werkzeug- und Formenbau), 2002, S. 3.
[245] Für eine genauere Definition des Begriffs Wertschöpfung soll auf Kapitel II.1 verwiesen sein;
Vgl. Müller-Stewens; Lechner (Strategisches Management), 2011, S. 354.

auch die Wertschöpfung im Werkzeugbau detailliert betrachtet werden. Dazu wird im Folgenden zunächst das Leistungsspektrum strukturiert, die generische Prozesskette des Werkzeugbaus aufgeschlüsselt sowie verschiedene Auftragsarten differenziert.

II.2.3.1 Leistungsspektrum des Werkzeugbaus

Das für den Werkzeugbau charakteristische Leistungsspektrum kann durch eine Vielzahl industrieller Sach- und Dienstleistungen charakterisiert werden. Bedingt durch die Herstellung von produkt- und kundenspezifischen Unikaten, sind Werkzeugbaubetriebe der Einzel- und Kleinserienfertigung zuzuordnen.[246] Die Herstellung von Werkzeugen nimmt mit durchschnittlich 82 % des Auftragsvolumens einen wesentlichen Anteil der Leistungserstellung ein.[247] Die Werkzeuge können dabei in Größe, Gewicht und Komplexität stark variieren. Während die Längenmaße von 250 Millimeter bis zu mehreren Metern reichen können, variiert das Gewicht von Werkzeugen zwischen weniger als 100 Kilogramm und 40 Tonnen. Die Komplexität eines Werkzeugs kann auf die Anzahl integrierter Funktionen sowie die Anforderungen an eine hochpräzise Form und Oberflächengüte zurückgeführt werden. Weiterhin wird die Komplexität durch einzuhaltende Toleranzen, Materialeinsatz im Werkzeug sowie Anzahl der Komponenten beeinflusst.[248] Mithin ist die Herstellung und der Zusammenbau von Werkzeugen personalintensiv und erfordert ein hohes Maß an Präzision und Erfahrung der Mitarbeitenden, da physikalische Prozesse wie bspw. Schwindung oder Rückfederung des Produktmaterials hoch komplex und schwer simulierbar sind. [249] Neben den Werkzeugen existieren noch weitere Sachleistungen und Erzeugnisse, die charakteristisch für das Leistungsspektrums des Werkzeugbaus sind.[250] Innerhalb des Leistungsspektrums lassen sich Werkzeuge als zentrale Sachleistungen in verschiedene Typen einordnen. Das Leistungsspektrum von Werkzeugbaubetrieben sowie die verschiedenen Werkzeugtypen sind in Abbildung 19 dargestellt.

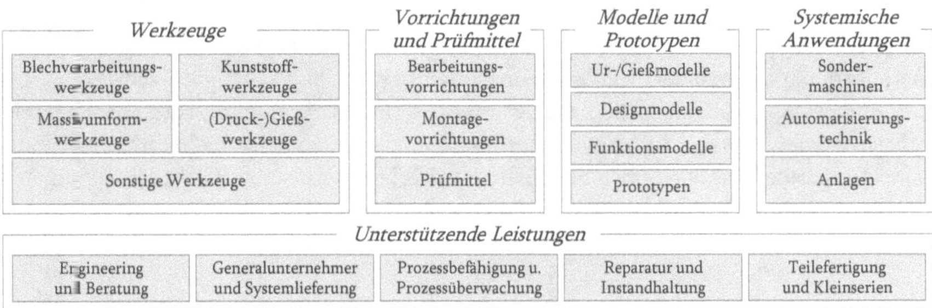

Abbildung 19: Übersicht des Leistungsspektrums im Werkzeugbau[251]

---

[246] Vgl. Frick (Geschäftsmodelle im Werkzeugbau), 2006, S. 21-22.
[247] Vgl. WZL/IPT (Gemeinsame Datenbank zum Werkzeugbau), Stand Februar 2023.
[248] Vgl. Klocke; Arntz (Technologien für den Werkzeugbau), 2004;
Klotzbach (Industrieller Werkzeugbau), 2007, S. 41.
[249] Vgl. Haasler (Facharbeit im Werkzeugbau), 2004, S. 220-224;
Menges et al. (Spritzgießwerkzeuge), 2007, S. 325-328;
Frick (Geschäftsmodelle im Werkzeugbau), 2006, S. 22.
[250] Vgl. Kozielski (Kennzahlensystem für den Werkzeugbau), 2010, S. 14-15.
[251] I. A. a. Kozielski (Kennzahlensystem für den Werkzeugbau), 2010, S. 14;
Eversheim; Klocke (Werkzeugbau mit Zukunft), 1998, S. 25.

Blechverarbeitungswerkzeuge dienen einer Vielzahl unterschiedlicher Fertigungsverfahren zur Blechumformung und umfassen sowohl Stanz-Biegewerkzeuge als auch Tiefziehwerkzeuge. Erstere bilden die Fertigungsverfahren Blechfügen, -umformen und -zerteilen ab.[252] Die finale Geometrie der Produkte wird dabei zumeist in mehreren aufeinanderfolgenden Arbeitsvorgängen erreicht. Innerhalb der Stanz-Biegewerkzeuge werden in Abhängigkeit von eingesetzten Umformverfahren, Produktgröße und -gestalt sowie Stückzahl der zu fertigenden Produkte Folgeverbund- und Transferwerkzeuge unterschieden.[253] Tiefziehwerkzeuge werden demgegenüber für die Verarbeitung von Blechen zu Hohlkörpern genutzt, indem diese Zugdruckoperationen anwenden.[254] Bedingt durch ihre Funktionsweise werden Blechverarbeitungswerkzeuge auch häufig als Presswerkzeuge bezeichnet, die in z. T. aufeinanderfolgenden Pressenstraßen angeordnet sind. Die überwiegend aus den Werkstoffen Stahl und Aluminium bestehenden Bleche werden mithilfe dieser Pressenstraßen schrittweise in die gewünschte Form überführt.[255]

Kunststoffwerkzeuge oder Spritzgießwerkzeuge dienen zur Urformung von Bauteilen auf Kunststoffbasis.[256] Urformung bezeichnet dabei die Schaffung eines Körpers aus einem formlosen Stoff. Die weiteste Verbreitung erfährt dabei das Spritzgießverfahren, welches die Herstellung komplexer Formen aus nur einem Stück ermöglicht.[257] Die Urformung des Kunststoffteils erfolgt durch die Befüllung eines Hohlraums (auch Kavität genannt) mit verflüssigtem Polymer und der anschließenden Aushärtung. Die gewünschte Form des Kunststoffteils wird durch Abbildung dieser als Negativ im Spritzgießwerkzeug erreicht. Die Auswahl des verwendeten Polymers bestimmt, ob das Spritzgießwerkzeug gekühlt oder beheizt wird.[258] Aufgrund der diversen Möglichkeiten zur Formgebung, Oberflächengestaltung und Produktgröße sowie zum Werkstoffeinsatz verfügen Spritzgießwerkzeuge über ein breites Einsatzspektrum.[259]

Massivumformwerkzeuge oder Schmiedegesenke dienen zur Umformung von massiven, metallischen Halbzeugen. Die einzelnen Verfahren werden in verschiedenen Temperaturbereichen eingesetzt, sodass zwischen Werkzeugen zur Warm-, Halbwarm- und Kaltmassivumformung differenziert werden kann.[260] Geforderte Oberflächengüte und Produktgestalt sind exemplarische Kriterien, die bei der Auswahl des Herstellungsverfahrens berücksichtigt werden.[261] Aktuelle Massivumformwerkzeuge sind zumeist mehrstufig, wobei die ersten drei Stufen zur Hauptformung dienen. Kalibrier-, Loch- oder Beschneidoperationen erfolgen in den nachgelagerten Stufen.[262] Generell können mithilfe der Massivumformung

---

[252] Vgl. Doege; Behrens (Umformtechnik), 2010, S. 27;
Eversheim; Klocke (Werkzeugbau mit Zukunft), 1998, S. 26.
[253] Vgl. Schuler GmbH (Handbuch Umformtechnik), 1996, S. 124-128.
[254] Vgl. Schuler GmbH (Handbuch Umformtechnik), 1996, S. 11.
[255] Vgl. Eversheim; Klocke (Werkzeugbau mit Zukunft), 1998, S. 26.
[256] Vgl. Eversheim; Klocke (Werkzeugbau mit Zukunft), 1998, S. 26.
[257] Vgl. Koltzenburg et al. (Polymere), 2014, S. 146;
Koltzenburg et al. (Polymere), 2014, S. 463.
[258] Vgl. Herfurth (Fertigungsverfahren Urformen), 2007, S. 17.
[259] Vgl. Menges et al. (Spritzgießwerkzeuge), 2007, S. 560-562.
[260] Vgl. Schuler GmbH (Handbuch Umformtechnik), 1996, S. 436-437.
[261] Vgl. Schuler GmbH (Handbuch Umformtechnik), 1996, S. 438-440.
[262] Vgl. Schuler GmbH (Handbuch Umformtechnik), 1996, S. 485-488.

alle metallischen Werkstoffe verarbeitet werden, wobei sowohl einfach als auch komplexe Geometrien erzielt werden können.[263]

(Druck-)Gießwerkzeuge dienen zur Herstellung von Produkten aus schmelzflüssigem Metall. Mittels Druckgießwerkzeugen verarbeitete, metallische Werkstoffe können bspw. Aluminium, Zink oder Magnesium sein. Der verarbeitete Werkstoff wird analog zum Spritzgießprozess einem formgebenden Hohlraum zugeführt. Um das fertige Produkt nach dessen Erstarrung dem Werkzeug entnehmen zu können, besteht dieses aus zwei Werkzeughälften.[264] Bedingt durch die im Vergleich zu Kunststoffwerkzeugen höheren thermischen Belastung, ist die Lebensdauer von Druckgießwerkzeugen deutlich kürzer.[265]

Sonstige Werkzeuge umfassen alle Werkzeuge, die den zuvor genannten Kategorien nicht eindeutig zugeordnet werden können. Zu den sonstigen Werkzeugen zählen bspw. Sinter-Pressformen, die zur Herstellung von Produkten einfacher Geometrien aus hauptsächlich metallisch-pulverförmigem Material dienen. Die Formgebung erfolgt dabei durch das Einwirken von hohem Druck.[266]

Neben den aufgeführten Werkzeugtypen lassen sich dem Leistungsspektrum von Werkzeugbaubetrieben zudem Vorrichtungen und Prüfmittel zuordnen. Solche Erzeugnisse können bspw. als Vorrichtung bei bearbeitenden Verfahren bzw. der Montage zur Unterstützung der Werker verwendet werden. Gleichermaßen können sie ebenfalls als speziell angefertigte Prüfmittel zur Einhaltung von vorgegebenen Qualitätsstandards dienen. Weiterhin werden Modelle und Prototypen hergestellt, die von Serienproduzenten für frühe Testphasen verwendet werden können. Das Spektrum der Sachleistungen wird durch systemische Anwendungen komplettiert. Hierzu zählt unter anderem die Anfertigung von Sondermaschinen, Automatisierungstechnik oder kundenspezifisch angefragten Anlagen.

Die nachfolgende Abbildung 20 zeigt die Umsatzverteilung der deutschen Branche Werkzeugbau nach ihren Sachleistungen. Grundsätzlich weist die Branche Werkzeugbau eine sehr hohe Heterogenität ihrer angebotenen und in Anspruch genommenen Sachleistungen auf. Es ist jedoch ein eindeutiger Fokus auf der Herstellung von Kunststoff- und Blechverarbeitungswerkzeugen erkennbar.

---

263 Vgl. Herbertz et al. (Massivumformung), 2013, S. 13-15.
264 Vgl. Brunhuber (Druckgußfertigung), 1991, S. 187.
265 Vgl. Bilsing (Technologische Leistungsfähigkeit), 2007, S. 5.
266 Vgl. Bilsing (Technologische Leistungsfähigkeit), 2007, S. 5.

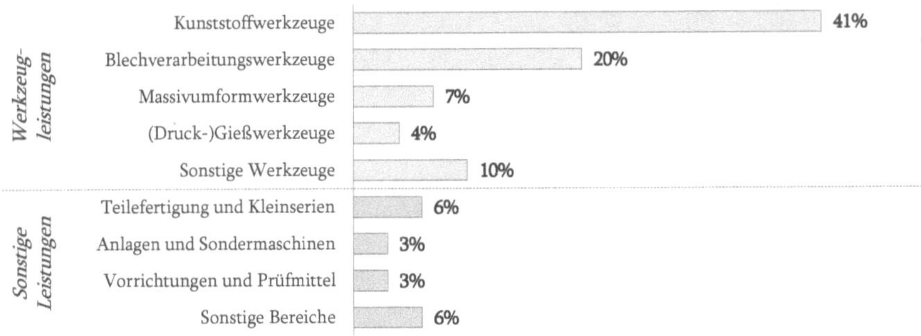

Abbildung 20: Sachleistungsspektrum von Werkzeugbaubetrieben nach Umsatzanteil[267]

Zusätzlich zum reinen Angebot physischer Sachleistungen bieten Werkzeugbaubetriebe diese häufig in Kombination mit industriellen Dienstleistungen an. Die jeweiligen Dienstleistungen sind abgestimmt auf das spezifische Werkzeug und generieren so für den anbietenden Werkzeugbaubetrieb Differenzierungsmerkmale in Form von Einzigartigkeit und schwerer Imitierbarkeit gegenüber Wettbewerbern.[268] Der Kern der angebotenen Dienstleistungen bezieht sich nicht auf die reine Werkzeugherstellung, sondern erstreckt sich vielmehr über den gesamten Werkzeuglebenszyklus. Mithin werden bereits frühe Phasen der Produktentwicklung und -optimierung, über die Qualifizierung von Werkzeugen bis hin zur Begleitung des Serienanlaufs sowie der Durchführung von Werkzeugreparaturen und -wartungen während der Serienproduktion abgedeckt.[269]

II.2.3.2 Prozesskette des Werkzeugbaus

Der Wertschöpfungsfokus der vorliegenden Arbeit erfordert es, neben den generierten Erzeugnissen und Leistungen, also den ausgehenden Elementen der Wertschöpfung, auch den Prozess zu betrachten, durch den diese Wertschöpfung erst möglich wird. Im Werkzeugbau hat sich eine generische Prozesskette etabliert, die die erforderlichen Aktivitäten in der Auftragsabwicklung – also von der Auftragsakquise bis zur Übergabe des Werkzeugs – abbildet. Diese generische Prozesskette wird von verschiedenen Autoren, wie FRICK[270], BOOS[271], SALMEN[272] und KUHLMANN[273], in der Literatur anerkannt und einheitlich verwendet. Auf das gemeinsame Verständnis der aufgeführten Autoren wird sich auch in der vor-

[267] I. A. a. Pitsch (Vernetzung von Werkzeugbaustandorten), 2014, S. 83;
Kuhlmann (Corporate Tooling), 2017, S. 83;
Datenstand wurde aktualisiert;
WZL/IPT (Gemeinsame Datenbank zum Werkzeugbau), Stand Februar 2023.
[268] Vgl. Schuh et al. (Operative Exzellenz), 2010, S. 26-27.
[269] Vgl. Eversheim et al. (Orientierung für den Werkzeug- und Formenbau), 2002, S. 18-19;
Gaus (Geschäftsmodelle im Werkzeugbau), 2010, S. 21-23.
[270] Vgl. Frick (Geschäftsmodelle im Werkzeugbau), 2006, S. 26-28.
[271] Vgl. Boos (Modulare Werkzeuge), 2008, S. 41-43.
[272] Vgl. Salmen (Digital vernetzter Shopfloor im Werkzeugbau), 2016, S. 50-51.
[273] Vgl. Kuhlmann (Corporate Tooling), 2017, S. 77-79.

liegenden Arbeit berufen. Die nachfolgende Abbildung 21 visualisiert die generische Prozesskette mit ihren Hauptprozessfolgen sowie deren Eingliederung in die industrielle Wertschöpfungskette.

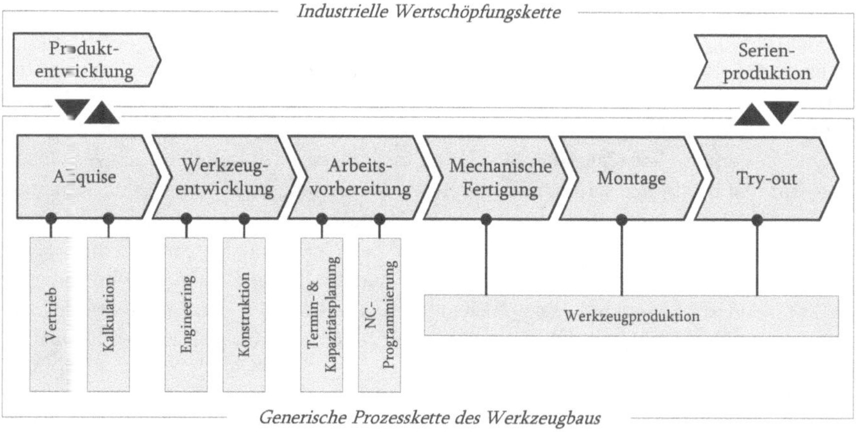

Abbildung 21: Generische Prozesskette des Werkzeugbaus[274]

Aufgrund der Schlüsselposition in der industriellen Wertschöpfungskette ist der Werkzeugbau als Bindeglied zwischen Produktentwicklung und Serienproduktion eingegliedert. Die ersten Aktivitäten in der generischen Prozesskette werden bereits parallel zur Produktentwicklung initiiert. Gleichermaßen werden je nach Leistungsumfang die Aktivitäten vom Werkzeugbaubetrieben erst nach Beginn der Serienproduktion vollendet.[275]

Die Akquise bildet die erste Instanz in der Prozesskette des Werkzeugbaus und fungiert für die jeweiligen Werkzeugbaubetriebe als Schnittstelle zum Kunden. Die wesentlichen Tätigkeiten der Akquise sind es, im Rahmen des Vertriebs Aufträge zu akquirieren und entsprechende Angebotskalkulationen für diese durchzuführen. Während dieser Phase liegt die Verantwortlichkeit zur durchgehenden Betreuung des Kunden ebenfalls beim Vertrieb. Dazu zählt, neben der Angebotskalkulation und Angebotsverhandlung, die Aufnahme sämtlicher relevanter Informationen sowie die Bewertung der Herstellbarkeit. Insbesondere im Kontext der Herstellbarkeitsbewertung kann es notwendig sein, dass der Vertrieb weitere Fachabteilungen, wie bspw. die Werkzeugentwicklung, konsultiert. Im Kontext der Angebotserstellung ist es notwendig, möglichst präzise Aussagen über die Aufwände zur Werkzeugherstellung zu treffen. Bedingt durch den Unikatcharakter der Werkzeuge und die typischerweise auftragsspezifischen Randbedingungen, stellt dies für die meisten Werkzeugbaubetriebe jedoch eine große Herausforderung dar.[276] Zur Adressierung dieser Herausforderung haben sich in der Praxis verschiedene Kalkulationsmethoden etabliert. Diese

[274] Vgl. Hensen (Auslegung industrieller Werkzeugbaubetriebe), 2017, S. 48;
Pitsch (Vernetzung von Werkzeugbaustandorten), 2014, S. 46;
Salmen (Digital vernetzter Shopfloor im Werkzeugbau), 2016, S. 50.

[275] Vgl. Fick (Geschäftsmodelle im Werkzeugbau), 2006, S. 26.

[276] Vgl. Hensen (Auslegung industrieller Werkzeugbaubetriebe), 2017, S. 48-49;
Salmen (Digital vernetzter Shopfloor im Werkzeugbau), 2016, S. 51.

reichen von Expertenschätzungen über analytische Verfahren, Kostenfunktionen bis hin zu Ähnlichkeitsmethoden.[277]

Im Anschluss an die Akquise und die Auftragserteilung erfolgt die Werkzeugentwicklung, die wesentlich das Engineering und die Konstruktion umfasst. Im Engineering – auch Methodenplanung genannt – wird basierend auf den Kundenanforderungen das Werkzeugkonzept definiert. Im Kontext von Blechverarbeitungswerkzeugen werden bspw. die Operationsfolgen und -stufen ausgelegt, während bei Spritzgießwerkzeugen grundlegende Merkmale wie Trennebene, Schieber- und Angusssystem festgelegt werden. Die Optimierung der Werkzeugkonzepte findet im Anschluss iterativ unter Zuhilfenahme verschiedener Prozesssimulationen statt. Diese simulieren den Einsatz des Werkzeugs im Serienprozess und validieren somit die entwickelten Werkzeugkonzepte hinsichtlich ihrer Machbarkeit. Nach der finalen Abstimmung und Freigabe des Werkzeugkonzepts wird die eigentliche Werkzeugkonstruktion durchgeführt. Das herzustellende Werkzeug wird dabei als CAD-Modell auskonstruiert, entsprechende 2D-Zeichnungen werden abgeleitet und Stücklisten, die alle Werkzeugkomponenten inkl. definierter Spezifikationen beinhalten, werden erstellt.[278]

Im Prozessschritt Arbeitsvorbereitung erfolgt auf Basis der in der Konstruktion erstellen Unterlagen die Planung der nachfolgenden Fertigung. Dazu werden zunächst die Bearbeitungsstrategien für die einzelnen Werkzeugkomponenten aus den Stücklisten festgelegt. Gleichzeitig wird geprüft und entschieden, welche der Werkzeugkomponenten sich für eine mögliche Fremdvergabe eignen und welche Normalien und Standardkomponenten beschafft werden müssen. Die Entscheidungen über Fremdvergaben können dabei sowohl kompetenzbedingt als auch kapazitätsbedingt sein. Basierend auf dem verfügbaren Kapazitätsangebot sowie dem erforderlichen Kapazitätsbedarf wird anschließend in einer Grob- und Feinplanung die nachfolgende mechanische Fertigung der Werkzeugkomponenten geplant. Neben der eigentlichen Planung der mechanischen Fertigung wird in der Arbeitsvorbereitung zudem die NC-Programmierung (Numerical Control) für die verschiedenen Bearbeitungsschritte durchgeführt. Dazu werden die CAD-Daten aus der Konstruktion herangezogen und entsprechende NC-Programme für die Werkzeugmaschinen, wie bspw. Fräs-, Dreh- und Erodiermaschinen, erzeugt.[279] Während die NC-Programmierung den arbeitsvorbereitenden Tätigkeiten zugeordnet wird, ist diese häufig auch als eigene Abteilung in die Organisationsstruktur von Werkzeugbaubetrieben integriert.[280]

Die erstellten NC-Programme werden anschließend in der mechanischen Fertigung für die maschinelle Herstellung der einzelnen Werkzeugkomponenten verwendet. Dies erfolgt typischerweise mit den Fertigungstechnologien Fräsen bzw. Bohren, Drehen, Schleifen, Senkerodieren und Drahterodieren. Zusätzlich kommen weitere Spezialtechnologien zum

[277] Vgl. Boos et al. (Erfolgreich Kalkulieren), 2015, S. 10-15.

[278] Vgl. Hensen (Auslegung industrieller Werkzeugbaubetriebe), 2017, S. 48-49;
Salmen (Digital vernetzter Shopfloor im Werkzeugbau), 2016, S. 51;
Kuhlmann (Corporate Tooling), 2017, S. 28;
Boos (Modulare Werkzeuge), 2008, S. 42-43.

[279] Vgl. Hensen (Auslegung industrieller Werkzeugbaubetriebe), 2017, S. 49;
Salmen (Digital vernetzter Shopfloor im Werkzeugbau), 2016, S. 51;
Kühn (Leistungssysteme im Werkzeugbau), 2016, S. 45;
Lange (Werkzeugbau im iterativen Produktentwicklungsprozess), 2020, S. 74.

[280] Vgl. Kelzenberg (Datenstrukturmodell für den digitalen Schatten), 2020, S. 60.

Einsatz. Einzelne Bearbeitungsschritte, wie bspw. das Härten von Werkzeugkomponenten, werden zudem häufig über externe Wertschöpfungspartner abgewickelt.[281] Die mechanische Fertigung ist für den Großteil der Gesamtkosten zur Werkzeugherstellung verantwortlich. Dies ist maßgeblich auf den kostenintensiven Materialeinsatz sowie die hohen verursachten Kosten für eingesetztes Personal und Betriebsmittel zurückzuführen. Aufgrund der Kalkulation in den vorgelagerten Prozessschritten ist eine aktive Kostenbeeinflussung in der mechanischen Fertigung nur bedingt möglich.[282]

Im Anschluss an die mechanische Fertigung erfolgt die Montage der in Eigenfertigung erstellen sowie der zugekauften Werkzeugkomponenten und Normteile. Für die Montage der Werkzeuge werden klassischerweise 2D-Zeichnungen sowie Stücklisten herangezogen. Nach erfolgter Montage des Werkzeugs werden erste Funktionsprüfungen durchgeführt. Falls notwendig, werden entsprechende Anpassungen durchgeführt, um die mechanische Funktionstüchtigkeit des Werkzeugs zu gewährleisten. Je nach Größe und Komplexität der Werkzeuge ist es erforderlich, eine Vormontage einzelner Werkzeugkomponenten durchzuführen, um so Baugruppen im Zusammenbau spanend bearbeiten zu können. Mithin kann der Montageprozess in die Vor- und Endmontage untergliedert werden.[283]

Nach erfolgter Montage findet im letzten Prozessschritt die Erprobung des Werkzeugs statt. Diese wird häufig mit dem englischen Begriff Try-out bezeichnet und umfasst die finale Prüfung, Optimierung und Freigabe des Werkzeugs.[284]Zur Durchführung des Try-outs werden in sogenannten Qualifizierungszyklen Produkte in geringer Stückzahl auf Erprobungs- bzw. Produktionsmaschinen hergestellt. Dadurch soll die Prozessfähigkeit des Werkzeugs sichergestellt werden. Die wichtigsten Zielgrößen sind in diesem Kontext die Maßhaltigkeit und Formgenauigkeit der hergestellten Produkte.[285] Dementsprechend erfolgt nach jedem Qualifizierungszyklus ein Abgleich zwischen den durch den Kunden spezifizierten Werkzeuganforderungen und den realen Werkzeugeigenschaften. Unter Berücksichtigung der Produktqualität wird so die Realisierung der geforderten Spezifikationen iterativ sichergestellt.[286] Sobald das Werkzeug den notwendigen Reifegrad zur Erfüllung der geforderten Produktqualität erreicht hat, erfolgt nach einer entsprechenden Abnahme die Auslieferung an den Kunden.

Neben den vorgestellten Prozessschritten erfolgt zudem parallel das Projektmanagement. Aufgabe des Projektmanagements ist es, die Projektplanung, -steuerung und -überwachung durchzuführen und so die termin- und kostenspezifischen Vorhaben des Projekts einzuhalten. Üblicherweise übernimmt das Projektmanagement im Anschluss an die erfolgreiche

---

[281] Vgl. Hensen (Auslegung industrieller Werkzeugbaubetriebe), 2017, S. 51;
Lange (Werkzeugbau im iterativen Produktentwicklungsprozess), 2020, S. 74.

[282] Vgl. Kuhlmann (Corporate Tooling), 2017, S. 79;
Kelzenberg (Datenstrukturmodell für den digitalen Schatten), 2020, S. 60.

[283] Vgl. Giehler (Planungsproduktivität der Auftragsabwicklung), 2010, S. 22;
Kelzenberg (Datenstrukturmodell für den digitalen Schatten), 2020, S. 60.

[284] Vgl. Hensen (Auslegung industrieller Werkzeugbaubetriebe), 2017, S. 50;
Lange (Werkzeugbau im iterativen Produktentwicklungsprozess), 2020, S. 74.

[285] Vgl. Kelzenberg (Datenstrukturmodell für den digitalen Schatten), 2020, S. 60;
Boos (Modulare Werkzeuge), 2008, S. 44;
Klotzbach (Industrieller Werkzeugbau), 2007, S. 50-51.

[286] Vgl. Kuhlmann (Corporate Tooling), 2017, S. 79.

Auftragsakquise die Kundenkommunikation, die bis zu diesem Zeitpunkt durch den Vertrieb verantwortet wurde. Gleichermaßen ist das Projektmanagement verantwortlich für die Erstellung einer finalen Nachkalkulation basierend auf der während der Werkzeugherstellung durchgeführten mitlaufenden Kalkulation. Zur kritischen Reflexion wirtschaftlicher, zeitlicher und technischer Aspekte sowie zur strukturierten Ableitung von Verbesserungspotenzialen, findet abschließend ein Abgleich der Nachkalkulation mit der vor Projektbeginn erstellten Angebotskalkulation statt.[287]

Die Prozesskette des Werkzeugbaus wird darüber hinaus durch zahlreiche sekundäre Aktivitäten, wie die Technologieentwicklung oder Personalwirtschaft, begleitet. Gegenüber den zuvor erläuterten Hauptprozessen, die als primäre Aktivitäten direkt zur Wertschöpfung beitragen, besitzen die sekundären Aktivitäten lediglich einen unterstützenden Charakter.[288] Mithin tragen die sekundären Aktivitäten nicht direkt zur Wertschöpfung bei.[289] Aus diesem Grund findet an dieser Stelle keine weitere Betrachtung der sekundären Aktivitäten statt.

II.2.3.3 Auftragsarten im Werkzeugbau

Die Leistungen von Werkzeugbaubetrieben lassen sich gemäß EVERSHEIM & KLOCKE in unterschiedliche, vom Kunden induzierte Auftragsarten unterteilen. Es kann zwischen Neuaufträgen, Änderungsaufträgen, Reparaturaufträgen, Instandhaltungsaufträgen und sonstigen Aufträgen differenziert werden.[290] Abhängig von der jeweiligen Auftragsart variieren der benötigte Aufwand zur Abwicklung des jeweiligen Auftrags sowie die durchzuführenden Schritte entlang der Prozesskette.[291]

Die Abwicklung von Neuaufträgen erfordert einen Durchlauf der gesamten Prozesskette, wobei sämtliche Kompetenzen und Ressourcen benötigt werden.[292]Das Werkzeug wird dabei von Grund auf neu erstellt. Der Unikatcharakter der Werkzeuge induziert, dass Standardisierungspotenziale nur in geringfügigem Umfang realisiert werden können.[293] Trotz der kunden- und auftragsindividuellen Konstruktion und Herstellung der Werkzeuge, existieren jedoch auch bei Neuaufträgen Potenziale zur partiellen Standardisierung der Auftragsabwicklung. Dies kann bspw. durch definierte Prozessabläufe, Regeltermine sowie die Definition und Verwendung eines Katalogs für Standardkomponenten erreicht werden.[294] Sofern Anpassungen an bereits gefertigten Werkzeugen vorgenommen werden sollen, handelt es sich um Änderungsaufträge. Die Änderungswünsche des Kunden können bspw. aus der Identifikation von Optimierungspotenzialen in der Serienproduktion oder angepassten Anforderungen an Produktdesign und Fertigungsverfahren resultieren. Zur Abwicklung von Änderungsaufträgen wird die Prozesskette lediglich partiell durchlaufen. Der Aufwand

[287] Vgl. Lange (Werkzeugbau im iterativen Produktentwicklungsprozess), 2020, S. 75;
Hensen (Auslegung industrieller Werkzeugbaubetriebe), 2017, S. 50-51;
Boos (Modulare Werkzeuge), 2008, S. 10-13.

[288] Vgl. Schleyer (Kooperationsmanagement im Werkzeugbau), 2006, S. 136-137.

[289] Vgl. Porter (Competitive advantage), 1998, S. 36-38.

[290] Vgl. Eversheim; Klocke (Werkzeugbau mit Zukunft), 1998, S. 20.

[291] Vgl. Pitsch (Vernetzung von Werkzeugbaustandorten), 2014, S. 41.

[292] Vgl. Eversheim; Klocke (Werkzeugbau mit Zukunft), 1998, S. 20;
Kuhlmann (Corporate Tooling), 2017, S. 83.

[293] Vgl. Pitsch (Vernetzung von Werkzeugbaustandorten), 2014, S. 41.

[294] Vgl. Kelzenberg (Datenstrukturmodell für den digitalen Schatten), 2020, S. 55.

ist dabei in den späteren Phasen der Prozesskette, also in mechanischer Fertigung, Montage und Try-out, am höchsten.[295] Reparaturaufträge bezeichnen solche Aufträge, die kundenseitig durch nutzungsbedingte Defekte oder Verschleißerscheinungen am Werkzeug ausgelöst werden. Da plötzliche Werkzeugausfälle zum Stillstand der gesamten Serienproduktion führen können, besitzen Reparaturaufträge zur Korrektur der aufgetretenen Defekte eine besonders hohe Dringlichkeit. Mithin werden diese Aufträge zumeist priorisiert bearbeitet, wobei besonders die Ressourcen und Kompetenzen der mechanischen Fertigung und Montage beansprucht werden.[296] Demgegenüber bezeichnen Instandhaltungsaufträge die geplante Wartung von Werkzeugen, um so möglichen Schäden im Serieneinsatz vorzubeugen. Dazu wird zunächst eine Werkzeuganalyse durch den Instandhaltungsbereich der Serienproduktion oder die Montage des Werkzeugbaubetriebs durchgeführt. Der weitere Prozessablauf zur Auftragsabwicklung von Instandhaltungsaufträgen erfolgt analog zu Reparaturaufträgen.[297] Zu den sonstigen Aufträgen können insbesondere Beratungs- und Wiederholaufträge gezählt werden. Beratungsaufträge bezeichnen dabei reine Dienstleistungen ohne die Herstellung eines Werkzeugs, während ein Wiederholauftrag die identische und erneute Herstellung eines vormals gefertigten Werkzeugs bezeichnet. Da zumeist lediglich minimale Anpassungen der bereits vorhandenen Konstruktionen und NC-Programme erforderlich sind, werden hauptsächlich die nachgelagerten Prozessschritte zur Auftragsabwicklung benötigt.[298]

Abhängig vom jeweiligen Marktzugang eines Werkzeugbaubetriebs, sind die verschiedenen Auftragsarten unterschiedlich stark vertreten. Da vor allem externe Werkzeugbaubetriebe maßgeblich das Ziel der Gewinnmaximierung verfolgen und diese nach dem erwerbswirtschaftlichen Prinzip agieren, forcieren diese besonders die Bearbeitung von Neu- und Änderungsaufträgen. Demgegenüber obliegt Werkzeugbaubetrieben mit internem Marktzugang zumeist primär die Betreuung und Befähigung der internen Serienproduktion des Mutterunternehmens. Mithin werden durch interne Werkzeugbaubetriebe höhere Anteile an Reparatur- und Instandhaltungsaufträgen bearbeitet.[299] Die Verteilung der Auftragsarten nach Umsatzanteil in internen und externen Werkzeugbaubetrieben kann abschließend der nachfolgenden Abbildung 22 entnommen werden.

---

[295] Vgl. Eversheim; Klocke (Werkzeugbau mit Zukunft), 1998, S. 22-23.
[296] Vgl. Eversheim; Klocke (Werkzeugbau mit Zukunft), 1998, S. 23-24.
[297] Vgl. Kuhlmann (Corporate Tooling), 2017, S. 83;
Kelzenberg (Datenstrukturmodell für den digitalen Schatten), 2020, S. 55;
Eversheim; Klocke (Werkzeugbau mit Zukunft), 1998, S. 23.
[298] Vgl. Pitsch (Vernetzung von Werkzeugbaustandorten), 2014, S. 42;
Eversheim; Klocke (Werkzeugbau mit Zukunft), 1998, S. 22-23.
[299] Vgl. Kelzenberg (Datenstrukturmodell für den digitalen Schatten), 2020, S. 55.

	Interner Marktzugang	Externer Marktzugang
Neuaufträge	34,2%	34,0%
Änderungsaufträge	14,4%	26,8%
Reparaturaufträge	23,4%	11,9%
Instandhaltungsaufträge	16,2%	10,8%
Sonstige Aufträge	11,8%	16,5%

Abbildung 22: Auftragsarten in Werkzeugbaubetrieben nach Umsatzanteil[300]

II.2.4 Entwicklungsstufen der Branche Werkzeugbau

Die Branche Werkzeugbau weist traditionell eine handwerkliche Prägung auf. Dies ist maßgeblich auf den Unikatcharakter der Erzeugnisse zurückzuführen. Gegenüber anderen Branchen der produzierenden Industrie – insbesondere der Serienproduktion – resultiert dies in einer mangelnden Industrialisierung mit hohen Durchlaufzeiten, schlechter Termintreue und geringer Effizienz.[301] Eine Zunahme des Wettbewerbsdrucks infolge der Globalisierung der Märkte sowie der Derivatisierung der Endprodukte erforderte jedoch, dass der Werkzeugbau seine Wertschöpfung von einer handwerklichen Prägung zu einer Industrialisierung weiterentwickelte.[302] Ein industrieller Werkzeugbau kann wesentlich durch verstärkte Arbeitsteilung, spezialisierte Mitarbeitende, komplexe und starre Produktionsabläufe sowie einen hohen Grad an Produkt- und Prozessstandardisierung[303] charakterisiert werden. Im Vergleich zur ursprünglichen, handwerklichen Prägung befähigt die Industrialisierung Werkzeugbaubetriebe mithin zur Realisierung einer überlegenen Wertschöpfung. Dies kann auch als gesteigerte operative Exzellenz bezeichnet werden.[304] Das Gestaltungsmodell für einen industriellen Werkzeugbau nach KLOTZBACH[305] hat die Realisierung der nächsten Entwicklungsstufe der Branche Werkzeugbau maßgeblich beeinflusst.

Die Industrialisierung von Werkzeugbaubetrieben fand in den letzten Jahren jedoch zunehmend auch beim internationalen Wettbewerb statt. Gerade Wettbewerber aus Niedriglohnländern wie Südostasien und Osteuropa sind somit längst nicht mehr nur durch ihre

[300] I. A. a. Pitsch (Vernetzung von Werkzeugbaustandorten), 2014, S. 42;
Datenstand wurde aktualisiert;
WZL/IPT (Gemeinsame Datenbank zum Werkzeugbau), Stand Februar 2023
[301] Vgl. Klotzbach (Industrieller Werkzeugbau), 2007, S. 80.
[302] Vgl. Pitsch (Vernetzung von Werkzeugbaustandorten), 2014, S. 54.
[303] Es gilt zu beachten, dass der Standardisierungsgrad von Produkten und Prozessen im Werkzeugbau nicht mit den hohen Standardisierungsgraden aus der Serienproduktion gleichzusetzen ist. Dies ist im Wesentlichen auf den Unikatcharakter der Werkzeuge zurückzuführen.
[304] Vgl. Schuh et al. (Operative Exzellenz), 2010, S. 6.
[305] Vgl. Klotzbach (Industrieller Werkzeugbau), 2007.

niedrigeren Faktorkosten konkurrenzfähig gegenüber dem Hochlohnstandort Deutschland.[306] Dementsprechend ist eine weitere Steigerung der Leistungsfähigkeit für die deutsche Branche Werkzeugbau unabdingbar, um auch weiterhin wettbewerbsfähig zu bleiben.[307] Das Zielbild dieser Entwicklungsstufe kann als digital vernetzter Werkzeugbau bezeichnet werden. Gegenwärtig befindet sich der Großteil der Branche Werkzeugbau noch am Beginn des Transformationsprozesses zum digital vernetzten Werkzeugbau.[308] Die Entwicklungsstufen der Branche Werkzeugbau sind in der nachfolgenden Abbildung 23 dargestellt.

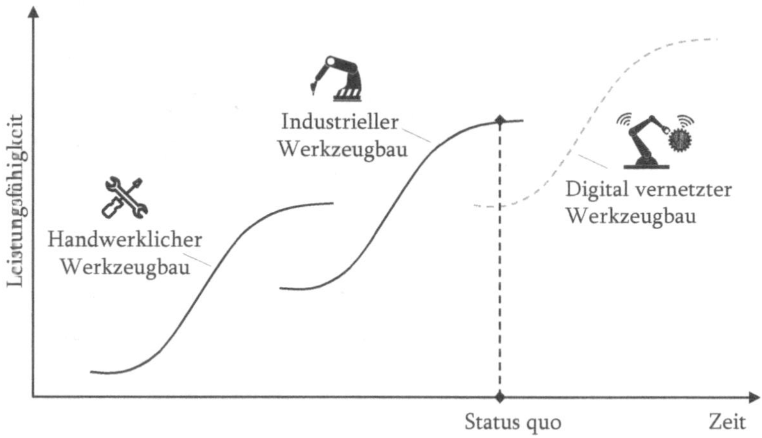

Abbildung 23: Entwicklungsstufen der Branche Werkzeugbau[309]

Grundlage des digital vernetzten Werkzeugbaus bilden – neben einer bereits vollzogenen Industrialisierung – die Entwicklungen rund um die Industrie 4.0.[310] In diversen serviceorientierten Wirtschaftszweigen werden die Lösungen der Industrie 4.0 insbesondere zur digitalen Unterstützung von Prozessen verwendet. Die Serienproduktion fokussiert vermehrt den Einsatz von digitalen Lösungen zur Steigerung ihrer Prozesseffizienz. Diese Entwicklung kann auch im Werkzeugbau beobachtet werden.[311] Das angestrebte Zielbild des digital vernetzten Werkzeugbaus fokussiert dabei nicht nur die vertikale Vernetzung zur Optimierung der eigenen Wertschöpfung, sondern auch die Vernetzung mit weiteren Marktteilnehmern.[312] Der im Zuge der digitalen Vernetzung generierte Nutzen kann daher in einen wertschöpfungsseitigen und einen marktseitigen Nutzen differenziert werden.[313] Während der marktseitige Nutzen den Kundenmehrwert steigern und in der Folge zusätzliche Um-

[306] Vgl. Boos et al. (Digitale Transformation im Werkzeugbau), 2019, S. 6.
[307] Vgl. Schuh et al. (Digital Twins for the Optimization of Value Creation), 2020, S. 223.
[308] Vgl. Boos et al. (Digitale Transformation im Werkzeugbau), 2019, S. 4-7.
[309] I. A. a. Boos et al. (Digitale Transformation im Werkzeugbau), 2019, S. 6-7; Schuh et al. (Operative Exzellenz), 2010, S. 6.
[310] Vgl. Kapitel II.1.2.1
[311] Vgl. Boos et al. (Wettbewerbsfähig durch Industrie 4.0), 2020, S. 40.
[312] Vgl. Boos et al. (Digitale Transformation im Werkzeugbau), 2019, S. 6-7.
[313] Vgl. Boos et al. (Intelligente Werkzeuge und datenbasierte Geschäftsmodelle), 2019, S. 45; Boos et al. (IT-Infrastruktur zur digitalen Vernetzung), 2021, S. 6-7.

satzerlöse generieren soll, fokussiert der wertschöpfungsseitige Nutzen die interne Auftragsabwicklung des Werkzeugbaus.[314] Das Zielbild des digital vernetzten Werkzeugbaus ist in der nachfolgenden Abbildung 24 visualisiert.

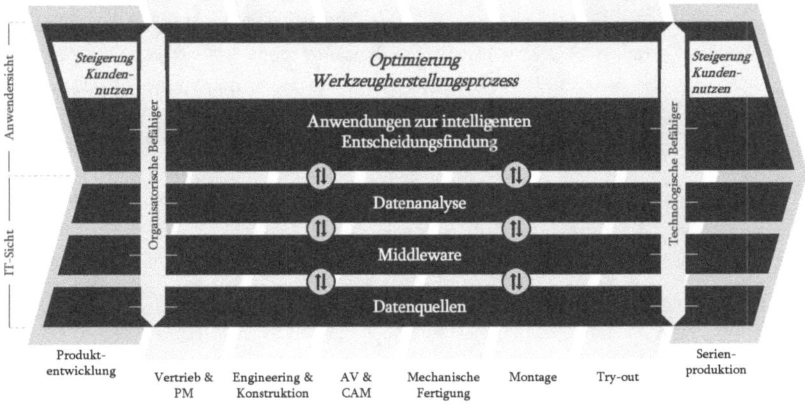

Abbildung 24: Zielbild des digital vernetzten Werkzeugbaus[315]

Eingegliedert zwischen Produktentwicklung und Serienproduktion, kann das Zielbild des digital vernetzten Werkzeugbaus in eine IT- und eine Anwendersicht untergliedert werden. Die IT-Sicht dient dazu, Rohdaten aus den diversen proprietären Systemen der internen Auftragsabwicklung zu generieren, zu homogenisieren und nutzbar zu machen. Dazu umfasst die IT-Sicht die Ebenen Datenquellen, Middleware sowie Datenanalyse. Die Datenquellen bestehen aus etablierten Systemen, die im Zuge der internen Auftragsabwicklung verwendet werden. Diese sind oftmals voneinander isoliert und können bspw. ERP- oder PPS-Systeme umfassen. Jedoch können auch einzelne Sensordaten aus den Fertigungsprozessen oder weitere Systeme, die im Zuge der Auftragsabwicklung verwendet werden, als Datenquellen fungieren. Die Middleware dient der Homogenisierung und Aufbereitung der heterogenen Daten, um diese so für die folgende Datenanalyse nutzbar zu machen. Nach erfolgter Datenanalyse fokussiert die Anwendersicht eine intelligente Entscheidungsfindung durch digitale Lösungen, die im Rahmen des Werkzeugherstellungsprozesses eingesetzt werden. Die vorgestellten Ebenen werden durch organisatorische und technologische Befähiger komplettiert.[316]

---

[314] Bedingt durch den Fokus der vorliegenden Arbeit wird im weiteren Verlauf lediglich die wertschöpfungsseitige digitale Vernetzung betrachtet.

[315] I. A. a. Boos et al. (Auftragsabwicklung 4.0), 2020, S. 33;
Boos et al. (IT-Infrastruktur zur digitalen Vernetzung), 2021, S. 6.

[316] Vgl. Boos et al. (IT-Infrastruktur zur digitalen Vernetzung), 2021, S. 6-8;
Schuh et al. (Digitaler Produktionszwilling im industriellen Werkzeugbau), 2019, 668–671.

II.3 Strategie

In den beiden vorangegangenen Grundlagenkapiteln wurde der Betrachtungsbereich, bestehend aus digitaler Transformation der Wertschöpfung und Werkzeugbau, detailliert vorgestellt. Darauf aufbauend soll im Folgenden der Gestaltungsbereich der vorliegenden Arbeit, der durch die Strategieentwicklung verkörpert wird, detailliert werden. Zur Erlangung eines einheitlichen Verständnisses wird dazu zunächst der Begriff Strategie definiert und abgegrenzt. Anschließend erfolgt eine Erläuterung des strategischen Managements, welches im unternehmerischen Kontext die Entwicklung und Implementierung von Strategien zum Ziel hat. Abschließend wird die Hierarchie der Strategieebenen vorgestellt und der Begriff der Transformationsstrategie in deren Kontext eingeordnet.

II.3.1 Begriffsdefinition & -abgrenzung

In der Wissenschaft und Praxis existiert keine einheitliche Definition des Strategiebegriffs. Auch der Ordnungsrahmen, in welchem die Reichweite des Strategiebegriffs festgelegt wird, wird durch die verschiedenen Autoren in unterschiedlicher Größe ausgelegt.[317] Es existiert somit nicht nur eine Vielzahl unterschiedlicher Definitionen des Strategiebegriffs, sondern auch eine hohe Anzahl verschiedener Sichtweisen hinsichtlich des Betrachtungsrahmens. Die Diversität des Begriffs wird zudem durch eine nahezu „inflationäre Verwendung" in der Praxis fortgeführt, in welcher dieser in verschiedenen Bereichen und Kontexten Anwendung findet.[318] Im Verlauf des vorliegenden Kapitels werden daher verschiedene Perspektiven und Auslegungen des Strategiebegriffs aufgezeigt. Zum Abschluss soll so eine passende Definition festgelegt werden, um ein einheitliches Verständnis für die weiteren Ausführungen der vorliegenden Arbeit zu erlangen.

Etymologisch kann der Strategiebegriff auf das Militär in der Antike zurückgeführt werden. Das griechische Wort „strategos" leitet sich aus den Bestandteilen „stratos" (dt. Heer) und „agos" (dt. Führer) ab und bezeichnet somit einen Heerführer.[319] Die gegenwärtige Auffassung des Strategiebegriffs im Kontext der Wirtschaftswissenschaften ist ursprünglich auf die ökonomische Spieltheorie zurückzuführen.[320] In dieser bezeichnet eine Strategie eine überlegte Abfolge von Spielzügen, welche sowohl die Auswirkungen der eigenen Optionen als auch die der gegnerischen Spielweise berücksichtigt. Dadurch wurde der Begriff an amerikanischen Hochschulen in Verbindung mit dem Thema der Geschäftspolitik gelehrt. In den 60er- und 70er-Jahren konnte sich der Begriff zudem in der Literatur der Betriebswirtschaftslehre etablieren. Besonders die Autoren CHANDLER, ANSOFF und ANDREWS nahmen maßgeblichen Einfluss auf die Interpretation des Strategiebegriffs im Kontext der Betriebswirtschaftslehre.[321]

---

[317] Vgl. Welge; Al-Laham (Strategisches Management), 2003, S. 12.
[318] Vgl. Hungenberg (Strategisches Management), 2014, S. 5.
[319] Vgl. Bracker (Development of the Strategic Management), 1980, S. 219;
Schuh; Kampker (Strategie und Management), 2011, S. 64.
[320] Vgl. Neumann; Morgenstern (Theory of Economic Behavior), 1947, S. 97-99.
[321] Vgl. Hungenberg (Strategisches Management), 2014, S. 5.

Gemäß CHANDLER bezeichnet Strategie die langfristige Entschlossenheit zur Zielerreichung eines Unternehmens. Die zur Umsetzung der Ziele notwendige Vorgehensweise und Ressourcenallokation werden dabei ebenfalls berücksichtigt.[322] Neben der Festsetzung der unternehmerischen Ziele wird somit auch die Realisierung der Zielerreichung in die Definition miteinbezogen.

Demgegenüber fokussiert das Verständnis von ANSOFF die Ausrichtung strategischer Entscheidungen auf externe und interne Problemstellungen eines Unternehmens. Diese stehen im Zusammenhang mit der Erstellung und der Offerierung eines markttauglichen Produktportfolios.[323] Mithin umfassen die strategischen Entscheidungen immer Relationen zwischen einem Unternehmen und seinem Umfeld, wenngleich die Ziele der Unternehmen auch hier im Zentrum der Entscheidung stehen.

Die Definition von ANDREWS erweitert die Sichtweise von CHANDLER. ANDREWS beschreibt eine Strategie als „pattern of decisions in a company, that determines and reveals its objectives, purposes, or goals, produces the principal policies and plans for achieving those goals, and defines the range of business the company is to purse, the kind of economic and human organization it is or intends to be, and the nature of the economic and noneconomic contribution it intends to make to its shareholders, employees, customers, and communities".[324] Ähnlich wie CHANDLER schließt er neben der Zielformulierung ebenfalls die Realisierung der Zielerreichung mit ein. Weiterhin wird der Begriff der strategischen Entscheidungen jedoch auf die Identität sowie auf die vom Unternehmen generierte Wertschöpfung ausgeweitet.

Auch MINTZBERG ET AL. erkannten die Diversität in der Verwendung des Strategiebegriffs in Wissenschaft und Praxis. Daher identifizierten die Autoren den Bedarf, statt nur einer insgesamt fünf Strategiedefinitionen herzuleiten. Jede dieser Definitionen fokussiert dabei eine andere Perspektive auf den Strategiebegriff, um so eine verständliche, aber ganzheitliche Bedeutung zu etablieren.[325] Die daraus entstandenen „5 Ps for Strategy" sind in der nachfolgenden Abbildung 25 aggregiert dargestellt.

[322] Vgl. Chandler (Strategy and Structure), 1962, S. 13.
[323] Vgl. Ansoff (Corporate Strategy), 1965, S. 18.
[324] Vgl. Andrews (Concept of Corporate Strategy), 1971, S. 13.
[325] Vgl. Mintzberg et al. (Strategy Safari), 1998, S. 9.

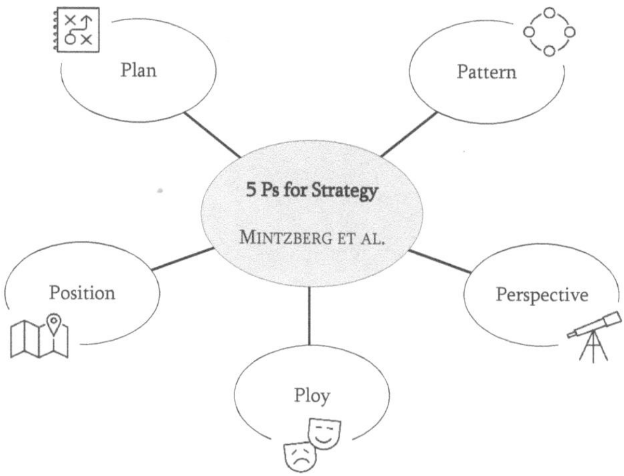

Abbildung 25: 5 Ps for Strategy nach MINTZBERG ET AL.[326]

Die fünf verschiedenen Perspektiven auf den Strategiebegriff werden nachfolgend hinsichtlich ihres Strategiebezugs erläutert:[327]

- *Strategy as a plan* – Strategie wird als bewusstes und zielgerichtetes Vorgehen und als eine Reihe von Richtlinien zur zukünftigen Zielerreichung erfasst.
- *Strategy as a pattern* – Strategie wird als Muster in einer Abfolge von Handlungen, Initiativen und Entscheidungen verstanden.
- *Strategy as a position* – Strategie wird als Position aufgefasst, in der sich ein Unternehmen in Relation zu seinem Markt und Wettbewerb befindet.
- *Strategy as a perspective* – Strategie wird als Perspektive im Inneren eines Unternehmens verstanden und betrifft somit Leitsätze unternehmerischen Handelns.
- *Strategy as a ploy* – Strategie wird in Anlehnung an die militärische Begriffsherkunft als List gegenüber Wettbewerbern aufgefasst, um diese durch überraschende Manöver zu täuschen.

Das Verständnis des Strategiebegriffs soll für die vorliegende Arbeit nicht aus einer dieser Sichtweisen, sondern als eine Kombination der ersten vier aggregiert werden:[328]

> *„Eine Strategie ist die Vorgehensweise eines Unternehmens, welches eine maximierte Schnittmenge zwischen den intern zur Verfügung stehenden Ressourcen und Fähigkeiten sowie den extern auftretenden Chancen und Risiken bildet, um so einen langfristigen Nutzen in einer vorteilhaften Wettbewerbsposition zu generieren."*

Die aufgeführte Definition ist angelehnt an den Strategiebegriff nach HOFER & SCHENDEL. Das Verständnis der Autoren synthetisiert die essenziellen Elemente der vier beschriebenen Sichtweisen.[329] Mithin vereint eine Strategie zahlreiche Aufgaben zur nachhaltigen und

---

[326] I. A. a. Mintzberg et al. (Strategy Safari), 1998, S. 9-14.
[327] Vgl. Mintzberg et al. (Strategy Bites Back), 2008, S. 11-12.
[328] Vgl. Hofer; Schendel (Strategy Formulation), 1982, S. 12.
[329] Vgl. Hofer; Schendel (Strategy Formulation), 1982, S. 12.

gewinnbringenden Positionierung im Wettbewerb, wobei eine Verwaltung und Steuerung dieser Aufgaben erforderlich ist. Aus diesem Grund wird im Anschluss an die Begriffsdefinition der Strategie das strategische Management eingeführt und vorgestellt. Diesem obliegt Koordination und Ausführung der besagten Aufgaben, indem entsprechende Strategien entwickelt und im Unternehmen umgesetzt werden.[330]

II.3.2 Strategisches Management

Für den Begriff des strategischen Managements existiert in der Literatur eine ähnlich hohe Diversität wie für den Strategiebegriff. Einen in der Literatur anerkannten Ansatz zur Einordnung des strategischen Managements stellt das St. Galler Management-Modell nach ULRICH & KRIEG dar.[331] Die Weiterentwicklung des Models erfolgte in erster Instanz durch BLEICHER.[332] Seine dreiteilige Gliederung von Aufgaben des Managements erfuhr in diesem Kontext „große allgemeine Bekanntheit" und ist in Abbildung 26 dargestellt.[333]

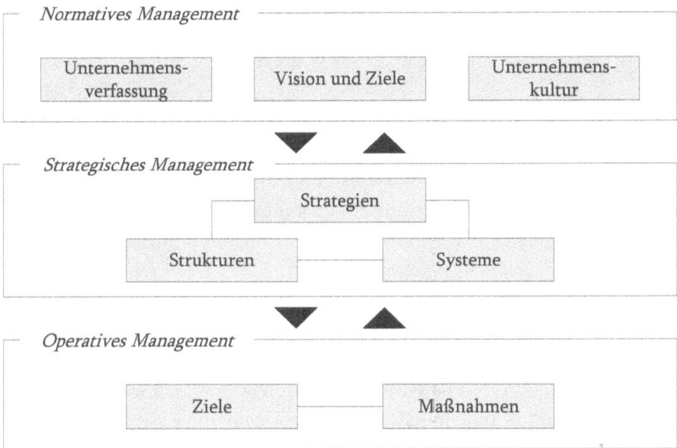

Abbildung 26: Modell des integrierten Managements[334]

Das normative Management befindet sich im Modell des integrierten Managements hierarchisch in der obersten Ebene. Es umfasst neben der allgemeinen Vision und den Zielen des Unternehmens die Bestimmung der Unternehmensverfassung und -kultur. Die hierarchisch unterste Ebene stellt das operative Management dar, welches Aufgaben des operativen und kurzfristigen Vollzugs beinhaltet. Konkret müssen im operativen Management für die verschiedenen Funktionsbereiche eines Unternehmens Ziele und Maßnahmen definiert werden. Zwischen der normativen und der operativen Ebene ist letztlich das strategische Management einzuordnen. Als Schnittstelle zwischen normativer und operativer Ebene

330 Vgl. Hungenberg (Strategisches Management), 2014, S. 7-8.
331 Vgl. Ulrich; Krieg (St. Galler Management-Modell), 1974.
332 Vgl. Bleicher (Integriertes Management), 2011.
333 Vgl. Herget; Strobl (Unternehmenskultur), 2018, S. 295.
334 I. A. a. Bleicher (Integriertes Management), 2011, S. 83; Hungenberg (Strategisches Management), 2014, S. 24.

dient das strategische Management dazu, die Vision und Ziele des normativen Managements in der fortlaufenden Entwicklung des Unternehmens zu realisieren. Hierzu werden Strategien entwickelt und durch den Einsatz verschiedener Systeme und Strukturen verwirklicht.[335]

Die Autoren GÄLWEILER & MALIK definieren die Thematik im Gegenzug primär anhand ihrer Zielsetzung. Demnach ist es Aufgabe der strategischen Unternehmensführung, „für die Schaffung und Erhaltung der besten Voraussetzungen für anhaltende und weit in die Zukunft reichende Erfolgsmöglichkeiten [...] zu sorgen.[336] Die Aggregationen aus den geschaffenen Voraussetzungen werden in diesem Kontext als strategische Erfolgspotenziale definiert, welche als zentrale Steuergröße für das Strategische Management dienen.[337] Alle erfolgsrelevanten Voraussetzungen in Bezug auf Produkt und Markt, über die ein Unternehmen verfügt, können demnach als strategische Erfolgspotenziale bezeichnet werden. Der Prozess zur Schaffung strategischer Erfolgspotenziale kann dabei zeitlich nicht beliebig verkürzt werden.[338] Werden diese Voraussetzungen durch operativen Einsatz umgesetzt, können sie die Positionierung eines Unternehmens am Markt positiv beeinflussen. So entstehen aus den strategischen Erfolgspotenzialen sogenannte strategische Erfolgspositionen (SEP).[339] Durch Einnahme dieser SEP werden Unternehmen zur Realisierung von Wettbewerbsvorteilen befähigt.[340] Ferner charakterisieren MÜLLER-STEWENS & LECHNER das strategische Management durch das Bestreben, die Entwicklung eines Unternehmens zu gestalten.[341] Diese Entwicklung ist als geplante Evolution zu verstehen, sodass das strategische Management als iterativer Ablauf bezeichnet werden kann. Dabei müssen exogene Vorgänge und gesammelte Erfahrungen in dem iterativen Ablauf kontinuierlich berücksichtigt werden.[342]

Insgesamt können die diversen Ansätze und Perspektiven des strategischen Managements in einem Grundverständnis aggregiert werden. HUNGENBERG definiert dazu fünf wesentliche Merkmale aus unterschiedlicher Literatur:[343]

- Als strategisch gelten solche Entscheidungen des Managements, deren Fokus die Bestimmung oder maßgebliche Beeinflussung der *grundsätzlichen Richtung der Unternehmensentwicklung* sind.
- Grundsätzliches Ziel strategischer Entscheidungen ist es, den *langfristigen Erfolg eines Unternehmens* zu sichern.
- Strategische Entscheidungen versuchen, die Sicherung des zukünftigen Erfolgs durch Bestimmung der *externen und internen Ausrichtung* eines Unternehmens zu gewährleisten.
- Strategische Entscheidungen über die grundsätzliche Ausrichtung des Unternehmens sollen Handlungsmöglichkeiten eröffnen, die *Erfolgspotenziale* schaffen.

---

[335] Vgl. Hungenberg (Strategisches Management), 2014, S. 23-24.
[336] Vgl. Gälweiler; Malik (Strategische Unternehmensführung), 2005, S. 23-24.
[337] Vgl. Gälweiler; Malik (Strategische Unternehmensführung), 2005, S. 24.
[338] Vgl. Gälweiler; Malik (Strategische Unternehmensführung), 2005, S. 26.
[339] Vgl. Bleicher (Integriertes Management), 2011, S. 437-439.
[340] Vgl. Pümpin (Strategische Erfolgspositionen), 1992, S. 28.
[341] Vgl. Müller-Stewens; Lechner (Strategisches Management), 2011, S. 20.
[342] Vgl. Kirsch (Evolution von Unternehmen), 1997, S. 68.
[343] Vgl. Hungenberg (Strategisches Management), 2014, S. 4-9.

- Strategische Entscheidungen müssen aus einer *übergreifenden Perspektive* heraus getroffen werden, da die Ausrichtung eines Unternehmens nur dann grundlegend beeinflusst werden kann, wenn über Organisationseinheiten hinweg gedacht wird.

Die Definitionen veranschaulichen die verschiedenen Perspektiven auf die Thematik des strategischen Managements. Für die vorliegende Arbeit kann insbesondere das Verständnis nach WELGE & AL-LAHAM als Referenz verwendet werden. Sie bezeichnen das strategische Management als einen Prozess, in dessen Mittelpunkt die Formulierung und Implementierung von Strategien in Unternehmen stehen. Die Autoren entwickelten ein konzeptionelles Referenzmodell, welches die vielfältigen Aufgaben des strategischen Managements systematisch ordnet und ins Verhältnis zueinander setzt. Das Referenzmodell ist in der nachfolgenden Abbildung 27 dargestellt.[344]

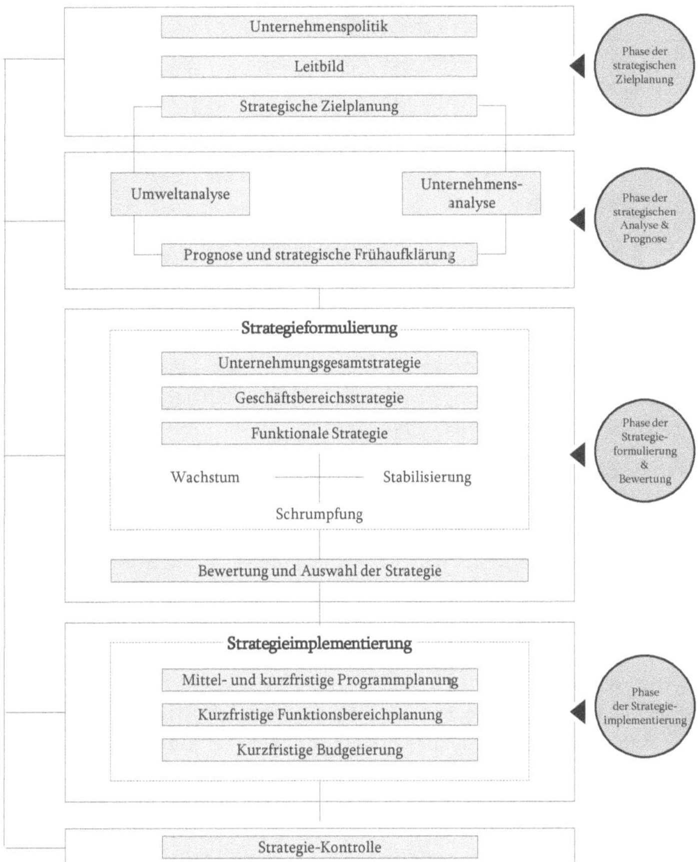

Abbildung 27: Konzeptionelles Referenzmodell des strategischen Managements[345]

---

[344] Vgl. Welge; Al-Laham (Strategisches Management), 2003, S. 99

[345] I. A. a. Welge; Al-Laham (Strategisches Management), 2003, S. 98.

Die Autoren verstehen das strategische Management als einen iterativen Prozess, der vier differierende Phasen umfasst und durch eine Vielzahl von Rückkoppelungen und Überlappungen gekennzeichnet ist. Die Phase der Zielbildung umfasst die Entwicklung der Unternehmenspolitik, des Leitbildes sowie strategischer Zielsetzungen.[346] Dadurch wird ein genereller Handlungsrahmen geschaffen, um in den nachgelagerten Phasen des Strategieprozesses die relevanten Entscheidungstatbestände planen, implementieren und kontrollieren zu können.[347] Die Phase der strategischen Analyse beinhaltet sowohl eine (externe) Umweltanalyse als auch eine (interne) Unternehmensanalyse. Ferner erfolgt in dieser Phase die Prognose und Frühaufklärung über mögliche Szenarien, die in der Zukunft eintreten können.[348] Wesentliches Ziel dieser Phase ist es, die informationellen Voraussetzungen zu schaffen, auf deren Basis die nachfolgende Formulierung von Strategien ablaufen kann.[349] In der Literatur wird in diesem Kontext meist auf den SWOT-Ansatz verwiesen, der den Grundgedanken der strategischen Analyse zusammenfasst. Dieser fokussiert im Sinne der Unternehmensanalyse die Stärken (engl. Strengths) sowie Schwächen (engl. Weaknesses) eines Unternehmens. Im Sinne der Umweltanalyse werden demgegenüber Chancen (engl. Opportunities) und Risiken (engl. Threats) identifiziert.[350] Die Formulierung von Strategiealternativen sowie die anschließende Bewertung und Auswahl dieser erfolgt in der Phase der Strategieformulierung.[351] In diesem Kontext werden mit der Unternehmensgesamtstrategie, der Geschäftsbereichsstrategie sowie der Funktionalstrategie unterschiedliche Ebenen von Strategien eingeführt.[352] Im Zuge der Strategieformulierung existieren verschiedene elementare Prinzipien, die unabhängig von dem konkreten Strategieinhalt berücksichtigt werden sollten. Dazu zählt unter anderem die Berücksichtigung des SWOT-Prinzips, also der Aufbau von Stärken bei gleichzeitiger Vermeidung von Schwächen. Weiterhin gilt der Grundsatz, Kräfte zu konzentrieren und nur solche internen wie auch externen Bereiche zu fokussieren, die konkrete Erfolgspotenziale bzw. Wettbewerbsvorteile darstellen können. Die Realisierung bzw. der Aufbau von Synergiepotenzialen sowie die Optimierung der Ressourcenbasis stellen die übrigen elementaren Prinzipien dar, die es im Zuge der Strategieformulierung und der anschließenden Bewertung zu berücksichtigen gilt.[353] Die abschließende Phase der Strategieimplementierung verfolgt das Ziel, strategische Pläne in konkretes, strategiegeleitetes Handeln des Unternehmens und seiner Mitarbeitenden zu überführen.[354] Dazu wird die ausgewählte Strategie stufenweise in bereichs- und abteilungsbezogene operative Maßnahmenprogramme überführt. Dies beinhaltet ebenfalls die Formulierung von Teilstrategien in den funktionalen Bereichen.[355] Ferner merken WELGE

[346] Vgl. Welge; Al-Laham (Strategisches Management), 2003, S. 98-99.
[347] Vgl. Welge; Al-Laham (Strategisches Management), 2003, S. 103;
Kirsch (Evolution von Unternehmen), 1997, S. 284.
[348] Vgl. Welge; Al-Laham (Strategisches Management), 2003, S. 98-99.
[349] Vgl. Welge; Al-Laham (Strategisches Management), 2003, S. 187-189.
[350] Vgl. Hungenberg (Strategisches Management), 2014, S. 86;
Welge; Al-Laham (Strategisches Management), 2003, S. 187-189.
[351] Vgl. Welge; Al-Laham (Strategisches Management), 2003, S. 98-99.
[352] Eine präzise Abgrenzung der unterschiedlichen Strategieebenen erfolgt im Rahmen von Kapitel II.3.3
[353] Vgl. Welge; Al-Laham (Strategisches Management), 2003, S. 315-320.
[354] Vgl. Welge; Al-Laham (Strategisches Management), 2003, S. 98-99.
[355] Vgl. Welge; Al-Laham (Strategisches Management), 2003, S. 533-534.

& Al-Laham an, dass der Prozess des strategischen Managements sowohl durch eine abschließende Kontrollphase als auch durch ein prozessbegleitendes strategisches Controlling unterstützt werden muss.

Nachdem im Rahmen der Erläuterungen zum strategischen Management mit der Unternehmens-, Geschäftsfeld- und Funktionalstrategie verschiedene Strategieebenen eingeführt wurden, werden diese im Nachgang detailliert vorgestellt.

II.3.3 Hierarchie der Strategieebenen

Wie im vorherigen Kapitel ausgeführt, kann das strategische Management als Rahmenwerk verstanden werden, welches die Formulierung und Umsetzung einer Strategie zum Ziel hat.[356] Wesentlicher Bestandteil ist dabei die Definition eines Handlungsspielraums, der in Unternehmen stets einen vorab definierten Geltungsbereich ausfüllt.[357] Gemäß Hungenberg kann dieser Geltungsbereich zumeist in drei Ebenen mit spezifischen Strategien unterteilt werden. Neben der Ebene des Gesamtunternehmens mit einer Unternehmensstrategie (engl. corporate strategy) existieren die Geschäftsfeldebene mit einer Wettbewerbs- respektive Geschäftsfeldstrategie (engl. business strategy) sowie die Funktionsbereichsebene mit einer Funktionalstrategie (engl. functional strategy).[358] Diese strategischen Ebenen weisen untereinander hierarchische Beziehungen auf, die in der nachfolgenden Abbildung 28 anhand des sogenannten „Puppe-in-der-Puppe“-Prinzips visualisiert sind.[359]

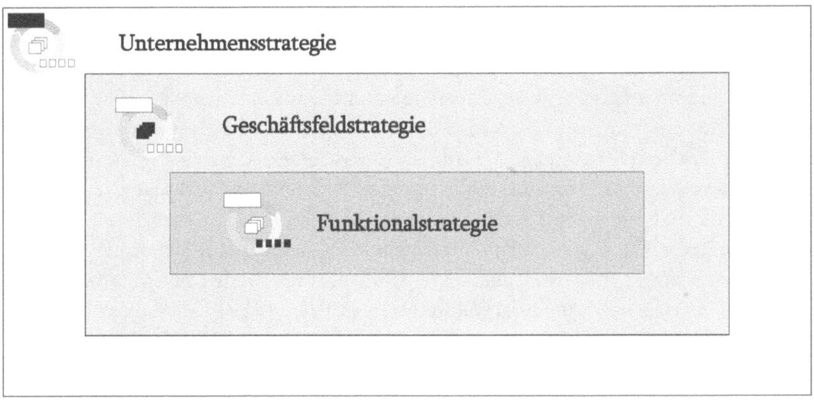

Abbildung 28: Hierarchische Einordnung der Strategieebenen[360]

Die hierarchische Einordnung der Strategieebenen verdeutlicht, dass die äußeren Strategien jeweils eine umschließende Funktion aufweisen. Die Unternehmensstrategie stellt die übergeordnete Ebene dar. Im Rahmen der Unternehmensstrategie wird definiert, in welchen Geschäften das Unternehmen zukünftig agieren soll.[361] Dies dient zur Vorgabe einer

[356] Vgl. Erner; Hammer (Strategisches Management 4.0), 2019, S. 127; Welge; Al-Laham (Strategisches Management), 2003, S. 19.
[357] Vgl. Kolks (Strategieimplementierung), 1990, S. 30.
[358] Vgl. Hungenberg (Strategisches Management), 2014, S. 16-17.
[359] Vgl. Kolks (Strategieimplementierung), 1990, S. 30.
[360] Vgl. Kolks (Strategieimplementierung), 1990, S. 30.
[361] Vgl. Hungenberg; Wulf (Grundlagen Unternehmensführung), 2015, S. 97.

allgemeinen Unternehmensausrichtung sowie zur Definition von Zielen und Anweisungen in Bezug auf Wachstum und Management spezifischer Geschäftsfelder.[362] Dazu wird innerhalb der Unternehmensstrategie eine Gesamtübersicht der Produkt-Markt-Kombinationen festgelegt und ein entsprechendes Geschäftsfeldportfolio erstellt.[363] Ferner werden die angestrebte Marktposition in den definierten Aktivitätsfeldern formuliert sowie attraktive Märkte identifiziert, in denen sich potenziell starke Marktpositionen realisieren lassen.[364] Die Ebene der Unternehmensstrategie umschließt unmittelbar die darunterliegende Ebene der Geschäftsfeldstrategie. Diese dient zur Festlegung der unternehmerischen Ausrichtung in einem einzelnen Geschäft durch Formulierung spezifischer Strategien. Zentrale Anforderung hierbei ist die Erzeugung von Wettbewerbsvorteilen gegenüber Mitbewerbern, um so im jeweiligen Geschäftsfeld erfolgreich zu sein.[365] Dazu wird auf Ebene eines jeden Geschäfts- bzw. Produktbereichs definiert, auf welche Weise die aktuelle Position verbessert oder zumindest gehalten werden kann.[366] Einhergehend damit werden Vor- und Nachteile im Wettbewerb ermittelt sowie erforderliche Ressourcen zur Erzielung der angestrebten Marktposition identifiziert. Demnach wird die allgemeine Unternehmensstrategie im Rahmen der Geschäftsfeldstrategie durch spezifische Maßnahmen für die einzelnen Geschäftsfelder detailliert.[367] Zwei benachbarte Strategieebenen weisen mithin unterstützende Beziehungen zueinander auf, welche hierarchisch von unten nach oben verlaufen. Somit unterstützt und ergänzt die hierarchisch untergeordnete Strategieebene die Erreichung der Ziele in der übergeordneten Strategieebene. Konkret wird die Geschäftsfeldstrategie also durch Funktionalstrategien unterstützt.[368] Diese bilden in der Hierarchie der Strategieebenen die unterste Ebene und dienen der Umsetzung von Strategien in den einzelnen funktionalen Bereichen eines Unternehmens. Die Formulierung von Funktionalstrategien erfolgt für die Bereiche, die für den Erfolg und die Umsetzung der übergeordneten Zielsetzungen essenziell sind.[369] Funktionalbereiche entsprechen hierbei Organisationseinheiten, in denen gleichartige Aktivitäten gebündelt werden.[370] Die spezifischen Funktionsbereiche sind abhängig von verschiedenen Rahmenbedingungen, wie Branchenzugehörigkeit, Unternehmensgröße oder Marktzugang, und demnach unternehmensindividuell zu definieren.[371]

Mit der hierarchischen Anordnung der Strategien erfolgt auch die Formulierung der jeweiligen Strategien. So wird mit der Formulierung der Unternehmensstrategie begonnen und durch die Formulierung der Funktionalstrategie auf der untersten Hierarchieebene geendet. Allerdings werden die strategischen Potenziale auf funktionaler Ebene erst in jüngerer Zeit stärker berücksichtigt. Insbesondere eine verstärkte Fokussierung auf die Wertschöpfungskette sowie die Berücksichtigung technologischer Aspekte im strategischen Manage-

---

[362] Vgl. Wheelen et al. (Strategic Management), 2018, S. 50.
[363] Vgl. Hungenberg; Wulf (Grundlagen Unternehmensführung), 2015, S. 97-98.
[364] Vgl. Grünig; Kühn (Strategy Planning Process), 2018, S. 45-47.
[365] Vgl. Hungenberg; Wulf (Grundlagen Unternehmensführung), 2015, S. 97.
[366] Vgl. Wheelen et al. (Strategic Management), 2018, S. 50.
[367] Vgl. Grünig; Kühn (Strategy Planning Process), 2018, S. 46.
[368] Vgl. Wheelen et al. (Strategic Management), 2018, S. 51.
[369] Vgl. Grünig; Kühn (Strategy Planning Process), 2018, S. 46.
[370] Vgl. Hungenberg (Strategisches Management), 2014, S. 326.
[371] Vgl. Coulter (Strategic Management), 2013, S. 7.

ment können als Indikatoren für eine zunehmende strategische Bedeutung von Funktionsbereichen verstanden werden.[372] In diesem Kontext betonen die Autoren MATT ET AL. ebenfalls die Bedeutung von Funktionalstrategien bzw. funktionsspezifischen strategischen Programmen für eine erfolgreiche digitale Transformation von Unternehmen.[373] Eine Einordnung von Transformationsstrategien sowie die Wechselwirkung zu Geschäftsfeld- und Funktionalstrategie ist in der nachfolgenden Abbildung 29 dargestellt.

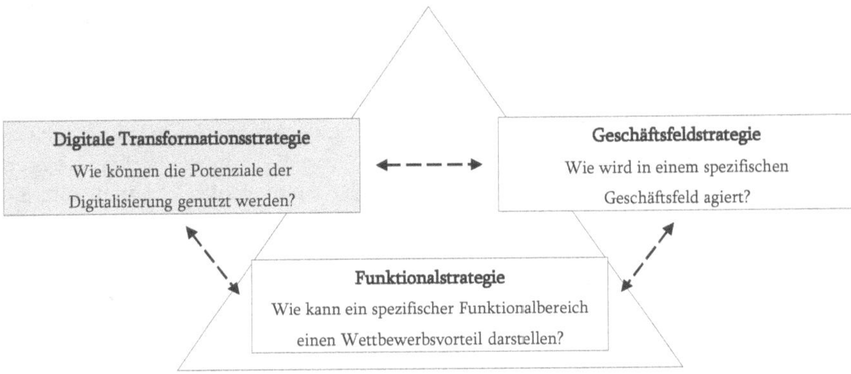

Abbildung 29: Einordung von Transformationsstrategien in die Strategieebenen[374]

Die Entwicklung einer entsprechenden Transformationsstrategie ist somit unter Berücksichtigung der übergeordneten Geschäftsfeldstrategie sowie den spezifischen Funktionalbereichen des Unternehmens durchzuführen. Inhalt einer Transformationsstrategie ist dabei die Transformation von Produkten, Prozessen und Strukturen durch neue, digitale Technologien.[375] Auf diesem Verständnis basieren die weiteren Ausführungen der vorliegenden Arbeit.

II.4 Handlungsbedarf aus der Praxis

Infolge ihrer Schlüsselposition in der industriellen Wertschöpfungskette wird die Branche Werkzeugbau mit erhöhtem Kostendruck, steigender Komplexität sowie dem Mitarbeitendenwandel konfrontiert. Diese maßgeblichen Herausforderungen leiten sich aus den Trends der produzierenden Industrie – digitaler Wandel, Derivatisierung, demographischer Wandel sowie Globalisierung – ab und erfordern eine Reaktion der Branche Werkzeugbau. Am Hochlohnstandort Deutschland kann die Bewältigung dieser Herausforderungen ausschließlich über einen optimierten und effizienteren Leistungserstellungsprozess erfolgen.[376] Dieser Leistungserstellungsprozess wird maßgeblich durch die Wertschöpfung auf dem Shopfloor sowie den beteiligten relevanten Funktionen abgebildet.

[372] Vgl. Welge et al. (Strategisches Management), 2017, S. 569.
[373] Vgl. Matt et al. (Digital Transformation Strategies), 2015, S. 340.
[374] Vgl. Ismail et al. (Digital Business Transformation and Strategy), 2017, S. 15.
[375] Vgl. Matt et al. (Digital Transformation Strategies), 2015, S. 341.
[376] Vgl. Boos et al. (Digitale Transformation im Werkzeugbau), 2019, S. 6-7.

Die Möglichkeiten der digitalen Vernetzung im Zuge der industriellen digitalen Transformation implizieren neben den aufgeführten Herausforderungen auch weitreichende Potenziale für die Branche. So kann einerseits durch eine erfolgreiche digitale Vernetzung der Wertschöpfung dem induzierten Kostendruck durch Kosteneinsparungen begegnet werden, während zugleich die Komplexität der Auftragsabwicklung durch die Integration von Industrie 4.0-Lösungen beherrschbar wird. Insgesamt bietet sich so die Möglichkeit, den Leistungserstellungsprozess im Werkzeugbau durch die Potenziale der digitalen Vernetzung zu revolutionieren und dabei ggf. neuartige Umsatzpotenziale zu erschließen. Gleichzeitig ist eine erfolgreiche digitale Transformation mit hohen Kosten verbunden, erfordert in der Umsetzung umfassende Personalkapazitäten und stellt ein bereichsübergreifendes und hochkomplexes Vorhaben mit weitreichenden Veränderungen dar. Dies gilt insbesondere für die stark mittelständisch geprägte Branche Werkzeugbau, deren finanzielle Ressourcen eingeschränkt sind und die mehrheitlich weniger als 50 Mitarbeitende beschäftigen. Dies ist umso mehr von Bedeutung, da eine der größten Herausforderungen im Zuge der digitalen Transformation in der segmentierten Umsetzung der Lösungen liegt, welche durch die Rahmenbedingungen des Werkzeugbaus zusätzlich erschwert wird. Der Werkzeugbau mit seinen branchenspezifischen Rahmenbedingungen bildet zusammen mit der digitalen Transformation der Wertschöpfung und ihren Implikationen den Betrachtungsbereich.[377]

In diesem Kontext mangelt es der Branche derzeit an einer systematischen Vorgehensweise, mithilfe derer sich die digitale Transformation im Werkzeugbau erfolgreich vollziehen lässt. Eine solche Vorgehensweise erfordert die Entwicklung einer individuellen Strategie als zentrales und strukturgebendes Instrument. Aus diesem Grund definiert die Strategieentwicklung gleichzeitig den Gestaltungsbereich der vorliegenden Arbeit.[378] Werkzeugbaubetriebe müssen befähigt werden, eigenständig Strategien zur erfolgreichen digitalen Transformation zu entwickeln. Während der strategische Managementprozess zwar die Grundlage für die Entwicklung der benötigten Strategien bildet, ist dieser jedoch noch nicht in einem anwendbaren Rahmen für den vorliegenden Betrachtungsbereich spezifiziert. Somit kann der klassische strategische Managementprozess im Kontext der digitalen Transformation als zu allgemein für die speziellen Bedingungen in der Branche Werkzeugbau bezeichnet werden. Folglich ist daher die Entwicklung einer Vorgehensweise erforderlich, welche den Werkzeugbau befähigt, die Transformation zur digital vernetzten Wertschöpfung erfolgreich zu gestalten. Der Zusammenhang aus Betrachtungs- und Gestaltungsbereich sowie die relevanten Einflussfaktoren sind in der nachfolgenden Abbildung 30 systematisiert dargestellt.

Im Zuge der Strategieentwicklung für die Transformation zur digital vernetzten Wertschöpfung im Werkzeugbau ist eine Berücksichtigung der relevanten Wertschöpfungsdimensionen erforderlich. Diese leiten sich aus den fünf Elementen der Wertschöpfung ab und umfassen die Dimensionen Ressource, Prozess sowie Organisation.[379] Diese wurden bereits nach FRICK im Zuge der Entwicklung erfolgreicher Geschäftsmodelle im Werkzeugbau

[377] Vgl. Kapitel II.1; Kapiel II.2
[378] Vgl. Kapitel II.3
[379] Vgl. Kapitel II.1.1.1

sowie nach HENSEN zur strategischen Auslegung industrieller Werkzeugbaubetriebe definiert.[380] Da im Kontext der vorliegenden Arbeit die Transformation zur digital vernetzten Wertschöpfung fokussiert wird, werden Leistungen als ausgehendes Element der Wertschöpfung nicht berücksichtigt. Aufgrund ihrer hohen inhaltlichen Überschneidung in der Literatur zur Strategie werden zudem Kompetenzen unter der Wertschöpfungsdimension der Ressourcen subsumiert. Folglich müssen die Dimensionen Ressource, Prozess und Organisation durch geeignete Strategien eine Transformation erfahren, um eine digital vernetzte Wertschöpfung im Werkzeugbau zu realisieren.

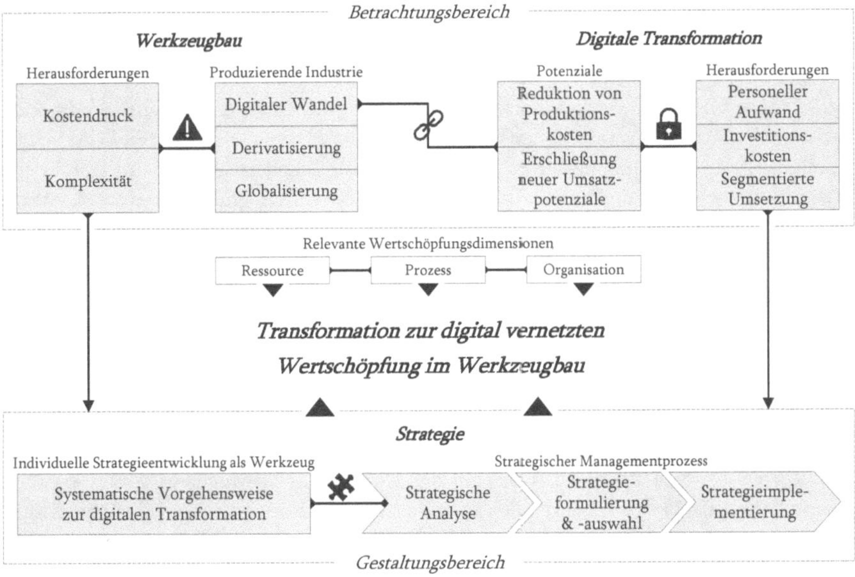

Abbildung 30: Ableitung des Handlungsbedarfs aus der Praxis[381]

Der Bedarf nach einem systematischen Vorgehen für die Transformation zur digital vernetzten Wertschöpfung im Werkzeugbau ist darüber hinaus auch in der Praxis erkennbar. Im Rahmen des Wettbewerbs „Excellence in Production" (EiP), welcher die besten Werkzeugbaubetriebe im deutschsprachigen Raum ermittelt, wurden im Jahr 2021 Werkzeugbaubetriebe in Bezug auf ihre digitale Reife untersucht. Der zugehörige Index basiert auf den Reifegradstufen der Industrie 4.0 nach SCHUH ET AL.[382] Von den 16 Finalisten des Wettbewerbs konnte dabei lediglich eine durchschnittliche Reifegradbewertung von 1,4 auf einer Skala von eins bis fünf erzielt werden.[383] Dies verdeutlicht eine derzeit noch ungenügende digitale Reife in der Branche Werkzeugbau. Zudem weisen 79 % der deutschen

[380] Vgl. Frick (Geschäftsmodelle im Werkzeugbau), 2006, S. 213-216;
Hensen (Auslegung industrieller Werkzeugbaubetriebe), 2017, S. 104-106.
[381] Eigene Darstellung.
[382] Vgl. Schuh et al. (Industrie 4.0 Maturity Index), 2020, S. 18.
[383] Vgl. WZL/IPT (Gemeinsame Datenbank zum Werkzeugbau), Stand Februar 2023.

Werkzeugbaubetriebe aus, dass es ihnen für die Umsetzung der digitalen Transformation an einem strukturierten Vorgehen mangelt.[384] Aus Perspektive der Wertschöpfung verfügen dabei 60 % der deutschen Werkzeugbaubetriebe über keine Roadmap, die eine Integration von Lösungen der digitalen Vernetzung vorbereitet und ermöglicht.[385] In Bezug auf den deutschen Werkzeugbau ist somit ersichtlich, dass noch eine Vielzahl von Potenzialen mangels ausreichender Fortschritte in der digitalen Transformation unerschöpft sind. Zudem wird deutlich, dass die Werkzeugbaubetriebe einen hohen Bedarf für eine systematische Vorgehensweise aufweisen, die sie für die Transformation zur digital vernetzten Wertschöpfung vorbereitet und befähigt. Folglich besteht **Handlungsbedarf aus der Praxis**.

[384] Vgl. Boos et al. (Digitale Transformation im Werkzeugbau), 2019, S. 5.
[385] Vgl. WZL/IPT (Gemeinsame Datenbank zum Werkzeugbau), Stand Februar 2023.

III Analyse bestehender theoretischer Ansätze

Im nachfolgenden Kapitel wird auf Basis des in Kapitel II.4 aufgezeigten Handlungsbedarfs aus der Praxis die Eignung bestehender Ansätze[386] für die systematische Transformation zur digital vernetzten Wertschöpfung untersucht. Weiterhin wird geprüft, ob einzelne Teilaspekte bestehender Ansätze übertragbar sind. Zunächst wird hierzu eine Analysesystematik bestehend aus Anforderungs- und Bewertungssystem entwickelt. Anschließend erfolgt eine detaillierte Vorstellung der bestehenden Ansätze, bevor diese mit dem entwickelten Anforderungs- und Bewertungssystem abgeglichen werden. Zum Abschluss des dritten Kapitels wird ein Handlungsbedarf aus der Theorie abgeleitet, bevor dieser zusammen mit dem Handlungsbedarf aus der Praxis in eine konkrete Forschungsfrage überführt wird.

III.1 Systematik der Analyse bestehender Modelle

Zur Sicherstellung der Objektivität und Einheitlichkeit in der Bewertung der bestehenden Ansätze ist die Entwicklung einer allgemeingültigen Systematik erforderlich. Diese setzt sich aus einem Bewertungs- und einem Anforderungssystem zusammen. Das Bewertungssystem dient zur Festlegung der Ausprägungen, anhand derer die Anforderungserfüllung durch die untersuchten Ansätze bewertet wird.[387] Die Anforderungen an einen Ansatz zur strategischen digitalen Transformation der Wertschöpfung werden demgegenüber im Anforderungssystem kategorisiert und detailliert.

III.1.1 Bewertungssystem

Für die einheitliche Bewertung wissenschaftlicher Ansätze existiert eine Vielzahl von Verfahren. In der allgemeinen Literatur wird oftmals eine diskrete Skala mit verschiedenen Ausprägungen für die Bewertung wissenschaftlicher Ansätze eingesetzt.[388] Auch in der spezifischen Literatur zur Beantwortung von Fragestellungen im Kontext des Werkzeugbaus werden diskrete Skalen, bspw. durch KUHLMANN[389], PITSCH[390], SALMEN[391] und KELZENBERG[392], verwendet. Die Anzahl der Abstufungen einer diskreten Skala ist variabel und kann je nach Problemstellung individuell adaptiert werden.[393] Die fünfstufige diskrete Skala findet ihren Ursprung bei LIKERT.[394] Diese Variante bietet Robustheit sowie Einheitlichkeit bei der Bewertung wissenschaftlicher Ansätze.[395] Mithin soll auch für die Bewertungssystematik der

[386] Der Begriff „Ansatz“ umfasst wissenschaftliche Theorien, Modelle, Ordnungsrahmen, Verfahren und Vorgehensweisen.
[387] Vgl. Ulrich (Management), 1984, S. 193.
[388] Vgl. Likert (Measurement of Attitudes), 1932, S. 25-27.
[389] Vgl. Kuhlmann (Geschäftsprozesse im industriellen Werkzeugbau), 2011, S. 61-63.
[390] Vgl. Pitsch (Vernetzung von Werkzeugbaustandorten), 2014, S. 84-86.
[391] Vgl. Salmen (Digital vernetzter Shopfloor im Werkzeugbau), 2016, S. 83-84.
[392] Vgl. Kelzenberg (Datenstrukturmodell für den digitalen Schatten), 2020, S. 78-80.
[393] Vgl. Dawes (Point Scales), 2008, S. 63.
[394] Vgl. Likert (Measurement of Attitudes), 1932, S. 15-20;
Linacre (Optimizing Rating Scale), 2002, S. 86-89.
[395] Vgl. Dawes (Point Scales), 2008, S. 61.

vorliegenden Arbeit eine fünfstufige diskrete Skala gewählt werden. Diese fünf Abstufungen sind in Form von Ringdiagrammen in der nachfolgenden Abbildung 31 visualisiert.

Abbildung 31: Abstufung der Bewertung[396]

Die Bewertung einer Anforderung in Bezug auf ihren Erfüllungsgrad wird durch die Füllung der Ringdiagramme dargestellt. Diese Darstellungsform basiert auf den sogenannten Harvey Balls, die in der Literatur aufgrund ihrer Übersichtlichkeit vielfach zur Visualisierung von Bewertungsergebnissen eingesetzt werden.[397] Die fünf Abstufungen des Erfüllungsgrad zur Bewertung einer Anforderungen werden in der vorliegenden Arbeit durch die Klassifizierungen „Anforderung nicht erfüllt“, „Anforderung geringfügig erfüllt“, „Anforderung teilweise erfüllt“, „Anforderung überwiegend erfüllt“ sowie „Anforderung vollumfänglich erfüllt“ dargestellt. Zur Vermeidung einer neutralen Ausprägung in der Bewertungssystematik wird die dritte und damit mittlere Abstufung bewusst als „Anforderung teilweise erfüllt“ formuliert. In Verbindung mit der klaren Benennung der vier übrigen Kategorien werden so eine eindeutige Zuordnung ohne Mitte und in der Folge eine präzisere Bewertung ermöglicht.[398]

III.1.2 Anforderungssystem

Das Anforderungssystem an einen Ansatz für die systematische Transformation zur digital vernetzten Wertschöpfung im Werkzeugbau resultiert neben den vorgestellten Inhalten aus Kapitel 0 maßgeblich aus dem hergeleiteten Handlungsbedarf aus der Praxis.[399] Dadurch ergibt sich aus jedem der drei Grundlagenbereiche mit den Themen digitale Transformation der Wertschöpfung, Werkzeugbau sowie Strategie jeweils eine eigene Anforderungsdimension. Zudem wird eine allgemeine Anforderungsdimension definiert, welche eine tatsächliche Anwendbarkeit der wissenschaftlichen Ansätze in der Praxis bewerten soll. Das resultierende Anforderungssystem integriert somit allgemeine Anforderungen, branchenspezifische Anforderungen, transformationsspezifische Anforderungen sowie strategiespezifische Anforderungen. Die Analyse und Bewertung der vier Anforderungsdimensionen respektive der Einzelanforderungen erfolgt unabhängig voneinander. Die vier Anforderungsdimensionen mit ihren designierten Einzelanforderungen an einen Ansatz zur strategischen digitalen Transformation der Wertschöpfung im Werkzeugbau sind in Abbildung 32 visuell aggregiert.

[396] Eigene Darstellung.
[397] Vgl. Kett; Schewe (Management Skills), 2010, S. 129.
[398] Vgl. Dawes (Point Scales), 2008, S. 66-68.
[399] Vgl. Kapitel II.4

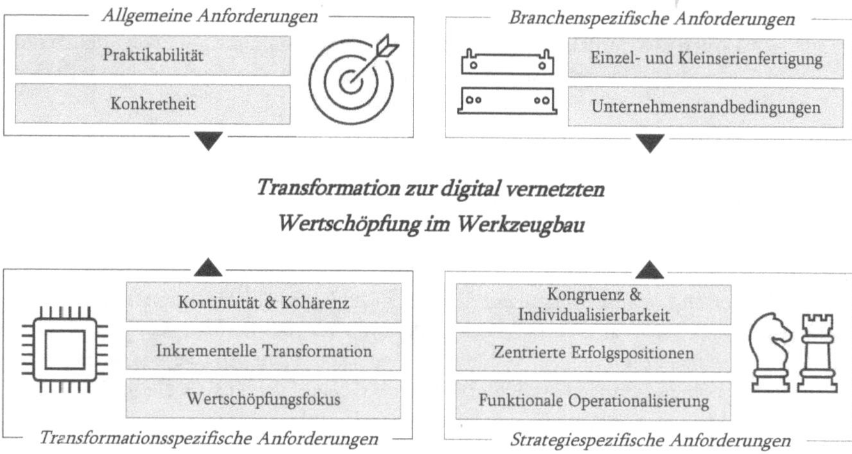

Abbildung 32: Anforderungssystem für die Bewertung wissenschaftlicher Ansätze[400]

Nachfolgend werden die Anforderungsdimensionen detailliert vorgestellt und deren spezifischen Anforderungen hergeleitet. Weiterhin werden die Anforderungen hinsichtlich ihrer Bedeutung in den fünf Abstufungen des Bewertungssystems erläutert.

III.1.2.1 **Allgemeine Anforderungen**

Aus wissenschaftlicher Perspektive muss ein Ansatz für die systematische Transformation zur digital vernetzten Wertschöpfung im Werkzeugbau allgemeinen Anforderungen genügen. Dies sind Anforderungen an die Praktikabilität und Konkretheit.

Durch die Anforderung Praktikabilität wird der Realitätsbezug eines wissenschaftlichen Ansatzes und somit dessen Umsetzbarkeit in der Praxis sichergestellt. Mithin müssen getroffene Annahmen, Rahmenbedingungen und Voraussetzungen realistisch sein. Damit ein Ansatz als praktikabel eingestuft werden kann, muss dieser neben einer einfachen und eindeutigen Anwendbarkeit zudem die Erzeugung robuster Ergebnisse ermöglichen.[401] Nachfolgend sind die fünf Abstufungen der Anforderung Praktikabilität aufgeführt:

- *Anforderung nicht erfüllt* - Der Ansatz basiert weder auf allgemein zutreffenden Annahmen noch werden realistische Rahmenbedingungen und Voraussetzungen berücksichtigt.
- *Anforderung geringfügig erfüllt* - Der Ansatz basiert auf allgemein zutreffenden Annahmen. Diese weisen jedoch nur geringen Realitätsbezug auf. Ferner sind weder Rahmenbedingungen noch Voraussetzungen realistisch getroffen.
- *Anforderung teilweise erfüllt* - Der Ansatz basiert grundsätzlich auf allgemein zutreffenden Annahmen, welche auch den notwendigen Realitätsbezug aufweisen. Zudem werden realistische Rahmendbedingungen und Voraussetzungen angenommen, wenngleich dies nicht in ausreichendem Umfang erfolgt.

[400] Eigene Darstellung.
[401] Vgl. Kuhlmann (Geschäftsprozesse im industriellen Werkzeugbau), 2011, S. 47.

- *Anforderung überwiegend erfüllt* - Der Ansatz basiert auf allgemein zutreffenden Annahmen und berücksichtigt realistische Rahmenbedingungen in hohem Umfang. Eine ausreichende Berücksichtigung von realistischen Voraussetzungen für die Umsetzung des Ansatzes findet jedoch nicht statt.
- *Anforderung vollumfänglich erfüllt* - Der Ansatz basiert auf allgemein zutreffenden Annahmen und weist eine vollumfängliche Berücksichtigung realistischer Rahmenbedingungen und Voraussetzungen auf.

Neben der Praktikabilität wird durch die Anforderung Konkretheit die Grundlage zur allgemeinen Umsetzbarkeit eines Ansatzes in der Realität vervollständigt. Die Bewertung der Konkretheit erfolgt sowohl anhand der Stringenz und Nachvollziehbarkeit in der Strukturierung des Ansatzes als auch anhand des konkreten Anwendungsbezugs der vorgestellten Methoden. Speziell durch die Vorstellung von Praxisbeispielen soll so die Übertragbarkeit auf andere Problemstellungen erleichtert werden.[402] Nachfolgend sind die fünf Abstufungen der Anforderung Konkretheit aufgeführt:

- *Anforderung nicht erfüllt* - Der Ansatz weist weder eine stringente und nachvollziehbare Struktur auf, noch werden Methoden mit konkretem Anwendungsbezug vorgestellt.
- *Anforderung geringfügig erfüllt* - Der Ansatz weist eine rudimentäre und geringfügig nachvollziehbare Struktur auf. Es werden jedoch keine Methoden mit konkretem Anwendungsbezug erläutert.
- *Anforderung teilweise erfüllt* - Der Ansatz weist eine erkennbare Stringenz und Nachvollziehbarkeit in seiner Struktur auf. Jedoch erfolgt eine Erläuterung von Methoden mit Anwendungsbezug lediglich unkonkret und nicht in ausreichendem Umfang.
- *Anforderung überwiegend erfüllt* - Der Ansatz weist eine deutlich erkennbare Stringenz und Nachvollziehbarkeit in seiner Struktur auf. Zudem werden sämtliche Methoden mit konkretem Anwendungsbezug ausführlich erläutert. Es findet jedoch keine Vorstellung und Erläuterung anhand konkreter Praxisanwendungen statt.
- *Anforderung vollumfänglich erfüllt* - Der Ansatz weist eine deutlich erkennbare Stringenz und Nachvollziehbarkeit in seiner Struktur auf. Zudem wird die Vorgehensweise anhand konkreter Praxisanwendungen ausführlich erläutert.

III.1.2.2 Branchenspezifische Anforderungen

Ein Ansatz für die systematische Transformation zur digital vernetzten Wertschöpfung muss branchenspezifischen Anforderungen des Werkzeugbaus genügen. Dies ist maßgeblich durch die Besonderheiten der Branche bedingt. Demnach müssen passende Ansätze sowohl eine Eignung für die Einzel- und Kleinserienfertigung aufweisen als auch die unternehmerischen Randbedingungen berücksichtigen.

Bedingt durch die überwiegende Fertigung von Unikaten oder Kleinserien im Werkzeugbau muss ein entsprechender Ansatz eine Eignung für die Einzel- und Kleinserienfertigung

---

402 Vgl. Kelzenberg (Datenstrukturmodell für den digitalen Schatten), 2020, S. 80; Salmen (Digital vernetzter Shopfloor im Werkzeugbau), 2016, S. 85.

aufweisen. Sowohl Werkzeugkomponenten als auch die zugrundeliegenden Herstellungsprozesse weisen in der Folge geringe bis keine Wiederholungshäufigkeiten auf.[403] Mithin hat die zugrundeliegende Fertigungsart unmittelbare Auswirkungen auf die Wertschöpfung, weshalb bestehende Ansätze aus der Serien- oder Massenfertigung nicht unmittelbar auf die Branche Werkzeugbau übertragen werden können. Somit sind die Besonderheiten der Einzel- und Kleinserienfertigung in einem Ansatz für die systematische Transformation zur digital vernetzten Wertschöpfung zu berücksichtigen. Nachfolgend sind die fünf Abstufungen der Anforderung Eignung für Einzel- und Kleinserienfertigung aufgeführt:

- *Anforderung nicht erfüllt* - Der Ansatz weist innerhalb seines Betrachtungsbereichs keinen Bezug zu einer spezifischen Branche auf.
- *Anforderung geringfügig erfüllt* - Der Ansatz weist innerhalb seines Betrachtungsbereichs einen Bezug zu einer spezifischen Branche auf.
- *Anforderung teilweise erfüllt* - Der Ansatz weist innerhalb seines Betrachtungsbereichs einen Bezug zur produzierendem Industrie bzw. Produktionstechnik auf und berücksichtigt deren Charakteristika.
- *Anforderung überwiegend erfüllt* - Der Ansatz weist innerhalb seines Betrachtungsbereichs einen konkreten Bezug zur produzierenden Industrie und deren Wertschöpfung auf. Mitunter wird die Einzel- und Kleinserienfertigung mit ihren Charakteristika berücksichtigt.
- *Anforderung vollumfänglich erfüllt* - Der Ansatz weist innerhalb seines Betrachtungsbereichs einen konkreten Bezug zur Wertschöpfung in der Einzel- und Kleinserienfertigung auf und berücksichtigt die spezifischen Charakteristika dieser Fertigungsart vollumfänglich.

Die Berücksichtigung unternehmerischer Randbedingungen stellt die zweite branchenspezifische Anforderung dar, die ein Ansatz für die systematische Transformation zur digital vernetzten Wertschöpfung erfüllen muss. Diese Anforderung resultiert aus der Tatsache, dass die Branche Werkzeugbau durch eine hohe Heterogenität geprägt ist. Wie im Rahmen von Kapitel II.2 ausgeführt, betrifft dies neben Marktzugang, Leistungsspektrum und Fertigungsverfahren zudem personelle sowie finanzielle Ressourcen.[404] Da ein Ansatz für die systematische Transformation zur digital vernetzten Wertschöpfung trotz der aufgeführten Heterogenität für die gesamte Branche Werkzeugbau anwendbar sein soll, muss dieser entsprechend der unternehmensspezifischen Randbedingungen adaptierbar und idealerweise modular anwendbar sein. Nachfolgend sind die fünf Abstufungen der Anforderung Berücksichtigung unternehmerischer Randbedingungen aufgeführt:

- *Anforderung nicht erfüllt* - Der Ansatz erlaubt weder die Berücksichtigung spezieller Unternehmensrandbedingungen noch die Adaptierbarkeit an die Umstände eines spezifischen Unternehmens. Zudem weist der Ansatz keinerlei Modularität auf.

[403] Vgl. Frick (Geschäftsmodelle im Werkzeugbau), 2006, S. 21-22.
[404] Vgl. Eversheim; Klocke (Werkzeugbau mit Zukunft), 1998, S. 3-5; Boos et al. (Tooling in Germany), 2020, S. 13.

- *Anforderung geringfügig erfüllt* - Der Ansatz erlaubt die rudimentäre Berücksichtigung spezieller Unternehmensrandbedingungen, wenngleich nicht in ausreichendem Umfang. Weiterhin weist der Ansatz weder eine Adaptierbarkeit noch eine Modularität auf.
- *Anforderung teilweise erfüllt* - Der Ansatz erlaubt die Berücksichtigung der speziellen Unternehmensrandbedingungen in ausreichendem Umfang. Die Adaptierbarkeit an die Umstände eines spezifischen Unternehmens ist lediglich für Teilbereiche des Ansatzes erfüllt. Zudem weist der Ansatz keinerlei Modularität auf.
- *Anforderung überwiegend erfüllt* - Der Ansatz erlaubt die Berücksichtigung der speziellen Unternehmensrandbedingungen sowie die Adaptierbarkeit an die spezifischen Umstände eines Unternehmens in vollem Umfang. Jedoch verfügt der Ansatz lediglich über eine unzureichende Modularität, da diese nur für Teilbereiche des Ansatzes gilt.
- *Anforderung vollumfänglich erfüllt* - Der Ansatz erlaubt die Berücksichtigung spezieller Unternehmensrandbedingungen durch seinen modularen Aufbau in vollem Umfang und kann in seiner Gänze auf spezifische Umstände eines Unternehmens adaptiert werden.

III.1.2.3 Transformationsspezifische Anforderungen

Neben den allgemeinen und branchenspezifischen Anforderungen, welche den äußeren Rahmen und die Formalitäten der Ansätze klassifizieren, stellt der Transformationsprozess im Kontext der wertschöpfungsseitigen digitalen Vernetzung im Werkzeugbau zusätzliche Anforderungen. Im Folgenden werden diese als transformationsspezifische Anforderungen bezeichnet. Die vorgestellten Ansätze werden hierdurch sowohl hinsichtlich einer geeigneten Vorgehensweise als auch eines bedarfsgerechten Schwerpunkts der digitalen Transformation untersucht. Folglich müssen wissenschaftliche Ansätze im Kontext der digitalen Transformation Anforderungen einer hinreichenden Kontinuität und Kohärenz erfüllen sowie den inkrementellen Charakter des Transformationsprozesses abbilden können. Bedingt durch die thematische Ausrichtung der vorliegenden Arbeit müssen wissenschaftliche Ansätze zudem die Anforderung an eine Fokussierung der Wertschöpfung erfüllen.

Die Anforderung nach hinreichender Kontinuität und Kohärenz resultiert aus der Zielsetzung des angestrebten Wandlungs- bzw. Transformationsprozesses. Dieser muss sowohl kontinuierlich gestaltet sein als auch mit dem Fokus auf kohärente Lösungen und Technologien entwickelt werden. Somit beschreibt die Kontinuität, dass der Wandlungsprozess langfristig ausgelegt ist. Folglich muss dieser begleitend zum regulären Betrieb stattfinden und kann keinesfalls innerhalb eines limitierten Zeitraums oder in Form eines Projekts durchgeführt werden. Idealerweise finden im Zuge des Wandlungsprozesses zudem regelmäßige Iterationsschleifen statt, um so den Fortschritt kontinuierlich zu überprüfen und bei Bedarf entsprechende Justierungen vorzunehmen. Andernfalls kann der Erfolg des langfristigen und kontinuierlich anzupassenden Wandlungsprozesses nicht nachhaltig sichergestellt werden.[405] Demgegenüber fokussiert die Kohärenz die Kombination der integrierten Technologien und Lösungen, welche im Rahmen des Transformationsprozesses in der Wertschöpfung implementiert werden. Es muss beachtet werden, dass diese eine systeminterne Kohärenz oder im Idealfall gar eine reziproke – also eine wechselseitige – Begünstigung aufweisen. Exemplarisch können hierfür CPS und IoT aufgeführt werden. Weiterhin müssen die Technologien und Lösungen miteinander synchronisiert bzw. vernetzt werden können, um „Insellösungen“ zu vermeiden.[406] Nachfolgend sind die fünf Abstufungen der Anforderung hinreichende Kontinuität und Kohärenz aufgeführt:

- *Anforderung nicht erfüllt* - Der Ansatz berücksichtigt weder die Kontinuität des Wandlungsprozesses noch die Kohärenz der zu implementierenden Technologien und Lösungen.
- *Anforderung geringfügig erfüllt* - Der Ansatz berücksichtigt die Kontinuität des Wandlungsprozesses in geringem Maße, indem eine rudimentäre Planung ohne ausreichende Langfristigkeit integriert wird. Die Kohärenz der zu implementierenden Technologien und Lösungen wird jedoch nicht berücksichtigt.
- *Anforderung teilweise erfüllt* - Der Ansatz berücksichtigt die Kontinuität des Wandlungsprozesses weitgehend, indem eine längerfristige Planung integriert wird. Eine Systematisierung der Planung durch die Integration von Iterationsschleifen findet jedoch nicht statt. Zudem kann die Kohärenz lediglich teilweise erfüllt werden, da zwar Technologien und Lösungen integriert werden, jedoch keinerlei Synchronisierung bzw. Vernetzung stattfindet.
- *Anforderung überwiegend erfüllt* - Der Ansatz berücksichtigt die Kontinuität des Wandlungsprozesses in vollständigem Umfang. Die zugrundeliegende Planung weist sowohl eine Langfristigkeit als auch eine Systematisierung durch Integration von Iterationsschleifen auf. Zudem kann die Kohärenz überwiegend erfüllt werden, da die Technologien und Lösungen vernetzt sind. Es fehlt jedoch an einer Synchronisierung der Lösungen, sodass reziproke Begünstigungen durch die verschiedenen Technologien und Lösungen ausbleiben.
- *Anforderung vollumfänglich erfüllt* - Der Ansatz berücksichtigt die Kontinuität des Wandlungsprozesses in vollständigem Umfang. Die zugrundeliegende Planung ist sowohl langfristig ausgerichtet als auch systematsich durch die Integration von Iterationsschleifen strukturiert. Weiterhin kann die Kohärenz vollständig erfüllt werden, da die zu implementierenden Technologien aufeinander abgestimmt und vernetzt sind sowie durch zielgerichtete Synchronisierung eine reziproke Begünstigung stattfindet.

Die zweite transformationsspezifische Anforderung an einen Ansatz für die systematische Transformation zur digital vernetzten Wertschöpfung ist die inkrementelle Transforma-

---

[405] Vgl. Schallmo et al. (Digitale Transformation von Geschäftsmodellen), 2017, S. 27;
Merz (Vorgehensmodell für die Einführung von Industrie 4.0), 2016, S. 96;
See (Digitale Transformation in Wertschöpfungsnetzwerken), 2019, S. 74.

[406] Vgl. Graef (Industrie 4.0-Gesamtkonzept), 2016, S. 78-79;
Schallmo; Rusnjak (Roadmap digitale Transformation), 2017, S. 22;
See (Digitale Transformation in Wertschöpfungsnetzwerken), 2019, S. 25-28.

tion. Auch wenn als Teil der zuvor eingeführten Anforderung eine Kontinuität des Wandlungsprozesses vorgegeben ist, kann die digitale Transformation in ihrem Verlauf gewisse Grade erreichen, an denen sie für das anwendende Unternehmen Suffizienz erzielt. Bei Erreichung eines solch suffizienten Grades kann das Unternehmen seinen Wandlungsprozess vorerst pausieren. Gleichermaßen kann der Prozess auch vollständig beendet werden, sofern kein oder ein geringer Nutzen durch Erreichung des höherentwickelten Grades erzielt werden kann. Unternehmen werden so dazu befähigt, ihre digitale Transformation nicht nur bedarfsgerecht auszulegen, sondern auch Meilensteine zu definieren und inkrementell Potenziale zu realisieren. Dieses Verständnis wird durch etablierte Reifegrad- bzw. Stufenmodelle, wie die bereits vorgestellten Modelle nach SCHUH ET AL. und SCHEER, gestützt.[407] Nachfolgend sind die fünf Abstufungen der Anforderung inkrementelle Transformation aufgeführt:

- *Anforderung nicht erfüllt* - Der Ansatz berücksichtigt keine inkrementelle Transformation anhand von Industrie 4.0-Reifegraden. Außerdem wird weder auf die inkrementelle Realisierung von Potenzialen noch auf die Formulierung von Meilensteinen verwiesen.
- *Anforderung geringfügig erfüllt* - Der Ansatz berücksichtigt eine inkrementelle Transformation in geringem Maße, indem er auf Industrie 4.0-Reifegrade verweist. Eine genauere Spezifizierung dieser Reifegrade findet hingegen nicht statt. Zudem wird weder auf die inkrementelle Realisierung von Potenzialen noch auf die Formulierung von Meilensteinen verwiesen.
- *Anforderung teilweise erfüllt* - Der Ansatz berücksichtigt eine inkrementelle Transformation durch Erläuterung verschiedener Industrie 4.0-Reifegrade, welche jedoch nicht hinreichend differenziert werden. Zudem wird teilweise auf die Möglichkeit der inkrementellen Realisierung von Potenzialen verwiesen, während die Formulierung von Meilensteinen keine Berücksichtigung findet.
- *Anforderung überwiegend erfüllt* - Der Ansatz berücksichtigt eine inkrementelle Transformation durch die trennscharfe Abgrenzung verschiedener Industrie 4.0-Reifegrade. Zugleich wird sowohl auf die Möglichkeit der inkrementellen Realisierung von Potenzialen verwiesen. Eine klare Formulierung von Meilensteinen wird jedoch nicht berücksichtigt.
- *Anforderung vollumfänglich erfüllt* - Der Ansatz berücksichtigt eine inkrementelle Transformation in vollem Umfang. Es findet eine detaillierte Definition und eindeutige Abgrenzung verschiedener Industrie 4.0-Reifegrade statt. Zusätzlich werden die inkrementelle Realisierung von Potenzialen sowie die klare Formulierung von Meilensteinen zur erfolgreichen Gestaltung des Wandlungsprozesses berücksichtigt.

Die Fokussierung der Wertschöpfung bildet neben der hinreichenden Kontinuität und Kohärenz sowie der inkrementellen Transformation die dritte und letzte transformationsspezifische Anforderung. Im Rahmen der vorliegenden Arbeit liegt der Fokus auf der digitalen Transformation der Wertschöpfung im Werkzeugbau mit der Absicht, den Zielzustand der digitalen Vernetzung respektive Industrie 4.0 zu erreichen. Daher ist es vorteilhaft, wenn bestehende wissenschaftliche Ansätze ebenfalls einen Wertschöpfungsfokus aufweisen.

---

[407] Vgl. Schuh et al. (Industrie 4.0 Maturity Index), 2020, S. 17-19;
Scheer (Industrie 4.0: Vision und Implementierung), 2016, S. 43-46.

Zur digitalen Transformation der Wertschöpfung und des damit verbundenen Leistungserstellungsprozesses müssen diese eindeutig von der digitalen Transformation des Leistungsspektrums, also Produkten und Dienstleistungen, abgegrenzt werden. In diesem Kontext ist es zudem erforderlich, dass auch die relevanten Wertschöpfungsdimensionen Ressource, Prozess und Organisation im Wandlungsprozess integriert und berücksichtigt werden.[408] Nachfolgend sind die fünf Abstufungen der Anforderung Fokussierung der Wertschöpfung aufgeführt:

- *Anforderung nicht erfüllt* - Der Ansatz beschreibt die digitale Transformation ausschließlich auf der Ebene des Gesamtunternehmens. Es erfolgt keine spezifische Fokussierung der Wertschöpfung und die Wertschöpfungsdimensionen Ressource, Prozess und Organisation werden nicht spezifisch berücksichtigt.
- *Anforderung geringfügig erfüllt* - Der Ansatz beschreibt die digitale Transformation auf der Ebene des Geschäftsmodells, jedoch erfolgt keine Fokussierung der Wertschöpfung. Die Wertschöpfungsdimensionen Ressource, Prozess und Organisation werden nicht spezifisch berücksichtigt.
- *Anforderung teilweise erfüllt* - Der Ansatz beschreibt die digitale Transformation auf der Ebene des Geschäftsmodells, jedoch erfolgt keine Fokussierung der Wertschöpfung. Dennoch berücksichtigt der Ansatz die Wertschöpfungsdimensionen Ressource, Prozess und Organisation zumindest partiell.
- *Anforderung überwiegend erfüllt* - Der Ansatz beschreibt die digitale Transformation auf der Ebene der Wertschöpfung. Zudem werden Wertschöpfung und Leistung im Kontext der Transformation eindeutig voneinander abgegrenzt. Die Wertschöpfungsdimensionen Ressource, Prozess und Organisation werden jedoch nicht in ausreichendem Detailgrad berücksichtigt.
- *Anforderung vollumfänglich erfüllt* - Der Ansatz beschreibt die digitale Transformation der Wertschöpfung explizit auf Ebene der Wertschöpfung und grenzt diese eindeutig von der Leistung ab. Zusätzlich werden alle relevanten Wertschöpfungsdimensionen spezifisch berücksichtigt und ihre Ausgestaltung im Kontext der Transformation detailliert erläutert.

III.1.2.4 Strategiespezifische Anforderungen

Das Anforderungssystem wird abschließend durch strategiespezifische Anforderungen komplettiert. Diese dienen zur Beurteilung der strategischen Aspekte, die Ansätze für die systematische Transformation zur digital vernetzten Wertschöpfung aufweisen. Konkret soll überprüft werden, ob die Ansätze einen anwendungsgerechten strategischen Managementprozess inkludieren. Dieser sollte die Phasen strategische Analyse, Strategieformulierung und -auswahl sowie Strategieimplementierung berücksichtigen. Das letzte Anforderungsfeld entspringt somit auch dem letzten Bereich der Grundlagen zum Themenfeld Strategie in Kapitel II.3. Ein Ansatz für die systematische Transformation zur digital vernetzen

[408] Vgl. Müller-Seitz et al. (Digitale Transformation der Wertschöpfung), 2016, S. 25-26; Schallmo et al. (Digitale Transformation von Geschäftsmodellen), 2017, S. 7-8; See (Digitale Transformation in Wertschöpfungsnetzwerken), 2019, S. 24.

Wertschöpfung muss vor diesem Hintergrund Anforderungen nach Kongruenz und Individualisierbarkeit erfüllen, unternehmensspezifisch konstatierte Erfolgspositionen zentrieren sowie der funktionalen Operationalisierung und Befähigung gerecht werden.

Die Anforderung nach hinreichender Kongruenz und Individualisierbarkeit stellt die erste strategiespezifische Anforderung dar. Es gilt zu gewährleisten, dass Strategien einerseits kongruent zum gesamten Leitbild des Unternehmens sein müssen und andererseits eine Individualisierbarkeit in Bezug auf die spezifische Unternehmenssituation aufweisen. Dabei muss die Kongruenz jedoch nicht ausschließlich zwischen Leitbild und entwickelter Strategie vorliegen, sondern auch zwischen Letzterer und den übrigen Geschäftsfeld- sowie Funktionalstrategien eines Unternehmens.[409] Weiterhin sollte bei der Entwicklung von Strategien eine hinreichende Individualisierbarkeit vor dem Hintergrund der spezifischen Unternehmenssituation gewährleistet sein. Selbst unter der Annahme identischer strategischer Randbedingungen verfügt jedes Unternehmen über verschiedene Stärken und Schwächen und somit auch über differierende Chancen und Risiken. Es ist daher erforderlich, sämtliche Einflussfaktoren zu identifizieren und die Strategie bei vorliegender Kongruenz dennoch entsprechend der Gesamtausrichtung modifizieren zu können. Mithin müssen auch strategische Initiativen für die digitale Vernetzung der Wertschöpfung im Rahmen ihrer Entwicklung individuell angepasst werden können, ohne jedoch die Kongruenz zur Gesamtausrichtung zu verlieren. Nur so kann eine reibungslose Integration innerhalb eines Unternehmens sichergestellt werden.[410] Nachfolgend sind die fünf Abstufungen der Anforderung hinreichender Kongruenz und Individualisierbarkeit aufgeführt:

- *Anforderung nicht erfüllt* - Der Ansatz gestaltet die Strategieentwicklung weder in Kongruenz zur strategischen Situation noch berücksichtigt er die Individualisierbarkeit. Weder das unternehmerische Leitbild noch die spezifische Unternehmenssituation im Kontext der Individualisierbarkeit werden berücksichtigt.
- *Anforderung geringfügig erfüllt* - Der Ansatz gestaltet die Strategieentwicklung in Kongruenz zum unternehmerischen Leitbild, jedoch ohne Geschäftsfeld- und Funktionalstrategien zu berücksichtigen. Eine Individualisierbarkeit liegt aufgrund der fehlenden Berücksichtigung der spezifischen Unternehmenssituation nicht vor.
- *Anforderung teilweise erfüllt* - Der Ansatz gestaltet die Strategieentwicklung in Kongruenz zum unternehmerischen Leitbild, jedoch ohne Geschäftsfeld- und Funktionalstrategien zu berücksichtigen. Die Individualisierbarkeit wird partiell berücksichtigt, da zumindest auf die Notwendigkeit einer strategischen Analyse der spezifischen Unternehmenssituation verwiesen wird.
- *Anforderung überwiegend erfüllt* - Der Ansatz gestaltet die Strategieentwicklung in Kongruenz zum strategischen Leitbild und den Geschäftsfeldstrategien des Unternehmens. Die Funktionalstrategien werden hingegen nicht berücksichtigt. Die Individualisierbarkeit wird weitestgehend berücksichtigt, da auf die Notwendigkeit einer strategischen Analyse der spezifischen Unternehmenssituation verwiesen

[409] Vgl. Hungenberg (Strategisches Management), 2014, S. 15-17;
Merz (Vorgehensmodell für die Einführung von Industrie 4.0), 2016, S. 96.

[410] Vgl. Bamberger; Wrona (Strategische Unternehmensberatung), 2012, S. 80-81;
Rumelt (Strategy, Structure and Economic Performance), 1974, S. 9-18;
Schuh; Kampker (Strategie und Management), 2011, S. 80;
Merz (Vorgehensmodell für die Einführung von Industrie 4.0), 2016, S. 96.

wird. Zusätzlich werden Einflussfaktoren auf die Unternehmenssituation erwähnt, ohne diese jedoch hinreichend zu detaillieren.

- *Anforderung vollumfänglich erfüllt* - Der Ansatz gestaltet die Strategieentwicklung in Kongruenz zur vollständigen strategischen Gesamtsituation. Es werden also sowohl unternehmerisches Leitbild und Geschäftsfeldstrategien als auch Funktionalstrategien berücksichtigt. Außerdem wird die Individualisierbarkeit der Strategie auf Basis einer strategischen Analyse in vollem Umfang berücksichtigt. Dabei werden neben Methoden der strategischen Analyse diverse Einflussfaktoren auf die spezifische Unternehmenssituation, wie Stärken- und Schwächenprofile, detailliert vorgestellt.

Die hinreichende Zentrierung von Erfolgspositionen stellt die zweite Anforderung im strategiespezifischen Anforderungsfeld dar. Das primäre Ziel des strategischen Managements ist es die Realisierung und das Einnehmen von strategischen Erfolgspositionen. Diese resultieren aus der Generierung und Anwendung von strategischen Erfolgspotenzialen. Durch die Realisierung wettbewerbsdifferenzierender Merkmale, wie bspw. höhere Qualität oder geringere Lieferzeiten gegenüber den übrigen Marktteilnehmern, können Unternehmen eine vorteilhafte Position am Markt einnehmen. Daher müssen zunächst im unternehmensspezifischen Fall die korrekten strategischen Erfolgspositionen mit ihren konstituierenden strategischen Erfolgspotenzialen identifiziert werden. Anschließend müssen diese in der Strategieformulierung und -auswahl gleichermaßen berücksichtigt werden.[411] Es ist somit erforderlich, dass sich die strategischen Erfolgspositionen während jeder Phase der Transformation zur digital vernetzten Wertschöpfung im Zentrum der Betrachtung befinden. Nachfolgend sind die fünf Abstufungen der Anforderung hinreichende Zentrierung von Erfolgspositionen aufgeführt:

- *Anforderung nicht erfüllt* - Der Ansatz berücksichtigt weder strategische Erfolgspositionen noch die konstituierenden strategischen Erfolgspotenziale im Kontext seiner Strategieentwicklung.
- *Anforderung geringfügig erfüllt* - Der Ansatz berücksichtigt den Grundgedanken der strategischen Erfolgspositionen, zentriert diese jedoch nicht während der Strategieentwicklung. Die konstituierenden strategischen Erfolgspotenziale finden keine Berücksichtigung.
- *Anforderung teilweise erfüllt* - Der Ansatz berücksichtigt strategische Erfolgspositionen, zentriert diese jedoch lediglich vereinzelt während der Strategieentwicklung. Die konstituierenden strategischen Erfolgspotenziale finden keine Berücksichtigung.
- *Anforderung überwiegend erfüllt* - Der Ansatz berücksichtigt strategische Erfolgspositionen und zentriert diese während der Strategieentwicklung weitestgehend. Dabei werden auch die konstituierenden strategischen Erfolgspotenziale angeführt.
- *Anforderung vollumfänglich erfüllt* - Der Ansatz berücksichtigt strategische Erfolgspositionen und zentriert diese während der Strategieentwicklung in vollem

[411] Vgl. Gälweiler; Malik (Strategische Unternehmensführung), 2005, S. 23-26;
Pümpin (Strategische Erfolgspositionen), 1992, S. 28;
Merz (Vorgehensmodell für die Einführung von Industrie 4.0), 2016, S. 87-88.

Umfang. Weiterhin werden die konstituierenden strategischen Erfolgspotenziale definiert und mit den entsprechenden zentrierten Erfolgspositionen verknüpft.

Die funktionale Operationalisierung bildet die dritte und letzte der strategiespezifischen Anforderungen. Das Wirksamwerden einer Strategie hängt maßgeblich von zwei Bedingungen ab. Erstens müssen strategische Leitsätze auf operativer Ebene Anwendung finden und zweitens müssen die Mitarbeitenden zu dieser Anwendung befähigt sein. Im Rahmen der Operationalisierung einer Strategie ist es erforderlich, möglichst konkrete Maßnahmen und Verantwortlichkeiten zu definieren. Im operativen Geschäft bzw. auf der funktionalen Ebene werden so die auf strategischer Ebene getroffenen Entscheidungen anwendbar. Mithin verkörpert die Operationalisierung die Umsetzung einer Strategie in der Praxis, wobei viele Unternehmen an ebendieser scheitern.[412] Im Kontext der Strategieumsetzung ist insbesondere die Befähigung der Mitarbeitenden entscheidend für den Erfolg oder Fehlschlag des Vorhabens. Mitarbeitende müssen entsprechend informiert, motiviert, geführt und auch qualifiziert werden, um den aus der Strategie abgeleiteten Wandel zu realisieren. Speziell der Wandlungsprozess im Kontext der digitalen Transformation resultiert in erhöhten Anforderungen an die Mitarbeitenden.[413] Mithin müssen im Rahmen der systematischen Transformation zur digital vernetzten Wertschöpfung ebenfalls die Operationalisierung der Strategie sowie die Befähigung der Mitarbeitenden Berücksichtigung finden. Nachfolgend sind die fünf Abstufungen der Anforderung funktionale Operationalisierung aufgeführt:

- *Anforderung nicht erfüllt* - Der Ansatz berücksichtigt weder eine Operationalisierung der Strategie auf funktionaler Ebene noch eine Befähigung der Mitarbeitenden. Es werden weder konkrete Maßnahmen oder Verantwortlichkeiten im Zuge der Strategieumsetzung definiert, noch wird die Notwendigkeit eines systematischen Change-Managements herausgestellt.
- *Anforderung geringfügig erfüllt* - Der Ansatz berücksichtigt eine Operationalisierung der Strategie in geringem Umfang, indem er zumindest einige vage Instrumente einführt, wie bspw. allgemeine Handlungsrichtlinien. Eine Befähigung der Mitarbeitenden wird jedoch nicht berücksichtigt, da die Notwendigkeit eines systematischen Change-Managements nicht herausgestellt wird.
- *Anforderung teilweise erfüllt* - Der Ansatz berücksichtigt eine Operationalisierung der Strategie auf funktionaler Ebene und bietet mitunter Vorschläge zur Definition von Verantwortlichkeiten. Die Notwendigkeit eines Maßnahmenplans zur Umsetzung wird jedoch nicht ausreichend hervorgehoben. Eine Befähigung der Mitarbeitenden wird berücksichtigt, wenngleich nicht in ausreichendem Umfang. So wird zwar auf die Notwendigkeit eines Change-Managements verwiesen, es fehlt jedoch an konkreten Handlungsempfehlungen.
- *Anforderung überwiegend erfüllt* - Der Ansatz berücksichtigt eine Operationalisierung der Strategie und bietet sowohl Vorschläge zur Definition von Verantwortlich-

[412] Vgl. Hungenberg (Strategisches Management), 2014, S. 348-351;
Mohr (Digital Navigator), 2020, S. 107-110;
Merz (Vorgehensmodell für die Einführung von Industrie 4.0), 2016, S. 104.

[413] Vgl. Hungenberg (Strategisches Management), 2014, S. 359-362;
Schuh et al. (Implementierung von Industrie 4.0), 2018, S. 22-29;
Merz (Vorgehensmodell für die Einführung von Industrie 4.0), 2016, S. 108.

keiten als auch eine Maßnahmenbildung zur Umsetzung der Strategie. Eine Befähigung der Mitarbeitenden wird nicht ausreichend berücksichtigt. So wird zwar auf die Notwendigkeit eines Change-Managements verwiesen und vage Handlungsempfehlungen werden gegeben, diese sind jedoch nicht hinreichend detailliert.

- *Anforderung vollumfänglich erfüllt* - Der Ansatz berücksichtigt eine Operationalisierung der Strategie in vollem Umfang. Dabei wird für die Umsetzung eine Methodik zur konkreten Maßnahmenbildung geboten, wobei explizit die funktionale Ebene sowie die relevanten Verantwortlichkeiten betrachtet werden. Eine Befähigung der Mitarbeitenden wird durch ein vollständiges und hinreichend detailliertes Change-Management sichergestellt, welches relevante Systeme, Vorgehensweisen und Zuständigkeiten integriert.

III.2 Vorstellung wissenschaftlicher Ansätze

Nachdem durch die Vorstellung von Bewertungs- und Anforderungssystem die Systematik zur Analyse bestehender wissenschaftlicher Ansätze definiert ist, erfolgt im weiteren Verlauf die Vorstellung und Bewertung ausgewählter Ansätze. In der Literatur wird die digitale Transformation anhand von differenzierenden Aspekten fokussiert, weshalb unterschiedliche Schwerpunkte gesetzt werden. Zur Sicherstellung eines repräsentativen Betrachtungsfokus werden daher Ansätze vorgestellt und bewertet, die verschiedene Schwerpunkte beinhalten und vor divergierenden Hintergründen verfasst sind.

Nachfolgend werden die aufgrund ihrer Relevanz ausgewählten Ansätze vorgestellt sowie die jeweiligen Zielsetzungen und Inhalte beschrieben. Abschließend erfolgt für jeden der Ansätze eine individuelle Bewertung entsprechend der definierten Analysesystematik. Die Vorstellung der Ansätze erfolgt dabei chronologisch entsprechend ihrer Erscheinungsjahre. Eine Übersicht der im Folgenden vorgestellten Ansätze kann Abbildung 33 entnommen werden

Merz (2016)	Vorgehensmodell für die Einführung von Industrie 4.0
Salmen (2016)	Gestaltungsmodell für den digital vernetzten Shopfloor im Werkzeugbau
Schallmo & Rusnjak (2017)	Roadmap zur Digitalen Transformation von Geschäftsmodellen
Issa et al. (2018)	Framework for Digital Transformation
Schuh et al. (2018)	Industrie 4.0: Implement it!
Boos et al. (2019)	Digitale Transformation im Werkzeugbau
Albukhitan (2020)	Developing Digital Transformation Strategy for Manufacturing
Mohr (2020)	Digital Navigator: Ein Modell für die digitale Transformation
Lipsmeier et al. (2020)	Process for the Development of a Digital Strategie

Abbildung 33: Übersicht der vorgestellten wissenschaftlichen Ansätze[414]

[414] Eigene Darstellung.

III.2.1 Vorgehensmodell für die Einführung von Industrie 4.0 (MERZ, 2016)

Das von MERZ entwickelte Vorgehensmodell basiert auf strategischen Aspekten und dient zur ganzheitlichen Einführung und langfristigen Realisierung von Industrie 4.0. Ein zentrales Element des Vorgehensmodells stellt eine konzipierte Matrix dar, welche zur Identifikation von strategischen Industrie 4.0-Positionen und zugehörigen Entwicklungsszenarien dient. Zudem verfasst MERZ in Kooperation mit SIEPMANN einen weiteren wissenschaftlichen Beitrag mit praktischem Fokus, in welchem das Vorgehensmodell in einem konkreten Unternehmensbeispiel der Lackmittelindustrie angewandt wird. Da es sich hierbei exakt um das von MERZ entwickelte Vorgehensmodell handelt, sollen Aspekte dieses wissenschaftlichen Beitrags ebenfalls in der Analyse berücksichtigt werden.[415] Die drei Schritte des Vorgehensmodells zur Entwicklung einer Industrie 4.0-Einführungsstrategie sowie die benötigte Matrix zur Identifikation der Entwicklungsszenarien sind in der nachfolgenden Abbildung 34 aufgeführt.

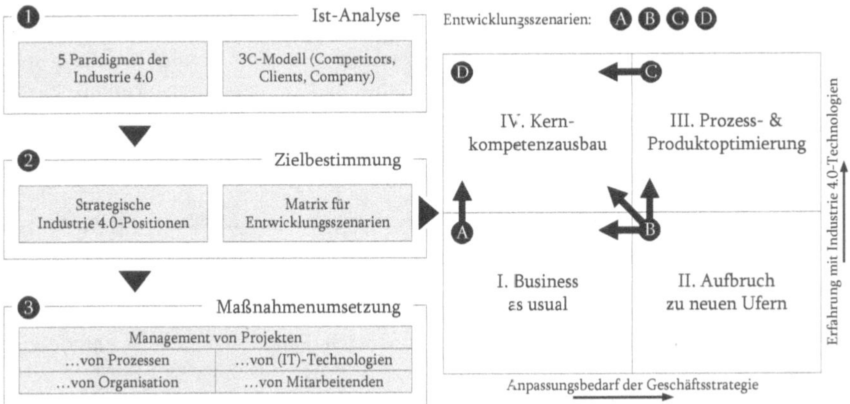

Abbildung 34: Entwicklung einer Industrie 4.0-Einführungsstrategie nach MERZ[416]

Den ersten Schritt des Vorgehensmodells bildet eine Ist-Analyse. Zunächst definiert MERZ fünf Paradigmen der Industrie 4.0, deren Bündelung die Basis für zukünftige Erfolge gegenüber der klassischen Fertigung im produzierenden Gewerbe darstellt. Exemplarisch können die CPPS als eines dieser Paradigmen aufgeführt werden. Ferner erläutert die Autorin das 3C-Modell. Dieses stellt ein strategisches Spannungsfeld aus Wettbewerbern (engl. competitors), Kunden (engl. clients) und Unternehmen (engl. company) dar. Dieses Spannungsfeld wird dabei mit Fokus auf Industrie 4.0 strategisch analysiert. So soll identifiziert werden, wie vorteilhafte angestrebte Marktpositionen erreicht oder bereits erzielte starke Marktpositionen verteidigt werden können.[417] Die Aggregation der fünf Paradigmen und der Elemente des 3C-Modells dient als Basis für die Entwicklung von vier strategischen Industrie 4.0-Positionen.

---

[415] Vgl. Merz (Vorgehensmodell für die Einführung von Industrie 4.0), 2016, S. 83; Merz; Siepmann (Industrie 4.0-Anwendungsbeispiel), 2016.

[416] I. A. a. Merz (Vorgehensmodell für die Einführung von Industrie 4.0), 2016, 96 u. 101.

[417] Vgl. Merz (Vorgehensmodell für die Einführung von Industrie 4.0), 2016, S. 85-93.

Im zweiten Schritt des Vorgehensmodells, der Zielbestimmung, verkörpert jede dieser Industrie 4.0-Positionen einen Quadranten in der Matrix zur Identifikation von Entwicklungsszenarien. Ist ein Unternehmen innerhalb eines Quadranten eingeordnet, so können anhand der vier definierten Entwicklungsszenarien von MERZ verschiedene Entwicklungspfade beschritten werden. Diese werden maßgeblich durch den Zielkorridor des betreffenden Unternehmens vorgegeben. Der resultierende Wandlungsbedarf eines Unternehmens ist - trotz differierender Ausganspositionen und mehrerer Entwicklungsszenarien - binär. Demnach kann ein Unternehmen für seine Weiterentwicklung entweder die Aufarbeitung einer Wissens- und Technologielücke vornehmen oder aber die Geschäftsstrategie in Hinblick auf Industrie 4.0 für eine effizientere Nutzung bestehender Ressourcen optimieren. Gemäß MERZ stellt der „Kernkompetenzausbau", also der vierte Quadrant, immer das ultimative Ziel eines jeden Unternehmens dar, da hier der geringste Anpassungsbedarf der Geschäftsstrategie bei gleichzeitig höchster Erfahrung mit Industrie 4.0 besteht.[418]

Die Maßnahmenumsetzung bildet den dritten und finalen Schritt des Vorgehensmodells. Diese dient der Operationalisierung, indem die abgeleiteten Ziele, Konsequenzen und Maßnahmen hinsichtlich fünf zentraler Perspektiven umgesetzt werden sollen. Diese Perspektiven setzten sich aus dem Management von Projekten, Prozessen, (IT-)Technologien, Organisation und Mitarbeitenden zusammen. Für die anschließende Umsetzung in einzelnen Projekten sollen hierzu je Perspektive möglichst konkrete Maßnahmen definiert werden. Im Kontext der Organisationsgestaltung empfiehlt MERZ die Distanzierung von der funktionalen Aufbauorganisation, um stattdessen flachere Hierarchien zu etablieren. Ferner wird die Etablierung eines dedizierten Industrie 4.0-Change-Managements befürwortet, um Motivation, Führung und Entwicklung der Mitarbeitenden zu fördern.[419]

Der Ansatz nach MERZ beschreibt ein Vorgehensmodell aus drei Schritten für die Einführung von Industrie 4.0. Im Rahmen dieser drei Schritte werden wenige realistische Annahmen getroffen, sodass der Ansatz über eine geringe Praktikabilität verfügt. Durch die diversen Praxisbeispiele sowie die Anwendung des Vorgehensmodells in einem konkreten Praxisfall der Lackmittelindustrie ist eine vollumfängliche Konkretheit gegeben. Hinsichtlich der branchenspezifischen Anforderungen weist der Ansatz Schwachstellen auf. Die Anforderungen an eine Eignung für die Einzel- und Kleinserienfertigung sowie die Berücksichtigung der Unternehmensrandbedingungen können nur teilweise respektive geringfügig erfüllt werden. Dies ist durch eine tendenziell eher allgemeingültige Formulierung des Ansatzes ohne spezifischen Werkzeugbaubezug begründet.

Die Anforderung an hinreichende Kontinuität und Kohärenz erfüllt der Ansatz überwiegend durch Berücksichtigung von verschiedenen Iterationsschleifen und integrierten Technologien. Eine inkrementelle Transformation wird nicht gesondert spezifiziert und ist nur implizit erkennbar, sodass diese Anforderung lediglich geringfügig erfüllt ist. Durch eine Abgrenzung von Wertschöpfung zur Leistung kann die Anforderung an eine Fokussierung der Wertschöpfung überwiegend erfüllt werden.

Die Stärken des Ansatzes liegen im strategiespezifischen Anforderungsfeld. Aufgrund der detaillierten Ist-Analyse im ersten Schritt des Vorgehensmodells kann die Anforderung an

[418] Vgl. Merz (Vorgehensmodell für die Einführung von Industrie 4.0), 2016, S. 93-95.
[419] Vgl. Merz (Vorgehensmodell für die Einführung von Industrie 4.0), 2016, S. 103-108.

hinreichende Kongruenz und Individualisierbarkeit vollumfänglich erfüllt werden. Die hinreichende Zentrierung von Erfolgspositionen wird ebenso wie die funktionale Operationalisierung überwiegend erfüllt. Eine vollumfängliche Erfüllung kann aufgrund einer fehlenden Verknüpfung von strategischen Erfolgspotenzialen zu Erfolgspositionen respektive einer detaillierten Beschreibung des Industrie 4.0-Change-Managements nicht erzielt werden.

Zusammenfassend ist festzustellen, dass der Ansatz nach MERZ Unternehmen ein umfangreiches Vorgehensmodell für die Entwicklung einer Industrie 4.0-Einführungsstrategie bietet. Ein Bezug zur Branche Werkzeugbau existiert jedoch nicht. Zudem wird auch die Anforderung der inkrementellen Transformation lediglich geringfügig erfüllt, die speziell für die Branche Werkzeugbau aufgrund der vorherrschenden Randbedingungen einen wichtigen Aspekt darstellt. Trotz der detaillierten Ausführungen und der grundsätzlich hohen Praxisnähe ist eine Anwendbarkeit im Werkzeugbau daher nicht gegeben. Die Bewertung des Ansatzes nach MERZ ist anhand des definierten Anforderungssystems aus Kapitel III.1.2 in der nachfolgenden Abbildung 35 visuell zusammengefasst.

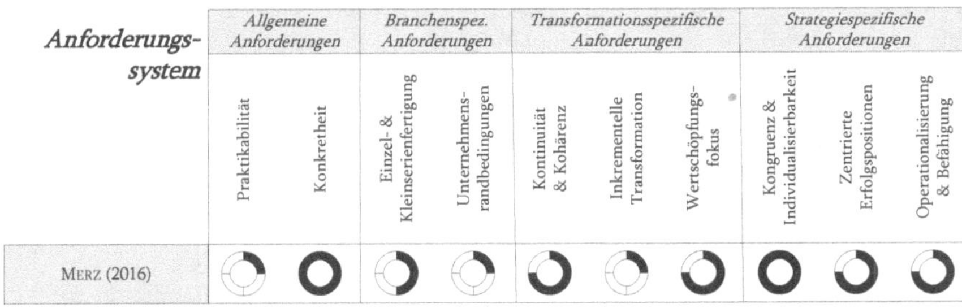

Abbildung 35: Bewertung des Ansatzes nach MERZ[420]

III.2.2 Digital vernetzter Shopfloor im Werkzeugbau (SALMEN, 2016)

Der Ansatz nach SALMEN stellt ein Gestaltungsmodell für den digital vernetzten Shopfloor im Werkzeugbau dar. Dieses soll Werkzeugbaubetriebe zur systematischen und strukturierten Gestaltung ihrer Wertschöpfung sowie zur Realisierung der Potenziale von Industrie 4.0 befähigen. Grundlage hierfür stellen die Treiber der Industrie 4.0 sowie die entsprechende intelligente Vernetzung von Produktionsmitteln dar.[421] Das Gestaltungsmodell für den digital vernetzten Werkzeugbau besteht aus sieben Elementen und ist in der nachfolgenden Abbildung 36 dargestellt.

[420] Eigene Darstellung.
[421] Vgl. Salmen (Digital vernetzter Shopfloor im Werkzeugbau), 2016, S. 4.

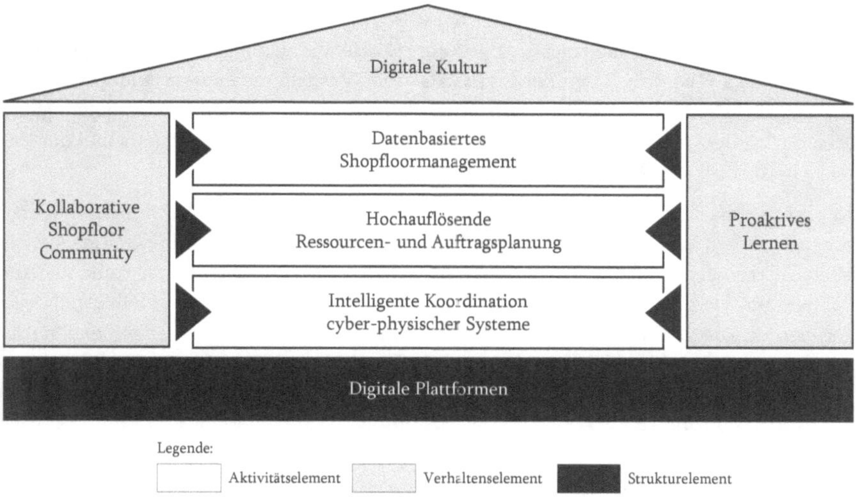

Abbildung 36: Gestaltungsmodell für den digital vernetzten Shopfloor nach SALMEN[422]

SALMEN definiert zunächst die zentralen Herausforderungen des industriellen Werkzeugbaus. Zu diesen zählen bspw. der demografische Wandel, die steigende Komplexität in der Einzel- und Kleinserienfertigung sowie der zunehmende Wettbewerbsdruck infolge der Globalisierung.[423] Das entwickelte Gestaltungsmodell stellt dabei einen Lösungsansatz dar, um die aufgeführten Herausforderungen erfolgreich zu adressieren. Die Basis des Gestaltungsmodells bilden verschiedene Struktur-, Verhaltens- und Aktivitätselemente.

Aktivitätselemente bilden das Zentrum des Modells und werden durch das datenbasierte Shopfloormanagement, die hochauflösende Ressourcen- und Auftragsplanung sowie die intelligente Koordination cyber-physischer Systeme verkörpert. Das datenbasierte Shopfloormanagement dient zur Erfassung und Sammlung auftragsrelevanter Daten. Diese sollen den Mitarbeitenden auf dem Shopfloor in Form von bedarfsgerechten Informationen zur Verfügung gestellt werden. Die hochauflösende Ressourcen- und Auftragsplanung gewährleistet, dass die Daten in Echtzeit genutzt werden können. Dies befähigt zur Etablierung einer kontinuierlichen und lernfähigen Termin- und Kapazitätsplanung. Die intelligente Koordination cyber-physischer Systeme fokussiert die Unterstützung der Mitarbeitenden in der Ausführung von Fertigungsaufträgen. Dies wird durch Automatisierung und Robotik in Form von CPS sowie durch die intelligente Bereitstellung von Ressourcen ermöglicht.

Die Verhaltenselemente werden durch das proaktive Lernen, die kollaborative Shopfloor Community sowie die digitale Kultur repräsentiert. Ersteres dient zur Etablierung einer kontinuierlichen Entwicklung der Mitarbeitenden und ihrer Kompetenzen in der Organisation und den Prozessen. Die kollaborative Shopfloor Community dient zur digitalen Unterstützung der Kollaboration der Mitarbeitenden bei der Ausführung ihrer Aufträge. Im

[422] Vgl. Salmen (Digital vernetzter Shopfloor im Werkzeugbau), 2016, S. 138.
[423] Vgl. Salmen (Digital vernetzter Shopfloor im Werkzeugbau), 2016, S. 55-57.

Rahmen der digitalen Kultur betrachtet SALMEN zusätzlich die notwendigen Werte, Verhaltensweisen und Normen in Bezug auf die digitale Vernetzung auf dem Shopfloor im Werkzeugbau. Die Grundlage der Aktivitäts- und Verhaltenselemente bildet dabei das grundlegende Strukturelemente der digitalen Plattformen. Dieses stellt die Vernetzung und Modularität der Infrastruktur sicher und adressiert Aspekte des Datenschutzes und der Datensicherheit für das Gestaltungsmodell.[424]

Der Ansatz nach SALMEN dient zur zukunftsfähigen Gestaltung des Shopfloors im Werkzeugbau, indem Werkzeugbaubetriebe zur Realisierung der Potenziale im Kontext der digitalen Vernetzung befähigt werden sollen. Dabei trifft der Autor mitunter treffende Annahmen und wählt realistische Rahmenbedingungen, sodass eine Praktikabilität teilweise gegeben ist. Die Konkretheit des Ansatzes wird durch den in weiten Teilen fehlenden Anwendungsbezug nur in geringem Maße erfüllt. Durch die explizite Formulierung des Ansatzes für die Branche Werkzeugbau adressiert SALMEN die Herausforderungen und Charakteristika der Branche präzise. Dazu werden bspw. Datensicherheit und Kompetenzbildung der Mitarbeitenden im Werkzeugbau explizit und detailliert betrachtet. Das branchenspezifische Anforderungsfeld kann somit vollständig erfüllt werden.

Die Anforderung an Kontinuität und Kohärenz wird hingegen nur geringfügig erfüllt. Dies ist dadurch begründet, dass eine Verknüpfung von Technologien und Lösungen lediglich oberflächlich berücksichtigt wird, jedoch kein Fokus auf die Kontinuität des Wandlungsprozesses gelegt wird. Der inkrementelle Charakter der Transformation wird nicht adressiert, da digitale Reifegrade im Sinne des Wandlungsprozesses nicht thematisiert werden. Im Gegensatz hierzu wird die Wertschöpfung zusammen mit ihren relevanten Dimensionen detailliert fokussiert.

Da SALMEN mit seinem Gestaltungsmodell einen End- bzw. Zielzustand ausweist, sind die strategiespezifischen Anforderungen in Bezug auf eine anforderungsgerechte Entwicklung von Transformationsstrategien kaum erfüllbar. Kongruenz und Individualisierbarkeit sind nicht gegeben, da die Strategieentwicklung und die strategische Situation eines Unternehmens nicht betrachtet werden. Sowohl die Zentrierung von Erfolgspositionen als auch die funktionale Operationalisierung werden lediglich in Teilaspekten adressiert.

Trotz des fehlenden Strategiebezugs liefert der Ansatz nach SALMEN grundsätzlich einen wichtigen Beitrag zur Adressierung der Branche Werkzeugbau. Die Bewertung des Ansatzes nach SALMEN ist anhand des definierten Anforderungssystems aus Kapitel III.1.2 in der nachfolgenden Abbildung 37 visuell zusammengefasst.

[424] Vgl. Salmen (Digital vernetzter Shopfloor im Werkzeugbau), 2016, S. 126-139.

Anforderungs-system	*Allgemeine Anforderungen*		*Branchenspez. Anforderungen*		*Transformationsspezifische Anforderungen*			*Strategiespezifische Anforderungen*		
	Praktikabilität	Konkretheit	Einzel- & Kleinserienfertigung	Unternehmens-randbedingungen	Kontinuität & Kohärenz	Inkrementelle Transformation	Wertschöpfungs-fokus	Kongruenz & Individualisierbarkeit	Zentrierte Erfolgspositionen	Operationalisierung & Befähigung
SALMEN (2016)	◑	◔	●	●	◔	○	●	○	◔	◔

Abbildung 37: Bewertung des Ansatzes nach SALMEN[425]

III.2.3 Roadmap zur digitalen Transformation (SCHALLMO & RUSNJAK, 2017)

Der Ansatz nach SCHALLMO & RUSNJAK fokussiert die Entwicklung einer Roadmap[426], anhand derer die digitale Transformation von Geschäftsmodellen sowie deren verschiedener Elemente durchgeführt werden kann. Die Ausführungen der Autoren werden im Rahmen eines Zeitschriftenaufsatzes zusätzlich konkretisiert, indem die digitale Transformation eines der Geschäftsmodelle der ThyssenKrupp AG anhand von Best Practices[427] vorgestellt wird.[428] Diese dargelegten praxisbezogenen Aspekte sollen aufgrund der offenkundigen Zusammengehörigkeit der Ansätze ebenfalls in die Analyse einfließen. Die Roadmap zur digitalen Transformation von Geschäftsmodellen, inklusive ihrer definierten Phasen und untergeordneten Aktivitäten, ist in der nachfolgenden Abbildung 38 dargestellt.

[425] Eigene Darstellung.
[426] Eine Roadmap kann als Plan für die zukünftige Entwicklung von Technologien und Produkten bzw. sinngemäß als Ablaufplan verstanden werden (Vgl. Duden (Definition: Roadmap), 2021).
[427] Best Practices beschreiben die durch einen sogenannten „Klassenbesten“ erprobte und bestmögliche Methode oder Maßnahme zur Umsetzung (Vgl. Duden (Definition: Best Practice), 2021)
[428] Vgl. Schallmo; Rusnjak (Roadmap digitale Transformation), 2017, S. 2;
Schallmo et al. (Best Practice Digital Transformation), 2017, S. 10-14.

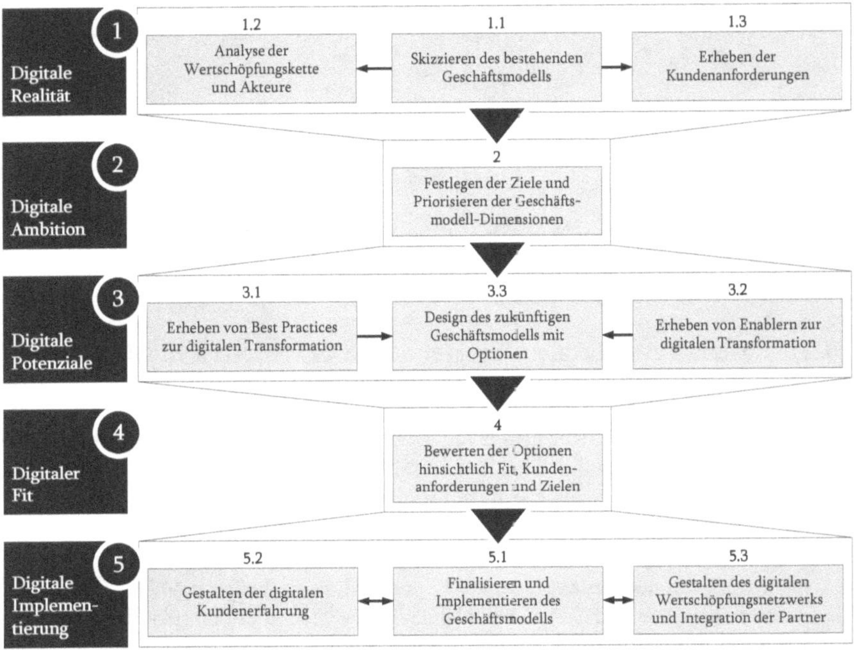

Abbildung 38: Roadmap zur digitalen Transformation nach SCHALLMO & RUSNJAK[429]

Für die Einführung des Ansatzes definieren die Autoren zunächst die digitale Transformation von Geschäftsmodellen sowie der zugehörigen Dimensionen Kunden, Nutzen, Wertschöpfung, Partner und Finanzen. Zusätzlich untersuchen die Autoren andere wissenschaftliche Vorgehensweisen zur digitalen Transformation.[430] Auf dieser definitorischen Basis und einem einheitlichen Verständnis entwickeln SCHALLMO & RUSNJAK ihre Roadmap anhand von fünf Phasen.

Die erste Phase digitale Realität dient dabei zur Ermittlung des Status quo und zur Erzeugung eines einheitlichen Verständnisses der gegenwärtigen digitalen Reife. Dazu erfolgt eine Aufnahme des bestehenden Geschäftsmodells, eine Analyse der Wertschöpfungskette und ihrer Akteure sowie eine Erhebung der Kundenanforderungen. In der zweiten Phase digitale Ambition werden Ziele wie Zeit, Finanzen oder Qualität für ein Geschäftsmodell und dessen Dimensionen festgelegt und anschließend priorisiert. Die Identifikation von Best Practices und „Enablern“ (dt. befähigende Faktoren) bildet im Rahmen der digitalen Potenziale die dritte Phase. Auf dieser Basis werden zur Gestaltung des zukünftigen Geschäftsmodells für jedes Element verschiedene Optionen abgeleitet und kombiniert. Die Bewertung dieser formulierten Optionen erfolgt im Rahmen der vierten Phase digitaler Fit. Hierbei wird anhand von strategischem Fit, Kundenanforderung und Zielverwirklichung der jeweiligen Optionen eine Priorisierung der formulierten Optionen. Die fünfte und fi-

[429] I. A. a. Schallmo; Rusnjak (Roadmap digitale Transformation), 2017, S. 13.
[430] Vgl. Schallmo; Rusnjak (Roadmap digitale Transformation), 2017, S. 3-8.

nale Phase stellt die digitale Implementierung dar. Im Rahme dieser wird das Geschäftsmodell finalisiert, indem die ausgewählte Kombination der favorisierten Optionen im Geschäftsmodell implementiert wird. Dabei wird sowohl eine digitale Kundenerfahrung als auch ein digitales Wertschöpfungsnetzwerk mit Integration kollaborierender Unternehmen ausgestaltet. Gemäß den Autoren ist weiterhin zu beachten, dass notwendige Ressourcen und Fähigkeiten für die digitale Implementierung berücksichtigt werden müssen. Ausgewählte Aktivitäten der Phasen werden im Rahmen des Ansatzes - neben den erwähnten Best Practices der ThyssenKrupp AG - anhand von Praxisbeispielen erläutert.[431]

SCHALLMO & RUSNJAK entwickeln im Rahmen ihres Ansatzes eine Roadmap zur digitalen Transformation von Geschäftsmodellen und definieren eine konkrete Vorgehensweise mit einzelnen Phasen, die jeweils Zielsetzungen, Aktivitäten und Instrumente integrieren. Realistische Annahmen werden dabei lediglich in geringem Umfang getroffen, sodass eine geringfügige Praktikabilität gegeben ist. Demgegenüber ist ein Praxisbezug im Sinne der Konkretheit vollumfänglich erfüllt, da die Autoren neben begleitenden Anwendungsbeispielen konkrete Best Practices aus der industriellen Praxis erläutern. Das branchenspezifische Anforderungsfeld bestehend aus der Eignung für die Einzel- und Kleinserienfertigung sowie Unternehmensrandbedingungen ist demgegenüber nur teilweise respektive geringfügig erfüllt. Dies ist dadurch begründet, dass weder die Randbedingungen der Einzel- und Kleinserienfertigung noch der Werkzeugbau oder seine spezifischen Herausforderungen betrachtet werden.

Der Wandlungsprozess wird im Rahmen des Ansatzes langfristig und iterativ gestaltet sowie durch Technologien verknüpft. Mithin ist die Anforderung nach hinreichender Kontinuität und Kohärenz überwiegend erfüllt. Der inkrementelle Charakter der Transformation durch entsprechende Reifegrade wird lediglich kurz erwähnt, sodass diese Anforderung nur geringfügig erfüllt ist. Die Anforderung nach einer Fokussierung der Wertschöpfung wird überwiegend erfüllt, da die Autoren Leistung und Wertschöpfung explizit voneinander abgrenzen.

In Bezug auf die strategiespezifischen Anforderungen werden hinreichende Kongruenz und Individualisierbarkeit überwiegend sichergestellt. Dies ist maßgeblich auf die ausführlichen Betrachtungen im Kontext des strategischen Fits in Verbindung mit der initialen Analyse zurückzuführen. Zudem werden die Erfolgspositionen während der gesamten Ausführungen zentriert und sowohl mit den konstituierenden Erfolgspotenzialen als auch entsprechenden Zieldimensionen verknüpft. Somit ist diese Anforderung vollumfänglich erfüllt. Eine Operationalisierung auf funktionaler Ebene wird hingegen lediglich in geringem Maße erwähnt, während eine Befähigung der Mitarbeitenden in diesem Kontext nicht betrachtet wird.

Zusammenfassend ist festzustellen, dass SCHALLMO & RUSNJAK mit ihrem Ansatz grundsätzlich eine detaillierte und praxisnahe Vorgehensweise zur digitalen Transformation von Geschäftsmodellen bieten. Die Bewertung des Ansatzes nach SCHALLMO & RUSNJAK ist anhand des definierten Anforderungssystems aus Kapitel III.1.2 in der nachfolgenden Abbildung 39 visuell zusammengefasst.

---

[431] Vgl. Schallmo; Rusnjak (Roadmap digitale Transformation), 2017, S. 11-15.

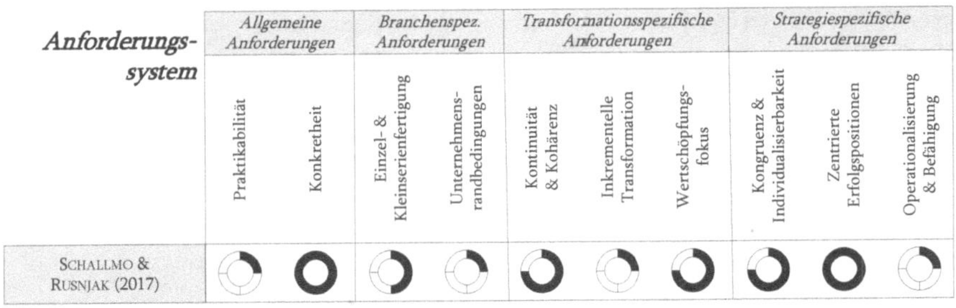

Abbildung 39: Bewertung des Ansatzes nach SCHALLMO & RUSNJAK[432]

III.2.4 Framework for Digital Transformation (ISSA ET AL., 2018)

Der Ansatz nach ISSA ET AL. fokussiert die Entwicklung eines Frameworks bzw. Ordnungsrahmens zur digitalen Transformation sowie einer Roadmap zur Realisierung von Industrie 4.0. Ziel der Autoren ist die Erarbeitung eines wegweisenden Prozesses für die digitale Transformation in der produzierenden Industrie. Die Maximierung der Erfolgspotenziale soll durch Befähigung zur schrittweisen Implementierung und durch Einsatz der verschiedenen Konzepte und Anwendungen der Industrie 4.0 erfolgen. Neben einem konkreten Entwicklungsprozess für eine Industrie 4.0-Roadmap werden in diesem Kontext auch Reifegradstufen der Industrie 4.0 definiert. Der durch ISSA ET AL. formulierte Ordnungsrahmen für die digitale Transformation basiert dabei wesentlich auf der Fähigkeitsreife und Ausrichtung von Unternehmen.[433] In der nachfolgenden Abbildung 40 sind die vier Reifegradstufen sowie die sechs definierten Prozessschritte zur Entwicklung einer individuellen Industrie 4.0-Roadmap in Anlehnung an ISSA ET AL. visuell veranschaulicht.

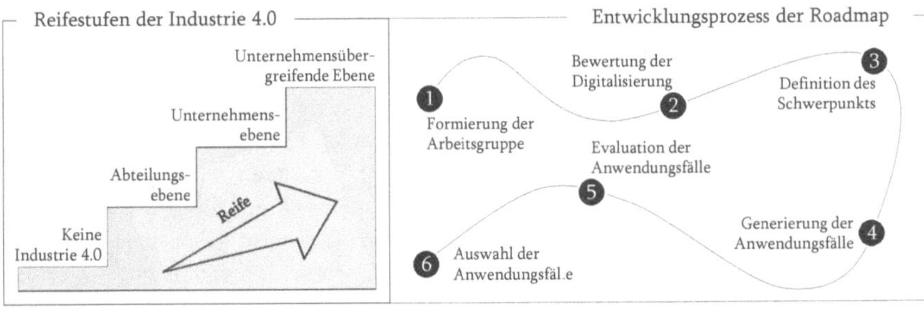

Abbildung 40: Entwicklungsprozess einer Industrie 4.0-Roadmap nach ISSA ET AL.[434]

Initial werden die Reifegradstufen des Ansatzes betrachtet, die die Grundlage für die Entwicklung der Roadmap darstellen. Die Reifegradstufen selbst sind von dem sogenannten „Capability Maturity Model“ (CMM) abgeleitet, welches zur Reifegradbestimmung von IT-

---

432 Eigene Darstellung.

433 Vgl. Issa et al. (Framework for digital Transformation & Industrie 4.0-Roadmap), 2018, S. 973-975.

434 I. A. a. Issa et al. (Framework for digital Transformation & Industrie 4.0-Roadmap), 2018, S. 975-976.

Systemen dient.[435] In diesem Kontext definieren ISSA ET AL. die Reife eines Unternehmens anhand der folgenden vier Stufen:[436]

- *Keine Industrie 4.0 (engl. no Industry 4.0)* – Fehlende Existenz klarer Verantwortlichkeiten für die digitale Transformation. Ferner sind weder Vision noch Zielsetzung in Bezug auf die digitale Transformation formuliert noch Prozesse etabliert.
- *Abteilungsebene (engl. department level)* – Fehlende Existenz einer übergeordneten Vision oder Koordination zur digitalen Transformation im Unternehmen. Diese wird in jedem Bereich selbst als abteilungsspezifische Problemstellung betrachtet.
- *Unternehmensebene (engl. organizational level)* – Existenz von Vision sowie integrativen Ansätzen zur digitalen Transformation. Diese wird als Problemstellung des Gesamtunternehmens betrachtet, wobei alle Abteilungen involviert sind.
- *Unternehmensübergreifende Ebene (engl. inter-organizational level)* – Existenz einer holistischen Vision zur digitalen Transformation. Ferner werden Partnerunternehmen entlang der gesamten Wertschöpfungskette in den Wandlungsprozess integriert.

Die Ermittlung der Reifegradstufen eines Unternehmens bildet die Basis zur Anwendung des Entwicklungsprozesses einer individuellen Industrie 4.0-Roadmap. Dieser lässt sich durch die sechs Schritte zusammenfassen. Während des ersten Schritts Formulierung der Arbeitsgruppe muss berücksichtigt werden, dass diese über ein ganzheitliches Verständnis aller Informationsflüsse, Prozesse und Instrumente verfügen muss. Daher sollte diese nicht ausschließlich innerhalb eines Bereichs gebildet werden. Zur Bewertung der Digitalisierung werden Interviews mit den Mitarbeitenden der Arbeitsgruppe im Rahmen ihrer spezifischen Expertise empfohlen. Im dritten Schritt Definition des Schwerpunkts sollte eine Synchronisierung mit der Unternehmensstrategie und Organisationsstruktur erfolgen. Für die anschließende Generierung der Anwendungsfälle sollten verschiedene Typen von Mitarbeitenden im Rahmen von Workshops einbezogen werden. Die Evaluation der Anwendungsfälle erfolgt dann auf Basis eines Aufwand-Nutzen-Verhältnisses der einzelnen Alternativen. Hierzu müssen systematische Bewertungskriterien definiert werden, welche eine objektive Vergleichbarkeit der Anwendungsfälle ermöglicht. Die Anwendungsfälle mit dem besten Aufwand-Nutzen-Verhältnis werden abschließen im letzten Schritt ausgewählt. Die Vorgehensweise zur Entwicklung einer individuellen Industrie 4.0-Roadmap wird durch die Autoren anhand eines konkreten Anwendungsbeispiels veranschaulicht.[437]

Der Ansatz nach ISSA ET AL. soll produzierenden Unternehmen als Ordnungsrahmen dienen, um eine schrittweise digitale Transformation mithilfe einer individuellen Industrie 4.0-Roadmap umzusetzen. Die getroffenen Annahmen der Autoren weisen lediglich einen geringen Realitätsbezug auf, wodurch die Anforderung an Praktikabilität nur geringfügig erfüllt wird. Durch das vorgestellte Anwendungsbeispiel stellen die Autoren eine Konkretheit her, jedoch ist deren Umfang nicht ausreichend. Die Anforderungen an die Eignung für die Einzel- und Kleinserienfertigung sowie die Berücksichtigung von Unternehmensrandbedingungen werden lediglich geringfügig erfüllt. Dies ist darin begründet, dass zwar

[435] Vgl. Paulk et al. (Capability Maturity Model), 1993, S. 18-20.
[436] Vgl. Issa et al. (Framework for digital Transformation & Industrie 4.0-Roadmap), 2018, S. 975.
[437] Vgl. Issa et al. (Framework for digital Transformation & Industrie 4.0-Roadmap), 2018, S. 975-978.

die produzierende Industrie betrachtet wird, ihre spezifischen Charakteristika jedoch nicht berücksichtigt werden.

Demgegenüber werden die Anforderungen an hinreichende Kontinuität des Wandlungsprozesses und die Kohärenz der verwendeten Technologien und Lösungen überwiegend erfüllt. Zudem befähigen die Autoren anwendende Unternehmen durch ihre Roadmap zur inkrementellen Transformation, bei der Potenziale priorisiert und schrittweise realisiert werden können. Die Anforderung an die inkrementelle Transformation ist somit überwiegend erfüllt. Die Erfüllung der Anforderung an den Wertschöpfungsfokus erfolgt lediglich teilweise, da die Geschäftsmodellebene zwar im Betrachtungsbereich liegt, jedoch keine Abgrenzung zur Leistung vorgenommen wird.

In Bezug auf das strategiespezifische Anforderungsfeld wird die Anforderung an hinreichende Kongruenz und Individualisierbarkeit erwähnt, jedoch nicht weiter ausgeführt und kann somit lediglich geringfügig erfüllt werden. Eine Zentrierung von Erfolgspositionen findet im Ansatz nicht statt. Allerdings ermöglicht die Roadmap anhand ihres Vorgehens implizit eine funktionale Operationalisierung. Diese werden jedoch nicht in ausreichendem Umfang im Ansatz thematisiert.

Insgesamt liefern ISSA ET AL. mit ihrem Ansatz zur Entwicklung einer Industrie 4.0-Roadmap einen Ordnungsrahmen für die digitale Transformation, der Unternehmen zur Generierung und Evaluation konkreter Anwendungsfälle befähigt. Der Ansatz weist jedoch insbesondere strategiespezifische Defizite auf. Die Bewertung des Ansatzes nach ISSA ET AL. ist anhand des definierten Anforderungssystems aus Kapitel III.1.2 in der nachfolgenden Abbildung 41 visuell zusammengefasst.

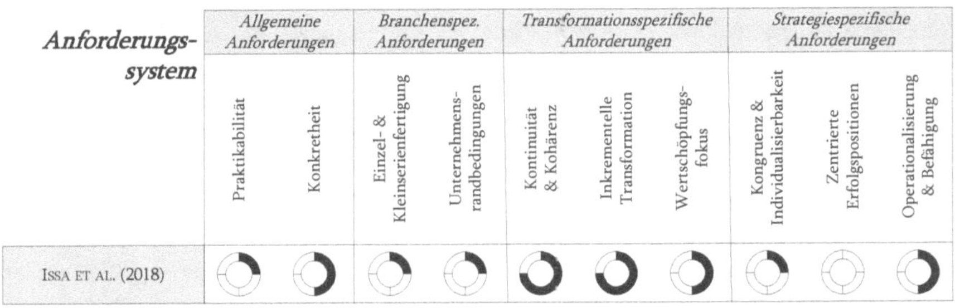

Abbildung 41: Bewertung des Ansatzes nach ISSA ET AL.[438]

III.2.5 Industrie 4.0: Implement it! (SCHUH ET AL., 2018)

Der Ansatz nach SCHUH ET AL. stellt einen Leitfaden dar, der produzierende Unternehmen zur Umsetzung und Implementierung von Industrie 4.0-Strategien befähigen soll. Ursächlich für die Entwicklung des Ansatzes ist der laut den Autoren weitestgehend geringe Umsetzungsstand der Industrie 4.0.[439] Neben hohen Investitions- und Entwicklungskosten ist der geringe Umsetzungsstand insbesondere auf mangelnde Organisationsstrukturen und

[438] Eigene Darstellung.

[439] Gemäß Studienergebnissen existieren in nur etwa 45 % der Unternehmen dedizierte Arbeitsgruppen oder Initiativen zum Themengebiet Industrie 4.0 (Vgl. Ernst & Young (Industrie 4.0: Status Quo und Perspektiven), 2018, S. 12).

systematische Vorgehensweisen zur zielgerichteten Einführung zurückzuführen. Letztere wird dabei häufig auf die Pilotierung einzelner Use Cases beschränkt, ohne dass eine Synchronisierung der Use Cases stattfindet. In der Folge beschränkt sich die Umsetzung von Industrie 4.0 zumeist auf das Bilden von „Insellösungen". Im Leitfaden nach SCHUH ET AL. werden Use Cases und deren Synchronisierung daher zentriert betrachtet.[440] Der Prozess zur Entwicklung und Umsetzung von Industrie 4.0-Use Cases besteht aus sechs Phasen, inklusive spezifischer Meilensteine, und ist in der nachfolgenden Abbildung 42 dargestellt.

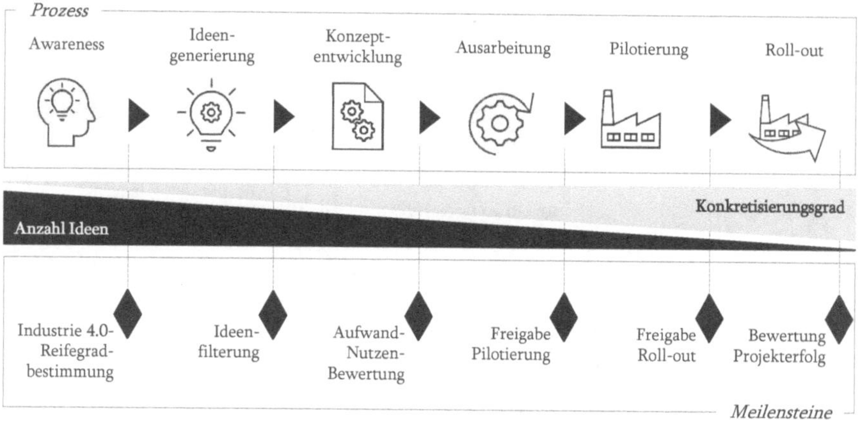

Abbildung 42: Prozess zur Realisierung von Industrie 4.0-Use Cases nach SCHUH ET AL.[441]

Zu Beginn ihrer Ausführungen führen die Autoren zwei exemplarische Use Cases der Industrie 4.0 ein. Anschließend wird der Prozess zur Entwicklung und Implementierung von Industrie 4.0-Lösungen erläutert. Neben einer Strukturierung der Vorgehensweise erfolgt hierbei parallel die Vorstellung konkreter Handlungsempfehlungen. Im Anschluss an eine initiale Vorbereitungsphase folgen die fünf Hauptphasen des Prozesses, die bei Abschluss jeweils durch einen spezifischen Meilenstein gekennzeichnet werden.

Im Zuge der initialen Phase Awareness (dt. Bewusstsein) soll ein Verständnis für Industrie 4.0 im gesamten Unternehmen erzeugt werden. Dies erfolgt bspw. durch Vorstellung bestehender Industrie 4.0-Use Cases, Schulungen der Mitarbeitenden oder themenspezifische Workshops. Den Abschluss der Vorbereitungsphase bildet die Bestimmung des gegenwärtigen Reifegrads in Bezug auf Industrie 4.0, welcher durch einen entsprechenden Meilenstein gekennzeichnet wird. Die anschließenden fünf Hauptphasen sind unterteilt in Ideengenerierung, Konzeptentwicklung, Ausarbeitung, Pilotierung und Roll-out. Im Rahmen der Ideengenerierung werden verschiedene Ansatzpunkte vorgetragen, auf deren Basis die Anzahl der Ideen maximiert werden soll. Diese Ansatzpunkte können bspw. Diskussionen mit dem Top-Management, Gespräche mit Werksmitarbeitenden oder Analysen durch Werksmanager sein. Die anschließende Filterung der generierten Ideen ist mit Erreichen

[440] Vgl. Schuh et al. (Implementierung von Industrie 4.0), 2018, S. 7.
[441] Vgl. Schuh et al. (Implementierung von Industrie 4.0), 2018, S. 21.

des zweiten Meilensteins abgeschlossen. In der darauffolgenden Konzeptentwicklung werden die zuvor ausgewählten Ideen von dedizierten Teams zu einem Konzept weiterentwickelt. Bei der Zusammenstellung dieser Teams liegt der Fokus auf einer anforderungsgerechten Auswahl der Mitarbeitenden aus verschiedenen Disziplinen. Im Anschluss an eine Bewertung von Aufwand und Nutzen der einzelnen Konzepte wird der dritte Meilenstein erreicht. Die wirtschaftlich vorteilhaften Konzepte werden anschließend in der Phase Ausarbeitung weiter detailliert. Hierbei ist zudem auch eine prototypische Umsetzung vorgesehen. Den Abschluss der Phase bildet die Freigabe zur Pilotierung, was ebenfalls durch einen Meilenstein gekennzeichnet ist. Die Pilotierung der detaillierten Konzepte bildet anschließend die vierte Phase. Neben der Auswahl des Pilotierungsfokus findet in dieser Phase das Anlernen der Mitarbeitenden, die Integration des Piloten sowie die sukzessive Optimierung und Revision der Pilotphase in Vorbereitung auf den Roll-out statt. Die Freigabe für den Roll-out bildet den Meilenstein, welcher die Pilotierung abschließt. In der letzten Phase Roll-out wird schließlich das Vorgehen der Pilotierung skaliert und für den Produktiveinsatz auf das gesamte Unternehmen bzw. die ausgewählten Unternehmensbereiche angewendet. Die realisierten Industrie 4.0-Potenziale sowie der Projekterfolg des Roll-outs werden mit Erreichen des abschließenden Meilensteins evaluiert und bewertet.[442] Die Grundlage für die ersten beiden Meilensteine der Industrie 4.0-Reifegradbestimmung und Ideenfilterung bildet das im Rahmen der acatech-Studie definierten Reifegradmodell.[443] Weiterhin wird der Ansatz um Methoden zur quantitativen Bewertung von Use Cases sowie eine exemplarische Anwendung der zu Beginn eingeführten Use Cases inkl. nutzenbasierter und monetärer Kalkulation vervollständigt.[444]

Der Ansatz nach SCHUH ET AL. soll Unternehmen zur Implementierung individuell vorteilhafter Use Cases befähigen, indem eine strukturierte Vorgehensweise angewendet wird. Eine Praktikabilität in Form von treffenden Annahmen ist dabei nur teilweise gegeben. Die Methoden des Ansatzes weisen einen Anwendungsbezug auf, jedoch nicht in ausreichendem Umfang. Dadurch, dass zusätzlich keine eindeutige Stringenz vorliegt, kann auch die Konkretheit nur teilweise erfüllt werden. Bedingt durch die Adressierung der gesamten produzierenden Industrie kann die Anforderung an die Berücksichtigung der Einzel- und Kleinserienfertigung lediglich teilweise erfüllt werden. Durch die Allgemeingültigkeit des Ansatzes findet keine ausreichende Berücksichtigung unternehmerischer Randbedingungen statt.

In Bezug auf die transformationsspezifischen Anforderungen sind die Kontinuität und Kohärenz durch erwähnte Iteration und die kohärente Bewertung der Use Cases teilweise erfüllt. Durch Verwendung des Industrie 4.0-spezifischen Reifegradmodells kann die Anforderung an die inkrementelle Transformation überwiegend erfüllt werden. Eine Fokussierung der Wertschöpfung findet lediglich teilweise statt, da einzelne Wertschöpfungsaspekte zwar betrachtet werden, diese jedoch nicht explizit von der Leistung abgegrenzt werden.

Hinsichtlich der strategiespezifischen Anforderungen können Anforderungen an Kongruenz und Individualisierbarkeit teilweise erfüllt werden. Dies ist darauf zurückzuführen,

---

[442] Vgl. Schuh et al. (Implementierung von Industrie 4.0), 2018, S. 8-20.
[443] Vgl. Schuh et al. (Industrie 4.0 Maturity Index), 2020, S. 15-18.
[444] Vgl. Schuh et al. (Implementierung von Industrie 4.0), 2018, S. 33-49.

dass die Strategie des Gesamtunternehmens in die Bewertung und Gestaltung der Use Cases miteinfließt. Erfolgspositionen werden zwar mitunter betrachtet, jedoch nicht ausreichend zentriert. Die Anforderung an eine Zentrierung der Erfolgspositionen kann daher lediglich geringfügig erfüllt werden. Demgegenüber kann die Anforderung an eine funktionale Operationalisierung in hohem Maße erfüllt werden. Dies ist maßgeblich auf den konsekutiven Einbezug der Mitarbeitenden, die anwendungsbezogene Ausarbeitung der Use Cases sowie die deutliche Fokussierung der Umsetzung für den Produktiveinsatz zurückzuführen.

Der Ansatz nach SCHUH ET AL. weist insgesamt einen starken Fokus auf die Ausgestaltung und Implementierung von Use Cases im Kontext der Industrie 4.0 auf. Dabei werden detaillierte Konzepte zur Ausarbeitung, Bewertung und Umsetzung der konkreten Anwendungsfälle vorgestellt. Allerdings finden sowohl die branchenspezifischen als auch in Teilen die strategiespezifischen Anforderungen nicht ausreichend Berücksichtigung. Die Bewertung des Ansatzes nach SCHUH ET AL. ist anhand des definierten Anforderungssystems aus Kapitel III.1.2 in der nachfolgenden Abbildung 43 visuell zusammengefasst.

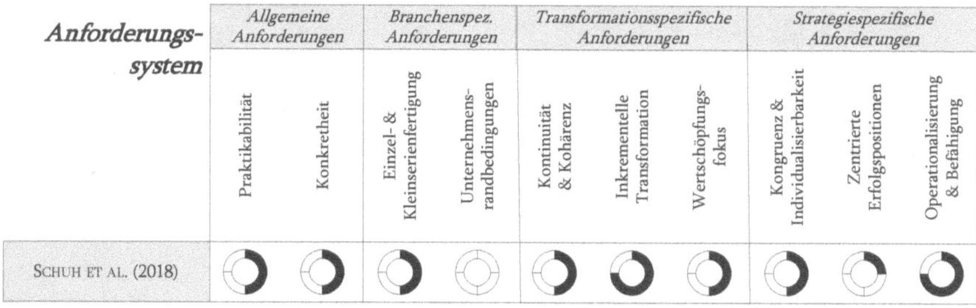

Abbildung 43: Bewertung des Ansatzes nach SCHUH ET AL.[445]

III.2.6 Digitale Transformation im Werkzeugbau (BOOS ET AL., 2019)

Der Ansatz zur digitalen Transformation im Werkzeugbau nach BOOS ET AL. ist das Ergebnis einer Kollaboration zwischen dem Werkzeugmaschinenlabor WZL der RWTH Aachen University (WZL) und der WBA Aachener Werkzeugbau Akademie GmbH (WBA). Auf diese Kollaboration ist auch der explizite Werkzeugbaufokus des Ansatzes zurückzuführen, da die WBA die Erarbeitung branchenspezifischer Lösungen für eine nachhaltige Wettbewerbsfähigkeit in der Branche Werkzeugbau zum Ziel hat. Hierbei dient die WBA als Multiplikator für die Branche und kann in diesem Kontext auf ein breites Netzwerk verschiedener Werkzeugbaubetriebe zurückgreifen.[446] Die Autoren stellen die digitale Transformation in einem metaphorischen Sinnbild dar, welches die Metamorphose einer Raupe über das Puppenstadium hin zu einem Schmetterling beschreibt. Parallel zu dieser Metapher aus der Tierwelt, konzipieren BOOS ET AL. einen Prozess zur digitalen Transformation von Werkzeugbaubetrieben.[447] Dieser Prozess ist in drei Phasen mit insgesamt sieben Teilschritten untergliedert und in der nachfolgenden Abbildung 44 visualisiert.

[445] Eigene Darstellung.
[446] Vgl. Boos et al. (Digitale Transformation im Werkzeugbau), 2019, S. 2.
[447] Vgl. Boos et al. (Digitale Transformation im Werkzeugbau), 2019, S. 6-7.

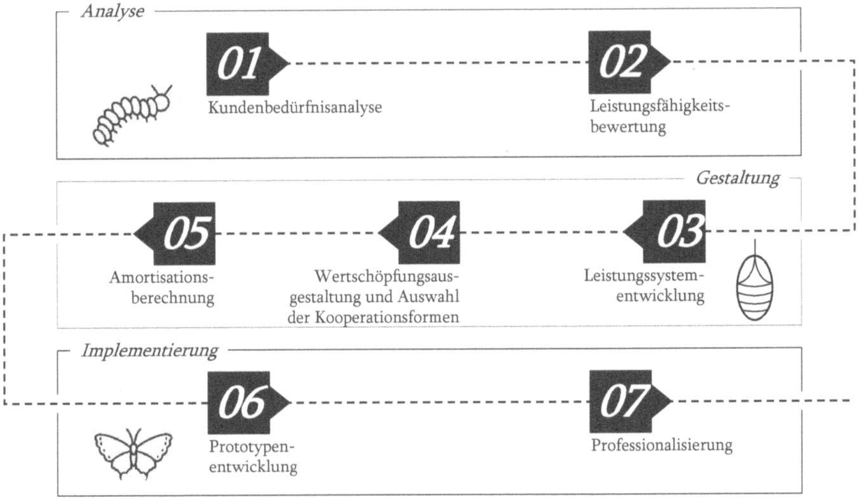

Abbildung 44: Prozess zur digitalen Transformation im Werkzeugbau nach Boos et al.[448]

Die drei übergeordneten Phasen des Prozesses zur digitalen Transformation im Werkzeugbau werden durch die Analyse, Gestaltung und Implementierung verkörpert. Diesen Phasen können die einzelnen Teilschritte zugeordnet werden.[449] Zwei dieser Teilschritte können der Analyse zugeordnet werden.

Initial erfolgt eine Kundenbedürfnisanalyse, indem sowohl qualitative als auch quantitative Erhebungen von Kundenbedürfnissen erfolgen. Anschließend werden diese nach Schwerpunkten kategorisiert und priorisiert. Nach dieser marktseitigen Betrachtung wird im Sinne der wertschöpfungsseitigen Betrachtung im zweiten Teilschritt eine Leistungsfähigkeitsbewertung durchgeführt. Diese fokussiert die Aufnahme des Kompetenzspektrums, die Ableitung eines Stärken- und Schwächenprofils sowie die Bewertung des unternehmensspezifischen Industrie 4.0-Reifegrads. Im Rahmen der Analysephase finden dabei verschiedene etablierte Methoden und Modelle Anwendung. So wird für die Kundenbedürfnisanalyse das Kano-Modell[450] herangezogen, während die Leistungsfähigkeitsbewertung auf die Infrastruktur des Internet of Production (IoP)[451] nach Brecher et al. zurückgreift. Ferner wird erneut das Industrie 4.0-Reifegradmodell[452] aus der acatech-Studie nach Schuh et al. als Basis für die unternehmensspezifische Reifegradbestimmung genutzt.

Anschließend an die Analyse erfolgt die Gestaltung, welche in drei Teilschritte untergliedert ist und sich maßgeblich an dem Business Model Canvas (BMC)[453] nach Osterwalder et al. orientiert. Den dritten Teilschritt des Gesamtprozesses bildet im Rahmen der Gestal-

---

[448] I. A. a. Boos et al. (Digitale Transformation im Werkzeugbau), 2019, S. 11.
[449] Vgl. Boos et al. (Digitale Transformation im Werkzeugbau), 2019, S. 11.
[450] Vgl. Kano et al. (Attractive Quality and Must-Be Quality), 1984, S. 147-149.
[451] Vgl. Brecher et al. (Internet of Production für agile Unternehmen), 2017, S. 121.
[452] Vgl. Schuh et al. (Industrie 4.0 Maturity Index), 2020, S. 15-18.
[453] Vgl. Osterwalder et al. (Business Model Generation), 2010, S. 14-16.

tung die Leistungssystementwicklung. Diese dient zur Ideengenerierung und Konzeptionierung von potenziellen Leistungssystemen auf Basis des BMC. Daraufhin werden im vierten Teilschritt die Wertschöpfungsgestaltung und Auswahl der Kooperationsformen durchgeführt. Hierbei wird das generierte Leistungssystem hinsichtlich seiner Wertschöpfungsdimensionen Daten, Prozesse, Organisation und Ressourcen detailliert. Die Amortisationsberechnung im fünften Teilschritt komplettiert die Gestaltung. Diese integriert neben der Berücksichtigung der dynamischen Amortisationszeit als monetäre Größe weiterhin eine nicht-monetäre Bewertung in Form einer Nutzwertanalyse.

Die dritte und letzte Phase bildet die Implementierung, welche die beiden Teilschritte Prototypenentwicklung und Professionalisierung beinhalten. Im Rahmen der Prototypenentwicklung findet die Entwicklung und Validierung relevanter Soft- und Hardware statt. Hierbei werden Kunden integriert und Rahmenbedingungen definiert, sodass das Leistungssystem mit seinen finalen Spezifikationen vorliegt. Anschließend erfolgt im Rahmen der Professionalisierung der Roll-out des ausgearbeiteten Leistungssystems. Der Ansatz wird mit einer Beschreibung der Methodik anhand eines fiktiven, jedoch praxisnahen Use Cases komplettiert.[454]

Der Ansatz nach BOOS ET AL. dient Werkzeugbaubetrieben als systematische Vorgehensweise zur Gestaltung ihrer digitalen Transformation. Durch den Rahmen der getroffenen Annahmen werden Anforderungen an die Praktikabilität des Ansatzes teilweise erfüllt. Die Konkretheit ist aufgrund der anwendungsbezogenen Erläuterungen in hohem Maße erfüllt. Der Ansatz weist in Bezug auf das branchenspezifische Anforderungsfeld eine vollständige Anforderungserfüllung auf. Dies ist maßgeblich durch den expliziten Werkzeugbaufokus begründet, da sowohl die Eignung für Einzel- und Kleinserienfertigung als auch unternehmerische Randbedingungen von Werkzeugbaubetrieben vollständig berücksichtigt werden.

Die Anforderung nach hinreichender Kontinuität und Kohärenz ist nur geringfügig erfüllt, da die Technologien und ihre Kohärenz keine explizite Berücksichtigung finden. Durch Anwendung des bereits erläuterten Reifegradmodells wird die inkrementelle Transformation ausreichend adressiert, sodass diese Anforderung überwiegend erfüllt ist. Gleiches gilt für die Fokussierung der Wertschöpfung, welche aufgrund der klaren Abgrenzung ebenfalls überwiegend erfüllt ist. Zwar werden zudem verschiedene Wertschöpfungsdimensionen spezifisch adressiert, diese beziehen sich jedoch auf das jeweilige Leistungssystem und nicht auf die Wertschöpfungsdimensionen des Unternehmens. Dies verhindert eine vollumfängliche Anforderungserfüllung im Kontext des Wertschöpfungsfokus.

Die strategiespezifische Anforderung an hinreichende Kongruenz und Individualisierbarkeit ist teilweise erfüllt, da das unternehmerische Leitbild berücksichtigt wird und vereinzelt Möglichkeiten zur individuellen Gestaltung aufgezeigt werden. Erfolgspositionen sind ansatzweise zwar erkennbar, werden jedoch nicht zentriert. Die funktionale Operationalisierung wird implizit durch die Integration von Mitarbeitenden sowie die Prototypenentwicklung adressiert, allerdings nicht in ausreichendem Umfang erläutert.

---

[454] Vgl. Boos et al. (Digitale Transformation im Werkzeugbau), 2019, S. 11-51.

Zusammenfassend weist der Ansatz nach BOOS ET AL. einige wichtige Aspekte auf, die zur Befähigung von Werkzeugbaubetrieben für ihre digitale Transformation dienlich sein können. Dennoch verzeichnet der Ansatz signifikante Defizite in verschiedenen Anforderungsfeldern. Die Bewertung des Ansatzes nach BOOS ET AL. ist anhand des definierten Anforderungssystems aus Kapitel III.1.2 in der nachfolgenden Abbildung 45 visuell zusammengefasst.

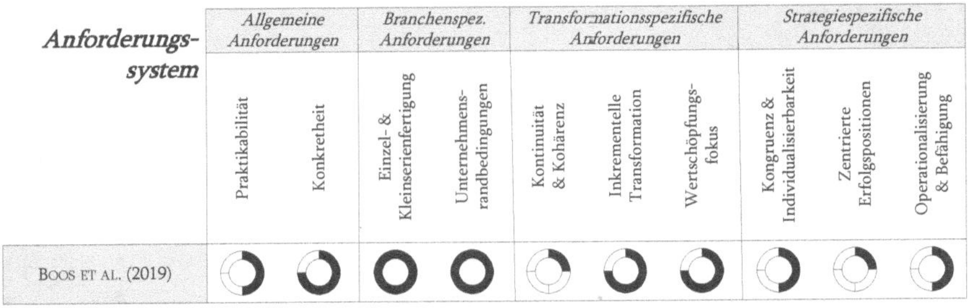

Abbildung 45: Bewertung des Ansatzes nach BOOS ET AL.[455]

III.2.7 Transformation Strategy for Manufacturing (ALBUKHITAN, 2020)

Der Ansatz nach ALBUKHITAN fokussiert die Entwicklung digitaler Transformationsstrategien in produzierenden Unternehmen. Nach Auffassung des Autors stellt der Prozess der digitalen Transformation weit mehr dar als die reine Implementierung neuer Technologien oder das Aufrüsten bestehender Systeme. Demnach sollten Unternehmen nicht reaktiv am Wandel teilnehmen, sondern für die Sicherstellung ihrer Wettbewerbsfähigkeit eine aktive Mitgestaltung des Wandels anstreben. Vor diesem Hintergrund diskutiert ALBUKHITAN Möglichkeiten der Strategieentwicklung von produzierenden Unternehmen für die erfolgreiche Gestaltung der digitalen Transformation.[456] Für die Entwicklung von Transformationsstrategien definiert der Autor sechs Schritte, die in der nachfolgenden Abbildung 46 visualisiert sind.

[455] Eigene Darstellung.
[456] Vgl. Albukhitan (Digital Transformation Strategy for Manufacturing), 2020, S. 664.

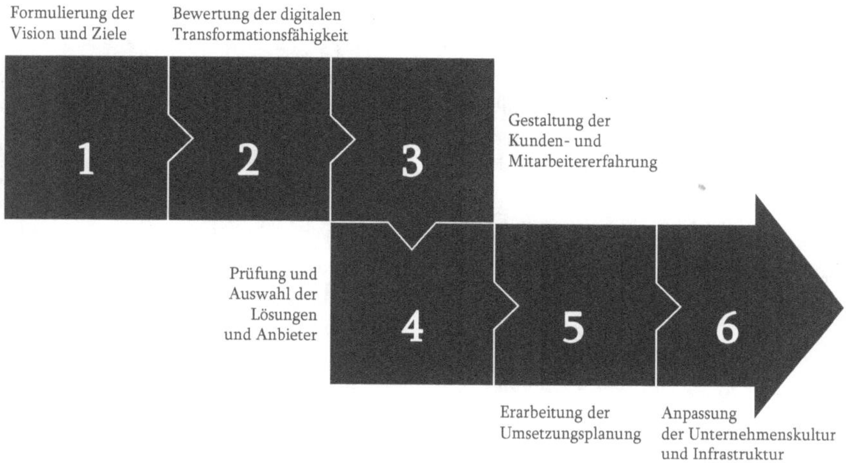

Abbildung 46: Entwicklung digitaler Transformationsstrategien nach ALBUKHITAN[457]

Zu Beginn der Ausführungen werden Technologien und Lösungen betrachtet, die im Rahmen der Industrie 4.0 relevant sind. Zudem werden die größten Herausforderungen der digitalen Transformation aufgeführt und durch exemplarische Handlungsempfehlungen adressiert.[458] Anschließend werden die sechs Schritte zur Entwicklung digitaler Transformationsstrategien in produzierenden Unternehmen vorgestellt und erläutert.

Die Schritte gliedern sich in Formulierung der Vision und Ziele (engl. creation of digital transformation vision and objectives), Bewertung der digitalen Transformationsfähigkeit (engl. assess the organizations digital transformation capability), Gestaltung der Kunden- und Mitarbeitererfahrung (engl. design the end user and employee experience), Prüfung und Auswahl der Lösungen und Anbieter (engl. review and select solutions and vendors), Erarbeitung der Umsetzungsplanung (engl. creation of implementation roadmap) sowie Anpassung der Unternehmenskultur und Infrastruktur (engl. adjust organization culture and infrastructure). Im ersten Schritt soll ein Unternehmen Klarheit über den Zweck seiner digitalen Transformation schaffen. Es wird betont, dass ein Unternehmen seine langfristige Zielvorstellung definieren sowie fokussieren soll und nicht die rein kurzfristige Adressierung bestehender Problemstellungen durch Innovation. Im Anschluss erfolgt die Bewertung der Transformationsfähigkeit anhand eines digitalen Reifegrads, welcher verschiedene Dimensionen wie bspw. Strategie, Kultur, Menschen und Technologie aufweist. Die digitale Reife in den einzelnen Dimensionen wird anhand der Abstufungen unwissend, konzeptionell, definiert, integriert und transformiert evaluiert. Im dritten Schritt wird die Erfahrung der Kunden und Mitarbeitenden gestaltet. Hierbei soll die durch ein Unternehmen generierte Erfahrung fokussiert werden, um z. B. Mitarbeitende in ihrer Arbeit zu unterstützten oder den Kundennutzen durch die offerierten Leistungen zu steigern. Im anschließenden vierten Schritt erfolgt die Prüfung und Auswahl von Lösungen und Anbietern. Hierbei wird zur verbesserten Entscheidungsfindung die Entwicklung einer Vergleichsmatrix für die

[457] I. A. a. Albukhitan (Digital Transformation Strategy for Manufacturing), 2020, S. 668-671.
[458] Vgl. Albukhitan (Digital Transformation Strategy for Manufacturing), 2020, S. 665-668.

einzelnen Alternativen empfohlen. Im fünften Schritt wird die Erarbeitung einer Umsetzungsplanung adressiert, bei welchem digitale Zielsetzungen sowie potenzielle Technologien und Lösungen durch Maßnahmenbildung in einen umsetzbaren Plan überführt werden. Der sechste und letzte Schritt dient zur Anpassung der Unternehmenskultur und Infrastruktur. Neben Vorbereitung einer anforderungsgerechten IT-Infrastruktur sind in diesem Kontext Verantwortlichkeiten, bspw. in Form eines Leitenden für das Vorhaben der digitalen Transformation, zu definieren.[459]

Der Ansatz nach ALBUKHITAN adressiert die unternehmensseitige Notwendigkeit eines Instruments zur Entwicklung digitaler Transformationsstrategien. Dabei weist der Ansatz anhand seiner zugrundeliegenden Annahmen lediglich ein geringes Maß an Praktikabilität auf. Ebenso wird die Anforderung nach Konkretheit nur geringfügig erfüllt, da keine praxisnahe Anwendung der Methoden erläutert wird. Obwohl der Ansatz produzierende Unternehmen fokussiert, werden deren Charakteristika nicht ausreichend adressiert. Somit wird für die Anforderung an eine Eignung für die Einzel -und Kleinserienfertigung nur eine geringe Erfüllung erreicht. Eine Anpassung des Vorgehens an branchenspezifische Unternehmensrandbedingungen findet im Rahmen des Ansatzes keine Berücksichtigung, sodass diese Anforderung nicht erfüllt wird.

Die Anforderung an hinreichende Kontinuität und Kohärenz wird teilweise durch die Auslegung eines langfristigen Prozesses sowie die Betrachtung potenziell nutzenstiftender Technologien erfüllt. Der inkrementelle Charakter der Transformation ist nur in geringem Maße adressiert, da die definierten Reifegradstufen lediglich den Status quo des Unternehmens beschreiben, den Wandlungsprozess als solchen jedoch vernachlässigen. Eine Fokussierung der Wertschöpfung findet mitunter statt, jedoch wird die Wertschöpfung im Rahmen des Entwicklungsprozesses nicht von der Leistung abgegrenzt.

In Bezug auf die strategiespezifischen Anforderungen wird die Anforderung an hinreichende Kongruenz und Individualisierbarkeit teilweise erfüllt, da zu Beginn des Ansatzes eine detaillierte Analyse der gegenwärtigen Unternehmenssituation erfolgt. Eine hinreichende Zentrierung der Erfolgspositionen findet nur in geringfügigem Maße statt, da diese lediglich als Dimension im Rahmen der Zielformulierung Betrachtung finden, darüber hinaus jedoch nicht weiter thematisiert werden. Die Anforderung an eine funktionale Operationalisierung wird durch die letzten beiden Schritte des Entwicklungsprozesses teilweise erfüllt, wenngleich in nicht ausreichendem Umfang.

Obwohl der Ansatz nach ALBUKHITAN sich explizit an produzierende Unternehmen richtet und diese zur Entwicklung von digitalen Transformationsstrategien befähigen soll, weist dieser größere Defizite in sämtlichen Anforderungskategorien auf. Die Bewertung des Ansatzes nach ALBUKHITAN ist anhand des definierten Anforderungssystems aus Kapitel III.1.2 in der nachfolgenden Abbildung 47 visuell zusammengefasst.

[459] Vgl. Albukhitan (Digital Transformation Strategy for Manufacturing), 2020, S. 668-671.

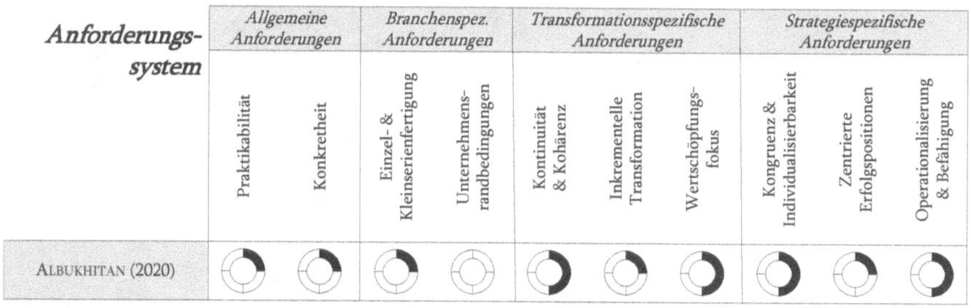

Abbildung 47: Bewertung des Ansatzes nach ALBUKHITAN[460]

III.2.8 Digital Navigator (MOHR, 2020)

Der Ansatz nach MOHR skizziert eine konkrete Vorgehensweise für die Gestaltung der digitalen Transformation in Unternehmen. Indem die Vorgehensweise in verschiedene Handlungsfelder strukturiert wird, wird diese zudem in einen Bezugsrahmen für die digitale Transformation überführt. Der Bezugsrahmen setzt sich insgesamt aus diesen Handlungsfeldern, strategischen Elementen eines Unternehmens sowie dem Innovationsprozess zusammen. Diese drei Dimensionen des Bezugsrahmens sind zudem wechselseitig miteinander verknüpft.[461] Der Bezugsrahmen für die digitale Transformation ist mit seinen drei designierten Handlungsfeldern sowie den übrigen Dimensionen in der nachfolgenden Abbildung 48 dargestellt.

[460] Eigene Darstellung.
[461] Vgl. Mohr (Digital Navigator), 2020, S. 62-127.

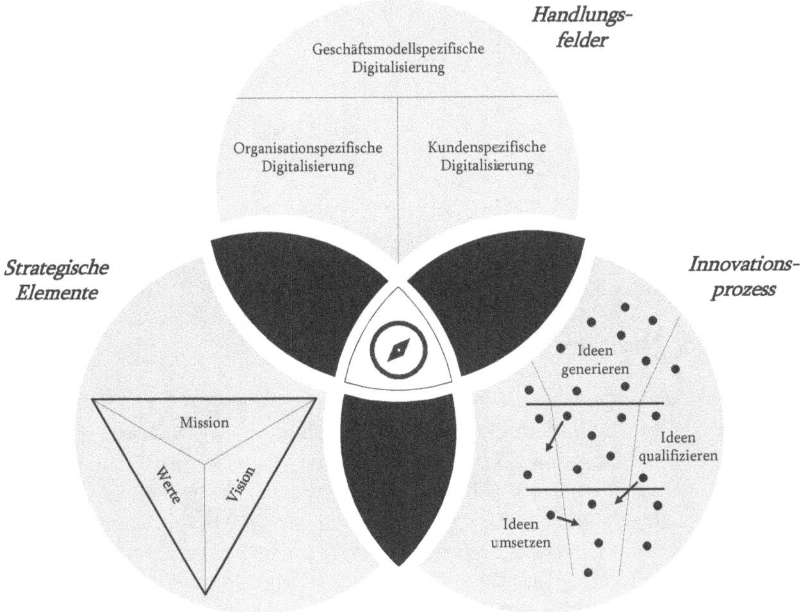

Abbildung 48: Bezugsrahmen für die digitale Transformation nach MOHR[462]

Das Kernelement des Bezugsrahmens nach MOHR bilden die Handlungsfelder, die daher auch oberhalb der anderen beiden Dimensionen strategische Elemente und Innovationsprozess positioniert sind. Die Handlungsfelder werden aus den drei Bereichen geschäftsmodellspezifische Digitalisierung, organisationsspezifische Digitalisierung und kundenspezifische Digitalisierung gebildet.

Ziel der kundenspezifischen Digitalisierung ist die Verbesserung bestehender Kundenbeziehungen sowie die Generierung zusätzlichen Kundennutzens. Dazu soll neben einer Intensivierung der Kundenkommunikation eine Aggregation des Wissens über Kunden sowie eine schnellere respektive kostengünstigere Leistungserbringung erfolgen. Die organisationsspezifische Digitalisierung dient zur Effektivierung der unternehmensinternen Prozesse sowie der Ressourcennutzung. Dazu soll bspw. eine Verschlankung und Flexibilisierung bestehender Abläufe, ein Outsourcing geeigneter Aktivitäten an spezialisierte Wertschöpfungspartner sowie eine intelligentere Nutzung des aggregierten Wissens erfolgen. In diesem Kontext soll zudem geprüft werden, ob neuartige Verfahren oder Systeme integriert und angewendet werden müssen. Auf diesen beiden Handlungsfeldern und ihren Resultaten basiert die geschäftsmodellspezifische Digitalisierung. Es ist zu prüfen, welche Geschäftsmodelle anhand der internen Kompetenzen realisierbar sind und welche potenziell relevanten und unerschlossenen Märkte für das Unternehmen existieren. Ferner gilt es zu erörtern, wie Kunden zukünftig durch neuartige Leistungen in ihren Anwendungsfeldern unterstützt werden können. Neben der Detaillierung der Handlungsfelder werden für diese

[462] I. A. a. Mohr (Digital Navigator), 2020, S. 127.

Verantwortlichkeiten definiert und entsprechende Positionen verknüpft oder neu geschaffen. Gemäß MOHR werden so bspw. der CEO und ein CDO (engl. Chief Digital Officer) für die geschäftsmodellspezifische Digitalisierung, der CFO für die organisationsspezifische Digitalisierung oder der CSO für die kundenspezifische Digitalisierung als Verantwortliche ernannt.[463]

Im weiteren Verlauf werden die Handlungsfelder mit den beiden übrigen Dimensionen geschnitten. So muss einerseits sichergestellt werden, dass die im Rahmen der Handlungsfelder angestellten Überlegungen mit den *strategischen Elementen* abgeglichen werden. Dieser Fit wird anhand der Elemente Mission, Vision und Werte ermittelt, um eine Kompatibilität auf organisationaler, strategischer und kultureller Ebene zu gewährleisten. Andererseits werden die Handlungsfelder mit dem *Innovationsprozess* relativiert. Der Innovationsprozess beinhaltet die Phasen der Ideengenerierung, Ideenqualifizierung und Ideenumsetzung. Im Ansatz werden dazu Vorschläge und Methoden eingeführt, welche in den jeweiligen Phasen angewendet werden können. Abschließend stellt MOHR einige anwendungsbezogene Prinzipien für das Gelingen der digitalen Transformation sowie Empfehlungen, was es zu vermeiden gilt, vor.[464]

Der Ansatz nach MOHR stellt für Unternehmen einen Leitfaden zur digitalen Transformation in Form eines Bezugsrahmens zur Verfügung, welcher aus verschiedenen Handlungsfeldern und Dimensionen besteht. Dabei trifft der Autor sehr universelle Annahmen, welche dementsprechend einen geringen Realitätsbezug aufweisen. Mithin ist die Praktikabilität des Ansatzes nur in geringem Maß gegeben. Die Konkretheit wird lediglich teilweise erfüllt, was auf das Fehlen konkreter Praxisbeispiele sowie einer klaren Struktur im Ansatz zurückzuführen ist. Da keine Branche im Speziellen betrachtet wird, ist die Anforderung an eine Eignung für die Einzel- und Kleinserienfertigung nicht erfüllt. Ebenso wird die Anforderung der Berücksichtigung von Unternehmensrandbedingungen aufgrund der Allgemeingültigkeit des Ansatzes nur geringfügig erfüllt.

Die Anforderung an hinreichende Kontinuität und Kohärenz im Wandlungsprozess wird in nicht ausreichendem Umfang adressiert, sodass diese nur teilweise erfüllt wird. Der inkrementelle Charakter der Transformation wird nur implizit durch das Vorgehen der drei Handlungsfelder adressiert, sodass diese Anforderung nur geringfügig erfüllt werden kann. Dadurch, dass die Handlungsfelder eine kundenseitige und organisationsseitige Perspektive innerhalb des Geschäftsmodells differenzieren, kann die Anforderung an eine Fokussierung der Wertschöpfung überwiegend erfüllt werden.

Die Anforderung an hinreichende Kongruenz und Individualisierbarkeit kann ebenfalls überwiegend erfüllt werden. Dies ist maßgeblich auf die enge Verknüpfung der Handlungsfelder mit den strategischen Elementen Vision und Mission sowie deren kontinuierliche Relativierung zurückzuführen. Demgegenüber werden Erfolgspositionen im Rahmen des Ansatzes weder betrachtet noch zentriert. Die funktionale Operationalisierung wird nur in geringem Maße adressiert. Zwar kann auf Basis des Innovationsprozesses eine Ableitung von Maßnahmen erfolgen, die Auswirkungen des Wandlungsprozesses auf die Mitarbeitenden werden jedoch dadurch nicht berücksichtigt.

---

[463] Vgl. Mohr (Digital Navigator), 2020, S. 62-67.
[464] Vgl. Mohr (Digital Navigator), 2020, S. 122-126.

Abschließend erzeugt der Bezugsrahmen für die digitale Transformation durch seine drei Handlungsfelder und die zugrundeliegenden Schritte eine gute Basis, um die digitale Transformation innerhalb eines Unternehmens durchzuführen. Allerdings fehlt dem Ansatz ein ausreichender Praxisbezug, weshalb eine erfolgreiche Übertragbarkeit des Ansatzes auf produzierende Unternehmen - respektive Werkzeugbaubetriebe - höchst fraglich ist. Die Bewertung des Ansatzes nach MOHR ist anhand des definierten Anforderungssystems aus Kapitel III.1.2 in der nachfolgenden Abbildung 49 visuell zusammengefasst.

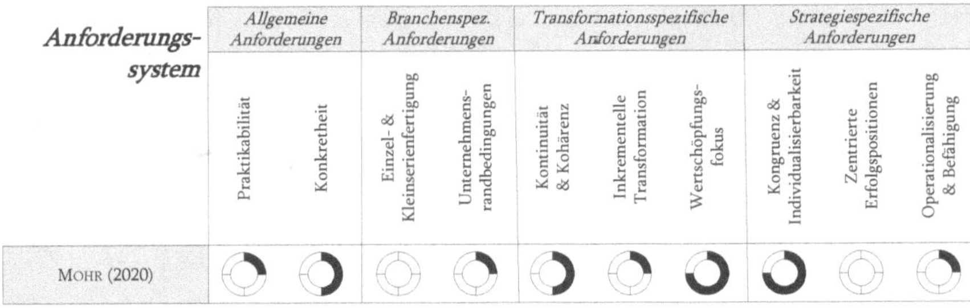

Abbildung 49: Bewertung des Ansatzes nach MOHR[465]

III.2.9 Development Process for Digital Strategies (LIPSMEIER ET AL., 2020)

Der Ansatz nach LIPSMEIER ET AL. stellt einen Entwicklungsprozess für digitale Strategien dar, wobei die Unternehmens-, Geschäftsfeld- und Funktionalebenen gesondert betrachtet werden. Dabei verwenden die Autoren kein klassisches Top-down- oder Bottom-up-Verfahren. Stattdessen wird ein Down-up-Verfahren entwickelt, welches es erlaubt, spezifisch für den aktuellen Prozessschritt und Anwendungsfall zwischen Unternehmens-, Geschäftsfeld- und Funktionalebenen zu variieren.[466]

Die einzelnen Schritte des Entwicklungsprozesses werden sequenziell durchlaufen und können jeweils einer oder mehreren Ebenen des Unternehmens zugeordnet werden. Zusätzlich zur Entwicklung digitaler Strategien erfolgt die Etablierung eines digitalen Zielbilds. Der Prozess für die Entwicklung digitaler Strategien sowie eine exemplarische Darstellung eines digitalen Zielbilds sind in der nachfolgenden Abbildung 50 visualisiert.

[465] Eigene Darstellung.
[466] Vgl. Lipsmeier et al. (Development of Digital Strategies), 2020, S. 173-178.

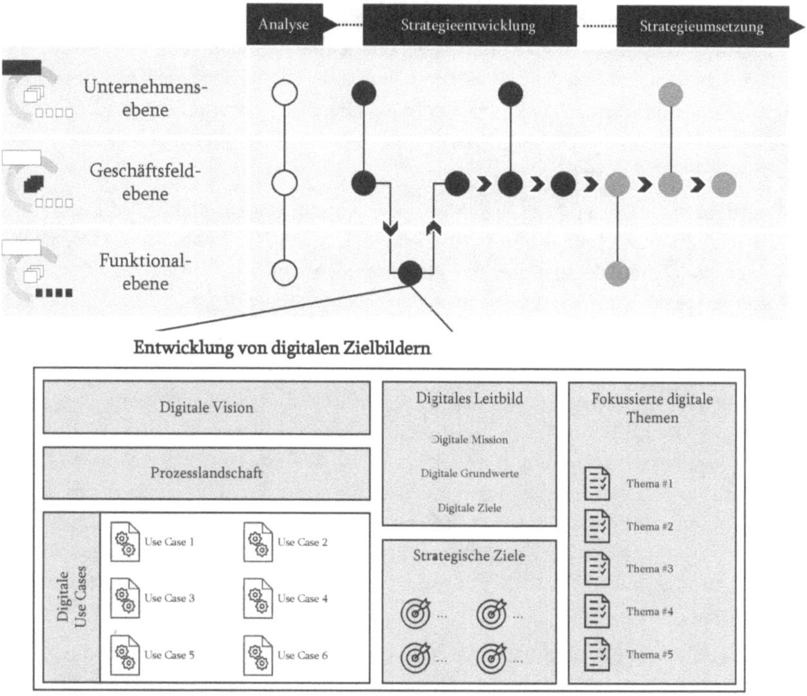

Abbildung 50: Entwicklungsprozess für digitale Strategien nach LIPSMEIER ET AL.[467]

Zu Beginn des Entwicklungsprozesses für digitale Strategien erfolgt die Formulierung einer strategischen Ausrichtung. Dazu werden auf Unternehmens- und Geschäftsfeldebene eine digitale Vision und ein digitales Leitbild entwickelt. Das digitale Leitbild setzt sich aus digitaler Mission, digitalen Grundwerten und digitalen Zielen zusammen. Die digitale Mission erläutert die Gründe für das Engagement im Kontext der digitalen Transformation und wird von den digitalen Grundwerten flankiert. Die digitalen Ziele dienen zur qualitativen Konkretisierung und Potenzialermittlung der digitalen Vision. Im Anschluss an die Formulierung der strategischen Ausrichtung werden auf funktionaler Ebene digitale Zielbilder entwickelt. Basierend auf der digitalen Vision werden dazu Use Cases für einzelne funktionale Einheiten ermittelt, strategische Ziele definiert und digitale Themenbereiche fokussiert und priorisiert. Anschließend werden auf übergeordneter Ebene Synergien zwischen den digitalen Zielbildern der funktionalen Bereiche definiert. Zur Strukturierung der digitalen Themen werden unter anderem Methoden wie die Clusteranalyse vorgestellt. In Abstimmung mit der Unternehmensebene werden für die funktionsübergreifenden Themenbereiche identifizierte Potenziale, Kosten und weitere Faktoren quantifiziert. Anhand des definierten digitalen Leitbilds erfolgt anschließend die Entwicklung digitaler Strategien für jede der Geschäftsfeldebenen. Der Fokus der angestrebten digitalen Transformation bezieht sich dabei sowohl auf Produkte und Services als auch die zugrundeliegende Wertschöpfung.

[467] I. A. a. Lipsmeier et al. (Development of Digital Strategies), 2020, S. 177.

Eine Konkretisierung der digitalen Strategien erfolgt durch Entwicklung digitaler Programme auf Geschäftsfeld- und Funktionalebene. Diese digitalen Programme werden daraufhin auf der Unternehmensebene mit dem digitalen Zielbild abgeglichen. Abgeschlossen wird der Entwicklungsprozess mit der Erstellung einer Implementierungsroadmap, welche die digitalen Programme für die Umsetzung auf Geschäftsfeld- und Funktionalebene operationalisiert.[468]

Der Ansatz nach LIPSMEIER ET AL. befähigt Unternehmen zur Entwicklung digitaler Strategien sowie digitaler Zielbilder unter Berücksichtigung der Unternehmens-, Geschäftsfeld- und Funktionalebenen. Ferner dient er Unternehmen als Orientierung zur Formulierung konkreter strategischer Maßnahmen für einzelne Geschäftsfeld- und Funktionalbereiche.

Die getroffenen Annahmen der Autoren sind nur teilweise praktikabel. Der Ansatz weist eine grundlegende Stringenz auf. Die vorgestellten Methoden des Ansatzes weisen zwar grundsätzlich einen Anwendungsbezug auf, sie erfüllen diesen jedoch nicht in ausreichendem Umfang. Die Anforderung an Konkretheit kann mithin nur teilweise erfüllt werden. Die Anforderung an die Eignung für die Einzel- und Kleinserienfertigung kann durch den Ansatz nicht erfüllt werden, da dieser im Rahmen seines Betrachtungsbereichs keinerlei Bezug zu einer spezifischen Branche aufweist. Die Berücksichtigung der unternehmerischen Randbedingungen kann ebenfalls nicht erfüllt werden, da der Ansatz allgemeingültig formuliert ist und keine Differenzierung entsprechend verschiedener Charakteristika von Unternehmen zulässt.

In Bezug auf die transformationsspezifischen Anforderungen kann der Ansatz die Anforderung an Kontinuität und Kohärenz nur geringfügig erfüllen. Zwar wird die Kontinuität des Wandlungsprozesses durch Entwicklung digitaler Programme sowie eine übergreifende Synchronisierung berücksichtigt, eine spezifische Kohärenz der Technologien und Lösungen findet jedoch maximal oberflächlich Berücksichtigung. Die Anforderung an den inkrementellen Charakter der Transformation wird nicht erfüllt, da Reifegrade im Sinne des Wandlungsprozesses nicht Bestandteil des Ansatzes sind. Demgegenüber kann der Ansatz die Anforderung an eine Fokussierung der Wertschöpfung teilweise erfüllen. Dies resultiert wesentlich aus der Beschreibung der digitalen Transformation auf der Ebene des Geschäftsmodells, wobei einzelne Wertschöpfungsaspekte im Kontext der Funktionalbereiche zumindest mitunter aufgegriffen werden.

In Bezug auf die strategiespezifischen Anforderungen kann der Ansatz die Anforderung nach hinreichender Kongruenz und Individualisierbarkeit überwiegend erfüllen. Dies ist auf den Abgleich des digitalen Leitbilds mit den einzelnen Strategieebenen des Unternehmens sowie auf die initiale strategische Analyse zur individuellen Ausrichtung zurückzuführen. Dagegen wird die Anforderung an eine Zentrierung strategischer Erfolgsfaktoren nur geringfügig erfüllt, da diese lediglich im Grundgedanken Berücksichtigung finden. Die Anforderung an eine funktionale Operationalisierung wird nur teilweise erfüllt, da entsprechende Maßnahmen lediglich oberflächlich erläutert werden.

Zusammenfassend stellt der Entwicklungsprozess für digitale Strategien grundsätzlich einen strategisch fundierten Ansatz dar. Jedoch steht dem eine fehlende Berücksichtigung

[468] Vgl. Lipsmeier et al. (Development of Digital Strategies), 2020, S. 176-177.

produzierender Unternehmen sowie Defizite in der Adressierung der digitalen Transformation gegenüber. Die Bewertung des Ansatzes nach LIPSMEIER ET AL. ist anhand des definierten Anforderungssystems aus Kapitel III.1.2 in der nachfolgenden Abbildung 51 visuell zusammengefasst.

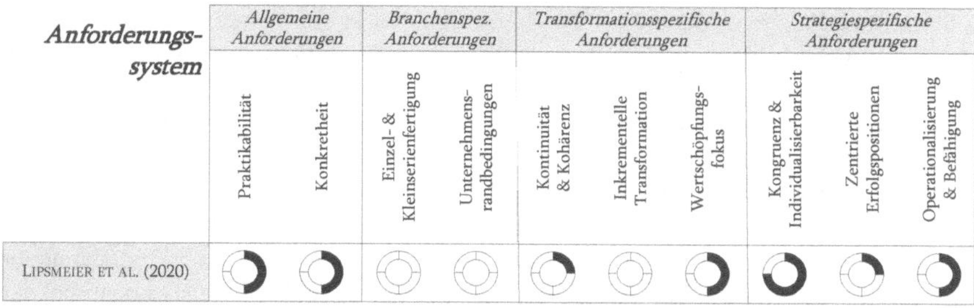

Abbildung 51: Bewertung des Ansatzes nach LIPSMEIER ET AL.[469]

III.3 Aggregation der Bewertung

Die vorangegangenen Ausführungen in Kapitel III.2 dienten der Vorstellung und Bewertung bestehender wissenschaftlicher Ansätze. Dabei wurden insgesamt neun Ansätze mit unterschiedlichen Schwerpunkten analysiert. Jeder Ansatz wurde hinsichtlich der in Kapitel III.1.2 definierten Anforderungen untersucht, um so die Eignung für die systematische Transformation zur digital vernetzten Wertschöpfung im Werkzeugbau zu bewerten. In der untenstehenden Abbildung 52 werden die Bewertungen der einzelnen Ansätze aggregiert dargestellt.

Das erste Anforderungsfeld umfasst die allgemeinen Anforderungen Praktikabilität und Konkretheit. Die vorgestellten Ansätze weisen eine geringfügige bis teilweise erfüllte Praktikabilität auf, da ihnen nur teilweise treffende Annahmen zugrunde liegen. Zudem weisen sie mitunter keine realistischen Rahmenbedingungen auf. Dagegen wird die Konkretheit von drei Ansätzen mindestens überwiegend erfüllt. Insbesondere die Ansätze nach MERZ sowie SCHALLMO & RUSNJAK erfüllen die Anforderung in vollem Umfang. Dies ist wesentlich durch die holistische Anwendung ihres Vorgehens in der Praxis und zahlreiche anwendungsbezogene Methoden begründet. Für die allgemeinen Anforderungen kann somit zusammenfassend eine Teilerfüllung durch die meisten Ansätze festgestellt werden.

Das zweite Anforderungsfeld der branchenspezifischen Anforderungen beinhaltet die Anforderung Einzel- und Kleinserienfertigung sowie Unternehmensrandbedingungen. In Bezug auf ihre Eignung für die Einzel- und Kleinserienfertigung weisen einige Ansätze einen Bezug zu Branchen der produzierenden Industrie auf, während andere Ansätze die Charakteristika dieser nicht hinreichend genau betrachten. Gleichermaßen wird die Anforderung an eine Berücksichtigung unternehmerischer Randbedingungen, also die Modularität und flexible Adaption vor dem Hintergrund werkzeugbauspezifischer Herausforderungen, von den meisten Ansätzen nicht ausreichend erfüllt. Lediglich die Ansätze nach SALMEN und

[469] Eigene Darstellung.

BOOS ET AL. weisen eine vollumfängliche Erfüllung der branchenspezifischen Anforderungen auf. Zusammenfassend kann konstatiert werden, dass das branchenspezifische Anforderungsfeld von einem Großteil der Ansätze lediglich geringfügig erfüllt wird.

Das dritte Anforderungsfeld vereint die transformationsspezifischen Anforderungen Kontinuität und Kohärenz, inkrementelle Transformation sowie Wertschöpfungsfokus. Die Anforderung nach hinreichender Kontinuität und Kohärenz wird von den meisten Ansätzen teilweise bis überwiegend erfüllt. Allerdings findet in keinem Ansatz eine vollumfängliche Erfüllung unter Berücksichtigung reziprok begünstigender Technologien statt. Der inkrementelle Charakter der digitalen Transformation wird durch einige Ansätze adressiert, die entsprechende Reifegradmodelle integrieren. Ein Großteil der Ansätze erfüllt diese Anforderung jedoch lediglich geringfügig. Eine eindeutige Fokussierung der Wertschöpfung findet lediglich bei SALMEN statt, indem auch deren relevanten Bestandteile im Detail betrachtet werden. Der Großteil der übrigen Ansätze erzielt eine teilweise respektive überwiegende Anforderungserfüllung. Es kann somit festgestellt werden, dass keiner der analysierten Ansätze das transformationsspezifische Anforderungsfeld ganzheitlich erfüllt.

Das vierte Anforderungsfeld umfasst die strategiespezifischen Anforderungen Kongruenz und Individualisierbarkeit, zentrierte Erfolgspositionen sowie funktionale Operationalisierung und Befähigung. Während die meisten Ansätze die Anforderung nach hinreichender Kongruenz und Individualisierbarkeit zumeist teilweise oder überwiegend erfüllen, gelingt dies den Ansätzen nach SALMEN und ISSA ET AL. nicht. Der Ansatz nach MERZ erfüllt die Anforderung gar vollumfänglich. Die Zentrierung der Erfolgspositionen wird von nahezu allen Ansätzen lediglich am Rande ihrer Ausführungen oder gar nicht berücksichtigt. Die Ansätze mit explizitem Strategiebezug nach MERZ und SCHALLMO & RUSNJAK zentrieren strategische Erfolgspositionen jedoch überwiegend bis vollumfänglich. Weiterhin erfüllt keiner der Ansätze die Anforderung an funktionale Operationalisierung und Befähigung. In Teilen findet dieses Anforderung jedoch in jedem der Ansätze zumindest oberflächlich Berücksichtigung. Zusammenfassend kann auch das strategiespezifische Anforderungsfeld von keinem der Ansätze vollständig erfüllt werden.

Abbildung 52: Aggregation der Bewertung der vorgestellten Ansätze[470]

III.4 Handlungsbedarf aus der Theorie

Die Notwendigkeit eines Ansatzes für die systematische Transformation zur digital vernetzten Wertschöpfung im Werkzeugbau wurde als Praxisdefizit in Kapitel II.4 hergeleitet. Die Ursache dieses Praxisdefizits bildet die Kombination der Herausforderungen für die Branche Werkzeugbau, die Komplexität des Transformationsprozesses zur digital vernetzten Wertschöpfung sowie die strategische Integration und Umsetzung dieses Vorhabens entlang der verschiedenen Funktionalbereiche. Durch eine erfolgreiche digitale Transformation der Wertschöpfung werden Werkzeugbaubetriebe befähigt, zahlreiche Potenziale in Bezug auf ihre Leistungserstellung zu realisieren und so die aktuellen Herausforderungen der Branche erfolgreich zu adressieren. Das Praxisdefizit erläutert die Notwendigkeit einer strukturieren Vorgehensweise für eine erfolgreiche Transformation in den relevanten

[470] Eigene Darstellung.

Wertschöpfungsdimensionen. Eine derartige Vorgehensweise soll Werkzeugbaubetriebe bei der eigenständigen Entwicklung von Strategien für ihre wertschöpfungsseitige digitale Transformation anleiten und unterstützen.

Anhand eines Bewertungs- und Anforderungssystems bestehend aus allgemeinen, branchenspezifischen, transformationsspezifischen und strategiespezifischen Anforderungen[471], wurden neun wissenschaftliche Ansätze vorgestellt und analysiert. Die Ansätze weisen differierende, aber dennoch relevante Schwerpunkte für den Kontext der vorliegenden Arbeit auf.[472] Zur Identifizierung der ausgewählten Ansätze erfolgte initial eine umfangreiche Recherche bestehender Ansätze in verschiedenen wissenschaftlichen Disziplinen.

Die Analyse und Bewertung der neun Ansätze zeigt, dass in der wissenschaftlichen Praxis keine Ansätze existieren, welche das definierte Anforderungsprofil vollumfänglich erfüllen. In diesem Kontext konnten drei systematische Defizite identifiziert werden, welche im Folgenden aufgeführt sind:

- Keiner der vorgestellten Ansätze kann eine lückenlose Adressierung der transformationsspezifischen Anforderungen aufweisen. Die Anforderungen an den inkrementellen Charakter der Transformation sowie die Fokussierung der Wertschöpfung werden jeweils lediglich von einem Ansatz erfüllt, sodass hierbei keine Schnittmenge zwischen den Ansätzen vorhanden ist. Zusätzlich werden Kontinuität und Kohärenz von keinem der Ansätze hinreichend detailliert betrachtet.
- Keiner der vorgestellten Ansätze erfüllt die strategiespezifischen Anforderungen ganzheitlich. Während Kongruenz und Individualisierbarkeit durch die meisten Ansätze berücksichtigt werden, werden insbesondere strategische Erfolgspositionen nur in den wenigsten Fällen zentriert. Zudem wird die funktionale Operationalisierung und Befähigung lediglich am Rande betrachtet.
- Nur zwei der vorgestellten Ansätze können die branchenspezifischen Anforderungen erfüllen. Jedoch weisen diese Ansätze hinsichtlich der übrigen Anforderungsfelder, insbesondere im Kontext der strategiespezifischen Anforderungen, eine unzureichende Anforderungserfüllung auf.

Anhand der Bewertung und den abgeleiteten Defiziten wird deutlich, dass keiner der vorgestellten Ansätze die definierten Anforderungen für die Transformation zur digital vernetzten Wertschöpfung im Werkzeugbau vollumfänglich erfüllt. Die Ansätze sind dementsprechend auch nicht für die Anwendung zu Adressierung der vorliegenden Zielsetzung geeignet. Folglich besteht **Handlungsbedarf aus der Theorie**.

III.5 Detaillierung der Forschungsfrage

Im Rahmen der Kapitel II.4 und III.4 wurde der Handlungsbedarf aus der Praxis und der Theorie hinsichtlich der Transformation zur digital vernetzten Wertschöpfung im Werk-

[471] Vgl. Kapitel III.1
[472] Vgl. Kapitel III.2

zeugbau aufgezeigt. Der in der Zielsetzung der vorliegenden Arbeit dargestellte Forschungsbedarf wurde somit begründet und als zentrale, handlungsleitende Forschungsfrage wie folgt formuliert:[473]

Wie muss eine Methodik für die systematische Transformation zur digital vernetzten Wertschöpfung im Werkzeugbau gestaltet sein?

Basierend auf dieser Forschungsfrage lassen sich weitere Teilforschungsfragen ableiten, welche die Beantwortung der übergeordneten Forschungsfrage unterstützen.[474] Die abgeleiteten Teilforschungsfragen sind nachfolgend aufgeführt.

Es besteht der Anspruch, die Transformation zur digital vernetzten Wertschöpfung von Werkzeugbaubetrieben in der Praxis systematisch zu befähigen. Bedingt durch heterogene Randbedingungen und Vorarbeiten der Werkzeugbaubetriebe ist zunächst eine Bestandsaufnahme durch den betrachteten Werkzeugbaubetrieb mit Fokus auf die relevanten Wertschöpfungsdimensionen erfordlich. Dies gilt gleichermaßen für die grundsätzliche wertschöpfungsseitige Leistungsfähigkeit als auch den digitalen Reifegrad des spezifisch betrachteten Werkzeugbaubetriebs. Folglich ist die Beantwortung der folgenden Teilforschungsfrage erforderlich:

Wie beeinflussen die Leistungsfähigkeit und der digitale Reifegrad in den Dimensionen Ressource, Prozess und Organisation die Wertschöpfung im Kontext der digitalen Vernetzung?

Aufbauend auf den ermittelten Voraussetzungen müssen spezifische Potenziale im Kontext der digitalen Vernetzung identifiziert und den relevanten Funktionalbereichen des betrachteten Werkzeugbaubetriebs zugeordnet werden. Zur Sicherstellung einer hinreichenden Systematik sowie zur funktionsübergreifenden Optimierung der Wertschöpfung durch digitale Lösungen ist dazu die Ableitung von spezifischen Handlungsfeldern im Kontext der digitalen Vernetzung erforderlich. Hierbei ist eine Berücksichtigung der grundsätzlichen strategischen Ausrichtung respektive der angestrebten SEP des jeweiligen Werkzeugbaubetriebs essenziell. Demnach ist die Beantwortung der nachstehenden Teilforschungsfrage notwendig:

Wie können funktionsspezifische Handlungsfelder für die digitale Vernetzung unter Berücksichtigung der strategischen Ausrichtung abgeleitet werden?

Die Ableitung der Handlungsfelder für die digitale Vernetzung bildet die Voraussetzung zur Erzeugung einer grundsätzlichen Transparenz über die relevanten Funktionalbereiche sowie die entsprechenden Potenziale der digitalen Vernetzung. Aufgrund der Heterogenität innerhalb der Branche, existieren jedoch nur selten maßgeschneiderte digitale Lösungen zur Adressierung der werkzeugbauspezifischen Handlungsfelder. Demnach müssen Werk-

[473] Vgl. Ulrich; Hill (Wissenschaftstheoretische Grundlagen), 1976, S. 305-309; Ulrich (Management), 1984, S. 193.

[474] Vgl. Kubicek (Heuristische Bezugsrahmen), 1977, S. 17-19.

zeugbaubetriebe konkrete digitale Lösungen, zusammengefasst als digitale Erfolgspotenziale (DEP), identifizieren und entsprechend ihrer individuellen Anforderungen nutzenorientiert gestalten. Folglich muss die nachstehende Teilforschungsfrage beantwortet werden:

Wie können individuelle DEP systematisch identifiziert und anforderungsgerecht gestaltet werden?

Aufgrund des gegenwärtig ungenügenden Umsetzungsstands der digitalen Vernetzung in der Branche mangelt es Werkzeugbaubetrieben zumeist an Erfahrung in der Bewertung der Vorteilhaftigkeit von digitalen Lösungen. Während konventionelle Prozessoptimierungen oftmals im Sinne klassischer Investitions- und Amortisationsrechnungen bewertet werden können, ist dies bei der Implementierung von digitalen Lösungen nicht zwangsläufig der Fall. Zudem existiert häufig eine Vielzahl von unterschiedlichen digitalen Lösungsansätzen für eine spezifische Problemstellung. Mithin müssen Werkzeugbaubetriebe methodisch befähigt werden, die diversen identifizierten und gestalteten digitalen Erfolgspotenziale systematisch und objektiv zu bewerten. Demnach ist die Beantwortung der folgenden Teilforschungsfrage notwendig:

Wie kann die Vorteilhaftigkeit individueller DEP objektiv und nutzenorientiert bewertet werden?

Bedingt durch die branchenspezifischen Randbedingungen hinsichtlich begrenzter Ressourcen sowie oftmals fehlende Erfahrung in der Umsetzung digitaler Lösungen, sind aktuell zumeist lediglich „Insellösungen" der digitalen Vernetzung implementiert.[475] Daher ist eine detaillierte Betrachtung der optimalen Umsetzungsreihenfolge erforderlich, um so anstelle einer isolierten Optimierung einzelner Teilbereiche das Gesamtoptimum für die Wertschöpfung eines Werkzeugbaus als Summe seiner Teilbereiche zu realisieren. Ferner ist die unmittelbare Umsetzung sämtlicher identifizierter und ausgestalteter DEP bedingt durch begrenzte Ressourcen innerhalb kurzer Zeiträume unrealistisch. Neben der Sicherstellung eines Gesamtoptimums und der korrespondierenden idealen Konfiguration des Kollektivs an DEP, müssen daher monetäre und kapazitive Restriktionen für die Umsetzungsreihenfolge der ausgewählten DEP berücksichtigt werden. Mithin ist die Beantwortung der nachfolgenden Teilforschungsfrage erforderlich:

Wie befähigen individuelle DEP die Realisierung eines Gesamtoptimums sowie die Bildung der optimalen Umsetzungsreihenfolge in spezifischen Funktionalbereichen?

Sowohl die handlungsleitende Forschungsfrage als auch die resultierenden Teilforschungsfragen werden im Zuge der Konzeption und Detaillierung eines Lösungsansatzes für die systematische Transformation zur digital vernetzten Wertschöpfung im Werkzeugbau im weiteren Verlauf der Arbeit beantwortet.

---

475 Vgl. Graef (Industrie 4.0-Gesamtkonzept), 2016, S. 78-79.

IV Konzeption der Methodik

Die Analyse bestehender wissenschaftlicher Ansätze im Rahmen von Kapitel 0 hat gezeigt, dass Keiner der bestehenden Lösungsansätze die Anforderungen, die eine Transformation zur digital vernetzten Wertschöpfung im Werkzeugbau an die Betriebe stellt, hinreichend erfüllt. Es besteht sowohl Handlungsbedarf aus der Theorie als auch aus der Praxis. Daher wird in diesem Kapitel eine Methodik konzipiert, welche die zentrale Forschungsfrage sowie die zugehörigen Teilforschungsfragen beantwortet und die an sie gestellten Anforderungen vollumfänglich erfüllt.

Nachfolgend werden zunächst die Grundlagen der Systemtechnik und Modellierung zur Entwicklung einer Methodik vorgestellt. Anschließend wird basierend auf bestehenden Ansätzen des strategischen Managements ein Ordnungsrahmen abgeleitet, welcher zur systematischen Strukturierung der Methodik dient. Auf dieser Basis werden daraufhin die einzelnen Phasen der Methodik sowie deren Detailschritte hergeleitet und zu einer übergeordneten Methodik synthetisiert. Abschließend erfolgt ein Abgleich des Grobkonzepts mit dem definierten Anforderungssystem.

IV.1 Grundlagen der Systemtechnik und Modellierung

In der Literatur wird die Begrifflichkeit der Methodik unterschiedlich aufgefasst. Bedingt durch eine Vielzahl verschiedener Ansichten aus unterschiedlichen wissenschaftlichen Domänen, existiert keine einheitliche Definition der Begrifflichkeit.[476] Gemäß dem Verständnis von NEUHAUSEN kann eine Methodik „als ein System von zusammengehörigen Modellen, Methoden und Hilfsmitteln" definiert werden. Ziel sei demnach das Lösen theoretischer respektive praktischer Problemstellungen.[477] Dieses Verständnis liegt auch der vorliegenden Arbeite zugrunde. Im Folgenden ist es daher notwendig, die grundlegenden Begriffe der Systemtechnik und Modelltheorie zu definieren. Anschließend wird auf dieser Grundlage ein Verständnis zur Methodikentwicklung etabliert.

IV.1.1 Systemtechnik

Die Systemtechnik umfasst den praktischen Umgang mit Systemen, der aus den Erkenntnissen der Systemtheorie hergeleitet wird. Gemeinsam bilden Systemtheorie und Systemtechnik die sogenannte Systemwissenschaft.[478] Indem Ansätze und Vorgehensweisen bereitgestellt werden, können durch die Systemtechnik hochkomplexe Problemstellungen behandelt werden.[479] Zur Etablierung eines einheitlichen Verständnisses der Systemtechnik müssen nachfolgend zunächst die grundlegenden Begrifflichkeiten der Systemtheorie definiert werden.

[476] Vgl. Chalmers; Bergemann (Wissenschaftstheorie), 2007, S. 1-2.
[477] Vgl. Neuhausen (Modulare Produktionssysteme), 2001, S. 6.
[478] Vgl. Patzak (Planung komplexer innovativer Systeme), 1982, S. 10-13.
[479] Vgl. Patzak (Planung komplexer innovativer Systeme), 1982, S. 15; Haberfellner et al. (Systems Engineering), 2019, S. 27-30.

Gemäß PATZAK setzt sich ein System aus „einer Menge von Elementen, welche Eigenschaften besitzen und [...] durch Relationen miteinander verknüpft sind“ zusammen.[480] Relationen beschreiben die funktionellen Verbindungen, die zwischen den Elementen bestehen.[481] Exemplarisch können hierfür gemäß HABERFELLNER ET AL. Materialflussbeziehungen, Informationsflussbeziehungen, Lagebeziehungen und Wirkzusammenhänge aufgeführt werden. Ferner können Elemente auch Subsysteme darstellen, die wiederum einzelne Elemente mit spezifischen Relationen aufweisen und so die Funktion des übergeordneten Elements bestimmen.[482] Oftmals können einzelne Elemente wiederholt aufgespalten werden, um so die verschiedenen Subsysteme aufzuschlüsseln. Dies ist jedoch nicht immer sinnvoll, sodass dies nur bis zu einem bestimmten Grad vorgenommen werden sollte, bei dem die inneren Vorgänge eines Elements bzw. Subsystems keine weitere Relevanz für den Zweck des tatsächlich betrachteten Systems aufweisen.[483] Eine spezifische Menge an Elementen und Relationen wird als abgegrenzt angesehen und repräsentiert das System.[484] Die differenzierende Trennlinie für diese spezifische Menge stellt die Systemgrenze dar.[485] Die Systemumwelt bezeichnet Elemente und Relationen außerhalb des betrachteten Systems. Diese können jedoch gleichermaßen das System beeinflussen sowie durch das System beeinflusst werden. Relationen zwischen System und Systemumwelt sind zumeist schwächer bzw. weniger relevant als solche Relationen, die vollständig innerhalb der Systemgrenze liegen.[486] Die nachfolgende Abbildung 53 visualisiert die grundlegenden Begrifflichkeiten der Systemtheorie anhand der schematischen Darstellung eines exemplarischen Systems.

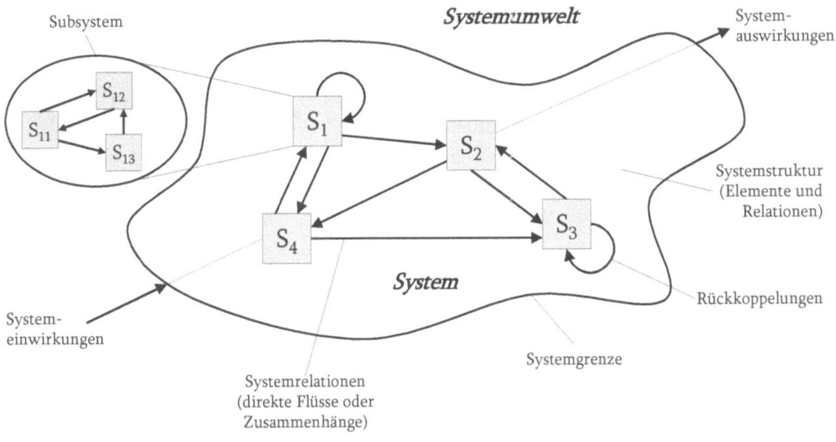

Abbildung 53: Grundlegende Begrifflichkeiten der Systemtheorie[487]

[480] Vgl. Patzak (Planung komplexer innovativer Systeme), 1982, S. 19.
[481] Vgl. Bruns (Systemtechnik), 1991, S. 31.
[482] Vgl. Haberfellner et al. (Systems Engineering), 2019, S. 4-8.
[483] Vgl. Ulrich (Produktive soziale Systeme), 1968, S. 107.
[484] Vgl. Bruns (Systemtechnik), 1991, S. 31.
[485] Vgl. Bossel (Systeme, Dynamik, Simulation), 2004, S. 36.
[486] Vgl. Haberfellner et al. (Systems Engineering), 2019, S. 5-7.
[487] I. A. a. Bossel (Systeme, Dynamik, Simulation), 2004, S. 36; Haberfellner et al. (Systems Engineering), 2019, S. 5-7.

Zusätzlich zu den begrifflichen Grundlagen der Systemtheorie führen die Autoren HABERFELLNER ET AL. vier grundlegende Prinzipien der Systemtechnik ein:[488]

- *Das Prinzip vom Groben zum Detail* - Der Betrachtungsbereich sollte sukzessive konkretisiert und präzisiert werden. Als Ausgangspunkt sollte initial eine möglichst weitfassende Perspektive auf das Problemfeld gewählt werden. So soll eine verfrühte und zu detaillierte Betrachtung einzelner Systemelemente vermieden werden.
- *Das Prinzip der Variantenbildung* - Der Lösungsraum sollte möglichst vollständig und strukturiert ermittelt werden. Erst anschließend sollte eine Selektion und Konkretisierung der einzelnen Lösungsvarianten erfolgen.
- *Das Prinzip der Phasengliederung* - Der Lösungsweg sollte in einzelne Abschnitte unterteilt sein, welche sowohl zeitlich als auch logisch voneinander abzugrenzen sind.
- *Das Prinzip des Problemlösungsprozesses* - Die Lösungsfindung für resultierende Probleme sollte anhand einer strukturierten und problemneutralen Vorgehensweise erfolgen. Dazu ist ein Prozess aus Zielsuche, Lösungssuche sowie Lösungsauswahl zu definieren.

Die Transformation ingenieurstechnischer Methoden zu angrenzenden Fachgebieten sowie vice versa wird durch Anwendung der Systemtechnik und der vier grundlegenden Prinzipien ermöglicht. Dies erlaubt zudem eine vereinfachte Bearbeitung interdisziplinärer Aufgabenstellungen in Kooperation mit anderen Fachgebieten.[489] Durch den hohen Abstraktionsgrad der Methoden aus der Systemtechnik befähigt dies zur strukturierten Konzeptionierung und Detaillierung einer Methodik.[490] Daher wird dieses Vorgehen für die Methodikentwicklung in der vorliegenden Arbeit instrumentalisiert.

IV.1.2 Modelltheorie

Ein Modell (ital. Modello = Muster, Entwurf; lat. Modulus = Maß)[491] dient zur Lösung von Problemstellungen, deren Analyse in der Realität eine zu hohe Komplexität aufweist. Ein Modell bildet daher sein Original anhand von Funktions-, Struktur- oder Verhaltensanalogien ab. Dabei liegt die Prämisse zugrunde, dass das Original durch die Abstraktion simplifiziert werden kann.[492] Im Sinne der Abstraktion und Simplifizierung können Aspekte des Originals vernachlässigt werden, die für die spezifisch betrachtete Problemstellung eine geringe Relevanz aufweisen.[493] Dadurch können Wirkzusammenhänge in einem komplexen Umfeld isoliert und logische Schlussfolgerungen abgeleitet werden.[494] Gemäß STACHOWIAK ist der Modellbegriff zur Erfüllung dieser Funktion durch drei Hauptmerkmale charakterisiert, die im Folgenden beschrieben werden:[495]

[488] Vgl. Haberfellner et al. (Systems Engineering), 2019, S. 27-35.
[489] Vgl. Bruns (Systemtechnik), 1991, S. 1.
[490] Vgl. Brandenburg (Planung technologischer Produktinnovationen), 2002, S. 38.
[491] Vgl. Duden (Modell), 2021.
[492] Vgl. Patzak (Planung komplexer innovativer Systeme), 1982, S. 306-308; Thommen; Horn (Definition Modell), 2018.
[493] Vgl. Gierhake (Integriertes Geschäftsprozessmanagement), 2000, S. 15.
[494] Vgl. Wöhe; Döring (Allgemeine Betriebswirtschaftslehre), 2008, S. 12.
[495] Vgl. Stachowiak (Allgemeine Modelltheorie), 1973, S. 131-133.

- *Abbildungsmerkmal* - Modelle repräsentieren stets ein Original, welches künstlichen oder natürlichen Ursprungs sein kann oder aber bereits selbst ein Modell darstellt.
- *Verkürzungsmerkmal* - Modelle verkörpern nicht jeden Aspekt ihres Originals und lassen irrelevante Aspekte unberücksichtigt.
- *Pragmatisches Merkmal* - Modelle sind nicht zwangsweise eindeutig dem Original zuzuordnen, da sie immer für eine spezifische Problemstellung erzeugt werden.

In der Literatur existieren verschiedene Ansätze für die Typisierung von Modellen, wobei oftmals auch die Anzahl der definierten Modelltypen variiert.[496] Eine etablierte und robuste Klassifizierung der Modelltypen erfolgt zunächst durch PATZAK, welche später durch LEHNER ET AL. aufgegriffen wird. Die Autoren unterscheiden mit Beschreibungs-, Erklärungs-, Gestaltungs- und Meta-Modellen vier Modelltypen. Neben diesen vier Modelltypen führen die Autoren zudem die Kategorie der sonstigen Modelle ein. Diese umfasst all jene Modelle, die nicht den ersten vier Modelltypen zugeordnet werden können.[497] Eine eindeutige Zuordnung zu einem der Modelltypen ist oftmals nur bedingt möglich.[498] Da eine derartige Differenzierung der vier genannten Modelltypen in verschiedenen wissenschaftlichen Ansätzen zur Methodikentwicklung herangezogen wird,[499] soll sie analog die Modelltheorie der vorliegenden Arbeit stützen. Die nachfolgende Abbildung 54 stellt die Differenzierung der vier Modelltypen übersichtlich dar.

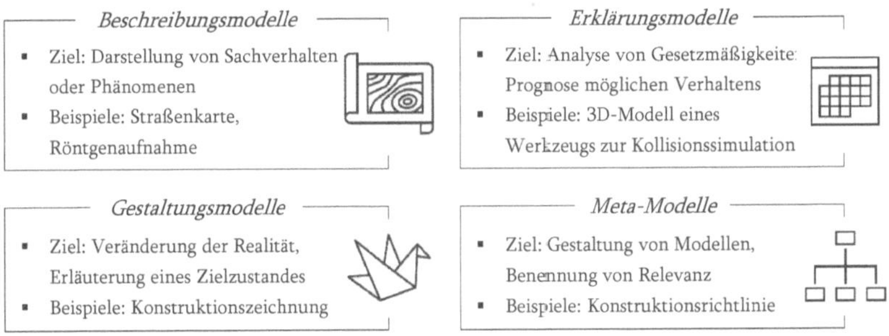

Abbildung 54: Differenzierung der Modelltypen[500]

Beschreibungsmodelle werden in der Literatur auch als deskriptive Modelle, Erfassungsmodelle oder Darstellungsmodelle benannt. Sie dienen der präzisen Darstellung von Sachverhalten oder Phänomenen, um deren Nachvollziehbarkeit zu erhöhen. Dabei berücksichtigen Beschreibungsmodelle keinen Zeitverlauf und können mithin als statische Modelle be-

[496] Vgl. Stachowiak (Allgemeine Modelltheorie), 1973, S. 157-159;
I. A. a. Patzak (Planung komplexer innovativer Systeme), 1982, S. 313-315;
Troitzsch (Modellbildung und Simulation), 1990, S. 12-14.

[497] Vgl. Patzak (Planung komplexer innovativer Systeme), 1982, S. 313-315;
Lehner et al. (Wirtschaftsinformatik), 2008, S. 29-31.

[498] Vgl. Bandte (Komplexität in Organisationen), 2007, S. 205.

[499] Vgl. Giehler (Planungsproduktivität der Auftragsabwicklung), 2010, S. 77-78;
Kühn (Leistungssysteme im Werkzeugbau), 2016, S. 87-88;
Hensen (Auslegung industrieller Werkzeugbaubetriebe), 2017, S. 101-102.

[500] I. A. a. Giehler (Planungsproduktivität der Auftragsabwicklung), 2010, S. 78.

trachtet werden. Beschreibungsmodelle werden aufgabenunabhängig gebildet. Dies bedeutet, dass der konkrete Zweck bei Verwendung des Modells dem Anwender obliegt. Zudem wird keine Aussage über die Voraussetzungen zur Gültigkeit des Modells getroffen.[501]

Erklärungsmodelle basieren in der Regel auf Beschreibungsmodellen, wobei sie gegenüber Letzteren häufig den fehlenden Zeitverlauf analysieren. Erklärungsmodelle beobachten demnach die Gegebenheiten eines Beschreibungsmodells über einen definierten Zeitraum hinweg. Ferner können sie ebenfalls zur Beobachtung der Gegebenheiten eines einzelnen Phänomens im Kontext verschiedener Systeme dienen, um so Gesetzmäßigkeiten zu erkennen und Ursachenforschung zu betreiben. Dadurch sollen sie Beschreibungsmodelle durch Untersuchung von Wirkzusammenhängen präzisieren oder zur Prognose zukünftiger Zustände befähigen. Abhängig von der spezifischen Zielsetzung werden so kausale Modelle respektive Prognosemodelle entwickelt.[502]

Gestaltungsmodelle umfassen sämtliche relevante Einflussgrößen zur Erfüllung einer bestimmten Zielsetzung oder Anforderung. In diesem Kontext adressieren sie speziell Entscheidungsträger, um diesen die Gestaltung eines spezifischen Realitätsausschnittes zu erleichtern. Gestaltungsmodelle sind dabei oftmals entweder normativer oder präskriptiver Natur. Erstere geben einen normativen Handlungsrahmen vor und nehmen eine Leitfunktion ein. Letztere leiten anhand von Vorbildern, Beispielen oder Mustern zur Gestaltung im spezifischen Anwendungsfall an. Beispiele für Gestaltungsmodelle sind unter anderem Entscheidungs- und Planungsmodelle.[503]

Meta-Modelle stellen den letzten Modelltyp dar, der im Rahmen der vorliegenden Arbeit betrachtet wird. Diese werden häufig auch als generische Modelle oder Referenzmodelle bezeichnet. Gegenüber anderen Modellen grenzen sie sich dadurch ab, dass sie nicht die Realität, sondern systematisch andere Modelle beschreiben. Dabei werden sämtliche Komponenten, Aspekte und Relationen veranschaulicht, die bei der Gestaltung und Nutzung von Modellen relevant sind. Dadurch soll die Entwicklung und Anwendung von Modellen erleichtert werden.[504]

IV.1.3 Methodikentwicklung

Basierend auf den Grundlagen der Systemtechnik und Modelltheorie wird im Folgenden ein einheitliches Verständnis hinsichtlich der Entwicklung von Methodiken etabliert. Dazu erfolgt zunächst die Definition des Methodikbegriffs. Ebenso wie Modelle, erfahren Methodiken in der Literatur unterschiedliche Begriffsdefinitionen. Für die vorliegende Arbeit orientiert sich der Methodikbegriff an einer Sichtweise, welche eine Methodik als System von definierten Modellen, Methoden und Hilfsmitteln versteht.[505] Hierbei wird deutlich, dass diese Begriffsbestimmung Faktoren aus Systemtechnik und Modelltheorie erfordert. In

---

[501] Vgl. Patzak (Planung komplexer innovativer Systeme), 1982, S. 313-314; Lehner et al. (Wirtschaftsinformatik), 2008, S. 30-31.
[502] Vgl. Patzak (Planung komplexer innovativer Systeme), 1982, S. 313; Lehner et al. (Wirtschaftsinformatik), 2008, S. 31.
[503] Vgl. Patzak (Planung komplexer innovativer Systeme), 1982, S. 313; Lehner et al. (Wirtschaftsinformatik), 2008, S. 31-32.
[504] Vgl. Lehner et al. (Wirtschaftsinformatik), 2008, S. 32.
[505] Vgl. Neuhausen (Modulare Produktionssysteme), 2001, S. 6-9; Laufenberg (Integrierte Projektgestaltung), 1996, S. 6-7.

der nachfolgenden Abbildung 55 ist deren Zusammengehörigkeit als systemische Umgebung einer Methodik dargestellt.

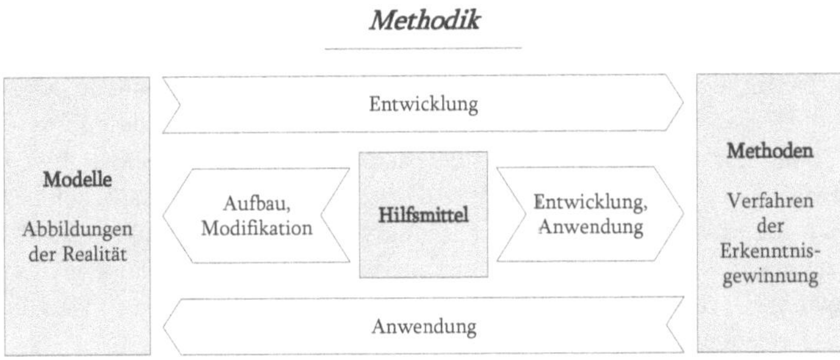

Abbildung 55: Methodik als System von Modellen, Methoden und Hilfsmitteln[506]

Eine Methodik besteht als System aus verschiedenen Elementen, deren Potenziale durch sinnvolle Kombination maximal ausgeschöpft werden sollen.[507] Für die Konzeption einer Methodik für die systematische Transformation zur digital vernetzten Wertschöpfung im Werkzeugbau werden zunächst die grundlegenden Prinzipien der Systemtechnik herangezogen. Durch Anwendung des *Prinzips vom Groben zum Detail* wird gewährleistet, dass die Methodik eine Lösungsfindung für die systematische Transformation zur digital vernetzten Wertschöpfung sukzessive präzisiert. Dabei wird vermieden, das essenzielle und notwendige Betrachtungsaspekte frühzeitig eliminiert werden. Das *Prinzip der Variantenbildung* erlaubt die adaptierbare Gestaltung der Methodik zur Adressierung verschiedener Szenarien. Dies erfolgt durch Ableitung und Definition differierender Handlungsempfehlungen sowie Lösungsalternativen für verschiedene Situationen. Weiterhin wird die Methodik aus logisch und zeitlich abgegrenzten Schritten konstruiert, sodass das *Prinzip der Phasengliederung* ebenfalls angewandt wird. Abschließend wird durch das *Prinzip des Problemlösungsprozesses* sichergestellt, dass die Methodik sowohl die Reproduzierbarkeit der definierten Schritte als auch die Kohärenz ihrer Elemente erfüllt.

Die Entwicklung einer Methodik wird durch gezielte Auswahl und Nutzung geeigneter *Modelle* unterstützt. Die Modelltheorie verleiht der Bildung und Verwendung von Modellen eine Struktur und definiert drei Hauptmerkmale. Entsprechend des *Abbildungsmerkmals* können Modelle zur Ausarbeitung konkreter Schritte für die Methodik genutzt werden, indem sie eine Simplifizierung komplexer Sachverhalte aus der Realität ermöglichen. Laut dem *Verkürzungsmerkmal* können Aspekte mit geringerer Relevanz bei der Modellbildung exkludiert und für den Sachverhalt elementare Aspekte zentralisiert werden. Eine derartige Verkürzung ist bedingt durch die große Komplexität soziotechnischer Systeme, also bspw. die Interaktion von Mensch und Technik innerhalb von Unternehmen, zwingend erforderlich.[508] Weiterhin wird das *pragmatische Merkmal* durch den Zweck der zu entwickelnden Methodik abgebildet, welcher den Rahmen für die Anwendung eines Modells definiert.

---

[506] Vgl. Neuhausen (Modulare Produktionssysteme), 2001, S. 7.
[507] Vgl. Giehler (Planungsproduktivität der Auftragsabwicklung), 2010, S. 79.
[508] Vgl. Giehler (Planungsproduktivität der Auftragsabwicklung), 2010, S. 79-80.

Ein weiteres Element einer Methodik wird durch *Methoden* verkörpert. Diese dienen der zielgerichteten und systematischen Gewinnung von Erkenntnissen, die oftmals einen wissenschaftlichen Hintergrund aufweisen.[509] Daher werden Methoden innerhalb einer Methodik aggregiert, um so umfassende Probleme hinsichtlich übergeordneter Vorgehensweisen zu untersuchen.[510] In diesem Zusammengang werden auch *Hilfsmittel* genutzt, welche so einerseits die Entwicklung und Anwendung von Methoden unterstützen und andererseits Aufbau und Modifikation von Modellen begünstigen.[511]

Die vorgestellten Eigenschaften und Zusammenhänge demonstrieren, dass sich Systemtechnik und Modelltheorie zur Methodikentwicklung im Sinne der vorliegenden Arbeit eignen. Das Zusammenspiel aus Methoden, Modellen und Hilfsmitteln sowie die grundlegenden Prinzipien und Hauptmerkmale bilden eine robuste Basis für die Entwicklung einer Methodik. Im Folgenden wird diese Basis daher für die Konzeption der Methodik für die vorliegende Arbeit instrumentalisiert.

IV.2 Merkmale zur Verwertung des Forschungsergebnisses

Das Forschungsergebnis der vorliegenden Arbeit stellt einen Lösungsansatz zur unternehmensindividuellen Strukturierung und Gestaltung des Transformationsprozesses zum digital vernetzten Werkzeugbau dar. Hierbei wird eine Methodik als wissenschaftlicher Rahmen gewählt, welche den systematischen Einsatz von Modellen und Methoden zur Systematisierung des Transformationsprozesses beschreibt. Wie eingangs im Rahmen von Kapitel I.3 erläutert, ist es notwendig, die Verwertung der Forschungsergebnisse vorzubereiten bzw. als handlungsleitend vorauszusetzen. Folglich werden Merkmale eingeführt, die diese Verwertung befähigen und die Grenzen der Verwertung ausführen. Als Kategorien der Rahmenbedingungen werden *Reales System*, *Zielsetzung*, *Anwendende* und *Zeitraum der Nutzung* etabliert. Im wissenschaftlichen Forschungskontext wurden diese Kategorien bereits von KOMOREK und KUHLMANN erfolgreich verwendet.[512] Die Herleitung der Kategorien erfolgt dabei gemäß der Beschreibung der pragmatischen Merkmale eines Modells nach STACHOWIAK.[513]

IV.2.1 Reales System

Das *Reale System* beschreib im Kontext der Verwertung des Forschungsergebnisses den bereits im Rahmen von Kapitel 0 vorgestellten Betrachtungsbereich der vorliegenden wissenschaftlichen Arbeit. Dieser besteht in der industriellen Herstellung von Werkzeugen und fokussiert sowohl die Branche Werkzeugbau als auch die charakteristische Wertschöpfungskette. Das System, in welchem die Forschungsergebnisse verwertet werden, ist demnach sowohl für operative Aufgaben und konkrete Fragestellungen der betrieblichen Praxis

---

[509] Vgl. Neuhausen (Modulare Produktionssysteme), 2001, S. 7; Bruns (Systemtechnik), 1991, S. 62.

[510] Vgl. Bruns (Systemtechnik), 1991, S. 62; Berens et al. (Quantitative Planung), 2004, S. 104.

[511] Vgl. Neuhausen (Modulare Produktionssysteme), 2001, S. 7.

[512] Vgl. Komorek (Kollaborative Wertschöpfung im Werkzeugbau), 2014; Kuhlmann (Corporate Tooling), 2017.

[513] Vgl. Stachowiak (Allgemeine Modelltheorie), 1973, S. 131-138.

von Werkzeugbaubetrieben als auch von Unternehmen mit vergleichbaren Wertschöpfungsstrukturen gültig. Aufgrund ihrer besonderen Stellung in der industriellen Wertschöpfungskette zwischen Produktentwicklung und Serienproduktion agieren Werkzeugbaubetriebe in einem komplexen Spannungsfeld mit diversen Akteuren und Lieferanten. Daher kann ein Werkzeugbaubetrieb nicht als geschlossenes System verstanden werden. Die Analyse des Betrachtungsbereichs aus der Systemtechnik ergibt somit, dass das System Werkzeugbau als offenes System zu verstehen ist. Die Entwicklung des Lösungsansatzes der vorliegenden Arbeit erfolgt demnach unter Berücksichtigung einer Allgemeingültigkeit. Sofern Einschränkungen in Bezug auf die Gültigkeit des Lösungsansatzes existieren, wird explizit darauf hingewiesen.

IV.2.2 Zielsetzung

Die *Zielsetzung* des Forschungsergebnisses der vorliegenden Arbeit ist die Befähigung von Werkzeugbaubetrieben zur Systematisierung ihrer Transformation zur digital vernetzten Wertschöpfung. Damit das Forschungsergebnis erfolgreich umgesetzt werden kann, sind definierte Rahmenbedingungen für die Methodik erforderlich. Diese wurden in Form von Kriterien bereits im Rahmen von Kapitel III.1.2 als Anforderungssystem beschrieben.

IV.2.3 Anwendende

Die *Anwendenden* des Forschungsergebnisses umfassen alle Personen, die für die strategische Ausrichtung von Werkzeugbaubetrieben und die Optimierung der internen Wertschöpfung im Werkzeugherstellungsprozess eine Relevanz aufweisen. Dies schließt sämtliche Mitarbeitenden von Werkzeugbaubetrieben mit internem und externem Marktzugang ein, die einen Bezug zu strategischen und operativen Tätigkeiten aufweisen. Die Anwendung des Forschungsergebnisses zielt insbesondere auf Werkzeugbaubetriebe ab, die ihre Industrialisierung bereits erfolgreich vollzogen haben und deren nächste Entwicklungsstufe der digital vernetzte Werkzeugbau darstellt. Eine Anwendung der Methodik im Kontext von handwerklich geprägten Werkzeugbaubetrieben ist somit nur eingeschränkt sinnvoll.

IV.2.4 Zeitraum der Nutzung

Eine Anwendung des Forschungsergebnisses weist keinerlei *zeitliche* Einschränkungen auf, da die Notwendigkeit zur Anwendung des Lösungsansatzes aus dem praktischen Handlungsbedarf resultiert. Solange dieser Handlungsbedarf besteht und nachgewiesen werden kann, ist eine Anwendung des Forschungsergebnisses zulässig. Es gilt jedoch hervorzuheben, dass die Forschungsergebnisse auf Basis von aktuellem Wissen aus Theorie und Praxis erarbeitet wurden. Eine zentrale Aufgabe der wissenschaftlichen Forschung ist daher die kritische Hinterfragung der Korrektheit eines Lösungsansatzes und die Prüfung von Einsatzmöglichkeiten neuer Technologien bzw. neuen Wissens. Sollten sich für das betrachtete Forschungsvorhaben neue Trend aus der Praxis oder Wissenschaft ergeben, kann das erarbeitete Forschungsergebnis seine Gültigkeit verlieren. Eine zeitliche Vorhersage zum Eintreten neuer Trends aus Praxis oder Wissenschaft ist jedoch nicht valide zu ermitteln.

IV.3 Strukturierung der Methodik

In der wissenschaftlichen Praxis gilt es als vorteilhaft, eine Methodik auf Basis eines geeigneten Ordnungsrahmens zu entwickeln. Dieser dient zur Strukturierung der relevanten Systemelemente sowie zur Bildung einer allgemein sinnvollen Rangfolge.[514] Zur Beschreibung von Zusammenhängen erfolgt die Formulierung des Ordnungsrahmens daher auf einem hohen Abstraktionsniveau.[515]

Das Themenfeld des strategischen Managements stellt einen geeigneten Ausgangspunkt zur Ableitung eines Ordnungsrahmens dar, da die zu konzipierende Methodik der Strategieentwicklung im Zuge der digitalen Transformation der Wertschöpfung dient. Dazu wird das im Rahmen von Kapitel II.3.2 eingeführte Referenzmodell des strategischen Managementprozesses verwendet.[516] Zur besseren Handhabbarkeit wird dieses im weiteren Verlauf der vorliegenden Arbeit jedoch lediglich als strategischer Managementprozess bezeichnet. Die optionalen Phasen des strategischen Managementprozesses – strategische Zieldefinition und Kontrolle der Strategieumsetzung – finden infolge ihrer geringen Relevanz für die vorliegende Arbeit keine Berücksichtigung.

Aufbauend auf dem strategischen Managementprozess werden zudem die analysierten wissenschaftlichen Ansätze aus Kapitel III.2 hinzugezogen. Diese entstammen dem Themenfeld der digitalen Transformation von Unternehmen und weisen Parallelen in ihren Vorgehensweisen hinsichtlich der Inhalte und Phasen auf. Daraus sollen generischen Phasen zur Entwicklung von Strategien für die Transformation zur digital vernetzten Wertschöpfung im Werkzeugbau abgeleitet werden. Von dieser Betrachtung ausgenommen sind die Ansätze nach SALMEN[517] und MOHR[518], da diese einen modellhaften Charakter aufweisen und ihnen keine direkte methodische Vorgehensweise zugrunde liegt. Mithin ist eine Bezugnahme zu den generischen Phasen für diese Ansätze nicht möglich.

Die erste relevante Phase des strategischen Managementprozesses bildet die strategische Analyse, welche typischerweise externe und interne Analysen umfasst. Gleichermaßen bildet eine Analyse den Ausgangspunkt aller übrigen betrachteten Ansätze. Besonders die Ansätze nach SCHUH ET AL. und ISSA ET AL. fokussieren hierbei den digitalen Reifegrad bzw. die digitale Transformationsfähigkeit von Unternehmen. Die Ansätze nach MERZ und SCHALLMO & RUSNJAK wählen demgegenüber ein, aus strategischer Perspektive, klassischeres Vorgehen, indem die Leistungsfähigkeit und das Geschäftsmodell eines Unternehmens untersucht werden. Die Ansätze nach BOOS ET AL. und LIPSMEIER ET AL. kombinieren beide Aspekte. Es gilt weiterhin zu erwähnen, dass bei einigen der Ansätze noch vor der Analyse weitere Schritte durchgeführt werden. Beispielhaft kann dies nach ISSA ET AL. die Formulierung von Arbeitsgruppen umfassen. Die weiteren Betrachtungen schließen jedoch die vorangestellten Schritte aus, da sie zumeist sehr kleinschrittig formuliert sind und nur ge-

[514] Vgl. Meise (Prozessorientierte Organisationsgestaltung), 2001, S. 59-63.
[515] Vgl. Kühn (Leistungssysteme im Werkzeugbau), 2016, S. 90.
[516] Vgl. Welge; Al-Laham (Strategisches Management), 2003, S. 98.
[517] Vgl. Salmen (Digital vernetzter Shopfloor im Werkzeugbau), 2016.
[518] Vgl. Mohr (Digital Navigator), 2020.

ringe Relevanz für die systematische Transformation im Zusammenhang mit der vorliegenden Arbeit aufweisen. Zusammenfassend kann die Analyse somit als erste generische Phase abgeleitet werden.

Im Rahmen des strategischen Managements folgt im Anschluss an die Analyse eine Strategieformulierung und -auswahl. Die Ansätze nach MERZ, SCHALLMO & RUSNJAK und BOOS ET AL. vollziehen im Anschluss an die Analyse einen Abgleich des zuvor auditieren Ist-Zustands mit einem nun definierten Soll-Zustand. Wesentlicher Aspekt dieser Phase ist dabei die Gestaltung des konkreten Lösungskonzepts. Dazu werden unter anderem Diskrepanzen zum gewünschten Zustand ermittelt, Lösungsalternativen konzipiert und detailliert sowie anschließend bewertet. Neben qualitativen Aspekten, wie der Umsetzbarkeit von Lösungen, fließen dabei auch quantitative monetäre Aspekte, wie Amortisationsrechnungen, in die Bewertung ein. Die Ansätze nach ISSA ET AL., SCHUH ET AL. und ALBUKHITAN thematisieren hingegen deutlich stärker die Generierung und Gestaltung von konkreten Anwendungsfällen bzw. Use Cases der digitalen Vernetzung. Auch in diesen Ansätzen folgt eine anschließende Evaluierung der Eignung auf qualitativer und quantitativer Ebene. Aufgrund der überwiegend gestaltenden Aktivitäten aller Ansätze bildet die Gestaltung somit die zweite generische Phase.

Auf Basis der durchgeführten Bewertungen wird zunächst in jedem der betrachteten Ansätze eine Auswahl einer oder mehrerer Lösungsalternativen getroffen. Im Ansatz von SCHALLMO & RUSNJAK werden ausgewählte Lösungsalternativen zudem für die Umsetzung priorisiert. Im Anschluss werden diese zu einem gesamtheitlichen System, zumeist in Form von Transformationsstrategien oder digitalen Programmen, verknüpft bzw. synthetisiert. Außerdem werden zumeist erste Überlegungen zur Planung der Umsetzung und Operationalisierung getroffen. Der strategische Managementprozess beinhaltet ebenfalls die Auswahl der zuvor formulierten Strategien. Eine klare Differenzierung zwischen der Formulierung und Auswahl kann aufgrund des iterativen Charakters jedoch nur bedingt erfolgen. Dennoch kann die Synthese als dritte generische Phase abgeleitet werden, welche sich äquivalent zur Gestaltungsphase in die Strategieformulierung und -auswahl des strategischen Managementprozesses eingliedert.

In den Ansätzen nach MERZ, SCHALLMO & RUSNJAK, SCHUH ET AL., BOOS ET AL., ALBUKHITAN und LIPSMEIER ET AL. folgt mit der Implementierung eine weitere Phase auf die Synthese. Gleiches gilt für den strategischen Managementprozess. Die Implementierungsphase umfasst dabei Tätigkeiten wie die Planung und Umsetzung von spezifischen Maßnahmen oder Pilotierungen und Roll-outs von konkreten Use Cases. Mithin schließt sich die Implementierungsphase an die eigentliche Entwicklung von Transformationsstrategien bzw. digitalen Programmen an und ist folglich kein Bestandteil der generischen Phasen des abgeleiteten Ordnungsrahmens. Abschließend bilden die drei generischen Phasen Analyse, Gestaltung und Synthese den Ordnungsrahmen für die Konzeption einer Methodik für die Transformation zur digital vernetzten Wertschöpfung im Werkzeugbau. In der nachfolgenden Abbildung 56 sind die abgeleiteten generischen Phasen Analyse, Gestaltung und Synthese aus dem strategischen Managementprozess sowie die betrachteten wissenschaftlichen Ansätze mit Methodikcharakter aus Kapitel III.2 visualisiert.

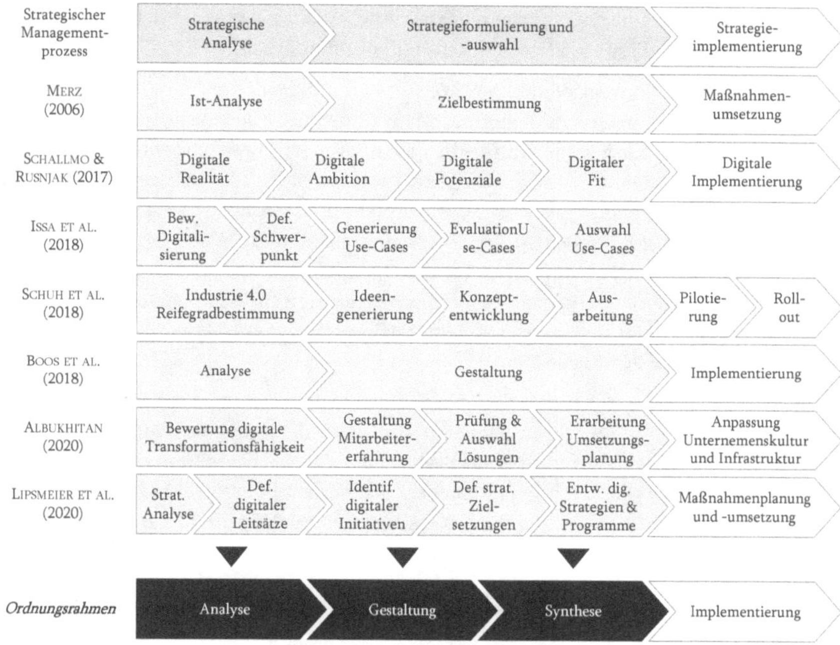

Abbildung 56: Generische Phasen des abgeleiteten Ordnungsrahmens[519]

IV.4 Konzeption der Methodik

Entsprechend des zugrundeliegenden Ordnungsrahmens erfolgt initial die Analyse des Status quo hinsichtlich der Leistungsfähigkeit und des digitalen Reifegrads des betrachteten Werkzeugbaubetriebs. Mithin ist zunächst eine Konzeption der Analyse erforderlich, welche als erste Phase der Methodik instrumentalisiert wird. In der Analyse sollen Handlungsfelder identifiziert werden, welche die individuell höchsten Potenziale für die wertschöpfungsseitige digitale Transformation des betrachteten Betriebs aufweisen. Entsprechend dieser Handlungsfelder erfolgt anschließend die Entwicklung von verschiedenen digitalen Lösungen, die als Kollektiv die Wertschöpfung eines Werkzeugbaubetriebs potenziell im Sinne der digitalen Vernetzung transformieren können.

Dazu werden im Zuge der Gestaltung derartige digitale Lösungen erarbeitet sowie deren konkrete Einsatzgebiete für den betrachteten Betrieb definiert. Die Gestaltung wird daher als zweite Phase der Methodik konzipiert. Entsprechend des Ordnungsrahmens umfasst diese Phase zusätzlich eine bewertende Perspektive, sodass die erarbeiteten digitalen Lösungen ebenfalls einer Bewertung hinsichtlich ihrer Eignung sowie ihres Nutzens für den betrachteten Betrieb unterzogen werden. Die Vorteilhaftigkeit einer digitalen Lösung ist somit in der isolierten Betrachtung bewertet. Um jedoch insbesondere die Herausforderung

[519] Eigene Darstellung.

einer segmentierten Umsetzung zu adressieren, ist ebenfalls eine Berücksichtigung des Kollektivs der digitalen Lösungen in seiner Gesamtheit erforderlich.

Hierfür erfolgt die Konzeption der Synthesephase. Im Zuge dieser Phase werden die einzelnen digitalen Lösungen durch eine nutzenmaximierende Clusterung und Priorisierung zu digitalen Funktionsprogrammen für die digital vernetzte Wertschöpfung synthetisiert. Dies befähigt im Anschluss zur Ableitung von vorbereitenden Maßnahmen für die Implementierungsphase. Diese Phase ist selbst nicht mehr dem Ordnungsrahmen der Strategieentwicklung zugehörig, schließt sich jedoch unmittelbar an die Synthesephase an. Zudem bietet die Implementierung wertvolle Informationen in Form von Lerneffekten, die zu weiteren Entwicklungen von digitalen Funktionsprogrammen für die digital vernetzte Wertschöpfung instrumentalisiert werden sollen. Die Berücksichtigung dieser Informationen erfolgt dabei jedoch in der Analysephase.

Somit bildet die Phasenstruktur der Methodik für die Transformation zur digital vernetzten Wertschöpfung im Werkzeugbau gemeinsam mit der anknüpfenden Implementierungsphase einen zyklischen Prozess, der auf Basis seiner eigenen Ergebnisse kontinuierlich zu iterieren ist. Dieser zyklische Prozess bestehend aus den drei Phasen der Methodik und der anschließenden Implementierung dient als Ausgangspunkt für die Konzeptionierung der Methodik und ist in der nachfolgenden Abbildung 57 dargestellt.

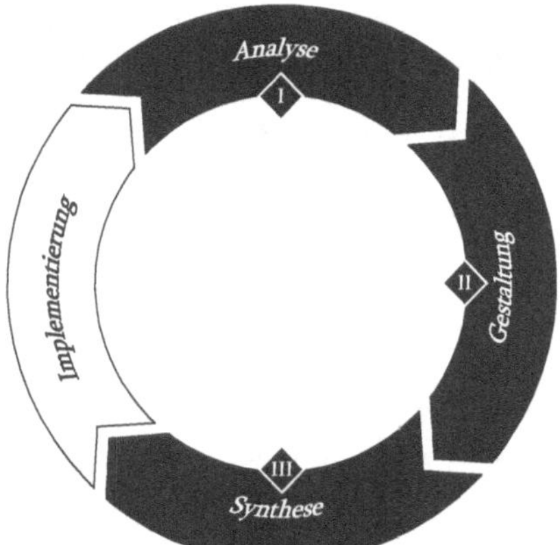

Abbildung 57: Zyklischer Prozess zur kontinuierlichen Iteration der Methodik[520]

Die Zielsetzung der Methodik für die Transformation zur digital vernetzten Wertschöpfung ist es, Werkzeugbaubetriebe dahingehend zu befähigen, diese Transformation autark und entsprechend der individuellen Randbedingungen vollziehen zu können.

[520] Eigene Darstellung.

IV.4.1 Konzeption der Analyse

Die erste Phase der Methodik umfasst die Analyse des betrachteten Werkzeugbaubetriebs. Hierfür wird zunächst eine interne Analyse durchgeführt, im Rahmen derer eine Deduktion der Funktionalbereiche sowie die Bewertung der internen Leistungsfähigkeit und des digitalen Reifegrads erfolgen. Basierend auf diesem Status quo werden anschließend Handlungsfelder aggregiert, welche die größten Potenziale des Betriebs im Kontext der digitalen Transformation abbilden. Diese Handlungsfelder stellen den Ausgangspunkt für die anschließende Gestaltungsphase dar.

Im ersten Schritt A der Methodik erfolgt die interne Analyse des Werkzeugbaubetriebs anhand von drei Detailschritten. Diese umfassen eine initiale Deduktion der Funktionalbereiche als strukturierendes Element für die Folgeschritte, eine Analyse der internen Leistungsfähigkeit sowie eine Analyse des digitalen Reifegrads. Die beiden letztgenannten Detailschritte können dabei ebenfalls simultan durchgeführt werden. Die Struktur von Schritt A ist in der nachfolgenden Abbildung 58 dargestellt.

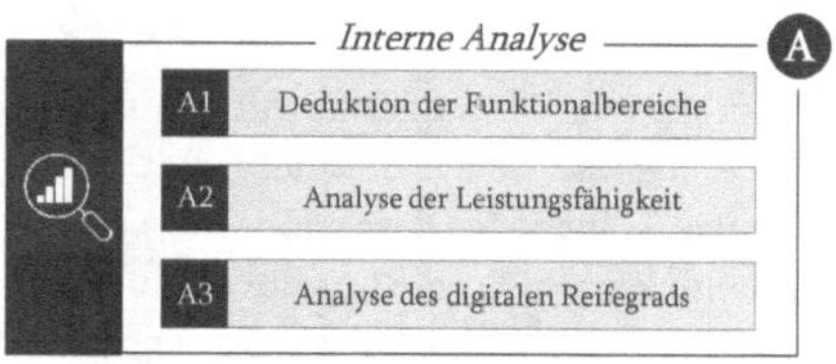

Abbildung 58: Methodikschritt A – Interne Analyse[521]

Im ersten Detailschritt A1 erfolgt die Deduktion der Funktionalbereiche. Dies dient zur Strukturierung der verschiedenen Funktionen, indem ähnliche Tätigkeitsfelder der internen Wertschöpfung gebündelt werden. Die definierten Funktionalbereiche bilden zudem die Basis für die folgenden Schritte, da durch diese die Reichweite und der Umfang des Gestaltungsbereichs festgelegt werden. Dabei wird im Rahmen von Detailschritt A1 keine allgemeingültige Gliederung der Funktionalbereiche von Werkzeugbaubetrieben erarbeitet, sondern Methoden für deren unternehmensspezifische Bestimmung vorgestellt.

Der zweite Detailschritt A2 dient zur Analyse der internen Leistungsfähigkeit. Hierzu wird der betrachtete Werkzeugbaubetrieb hinsichtlich der Leistungsfähigkeit seiner Funktionalbereiche respektive Hauptprozesse mithilfe von Kennzahlen untersucht. Je Funktionalbereich respektive Hauptprozess sind dabei je drei exemplarische Kennzahlen definiert, die Aufschluss über dessen Produktivität und Effizienz geben. Zudem werden auf Basis einer Prozessmodellierung Schwachstellen in der Auftragsabwicklung lokalisiert, welche insbesondere durch digitale Lösungen adressiert werden sollen. Im Rahmen der Prozessmodellierung werden den einzelnen Funktionalbereichen zusätzlich jene SEP zugeordnet, die maßgeblich von ihnen beeinflusst werden.

Im Rahmen des dritten Detailschritts A3 erfolgt die Analyse des digitalen Reifegrads. Die Untersuchung der digitalen Reifegrade basiert auf den Reifegradstufen der Industrie 4.0

[521] Eigene Darstellung.

nach SCHUH ET AL.[522], die in den definierten Funktionalbereichen werkzeugbauspezifisch konkretisiert werden. Neben dieser prozessualen Betrachtung des digitalen Reifegrads sind zusätzlich die relevanten Wertschöpfungsdimensionen Ressource und Organisation zu betrachten. Daher werden prozessübergreifende Elemente definiert, die ebenfalls in Bezug auf ihre digitale Reife im betrachteten Werkzeugbaubetrieb untersucht werden.

Der zweite Schritt B der Methodik umfasst die Aggregation der Handlungsfelder anhand von zwei Detailschritten. Im Rahmen dieses Schrittes werden die ermittelten Ergebnisse aus der internen Analyse zusammengeführt, bevor auf Basis dieser Zusammenführung spezifische Handlungsfelder abgeleitet werden. Die Struktur von Schritt B ist in der nachfolgenden Abbildung 59 visualisiert.

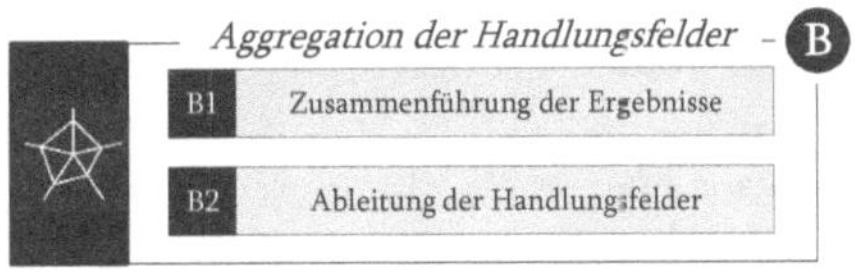

Abbildung 59: Methodikschritt B – Aggregation der Handlungsfelder[523]

Der erste Detailschritt B1 dient zur Zusammenführung der Ergebnisse aus der internen Analyse. Zu Beginn wird dazu die interne Leistungsfähigkeit, basierend auf den ermittelten Kennzahlen aus Detailschritt A2, für jeden Funktionalbereich ermittelt. Dies ermöglicht die Durchführung eines Benchmarkings für die interne Leistungsfähigkeit im Vergleich mit dem Wettbewerb. Ein solches Benchmarking wird gleichzeitig für die digitalen Reifegrade vorgenommen, die für die Funktionalbereiche in Detailschritt A3 dokumentiert sind. Weiterhin wird eine Kennzahl eingeführt, welche die strategische Relevanz der Funktionalbereiche respektive deren Hauptprozesse beschreibt, indem deren maßgeblich beeinflusste SEP auf Basis der Prozessmodellierung aus Detailschritt A2 untersucht werden.

Im Rahmen des zweiten Detailschritts B2 erfolgt die Ableitung der Handlungsfelder. Hierzu wird eine weitere Kennzahl eingeführt, die zur Berechnung des digitalen Potenzials eines Funktionalbereichs dient. Weiterhin werden die prozessübergreifenden Elemente aus Detailschritt A3 mit den lokalisierten Schwachstellen aus Detailschritt A2 verknüpft. Die Verknüpfung orientiert sich danach, welches Element welche Schwachstelle adressieren kann und bildet somit ebenfalls ein digitales Potenzial ab. Aus den signifikantesten digitalen Potenzialen werden schließlich die unternehmensspezifischen Handlungsfelder abgeleitet.

IV.4.2 Konzeption der Gestaltung

Die zweite Phase der Methodik bildet die Gestaltung. Basierend auf den abgeleiteten Handlungsfeldern werden hierbei sogenannte digitale Erfolgspotenziale (DEP) gestaltet. Die DEP beschreiben solche Erfolgspotenziale, die im Kontext der digitalen Vernetzung durch entsprechende digitale Lösungen realisiert werden können. Hierbei folgt das Konzept der DEP dem Konzept der SEP. Allerdings weisen die DEP im Gegensatz zu SEP einen eindeutigen Fokus auf Potenziale auf, die im Zusammenhang mit der digitalen Vernetzung stehen.

[522] Vgl. Schuh et al. (Industrie 4.0 Maturity Index), 2020, S. 15-18.
[523] Eigene Darstellung.

Demnach bilden die DEP ebenfalls die Basis für eine vorteilhafte Positionierung des Betriebs am Markt. Die gestalteten DEP müssen anschließend in Bezug auf deren Eignung und Nutzen für den betrachteten Werkzeugbaubetrieb bewertet werden. Hierzu werden Nutzwerte ermittelt, die das Kernelement der anknüpfenden Phase zur Synthese darstellen.

Der dritte Schritt C der Methodik fokussiert die Gestaltung potenzieller DEP. Dies erfolgt anhand von zwei Detailschritten. Zu Beginn werden potenzielle DEP anhand der aggregierten Handlungsfelder abgeleitet, bevor diese anschließend inhaltlich detailliert werden. Die Strukturierung von Schritt C ist in Abbildung 60 dargestellt.

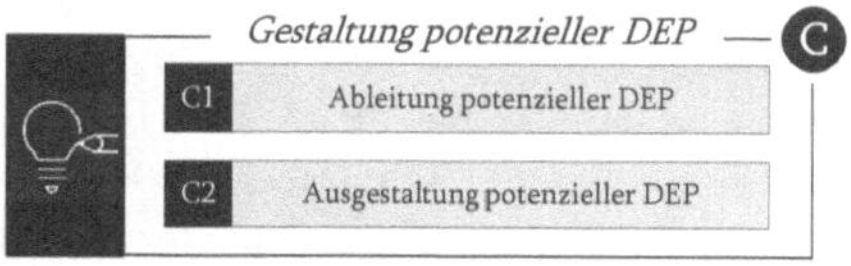

Abbildung 60: Methodikschritt C – Gestaltung potenzieller DEP[524]

Im Rahmen des ersten Detailschritts C1 erfolgt die Ableitung potenzieller DEP. Dazu wird zunächst ein morphologischer Kasten konstruiert, der auf die aus Detailschritt B2 abgeleiteten Handlungsfelder Bezug nimmt. Neben den Handlungsfeldern bildet dieser auch digitale Reifegrade und SEP ab, um so eine systematische Ableitung von DEP zu befähigen. Zur Unterstützung werden zudem Methoden der Technologiefrüherkennung vorgestellt sowie ein Verzeichnis exemplarischer werkzeugbauspezifischer DEP eingeführt. Die DEP des Verzeichnisses werden außerdem hinsichtlich ihres Einsatzgebiets in den Funktionalbereichen und den exemplarisch adressierten SEP klassifiziert.

Der zweite Detailschritt C2 dient der Ausgestaltung potenzieller DEP und basiert auf der Ableitung der DEP aus dem vorangegangenen Detailschritt C1. Primär werden hierzu verschiedene Varianten von Kreativitätstechniken vorgestellt, um Optionen für die technische Umsetzung der DEP zu generieren. Diese können sekundär durch die Verwendung einer dedizierten Osborn-Checkliste einer systematischen Variation unterzogen werden. DEP, die in sich sinnvoll erscheinen, werden zur Sicherstellung von Transparenz und einem besseren Verständnis abschließend in den morphologischen Kasten aus Detailschritt C1 eingeordnet. So wird das für den weiteren Verlauf zu betrachtende Kollektiv der DEP gebildet.

Im vierten Schritt D erfolgt die Bewertung der DEP anhand von zwei Detailschritten. Die Eignung der DEP wird zunächst qualitativ bewertet. Darauf aufbauend findet anschließend eine Nutzenbewertung anhand quantitativer Merkmale statt. Die Strukturierung von Schritt D ist in der nachfolgenden Abbildung 61 visualisiert.

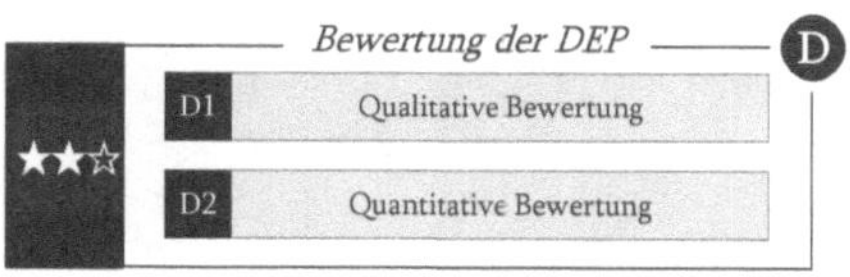

Abbildung 61: Methodikschritt D – Bewertung der DEP[525]

[524] Eigene Darstellung.
[525] Eigene Darstellung.

Der erste Detailschritt D1 umfasst die qualitative Bewertung, die im Kontext des strategischen Managementprozesses als Vorauswahl anzusehen ist. Die einzelnen DEP des Kollektivs aus Detailschritt C2 werden dazu in Bezug auf ihre grundsätzliche Eignung für den betrachteten Werkzeugbaubetrieb validiert. Dies erfolgt anhand der drei qualitativen Bewertungskriterien Relevanz, Kongruenz und Realisierbarkeit, die aus den qualitativen Bewertungskriterien nach HUNGENBERG abgeleitet sind.[526] Für jedes der qualitativen Bewertungskriterien für DEP sind dabei zwei spezifische Fragestellungen formuliert.

Der zweite Detailschritt D2 beschreibt die quantitative Bewertung des Kollektivs der DEP. Dabei werden nur solche DEP berücksichtigt, die in Detailschritt D1 als valide eingestuft sind. Die quantitative Bewertung erfolgt auf Basis einer Nutzwertanalyse, die durch ein dreistufiges Vorgehen vorbereitet wird. Zu Beginn werden dazu Kriterien definiert, anhand derer der Nutzen der DEP beurteilt werden soll. Dabei werden sowohl monetäre als auch nicht-monetäre Gesichtspunkte berücksichtigt. Anschließend werden diese Kriterien anhand binärer Vergleiche durch eine Bewertungsmatrix gewichtet. Abschließend sind als letzter Vorbereitungsschritt vor der Durchführung der Nutzwertanalyse die Erfüllungsgrade der DEP in Bezug auf die einzelnen Kriterien zu ermitteln. Für jedes DEP wird so ein Nutzwert ermittelt. Sofern ein Nutzwert die Anforderungen des Betriebs erfüllt, bleibt das zugehörige DEP im Kollektiv bestehen.

IV.4.3 Konzeption der Synthese

In der dritten und letzten Phase der Methodik erfolgt die Synthese. Im Anschluss an die Detaillierung und Bewertung der DEP in der isolierten Betrachtung während der Gestaltungsphase, soll nun das Kollektiv der DEP holistisch untersucht werden. Zu diesem Zeitpunkt der Methodik sind nur noch solche DEP im Kollektiv vorhanden, die sowohl anhand der qualitativen Bewertung aus Detailschritt D1 validiert sind als auch einen hinreichenden Nutzwert auf Basis von Detailschritt D2 aufweisen. Im Zuge der ganzheitlichen Betrachtung des Kollektivs der DEP wird zunächst eine Clusterung durchgeführt, die einerseits einander bevorteilende DEP gruppiert und andererseits solche DEP trennt, die sich reziprok beeinträchtigen. Im Anschluss an die Clusterung der DEP erfolgt die Synthese von digitalen Funktionsprogrammen. Dazu werden die DEP des favorisierten Clusters priorisiert und vorbereitende Maßnahmen für die anschließende Implementierung getroffen.

Der fünfte Schritt E umfasst die Clusterung der DEP, die anhand von zwei Detailschritten vollzogen wird. Dabei ist initial die reziproke Verknüpfung aller DEP des Kollektivs erforderlich. Anschließend werden die DEP im Rahmen einer Clusteranalyse zu sinnvollen Gruppierungen aggregiert. Die Strukturierung von Schritt E ist in der nachfolgenden Abbildung 62 aufgeführt.

[526] Vgl. Hungenberg (Strategisches Management), 2014, S. 275-278.

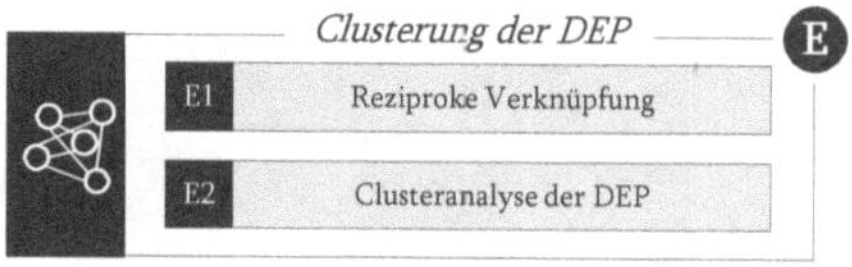

Abbildung 62: Methodikschritt E – Clusterung der DEP[527]

Der erste Detailschritt E1 dient zur reziproken Verknüpfung der DEP des bestehenden Kollektivs aus Detailschritt D2, um die Implementierung reiner Insellösungen zu verhindern. Dazu werden die DEP und deren wechselseitige Einflüsse anhand eines Graphen visualisiert, wobei verschiedene Varianten von Relationen differenziert werden. Die Relationen zwischen den DEP können entweder einen befähigenden, begünstigenden, erschwerenden oder verhindernden Einfluss aufweisen. Der gebildete Graph wird anschließend in eine Matrix überführt, in der die reziproken Relationen zwischen den DEP zusätzlich quantifiziert werden. Die Gewichtung der Quantifizierung ist dabei äquivalent zur Skalierung des ermittelten Nutzens in Detailschritt D2. Auf dieses Weise werden die wechselseitigen Einflüsse der DEP dokumentiert und die anschließende Clusterung vorbereitet.

Im Rahmen des zweiten Detailschritts E2 erfolgt die Clusteranalyse der DEP. Basis hierfür sind die Nutzwerte aus Detailschritt D2 und die gewichteten quantifizierten Relationen aus Detailschritt E1. Für die Clusterung der DEP wird ein dedizierter Algorithmus entwickelt, der die einzelnen DEP sinnvoll gruppiert. Dabei werden DEP mit einander begünstigenden Relationen präferiert zusammengefasst, während DEP mit einander erschwerendem Einfluss tendenziell getrennt werden. Auch die binären Relationen im Sinne der Befähigung und Verhinderung werden in diesem Zuge berücksichtigt. Resultat der Clusteranalyse sind verschiedene Cluster von DEP, für die ein Nutzwert auf Basis der gesamten Gruppierung errechnet wird. So kann die Vorteilhaftigkeit verschiedener Cluster differenziert und das Cluster, welches den höchsten Nutzwert aufweist, ausgewählt werden.

Der sechste und letzte Schritt F der Methodik fokussiert die Synthese von digitalen Funktionsprogrammen. Schritt F ist in zwei Detailschritte unterteilt, wobei zunächst eine Priorisierung des zuvor ausgewählten DEP-Clusters vollzogen wird. Abschließend werden die Implikationen dieser Priorisierung für die einzelnen Funktionen als Vorbereitung für die Implementierung abgeleitet. Die Strukturierung von Schritt F ist in der nachfolgenden Abbildung 63 dargestellt.

[527] Eigene Darstellung.

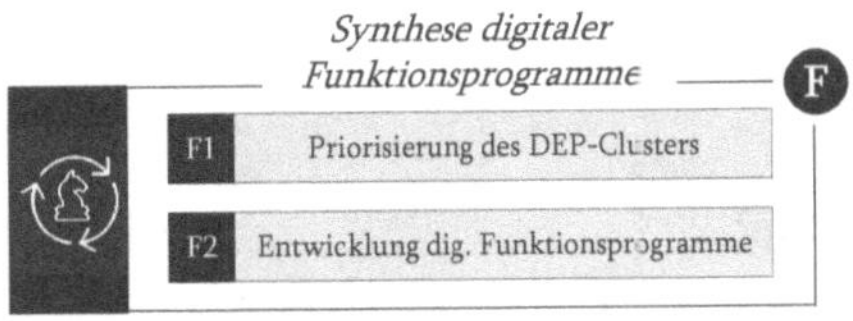

Abbildung 63: Methodikschritt F – Synthese digitaler Funktionsprogramme[528]

Der erste Detailschritt F1 dient zur Priorisierung der DEP-Cluster auf Basis des dedizierten Cluster-Algorithmus aus Detailschritt E2. Wird während der Verwendung des Algorithmus die Reihenfolge beachtet, in der die DEP dem Cluster zugewiesen werden, so können diese anhand dessen hinsichtlich ihrer Priorität klassifiziert werden. Dabei werden sowohl die reziproken Verknüpfungen zwischen den DEP aus Detailschritt E1 als auch die erzielten Nutzwerte aus Detailschritt D2 berücksichtigt. Zudem erlaubt dieses Vorgehen ebenfalls die Berücksichtigung befähigender Relationen zwischen den DEP. Die Priorisierung des Clusters liefert mithin eine erste sinnvolle Reihenfolge zur Umsetzung der DEP im Rahmen der digitalen Funktionsprogramme.

Im zweiten Detailschritt F2 erfolgt die Entwicklung digitaler Funktionsprogramme. Diese dienen zur Vorbereitung der Implementierungsphase, indem die relevanten Inhalte der digitalen Transformation für die spezifischen Funktionalbereiche aggregiert und strukturiert werden. Im Zuge der Entwicklung digitaler Funktionsprogramme wird zudem sichergestellt, dass den Mitarbeitenden im Sinne eines Change-Managements alle notwendigen Informationen zur Verfügung stehen und diese gleichermaßen aktiv am Transformationsprozess partizipieren können. Durch die so sichergestellte Transparenz hinsichtlich des Transformationsvorhabens und der damit verbundenen Implikationen, soll seitens der Mitarbeitenden eine möglichst hohe Akzeptanz etabliert werden.

Im Anschluss an die Konzeption der einzelnen Phasen und Schritte der Methodik können diese integrativ zusammengefügt werden. Resultat dessen ist die ganzheitliche Grobkonzeption für die Methodik für die Transformation zur digital vernetzten Wertschöpfung im Werkzeugbau. Diese integrierte Betrachtung der Grobkonzeption aus den Phasen Analyse, Gestaltung und Synthese mit ihren sechs einzelnen Schritten ist in der nachfolgenden Abbildung 64 visualisiert.

[528] Eigene Darstellung.

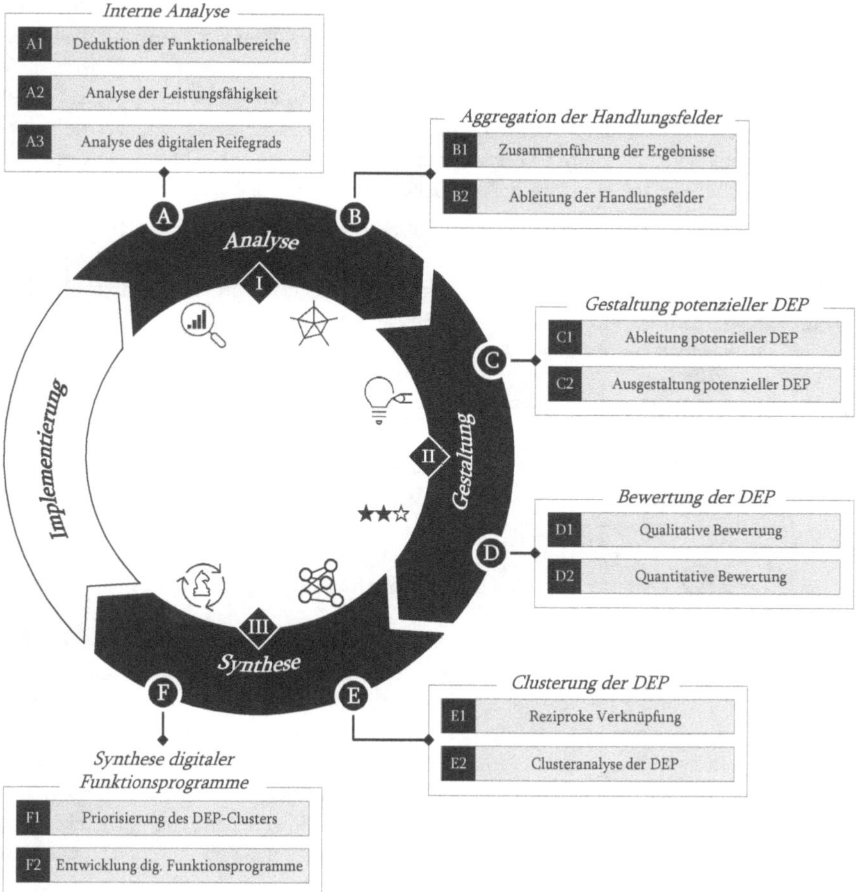

Abbildung 64: Konzeption der Methodik [529]

Die Anwendung der Methodik für die systematische Transformation zur digital vernetzten Wertschöpfung im Werkzeugbau ist zyklisch zu betrachten. In diesem Kontext schließt die Implementierungsphase zwischen der abschließenden Synthese und dem erneuten Beginn der Analysephase. Die Implementierungsphase selbst ist zwar kein Bestandteil der vorliegenden Methodik, liefert bei der Anwendung des Vorgehens in der Praxis jedoch essenzielle Informationen als Eingangsgrößen für die konsekutive Iteration. So kann bspw. abgeglichen werden, zu welchem Grad die implementierten DEP die lokalisierten Schwachstellen oder angestrebten SEP in der Realität adressiert haben.

Außerdem sollte auf Basis der erzielten Erfahrungen die Akzeptanz der Mitarbeitenden in Bezug auf digitale Lösungen während der iterierten Gestaltung potenzieller DEP berück-

[529] Eigene Darstellung.

sichtigt werden. Gleiches gilt für die qualitative und quantitative Bewertung der DEP, welche in Retrospektive kritisch hinterfragt werden sollte. Dies dient zur Überprüfung der getroffenen Annahmen, um diese für die zukünftigen Iterationen weiter zu präzisieren. In diesem Kontext sollten auch die reziproken Verknüpfungen zwischen den DEP und deren Gewichtungen erneut evaluiert werden. Auf diese Weise wird sichergestellt, dass die Transformation zur digital vernetzten Wertschöpfung innerhalb des betrachteten Betriebs eine kontinuierliche Verbesserung durch die erzielten Lerneffekte erfährt.

Darüber hinaus wird die Transformation so sukzessive weiterentwickelt, um auch langfristig dem gegenwärtigen Stand der Technik zu entsprechen. Die zyklische Anwendung dieses Prozesses wird während der Detaillierung der Methodik im Rahmen von Kapitel V nicht weiter vertieft, da diese auf übergeordneter Ebene stattfindet. Bei der Anwendung in der Praxis ist dies jedoch zwingend zu beachten.

IV.5 Abgleich des Grobkonzepts mit den Anforderungen

Zu Beginn der vorliegenden Arbeit wurde im Rahmen von Kapitel I.2 die handlungsleitende Forschungsfrage aufgestellt, welche lautet:

> ***Wie muss eine Methodik für die systematische Transformation zur digital vernetzten Wertschöpfung im Werkzeugbau gestaltet sein?***

Entsprechend der Grundlagen der Systemtechnik und Modelltheorie im Sinne der Methodikentwicklung ist das Grobkonzept einer Methodik für die Transformation zur digital vernetzten Wertschöpfung im Werkzeugbau hergeleitet. Dieses ganzheitliche Grobkonzept basiert auf dem abgeleiteten Ordnungsrahmen mit den drei generischen Phasen Analyse, Gestaltung und Synthese. Diese drei Phasen werden im Sinne der Methodik ebenfalls integriert. Die erste Phase dient zur Identifikation der Potenziale, die im Rahmen der digitalen Transformation der Wertschöpfung für den betreffenden Betrieb realisiert werden können. Dazu erfolgt initial eine interne Analyse sowie die Aggregation der spezifischen Handlungsfelder. Die zweite Phase dient der Gestaltung und Bewertung potenzieller digitaler Lösungen im Sinne von DEP. Im Rahmen der dritten Phase erfolgt die Synthese zu digitalen Funktionsprogrammen entsprechend der ermittelten Nutzwerte der verschiedenen DEP sowie deren Clusterung und Priorisierung. Insgesamt kann das Grobkonzept der Methodik auf diese Weise einerseits die formulierten Anforderungen erfüllen und andererseits die abgeleitete Forschungsfrage adressieren. Die Ausführungen zur Erfüllung der formulierten Anforderungen sowie die Beantwortung der handlungsleitenden Forschungsfrage inkl. der definierten Teilforschungsfragen werden nachfolgend erläutert.

Die allgemeinen Anforderungen, bestehend aus Praktikabilität und Konkretheit, können vollumfänglich erfüllt werden. Im Sinne einer sehr hohen Praktikabilität werden insgesamt realistische Annahmen getroffen und realitätsnahe Problemstellungen aus der Praxis als Grundlage zur Konzeption der Methodik herangezogen. Die Konkretheit wird durch die stringente Strukturierung der Methodik anhand logisch aufeinander aufbauender Schritte erfüllt. Diese Schritte wiederum sind in einzelne Detailschritte unterteilt, um eine transparente und nachvollziehbare Anwendung zu gewährleisten. Weiterhin wird die Methodik und deren Anwendung durch explizite Beispiele mit hohem Anwendungsbezug konkretisiert.

Die branchenspezifischen Anforderungen, welche die Eignung für die Einzel- und Kleinserienfertigung sowie die Berücksichtigung der Unternehmensrandbedingungen umfassen, werden durch die Methodik ebenfalls vollumfänglich erfüllt. Die Methodik ist dabei speziell für die Anwendung in Werkzeugbaubetrieben ausgelegt. In diesem Kontext sind die Deduktion der Funktionalbereiche, die Analyse der internen Leistungsfähigkeit sowie die Analyse des digitalen Reifegrads anhand branchenspezifischer Charakteristika angepasst. Dies verdeutlich die robuste Anwendbarkeit in der Einzel- und Kleinserienfertigung, welche zusätzlich durch die werkzeugbauspezifische Definition exemplarischer DEP unterstützt wird. Die Berücksichtigung der Unternehmensrandbedingungen wird hingegen durch die umfangreiche Anpassbarkeit während der Gestaltung, Bewertung und Clusterung von DEP sichergestellt.

Die transformationsspezifischen Anforderungen umfassen die hinreichende Kontinuität und Kohärenz, die inkrementelle Transformation sowie die Fokussierung der Wertschöpfung. Auch diese Anforderungen können durch die Methodik erfolgreich adressiert werden. Aufgrund der übergeordneten Betrachtung des Grobkonzepts kann die Methodik als Bestandteil eines zyklischen Prozesses verstanden und durch kontinuierliche Iteration zu einem langfristigen Transformationsprozess befähigt werden. Durch die Clusterung der DEP unter Berücksichtigung ihrer wechselseitigen Einflüsse wird zudem sichergestellt, dass die Gesamtheit der DEP eines Clusters in sich vorteilhaft ist. Somit sind sowohl Kontinuität als auch Kohärenz in vollumfänglichem Maße erfüllt. Der inkrementelle Charakter der Transformation wird durch die sukzessive Implementierung einzelner DEP entsprechend ihrer Priorisierung realisiert. Ferner wird dieser durch die Modularität der Analyse und Bewertung unterstützt, wodurch bedarfsgerecht spezifische Transformationsumfänge bevorteilt werden können. Abschließend kann ebenfalls die umfangreiche Fokussierung der Wertschöpfung sichergestellt werden, indem die relevanten Wertschöpfungsdimensionen kontinuierlich zur Ausrichtung von Analyse und Gestaltung instrumentalisiert werden.

Die strategiespezifischen Anforderungen, welche die Kongruenz und Individualisierbarkeit, die Zentrierung von Erfolgspositionen sowie die funktionale Operationalisierung und Befähigung umfassen, können ebenfalls vollumfänglich erfüllt werden. Zur Sicherstellung der Kongruenz zum Unternehmensleitbild sowie zur Geschäftsfeldstrategie werden die DEP während der qualitativen Bewertung einem entsprechenden Bewertungskriterium unterzogen. Diese werden außerdem durchgängig anhand der angestrebten SEP des betrachteten Betriebs ausgerichtet. Zur Sicherstellung der Individualisierbarkeit erfolgt die qualitative Bewertung und Clusterung der DEP basierend auf individuell adaptierbaren Kriterien, was die Berücksichtigung verschiedener reziproker Einflussfaktoren erlaubt. Die Gestaltung und Bewertung der DEP orientiert sich an strategischen Erfolgspotenzialen, die die Besetzung spezifischer SEP am Markt durch den betrachteten Betrieb befähigen. Im Rahmen der Methodik können demnach die SEP als zentriert betrachtet werden. Abschließend wird die funktionale Operationalisierung konzeptioniert, indem verschiedene Implikationen für ein Change-Management mit zentraler Verantwortung abgeleitet werden und spezifische digitale Funktionsprogramme entwickelt werden.

Der Abgleich des Grobkonzepts mit dem formulierten Anforderungssystem ist in der nachfolgenden Abbildung 65 zusammengefasst.

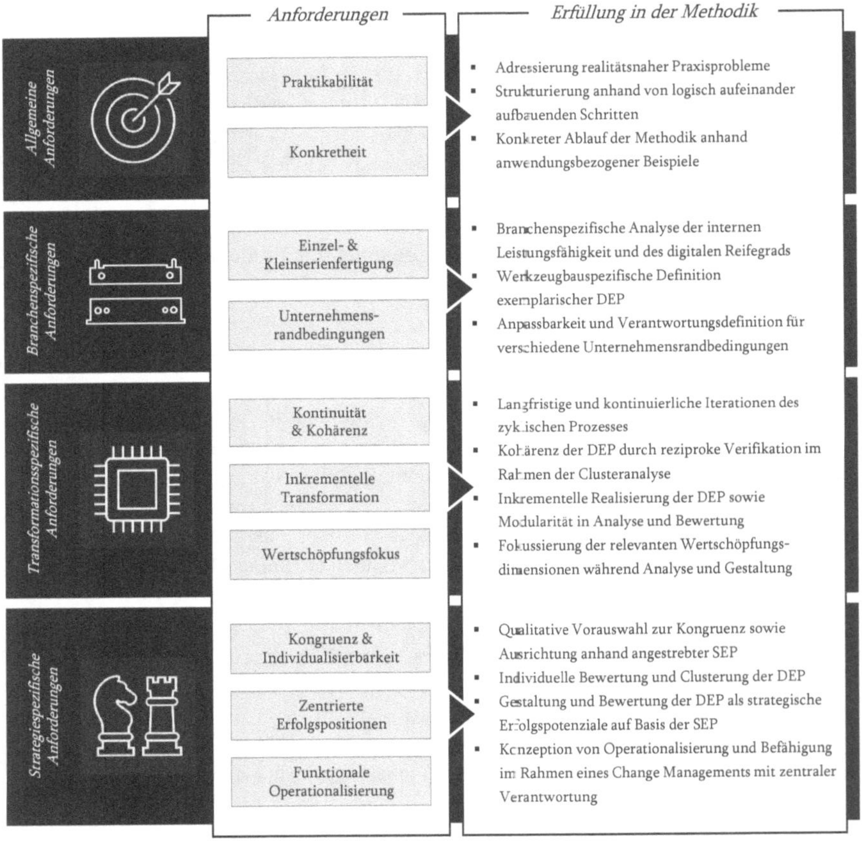

Abbildung 65: Abgleich des Grobkonzepts mit dem formulierten Anforderungssystem[530]

Somit gilt das entwickelte Grobkonzept als verifiziert und kann als Grundlage für die Detaillierung der Methodik verwendet werden. Weiterhin ermöglicht die Methodik die Beantwortung der handlungsleitenden Forschungsfrage sowie der definierten Teilforschungsfragen aus Kapitel III.5, welche im nachfolgenden Kapitel V ausführlich detailliert werden:

Wie beeinflussen die Leistungsfähigkeit und der digitale Reifegrad in den Dimensionen Ressource, Prozess und Organisation die Wertschöpfung im Kontext der digitalen Vernetzung?

Im Rahmen von Methodikschritt A werden verschiedene Methoden aufgezeigt, die eine systematische und zugleich objektive Bewertung von interner Leistungsfähigkeit und digi-

530 Eigene Darstellung.

taler Reife erlauben. Dabei erfolgt initial eine Fokussierung auf relevante Funktionalbereiche entlang der Wertschöpfung. Die vorgestellten und entsprechend für den Einsatz im Werkzeugbau modifizierten Methoden erlauben dabei eine detaillierte Betrachtung der relevanten Wertschöpfungsdimensionen Ressource, Prozess und Organisation. Die vorgestellten Methoden umfassen Kennzahlensysteme, Prozessmodellierungen sowie Reifegradmodelle. Aus der Anwendung der individuell zu gewichtenden Methoden resultiert schließlich die Bewertung von Leistungsfähigkeit und digitalem Reifegrad.

Wie können funktionsspezifische Handlungsfelder für die digitale Vernetzung unter Berücksichtigung der strategischen Ausrichtung abgeleitet werden?

Im Zuge von Methodikschritt B erfolgt eine systematische Aggregation der Analyseergebnisse aus Methodikschritt A. Die aggregierten Ergebnisprofile erlauben anschließend die systematische Ableitung von funktionsspezifischen sowie prozessübergreifenden Handlungsfeldern sowie korrespondierenden digitalen Kernpotenzialen. Die strategische Ausrichtung des betrachteten Werkzeugbaubetriebs wird dabei durch die Verknüpfung der Funktionalbereiche sowie der angestrebten SEP sichergestellt. Ferner werden die Handlungsfelder durch die Berechnung der strategischen Relevanz sowie der digitalen Potenziale der einzelnen Funktionalbereiche quantifiziert.

Wie können individuelle DEP systematisch identifiziert und anforderungsgerecht gestaltet werden?

Innerhalb von Methodikschritt C werden diverse Methoden vorgestellt, die bei Anwendung des Vorgehens instrumentalisiert werden können. Neben bestehenden Methoden wird ein morphologischer Kasten entwickelt, welcher speziell für die Anwendung im Kontext der vorliegenden Arbeit modifiziert wird. Dieser dient insbesondere zur systematischen Identifikation von DEP, indem ein ganzheitliches Suchfeld zur systematischen Lösungsgenerierung aufgespannt wird. Im Zuge der anforderungsgerechten Ausgestaltung der DEP wird zudem eine modifizierte Osborn-Checkliste eingeführt, welche die Anwendung mithilfe von neun verschiedenen Fragestellungen systematisiert.

Wie kann die Vorteilhaftigkeit individueller DEP objektiv und nutzenorientiert bewertet werden?

Zur objektiven und nutzenorientierten Bewertung der Vorteilhaftigkeit der gestalteten DEP erfolgt im Rahmen von Methodikschritt D eine qualitative und quantitative Bewertung. Die qualitative Bewertung basiert dabei auf Bewertungskriterien, die aus dem Prozess des strategischen Managements abgeleitet sind. Diese umfassen die Kriterien Relevanz, Kongruenz sowie Realisierbarkeit und ermöglichen eine Vorauswahl der DEP. Zur quantitativen Bewertung der ausgewählten DEP wird zudem eine Nutzwertanalyse sowie eine Bewertungsmatrix zur individuellen Gewichtung der Kriterien eingeführt. Die ermittelten Nutzwerte der einzelnen DEP erlauben schließlich eine quantitative Bewertung der Vorteilhaftigkeit entsprechend der individuellen Gewichtung der relevanten Kriterien für den anwendenden Werkzeugbaubetrieb.

Wie befähigen individuelle DEP die Realisierung eines Gesamtoptimums sowie die Bildung der optimalen Umsetzungsreihenfolge in spezifischen Funktionalbereichen?

Im Rahmen der abschließenden Synthesephase, wird durch die Methodikschritte E und F sichergestellt, dass die ausgewählten DEP der Realisierung eines Gesamtoptimums für den betrachteten Werkzeugbaubetrieb dienlich sind. Durch Anwendung eines dedizierten Cluster-Algorithmus wird dazu im Rahmen von Methodikschritt E sichergestellt, dass das final ausgewählte DEP-Cluster nutzenmaximierend ist. Die Basis für die Anwendung des Algorithmus ist eine reziproke Verknüpfung der DEP sowie eine Quantifizierung und Gewichtung der Relationen zwischen den DEP im Kollektiv. Die optimale Reihenfolge zur Umsetzung der ausgewählten DEP wird schließlich im Rahmen von Methodikschritt F durchgeführt. Dazu werden die DEP des finalen Kollektivs priorisiert und spezifische digitale Funktionsprogramme entwickelt. Diese umfassen die verschiedenen Maßnahmen zur Umsetzung der DEP in den einzelnen Funktionen und dienen als Vorbereitung für die anschließende Implementierung der digitalen Lösungen.

V Detaillierung der Methodik

In Kapitel IV wurde ein Grobkonzept einer Methodik für die systematische Transformation zur digital vernetzten Wertschöpfung im Werkzeugbau auf Basis eines Ordnungsrahmens entwickelt und grundlegend beschrieben. Im Anschluss wurde die Methodik anhand der zentralen Forschungsfrage sowie der jeweiligen allgemeinen, branchenspezifischen, transformations- sowie strategiespezifischen Anforderungen verifiziert. Gemäß dem zugrundeliegenden Ordnungsrahmen sieht das Grobkonzept eine Dreiteilung der Methodik in die Phasen Analyse, Gestaltung und Synthese vor. Jede der Phasen beinhaltet zwei Schritte, welche sich aus zwei respektive drei Detailschritten zusammensetzen. In der nachfolgenden Abbildung 66 ist die Methodik mit ihren sechs Schritten dargestellt.

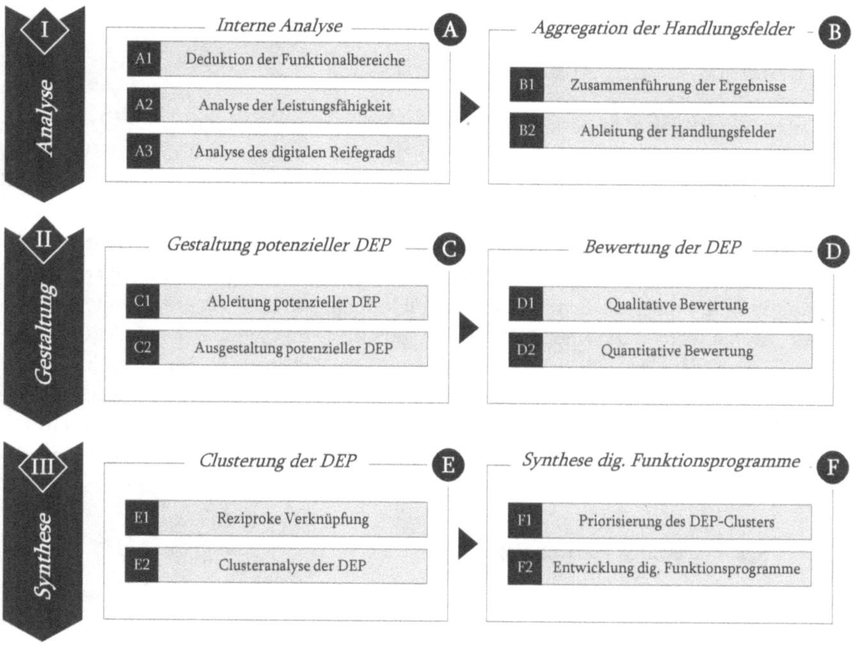

Abbildung 66: Übersicht der Methodik[531]

Im vorliegenden Kapitel findet eine detaillierte Erläuterung der einzelnen Schritte und Detailschritte des Grobkonzepts der Methodik statt. Dazu werden zu Beginn jedes Schritts die theoretischen Grundlagen beschrieben, die zur Durchführung der einzelnen Detailschritte erforderlich sind. Das Kapitel schließt mit einer Integration der einzelnen Schritte zu einer ganzheitlichen Methodik.

[531] Eigene Darstellung.

V.1 Detaillierung der Analysephase

Die erste Phase der Methodik für die systematische Transformation zur digital vernetzten Wertschöpfung beinhaltet zwei Schritte. In Schritt A findet eine interne Analyse des Werkzeugbaubetriebs statt. Dabei werden zunächst die zu betrachtenden Funktionalbereiche bestimmt. Anschließend erfolgt eine Analyse der internen Leistungsfähigkeit in Bezug auf die Wertschöpfung sowie eine Analyse des vorherrschenden digitalen Reifegrads. Darauf aufbauend erfolgt in Schritt B eine Aggregation der identifizierten Handlungsfelder aus der internen Analyse des betrachteten Werkzeugbaubetriebs. Dazu werden zunächst die erhobenen Ergebnisse aus der internen Analyse zusammengeführt. Anschließend werden spezifische Handlungsfelder abgeleitet. Als Ergebnis der Analysephase bilden die aggregierten Handlungsfelder den Ausgangspunkt für die nachfolgende Gestaltung im Rahmen der zweiten Phase der Methodik.

V.1.1 Methodikschritt A: Interne Analyse

Im ersten Schritt der Methodik erfolgt eine interne Analyse im betrachteten Werkzeugbaubetrieb, welche in drei Detailschritte untergliedert ist. Beginnend mit der Deduktion der zu betrachtenden Funktionalbereiche wird der Werkzeugbaubetrieb entweder anhand einer organisatorischen oder personellen Systematik strukturiert. Anschließend erfolgt eine Analyse der Leistungsfähigkeit des Werkzeugbaus und seiner Hauptprozesse der Leistungserstellung anhand eines Kennzahlensystems sowie unter Anwendung einer Prozessmodellierung. Darauf aufbauend wird der digitale Reifegrad des Werkzeugbaubetriebs ermittelt. Hierzu werden die Hauptprozesse der generischen Prozesskette respektive die bestimmten Funktionalbereiche einer Reifegradstufe zugewiesen. Ferner werden prozess- und funktionsübergreifende Segmente des Werkzeugbaus ebenfalls in Bezug auf ihre digitale Reife untersucht. Zur Realisierung der internen Analyse werden eingangs die Grundlagen zu den Themengebieten Funktionalbereiche, Kennzahlen, Prozessmodellierung sowie zur Herleitung der prozess- und funktionsübergreifenden Elementen vorgestellt.

V.1.1.1 Methodikschritt A: Grundlagen

Die Deduktion von Funktionalbereichen wird durch eine systematische Strukturierung der Organisation realisiert. Die Organisation dient als strukturierende Dimension der Wertschöpfung zur Koordination der Leistungserstellung.[532] Im Rahmen dieser Koordination und Strukturierung des Leistungserstellungsprozesses wird ein Regelsystem geschaffen, mit dem Delegations- und Entscheidungsbefugnisse definiert, Aufgaben spezifiziert sowie Hierarchien etabliert werden.[533] Folglich kann die Organisation als Mittel der Unternehmensführung verstanden werden.

Die Gliederung einer Organisation in Funktionalbereiche erfordert eine systematische Vorgehensweise. In diesem Kontext stellt die Segmentierung eine Möglichkeit dar, die Vielfalt im Leistungserstellungsprozess der Organisation beherrschbar zu machen. Dabei findet

[532] Vgl. Eversheim (Organisation der Produktionstechnik), 1996, S. 268-269.
[533] Vgl. Schreyögg; Geiger (Organisation), 2016, S. 5.

durch die Segmentierung keine Verkleinerung der organisatorischen Einheiten statt. Vielmehr werden Unternehmensaktivitäten gebündelt, die geringe Komplexitäten in ihren Beziehungen untereinander aufweisen.[534]

Innerhalb der Branche Werkzeugbau sind gemäß HENSEN insbesondere prozess- und produktorientierte Segmentierungsansätze vertreten.[535] Die produktorientierte Segmentierung eignet sich insbesondere für Werkzeugbaubetriebe, die in ihrem Leistungsspektrum verschiedenartige Werkzeugtypen abbilden. Dies ist dadurch bedingt, dass im Herstellungsprozess verschiedene Kompetenzen und Ressourcen erforderlich sind. Mithin sind Werkzeugbaubetriebe, welche bspw. sowohl Spritzgießwerkzeuge als auch Blechverarbeitungswerkzeuge herstellen, oftmals in zwei verschiedene Segmente unterteilt. Diese beiden Segmente sind in ihrem Prozessverlauf spätestens ab der Methodenplanung vollkommen unabhängig voneinander.

Bedingt durch die verstärkte Fokussierung deutscher Werkzeugbaubetriebe auf einen bestimmten Werkzeugtypen, hat sich zuletzt jedoch vermehrt die prozessorientierte Segmentierung etabliert. Hierbei werden die verschiedenen Auftragsarten, wie bspw. Neuwerkzeug-, Reparatur- oder Änderungsaufträge, in verschiedenen Segmenten zusammengefasst und abgewickelt. Maßgebliches Kriterium für diese Segmentierung ist die Unterteilung in planbare und nicht-planbare Aufträge. Dies ist in den entgegengesetzten Zielgrößen begründet. So steht bei planbaren Aufträgen insbesondere eine hohe Auslastung der Ressourcen für eine kostengünstige Herstellung im Vordergrund. Demgegenüber ist bei unplanbaren Aufträgen zumeist eine hohe Reaktionsfähigkeit notwendig, was eine hohe Ressourcenverfügbarkeit erfordert.[536]

Im Kontext der Prozessorientierung existieren zudem weitere Formen der Segmentierung, welche anhand einer Vielzahl von Analyseverfahren identifiziert werden können. Für die Branche Werkzeugbau zeigt insbesondere die Analyse nach Verrichtungsart, Objektart oder Phasenart sinnvolle Segmentierungsmöglichkeiten. Eine Segmentierung über die Phasen erfolgt bspw. anhand der Zuordnung der Prozesse zu den Phasen Planung, Realisation und Kontrolle. Die Segmentierung anhand der Verrichtungsart erfolgt unter Berücksichtigung des Tätigkeitspektrums der Prozesse, während bei der Segmentierung nach Objektart anhand des Status des Produkts segmentiert wird.[537] Zudem sind grundsätzlich Kombinationen und Mischformen dieser Analyseverfahren und Segmentierungsansätze möglich.

Die Analyse der internen Leistungsfähigkeit erfordert in erster Instanz die Erstellung eines geeigneten Kennzahlensystems. Kennzahlen werden hierbei als Hilfsmittel zur Analyse von Wirtschaftlichkeit und finanzieller Sicherheit eines Unternehmens verstanden.[538] Eine Kennzahl wird definiert als eine Zahl, die hinsichtlich eines beabsichtigten Erkenntnisgewinns und losgelöst von ihrer Quantität eine höhere Aussagekraft als vergleichbare Zahlen

[534] Vgl. Höge (Organisatorische Segmentierung), 1995, S. 143.
[535] Vgl. Hensen (Auslegung industrieller Werkzeugbaubetriebe), 2017, S. 154.
[536] Vgl. Hensen (Auslegung industrieller Werkzeugbaubetriebe), 2017, S. 154.
[537] Vgl. Schreyögg; Geiger (Organisation), 2016, S. 31-32.
[538] Vgl. Kaplan; Norton (Balanced Scorecard), 1996, S. 93;
Kühn (Leistungssysteme im Werkzeugbau), 2016, S. 115.

besitzt.[539] Dementsprechend ist die Kennzahl besonders für das Controlling und die Finanzplanung von großer Relevanz.[540] Grundsätzlich können Kennzahlen in die beiden Kategorien der absoluten Kennzahlen und der Verhältniskennzahlen untergliedert werden.[541] Die unterschiedlichen Arten von Kennzahlen dieser Kategorien können der nachfolgenden Abbildung 67 entnommen werden.

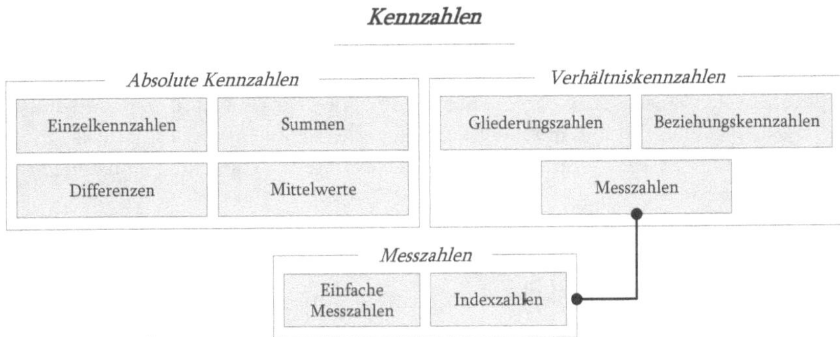

Abbildung 67: Übersicht zu den Arten von Kennzahlen nach SIEGWART ET AL.[542]

Die Kategorie der absoluten Kennzahlen beinhaltet Einzelkennzahlen, Summen, Differenzen und Mittelwerte. Demgegenüber können Verhältniskennzahlen in Gliederungszahlen, Beziehungskennzahlen und Messzahlen unterteilt werden. Gliederungs- und Beziehungskennzahlen drücken strukturelle Verhältnisse, wie bspw. prozentuale Verteilungen (Gliederungszahlen) respektive mathematische Verhältnisse unterschiedlicher Zahlen (Beziehungskennzahlen) aus. Messzahlen betrachten hingegen die Entwicklung von definierten Messgrößen über einen spezifischen Zeitraum hinweg. Diese können zudem weiter in einfache Messzahlen und Indexzahlen untergliedert werden.[543] Bedingt durch das Wirkungsgefüge verschiedener Komponenten und deren wechselseitige Verknüpfungen, besitzen Verhältniskennzahlen gegenüber den absoluten Kennzahlen eine höhere Aussagekraft. Daher eignen sich insbesondere Verhältniskennzahlen für den Vergleich der Leistungsfähigkeit auf sowohl inner- als auch überbetrieblicher Ebene.[544]

Zur Analyse der internen Leistungsfähigkeit soll neben der Nutzung eines Kennzahlensystems eine Prozessmodellierung erfolgen. Wie im Rahmen von Kapitel IV.1.2 erläutert, erlaubt die Modellierung von betrieblichen Prozessen deren abstrahierte Abbildung der Realität. Hierdurch kann eine Verbesserung von Verständlichkeit und Übersichtlichkeit komplexer Zusammenhänge erzielt werden. Die Anwendung einer Prozessmodellierung erlaubt die vereinfachte Identifikation von Inkonsistenzen und Schwachstellen in der betrieblichen Prozesskette. Durch die Umstrukturierung von Prozessen oder die Eliminierung der Schwachstellen kann so die Prozesskette effizienter gestaltet werden. Abhängig von der

539 Vgl. Staudt (Kennzahlensysteme), 1985, S. 24.
540 Vgl. Jacob; Horváth (Controlling und Finanzplanung), 1980, S. 11.
541 Vgl. Siegwart et al. (Kennzahlen für die Unternehmensführung), 2010, S. 23.
542 Vgl. Siegwart et al. (Kennzahlen für die Unternehmensführung), 2010, S. 23.
543 Vgl. Siegwart et al. (Kennzahlen für die Unternehmensführung), 2010, S. 23; Kozielski (Kennzahlensystem für den Werkzeugbau), 2010, S. 52-53.
544 Vgl. Pitsch (Vernetzung von Werkzeugbaustandorten), 2014, S. 114.

Zielstellung der Untersuchung sollten unterschiedliche Aspekte bei der Modellierung berücksichtigt werden.[545] Es sind ausschließlich solche Aspekte der Prozesse im Modell zu integrieren, die für die spätere Gestaltung eine Relevanz aufweisen. In der Praxis existiert eine Vielzahl unterschiedlicher Methoden zur Prozessmodellierung. Zentraler Bestandteil dieser Methoden ist häufig eine eigene Modellierungssprache, die bspw. Regeln zur Prozessverkettung definiert. Mithilfe der Modellierungssprache und einer definierten Syntax können durch die Prozessmodellierung so prozessuale Zusammenhänge komplexer Systeme abgebildet werden.[546]

Zur Anwendung in der Branche Werkzeugbau hat sich insbesondere die Prozessmodellierungssprache aixperanto etabliert, welche am Werkzeugmaschinenlabor WZL der RWTH Aachen entwickelt wurde. Dabei basiert aixperanto auf der kollaborativen Integration der Mitarbeitenden des betrachteten Unternehmens, um Prozesse systematisch dokumentieren, visualisieren und evaluieren zu können.

Bei der Anwendung von aixperanto werden intuitive Symbole und Elemente zu Modellierung genutzt, um so Verständnis, Akzeptanz und Anwenderfreundlichkeit seitens der Mitarbeitenden zu gewährleisten. Die Modellierungssprache basiert auf einem Prozessplan mit sogenannten Swimlanes (dt. Schwimmbahnen), die zur Strukturierung der organisatorischen und funktionalen Einheiten dienen. Die zu erfassenden Prozessschritte werden entsprechend des Prozessflusses in diesen Swimlanes als einzelne Prozesselemente positioniert und den spezifischen organisatorischen bzw. funktionalen Einheiten zugeordnet. Zusätzlich werden die Prozesselemente mittels ODER-, ENTWEDER-ODER, UND- sowie JA-NEIN-Verknüpfungen, welche Material- und Informationsflüsse beschreiben, zueinander in Beziehung gesetzt. Die Charakterisierung der einzelnen Prozesselemente erfolgt anhand der Abbildung verschiedener Eigenschaften wie Input, Output, Prozessart, Prozesszeit sowie Wertschöpfungs- und Standardisierungsgrad. Ferner werden lokalisierte Schwachstellen, Medienbrüche von Prozessen sowie benötigte Dokumente oder Hilfsmittel ebenfalls im Prozessplan erfasst. Die ganzheitliche Betrachtung des Prozessplans sowie der Einbezug der verschiedenen organisatorischen und funktionalen Einheiten bei der Anwendung von aixperanto befähigt zur ganzheitlichen Erfassung und Optimierung von Prozessen.[547]

In Rahmen von Kapitel II.4 wurde der Handlungsbedarf aus der Praxis hergeleitet und anschließend in Kapitel III.4 infolge einer Analyse wissenschaftlicher Ansätze theorieseitig verifiziert. Wie in Kapitel II.4 erläutert, ist es daher notwendig, dass für die digitale Vernetzung der Wertschöpfung insbesondere die relevanten Wertschöpfungsdimensionen Ressource, Prozess und Organisation eine Transformation erfahren müssen. Folglich bilden

---

[545] Vgl. Krah (Prozessmodell), 1999, S. 167;
Kühn (Leistungssysteme im Werkzeugbau), 2016, S. 160.

[546] Als Beispiele für gängige Modellierungssprachen sind Wertstromdesign, Flowcharts, Ereignisgesteuerte Prozessketten, UML Aktivitätsdiagramme, Business Process Modelling and Notation oder aixperanto zu nennen.
Vgl. Fleischmann et al. (Modellierungssprachen), 2018, S. 72-75;
Kuhlmann (Geschäftsprozesse im industriellen Werkzeugbau), 2011, S. 114-115;
Schuh et al. (Prozessmanagement), 2011, S. 370-375.

[547] Vgl. Kuhlmann (Geschäftsprozesse im industriellen Werkzeugbau), 2011, S. 115;
Schuh et al. (Prozessmanagement), 2011, S. 372-373;
Kühn (Leistungssysteme im Werkzeugbau), 2016, S. 161;
Hensen (Auslegung industrieller Werkzeugbaubetriebe), 2017, S. 175-176.

diese drei Wertschöpfungsdimensionen eine Analysebasis für die Ermittlung des digitalen Reifegrads, da im Kontext der Wertschöpfung in diesen Dimensionen Potenziale für die digitale Transformation identifiziert werden. Während die Wertschöpfungsdimension des Prozesses durch eine detaillierte Einstufung der Hauptprozesse anhand der Reifegradstufen betrachtet wird, ist eine zusätzliche Adressierung der Reifegradermittlung in den Dimensionen Ressource und Organisation erforderlich. In Konsequenz zur Einstufung der Hauptprozesse finden insbesondere prozessübergreifende Elemente der Wertschöpfungsdimensionen Ressource und Organisation keine Berücksichtigung. Mithin gilt es, diese hinsichtlich des Reifegrads der digitalen Transformation ebenfalls systematisch zu berücksichtigen. In der nachfolgenden Abbildung 68 sind die prozessübergreifenden Elemente aggregiert dargestellt.

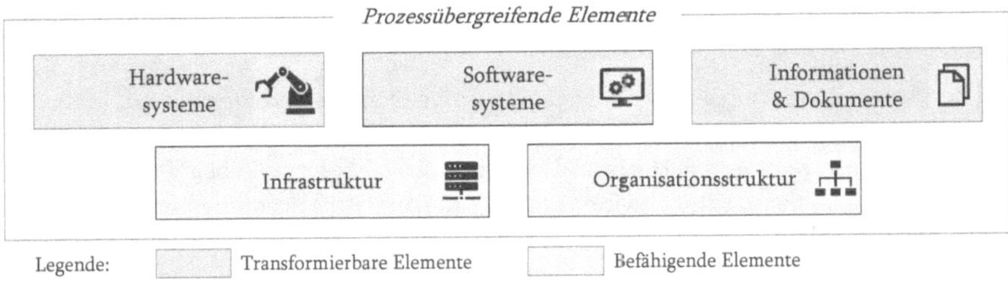

Abbildung 68: Prozessübergreifende Elemente der digitalen Transformation[548]

Gemäß HESS kann der Fortschritt von Digitalisierung und digitaler Transformation anhand digitaler Innovationen bemessen werden, welche im Wesentlichen auf verschiedenen Anwendungsweisen von Computern basieren. In der Regel bestehen Computer aus den drei Komponenten Software, Hardware sowie der Benutzerschnittstelle.[549] Der Begriff Hardware umfasst hierbei alle materiellen Teile des Computers, während die Software die Befehle zur Steuerung der Hardware beschreibt. Hierbei wird die Software auch als Betriebssystem und die Benutzerschnittstelle als Anwendungssoftware bezeichnet.[550] Die Benutzerschnittstelle dient zur Realisierung der Interaktion zwischen Mensch und Computer, indem Hard- und Software kombiniert werden. Das Zusammenwirken von Hard- und Software erlaubt die effiziente Verarbeitung von großen Mengen an Informationen.[551] Zur Erfassung des digitalen Reifegrads auf prozessübergreifender Ebene sollten jedoch keine einzelnen Computer bewertet werden. Vielmehr muss das Kollektiv an Soft- und Hardware beurteilt werden, welches gemeinsam einen Nutzen für den Betrieb verspricht. Folglich werden Hardwaresysteme und Softwaresysteme als die ersten beiden prozessübergreifenden Elemente definiert. Ferner sollen diese beiden Elemente auch bspw. CPS und IoT beinhalten, da sich deren systemische Struktur auf abstrakter Ebene ebenfalls den Komponenten des Computers und somit Hardware sowie Softwaresystemen zuordnen lässt.

[548] Eigene Darstellung.
[549] Vgl. Hess (Digitale Transformation strategisch steuern), 2019, S. 22-23.
[550] Vgl. Mertens et al. (Wirtschaftsinformatik), 2017, S. 10;
Hess (Digitale Transformation strategisch steuern), 2019, S. 23.
[551] Vgl. Hess (Digitale Transformation strategisch steuern), 2019, S. 23.

Die vollständige Ausnutzung des Potenzials von CPS im Speziellen sowie der digitalen Vernetzung im Allgemeinen erfordert insbesondere die Verfügbarkeit von Daten und Informationen, welche von den Hardware- und Softwaresystemen verarbeitet werden können.[552] Gemäß der Wissenstreppe nach NORTH sind Informationen Daten, denen durch Kontextualisierung eine Bedeutung zur Interpretation zugeordnet ist.[553] Daher soll im Folgenden für die prozessübergreifenden Elemente überwiegend der Begriff der Information verwendet werden. Zudem soll das begriffliche Missverständnis von Daten als digitales Medium vermieden werden, da Daten zwar oftmals mit Digitalität assoziiert werden, jedoch auch in analoger Form vorliegen können. Durch die Aggregation von einzelnen Informationen werden Dokumente gebildet, welche verschiedene Medien wie Text, Grafik, Audio oder Video beinhalten können.[554] Dokumente und Informationen bilden den Input und Output von Systemen und Prozessen, weshalb sie gewissermaßen als Ressourcen betrachtet werden können. Da die digitale Vernetzung von Informationen und Dokumenten mithin als unerlässlich für die Realisierung von Industrie 4.0 angesehen werden kann, stellen sie das dritte prozessübergreifende Segment dar.

Voraussetzung für die digitale Transformation der beschriebenen Elemente ist jedoch das Vorhandensein einer adäquaten Infrastruktur, welche zum vernetzten Austausch von Informationen und Dokumenten befähigt.[555] Daher wird die Infrastruktur als viertes prozessübergreifendes Element definiert. Während im Zuge der Reifegradbewertung durch die ersten vier Elemente die Wertschöpfungsdimension Ressource abgebildet wird, erfolgt eine Berücksichtigung der Organisation nur implizit. Jedoch ist die Gestaltung der Organisation im Kontext der digitalen Transformation von besonderer Relevanz. Der Fokus liegt hierbei auf einer anforderungsgerechten Modifikation der Funktionalstrukturen sowie der Etablierung flacher Hierarchien. Dadurch soll eine Synchronisierung der einzelnen Funktionen ermöglicht werden, um so den gesamten Wertschöpfungsprozess anstelle einzelner Funktionen zu fokussieren.[556] Weiterhin bieten sich Organisationsformen an, die die Befähigung der Mitarbeitenden während des Wandlungsprozesses der digitalen Transformation begünstigen. Der Begriff Organisationsstruktur wird daher als finales prozessübergreifendes Element definiert.

Die hergeleiteten prozessübergreifenden Elemente können in zwei Kategorien unterteilt werden. Hardwaresysteme, Softwaresysteme sowie Informationen und Dokumente bilden hierbei die Kategorie der transformierbaren Elemente. Demgegenüber bilden Infrastruktur und Organisationsstruktur die notwendige Basis, um eine digitale Transformation überhaupt erst zu realisieren. Zwar können Infrastruktur und Organisationsstruktur grundsätzlich ebenfalls transformiert werden, der Fokus liegt hierbei jedoch eindeutig auf ihrem befähigenden Charakter. Daher bilden sie die befähigenden Elemente.

---

[552] Vgl. Siepmann (Grundlagen Industrie 4.0), 2016, S. 23-31.
[553] Vgl. North (Wissensorientierte Unternehmensführung), 2011, S. 36-37.
[554] Vgl. Lackes; Siepermann (Definition: Dokumente);
Duden (Dokument), 2022.
[555] Vgl. Merz; Siepmann (Industrie 4.0-Anwendungsbeispiel), 2016, S. 129.
[556] Vgl. Merz (Vorgehensmodell für die Einführung von Industrie 4.0), 2016, S. 107-108.

V.1.1.2 Methodikschritt A1: Deduktion der Funktionalbereiche

Für die systematische Transformation zur digital vernetzten Wertschöpfung ist es zunächst notwendig, die Funktionalbereiche des betrachteten Werkzeugbaus zu bestimmen. Wie im Rahmen von Kapitel II.3.3 erläutert, werden in den Funktionalbereichen eines Unternehmens solche Aktivitäten gebündelt, die hohe Übereinstimmungen in Bezug auf die Aufgabenerfüllung im Leistungserstellungsprozess aufweisen.[557] Es existiert grundsätzlich kein allgemeingültiger Ansatz zur Strukturierung der Funktionalbereiche eines Werkzeugbaubetriebs. Dies kann maßgeblich durch die Heterogenität in der Branche und resultierende Unterschiede in Bezug auf Größe eines Werkzeugbaubetriebs, Werkzeugspektrum, prozessuale Besonderheiten oder strategische Entscheidungen begründet werden. Zur Adressierung der Heterogenität in der Branche Werkzeugbau werden daher im Folgenden drei Analyseverfahren der organisatorischen Segmentierung vorgestellt. Hierbei gilt es zu beachten, dass nicht jedes ermittelte Segment zwangsläufig einen Funktionalbereich darstellt. Stattdessen erweist sich die Bündelung von Funktionalbereichen als zielführend, die aufgrund des hierarchischen Aufbaus der Analyseverfahren logisch gestaltet werden kann. Zudem wird durch die Kombination der Verfahren sichergestellt, dass verschiedene Szenarien zur Adressierung der individuellen Unternehmensrandbedingungen berücksichtigt werden.

Das erste Verfahren zur Segmentierung von Funktionalbereichen stellt die Verrichtungsanalyse dar. Diese basiert auf der systematischen Betrachtung vergangener Auftragsdaten eines Werkzeugbaubetriebs.[558] Zunächst werden hierbei die Verrichtungen aus den Auftragsdaten abgeleitet, die im Zuge der Leistungserstellung anfallen. Diese werden so weit aufgeschlüsselt, bis Einzelverrichtungen formuliert werden können. Exemplarisch für Einzelverrichtungen können bspw. die einzelnen Fertigungsverfahren wie Fräsen, Erodieren, oder Schleifen aber auch spezifische Konstruktions- oder Planungstätigkeiten genannt werden. Die Strukturierung von Funktionalbereichen nach deren Einzelverrichtungen erweist sich in der Praxis jedoch als zu feingliedrig und komplex, sodass weitere Informationen hinzugezogen und den Einzelverrichtungen zugeordnet werden. Solche zusätzlichen Informationen können bspw. Aussagen über die Häufigkeit der Einzelverrichtung oder die Zuordnung von Zeit- und Kostenaufwand der Einzelverrichtungen darstellen. Dies ermöglicht es, Rückschlüsse über die Kernaktivitäten sowie deren wirtschaftlichen Aspekte abzuleiten. Für die Branche Werkzeugbau stellt die Analyse nach der Verrichtungsart einen geeigneten Ansatz zur Bestimmung von Funktionalbereichen auf Basis ihrer Relevanz für die Leistungserstellung dar. Aufgrund der sukzessiven Detaillierung der Aktivitäten weist die Anordnung der Verrichtungsanalyse große Übereinstimmungen mit der generischen Prozesskette des Werkzeugbaus auf.

Im Rahmen der als Phasenanalyse bekannten Segmentierung werden die Funktionalbereiche anhand ihrer Stellung im Leistungserstellungsprozess bestimmt. Eine geeignete übergeordnete Struktur stellt das Drei-Phasen-Schema dar, welches die Planung, Realisation

---

[557] Vgl. Hungenberg (Strategisches Management), 2014, S. 326.
[558] Vgl. Hensen (Auslegung industrieller Werkzeugbaubetriebe), 2017, S. 162.

und Kontrolle umfasst.[559] Es fällt auf, dass aufgrund der Gliederung nach den Aufgabenbereichen eine hohe Übereinstimmung zur Verrichtungsanalyse vorhanden ist. Das Drei-Phasen-Schema ist angelehnt an die organisatorische Leitidee des Taylorismus, welche eine Ausgliederung von Planungs- und Kontrollelementen sowie eine Integration von Spezialstellen vorsieht. Den ersten Orientierungspunkt für die Zuordnung von Aufgaben und organisatorischen Einheiten zu den drei Phasen stellt die Betrachtung von Meilensteinen und den damit verbundenen Phasen im Leistungserstellungsprozess eines Werkzeugbaubetriebs dar. In der nachfolgenden Abbildung 69 ist ein exemplarischer Werkzeugerstellungsprozess anhand seiner charakteristisch zu durchlaufenden Meilensteine aufgeführt. Es gilt zu beachten, dass der dargestellte Meilensteinplan einige Meilensteine beinhaltet, die so auch in der Praxis weit verbreitet sind. Die Ausgestaltung des individuellen Meilensteinplans erfolgt jedoch spezifisch durch den jeweiligen Werkzeugbaubetrieb, weshalb in der Praxis eine große Vielfalt unterschiedlicher Meilensteinpläne vorhanden ist.

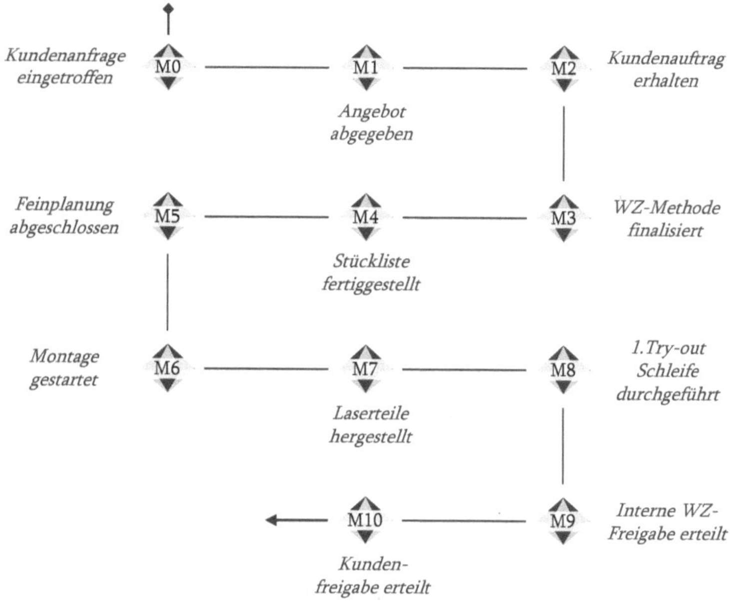

Abbildung 69: Exemplarischer Meilensteinplan eines Werkzeugerstellungsprozesses[560]

In Anlehnung an den individuellen Meilensteinplan eines Werkzeugbaubetriebs können die einzelnen Aktivitäten und Organisationseinheiten zu den drei Phasen Planung, Realisation und Kontrolle zugeordnet werden. Die Zuordnung der Organisationseinheiten zu den Phasen erfolgt durch die Bestimmung des Anteils an den jeweiligen Phasen unter Berücksichtigung des Mehrheitsprinzips. In der Branche Werkzeugbau ermöglicht die Phasenanalyse eine erste übergeordnete Strukturierung. Für den Bereich der Realisation ist jedoch eine detaillierte Spezifizierung durchzuführen. Hierbei bietet sich eine Ergänzung der

[559] Vgl. Schreyögg; Geiger (Organisation), 2016, S. 31-32.
[560] Eigene Darstellung.

Phasenanalyse durch die Verrichtungsanalyse an. Das Ergebnis der Kombination dieser beiden Analyseverfahren sowie der abgeleiteten Funktionalbereiche kann exemplarisch der nachfolgenden Abbildung 70 entnommen werden.

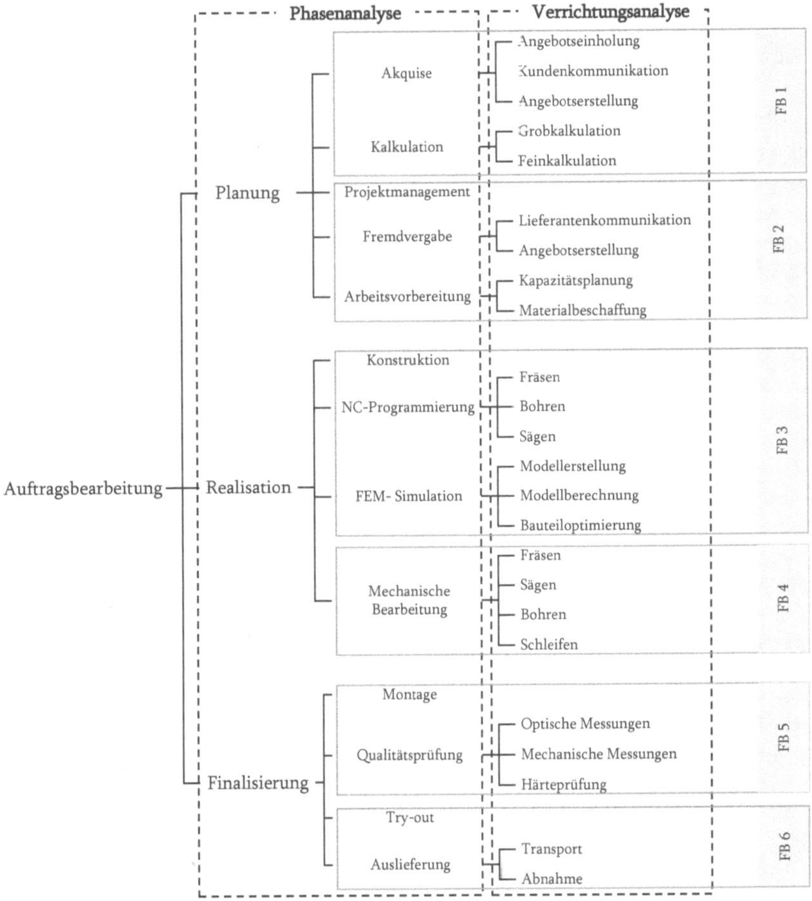

Abbildung 70: Exemplarische Bestimmung von Funktionalbereichen[561]

Eine weitere Möglichkeit zur Bestimmung der Funktionalbereiche stellt die Segmentierung nach der Objektart dar. Während bei der Verrichtungsanalyse die Tätigkeit für die Aufgabenerfüllung betrachtet wird, zentriert diese Segmentierungsmethode das Objekt, welches im Fokus der Tätigkeiten steht.[562] Funktionalbereiche werden so auf Basis ihrer Gemeinsamkeiten während der Leistungserstellung ermittelt. Die betrachteten Objektarten werden anhand des zugrundeliegenden Herstellungsprozesses ermittelt und umfassen neben dem Endobjekt auch zugewiesene Beschäftigtengruppen oder Dokumente, die speziell für

[561] Eigene Darstellung.
[562] Vgl. Schreyögg; Geiger (Organisation), 2016, S. 31.

diese Objektart erforderlich sind. In der Branche Werkzeugbau findet diese Art der Segmentierung insbesondere bei solchen Betrieben Anwendung, die ein heterogenes Werkzeugspektrum aufweisen und so neben bspw. Blech- ebenfalls Spritzgießwerkzeuge herstellen. Aufgrund der grundsätzlichen Verschiedenheit dieser beiden Werkzeugtypen variieren auch die zugrundeliegenden Komponenten und die Ausführung der Fertigungsverfahren.

Neben den drei vorgestellten Analyseverfahren zur Bestimmung von Funktionalbereichen kann sich zudem eine Segmentierung auf Basis bestehender übergeordneter Strukturen anbieten. Dies ist insbesondere dann sinnvoll, wenn in einem Werkzeugbaubetrieb bereits abgegrenzte Funktionalbereiche mit formulierten Funktionalstrategien definiert sind. Besonders Werkzeugbaubetriebe mit internem Marktzugang sind häufig in die bestehenden Strukturen des übergeordneten Mutterunternehmens integriert.[563] Dies äußert sich nicht zwingend in konkret formulierten Funktionalbereichen oder -strategien, sondern häufig in Form von Führungsverantwortlichkeiten und Leitungspositionen. In diesen werden Aufgaben und Tätigkeiten aus verschiedenen Bereichen gebündelt, die jedoch untereinander eine große Homogenität aufweisen und somit als dedizierte Funktionalbereiche grundsätzlich geeignet sind. Eine exemplarische Bestimmung von Funktionalbereichen basierend auf Leitungsfunktionen für Werkzeugbaubetriebe mit internem Marktzugang kann der nachfolgenden Abbildung 71 entnommen werden.

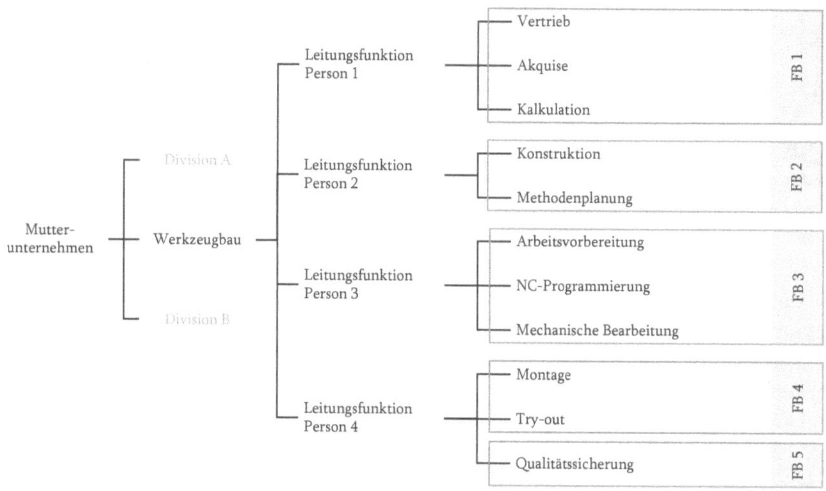

Abbildung 71: Bestimmung von Funktionalbereichen nach Leistungsfunktion[564]

Die Anwendung der vorgestellten Analyseverfahren zur Segmentierung von Werkzeugbaubetrieben ermöglicht eine systematische Bestimmung von dedizierten Funktionalbereichen. Es ist grundsätzlich zu beachten, dass die konkrete Bestimmung der Funktionalbereiche nicht pauschal erfolgen kann und unternehmensindividuell durch den betrachteten

[563] Vgl. Kapitel II.2.1.2
[564] Eigene Darstellung.

Betrieb durchgeführt werden muss. In Abhängigkeit der bestehenden Strukturen und Voraussetzungen bietet sich dabei häufig eine Kombination der einzelnen Verfahren an. Ebenfalls sollte berücksichtigt werden, dass sowohl eine zu grobe als auch zu feine Differenzierung der Funktionalbereiche hinderlich sein können. Werden Funktionalbereiche zu grob definiert, erschwert dies die Ableitung und Umsetzung zielgerichteter Maßnahmen. Eine zu feine Definition erhöht hingegen die Komplexität bei der Synchronisierung der digitalen Transformation des Betriebs. In Abhängigkeit von der Größe des Betriebs sowie der Vielfalt im offerierten Werkzeugspektrum ist die Bestimmung von drei bis acht Funktionalbereichen ratsam.

V.1.1.3 Methodikschritt A2: Analyse der Leistungsfähigkeit

Die interne Analyse dient gemäß dem strategischen Managementprozess zur Identifikation von Stärken und Potenzialen.[565] Die Summe aus Stärken und Potenzialen wird in diesem Kontext auch als Leistungsfähigkeit bezeichnet. Für die Analyse der Leistungsfähigkeit erfolgt zunächst die Formulierung verschiedener Kennzahlen. Dies erfolgt in Anlehnung an die wissenschaftlichen Arbeiten nach KUHLMANN[566] und KÜHN[567]. Die Gesamtheit der auf diese Weise formulierten Kennzahlen befähigt zur anforderungsgerechten Abbildung der individuellen Leistungsfähigkeit eines Werkzeugbaubetriebs.

Die zu formulierenden Kennzahlen sollen speziell zur Bewertung der Leistungsfähigkeit der Hauptprozesse sowie der dedizierten Funktionalbereiche eines Werkzeugbaus dienen. So sollen entlang des Leistungserstellungsprozesses auftretende Stärken und Potenziale sichtbar gemacht werden. Zur Veranschaulichung des Vorgehens sollen die im Rahmen von Methodikschritt 1A definierten Funktionalbereiche, welche zudem eine hohe Übereinstimmung mit der generischen Prozesskette des Werkzeugbaus aufweisen, als Basis für die Formulierung der Kennzahlen dienen. Dementsprechend bilden Akquise & Kalkulation (A&K), Werkzeugentwicklung (WE), Arbeitsvorbereitung (AV), mechanische Fertigung (MF), Montage sowie Try-out die Hauptprozesse respektive die Funktionalbereiche des Werkzeugbaus ab.[568] Es gilt jedoch zu beachten, dass diese Definition der Funktionalbereiche nicht als allgemeingültig für alle Werkzeugbaubetriebe anzusehen ist. Die spezifische Definition von Funktionalbereichen sowie die Auslegung der Hauptprozesskette obliegt in der Praxis dem jeweiligen Werkzeugbau. Daher können mitunter größere Abweichungen gegenüber der im vorliegenden Methodikschritt exemplarisch ausgewählten Funktionalbereiche vorliegen.[569] Somit können bei konkreter Anwendung des Methodikschritts die Funktionalbereiche sowie die korrespondierenden Hauptprozesse anderweitig definiert und an die spezifischen Gegebenheiten des betrachteten Werkzeugbaus angepasst werden. Infolgedessen ist es jedoch ebenfalls notwendig, eine Anpassung der designierten Kennzah-

565 Vgl. Kapitel II.3.2

566 Vgl. Kuhlmann (Geschäftsprozesse im industriellen Werkzeugbau), 2011, S. 108-112.

567 Vgl. Kühn (Leistungssysteme im Werkzeugbau), 2016, 117–125.

568 Hinsichtlich der definierten Hauptprozesse sind Engineering und Konstruktion die Subprozesse der WE sowie Termin- & Kapazitätsplanung und NC-Programmierung die Subprozesse der AV.

569 Vgl. Hensen (Auslegung industrieller Werkzeugbaubetriebe), 2017, S. 47-48.

len vorzunehmen, die nachfolgend eingeführt werden. In Abbildung 72 sind je Funktionalbereich drei Kennzahlen aufgeführt und mit ihrer Einheit und einer Beschreibung zu Bedeutung und Bildung der Kennzahl aufgeschlüsselt.

		Einheit	Beschreibung
A&K	Verrechnungsquote Akquise	[%]	Quotient aus den in der Akquise auf Aufträge verrechneten Stunden und den in der Akquise insgesamt geleisteten Stunden
	Auftragsreichweite	[w]	Anzahl der Wochen, die ohne neue Auftragseingänge mit einer definierten Kapazitätsauslastung gearbeitet werden kann
	Kalkulations-genauigkeit	[%]	Summe der Quotienten aus den durch Aufträge realisierten Preisen und den durch Aufträge tatsächlich verursachten Kosten
WE	Verrechnungsquote WE	[%]	Quotient aus den in der WE auf Aufträge verrechneten Stunden und den in der WE insgesamt geleisteten Stunden
	Standardisierungs-grad	[%]	Anteil der Normteilpositionen auf den Stücklisten von Aufträgen an der Gesamtzahl der Positionen auf den Stücklisten
	Anzahl Try-out Schleifen	[#]	Anzahl der für einen Auftrag durchschnittlich benötigten Try-out Schleifen
AV	Verrechnungsquote AV	[%]	Quotient aus den in der AV auf Aufträge verrechneten Stunden und den in der AV insgesamt geleisteten Stunden
	Maschinen-auslastungsgrad	[%]	Anteil der produktiven Maschinenlaufzeit an der theoretisch möglichen Maschinenlaufzeit
	Daten-durchgängigkeit	[%]	Anteil der Aufträge, bei denen von Konstruktionsbeginn bis zur Montage kein manueller Eingriff in die Datenkette erfolgt
MF	Verrechnungsquote MF	[%]	Quotient aus den in der MF auf Aufträge verrechneten Stunden und den in der MF insgesamt geleisteten Stunden
	Gefertigter Wert pro Tag	[€/d]	Summe der Quotienten aus den Auftragswerten und deren Durchlaufzeiten in der MF im Verhältnis zur Anzahl der betrachteten Aufträge
	Mehrmaschinen-bedienung	[%]	Quotient aus der Summe aller Maschinenstunden und der Summe aller Maschinenbedienstunden
Montage	Verrechnungsquote Montage	[%]	Quotient aus den in der Montage auf Aufträge verrechneten Stunden und den in der Montage insgesamt geleisteten Stunden
	Montierter Wert pro Tag	[€/d]	Summe der Quotienten aus den Auftragswerten und deren Durchlaufzeiten in der Montage im Verhältnis zur Anzahl der betrachteten Aufträge
	Ressourceneffizienz	[%]	Anteil der summierten Material-, Verbrauchsstoff- und Werkzeugkosten an den Gesamtkosten
Try-out	Verrechnungsquote Try-out	[%]	Quotient aus den im Try-out auf Aufträge verrechneten Stunden und den im Try-out insgesamt geleisteten Stunden
	Fehlerkosten nach Auslieferung	[%]	Anteil der Kosten am Umsatz für die Fehlerbeseitigung nach Auslieferung der Werkzeuge
	Fehlerbeständigkeit	[#]	Anzahl der zur vollständigen Beseitigung eines Fehlers durchschnittlich benötigten Try-out Schleifen

Abbildung 72: Kennzahlen zur Analyse des Leistungsfähigkeit der Funktionalbereiche[570]

Nachfolgend werden die drei Kennzahlen Verrechnungsquote, gefertigter bzw. montierter Wert pro Tag sowie Fehlerbeständigkeit exemplarisch erläutert. Die Verrechnungsquote stellt das Verhältnis aus den auf konkrete Kundenaufträge verrechneten Stunden zu den insgesamt geleisteten Stunden der Hauptprozesse in einem Funktionalbereich dar. Somit ist die Verrechnungsquote ein robuster Indikator für verschwendete Kapazitäten und die allgemeine Produktivität in einem Funktionalbereich.[571] Aus diesem Grund bietet es sich an,

[570] I. A. a. Kuhlmann (Geschäftsprozesse im industriellen Werkzeugbau), 2011, S. 108-112.
[571] Vgl. Kuhlmann (Geschäftsprozesse im industriellen Werkzeugbau), 2011, S. 109-110.

die Verrechnungsquote für jeden der sechs Funktionalbereiche aufzuführen. Der gefertigte bzw. montierte Wert pro Tag wird als Kennzahl in den Funktionalbereichen mechanische Fertigung respektive Montage genutzt. Zur Ermittlung der Kennzahl werden die einzelnen Verhältnisse aus den Werten der bearbeiteten Aufträge zu ihren jeweilig benötigten Durchlaufzeiten aufsummiert und anschließend durch die Anzahl der bearbeiteten Aufträge dividiert. So kann der durchschnittlich erwirtschaftete Wert in der mechanischen Fertigung respektive Montage quantifiziert und eine Aussage über die Wirtschaftlichkeit der Hauptprozesse in diesen Funktionalbereichen getroffen werden. Die Fehlerbeständigkeit dient zur Überprüfung der Anzahl an Try-out Schleifen, die bis zur Erreichung der geforderten Bauteilqualität notwendig sind. Dies bezieht sich konkret auf die vollumfängliche Beseitigung identifizierter und qualitätsrelevanter Fehler mit ihren potenziell induzierten Folgewirkungen. Die Kennzahl gibt Auskunft darüber, wie anforderungsgerecht identifizierte Fehler im Try-out dokumentiert und auf Basis dessen ausgebessert werden können. Sie beurteilt somit die Effektivität des Try-outs, welche maßgeblich durch die Systematisierung von Maßnahmen und zielgerichtetes Wissensmanagement beeinflusst wird. Eine Reduzierung der Fehlerbeständigkeit führt in der Folge zu kürzeren Durchlaufzeiten und geringeren Aufwänden pro Auftrag.

Bei der Erhebung der Werte für die formulierten Kennzahlen gilt es einige Grundsätze zu beachten. Sämtliche Kennzahlen beziehen sich auf eine spezifische Betrachtungsperiode, welche weder zu kurz- noch zu langfristig gewählt werden sollte. Zudem sollte die Betrachtungsperiode repräsentativ für den Betrieb sein. In diesem Kontext eignet sich bspw. das Jahr 2021, welches durch die Covid-19-Pandemie als Krisenjahr gilt, nicht als repräsentative Betrachtungsperiode bei der Werterhebung zur langfristigen Auslegung der Wertschöpfung. Im Zuge der Repräsentativität sollten saisonale respektive zyklische Schwankungen der Nachfrage und Kapazitäten durch eine geschickte Wahl der Betrachtungsperiode exkludiert werden. Gleichzeitig sollten langfristige Trends dennoch berücksichtigt werden. Zudem sollte zwischen Erhebung und Auswertung der Daten eine möglichst kurze Zeitspanne liegen, um insbesondere in Bezug auf zeitpunktbezogene und veränderliche Werte eine hohe Aussagekraft sicherzustellen.[572] Die im vorliegenden Methodikschritt aufgeführten Kennzahlen können alle den Verhältniskennzahlen zugeordnet werden und verknüpfen dementsprechend mehrere Werte in einer mathematischen Formel miteinander. Zur Berechnung der Kennzahlen müssen daher zunächst die einzelnen Werte erhoben werden.

Zusätzlich zur kennzahlenbasierten Analyse der internen Leistungsfähigkeit soll in zweiter Instanz eine Prozessmodellierung hinzugezogen werden. Durch Anwendung der Prozessmodellierung soll ein besseres Verständnis über die eigenen Prozesse sowie deren Zusammenhänge etabliert werden. So sollen Schwachstellen entlang der gesamten Auftragsabwicklung eines Werkzeugbaubetriebs identifiziert und lokalisiert werden. Für die Durchführung der Prozessmodellierung wird eine anforderungsgerechte Prozessmodellierungssprache benötigt. Da die Prozessmodellierungssprache aixperanto speziell für die Anwendung in der Einzel- und Kleinserienfertigung konzipiert ist, besteht eine hohe Eignung hinsichtlich der werkzeugbauspezifischen Rahmenbedingungen.[573] Zudem weist aixperanto im

[572] Vgl. Kuhlmann (Geschäftsprozesse im industriellen Werkzeugbau), 2011, S. 108.
[573] Vgl. Hensen (Auslegung industrieller Werkzeugbaubetriebe), 2017, S. 179.

Vergleich zu anderen Prozessmodellierungssprachen einen hohen Erfüllungsgrad hinsichtlich allgemeiner Bewertungskriterien auf.[574] Da weiterhin verschiedene Autoren, wie bspw. KUHLMANN[575], KÜHN[576] und HENSEN[577], aixperanto für die Prozessmodellierung in der Branche Werkzeugbau verwenden, soll diese Prozessmodellierungssprache auch für die vorliegende Arbeit als Hilfsmittel zur Analyse der internen Leistungsfähigkeit dienen. Die Methode zur Prozessmodellierung orientiert sich an der Vorgehensweise nach KUHLMANN, welcher die Modellierung sukzessive anhand von drei Betrachtungsebenen mit zunehmendem Detailgrad vornimmt:[578]

- Modellierung der Auftragsabwicklungsebene
- Modellierung der Hauptprozessebene
- Modellierung der Prozessschrittebene

Durch die sukzessive Detaillierung und das sequenzielle Vorgehen wird den befragten Mitarbeitenden die schrittweise Abstraktion der Prozesse erleichtert. Dies ist notwendig, um die tatsächlichen Prozesse vollständig in die Modellierung einzubeziehen, anstatt idealisierte Prozesse unvollständig darzustellen.[579] Analog zu den vorab vorgestellten Kennzahlen orientiert sich auch die Prozessmodellierung an den Hauptprozessen respektive Funktionalbereichen des Werkzeugbaus. Somit sind die abgebildeten Hauptprozesse ebenfalls als exemplarisch zu verstehen und können je nach Bedarf unternehmensindividuell angepasst werden. Es gilt zu berücksichtigen, dass bei der Bearbeitung der verschiedenen Auftragsarten im Werkzeugbau nicht zwangsläufig sämtliche Hauptprozesse durchlaufen und die entsprechenden funktionalen Einheiten beansprucht werden. Folglich ist die Prozessmodellierung für jede Auftragsart separat durchzuführen, um in Summe den gesamten Auftragsabwicklungsprozess aufzunehmen und bewerten zu können. Dies bildet die Grundlage für die anschließende Ableitung von leistungsfähigeren Soll-Prozessen aus den bestehenden Ist-Prozessen. Im Zuge der digitalen Vernetzung der Wertschöpfung soll im Rahmen der Prozessmodellierung zudem ein besonderer Fokus auf den Digitalisierungsgrad der einzelnen Prozesse gelegt werden. Dies umfasst den Einsatz von digitalen Hilfsmitteln und Systemen, Medienbrüche zwischen solchen sowie die Verfügbarkeit und Nutzung von Daten entlang der Prozesse. Die Detaillierungsebenen sowie das Vorgehen zur Prozessmodellierung sind anhand einer exemplarischen Darstellung mit aixperanto in der nachfolgenden Abbildung 73 dargestellt.

[574] Vgl. Kuhlmann (Geschäftsprozesse im industriellen Werkzeugbau), 2011, S. 115.
[575] Vgl. Kuhlmann (Geschäftsprozesse im industriellen Werkzeugbau), 2011, S. 115.
[576] Vgl. Kühn (Leistungssysteme im Werkzeugbau), 2016, S. 164.
[577] Vgl. Hensen (Auslegung industrieller Werkzeugbaubetriebe), 2017, S. 179.
[578] Vgl. Kuhlmann (Geschäftsprozesse im industriellen Werkzeugbau), 2011, S. 116-117.
[579] Vgl. Kuhlmann (Geschäftsprozesse im industriellen Werkzeugbau), 2011, S. 117.

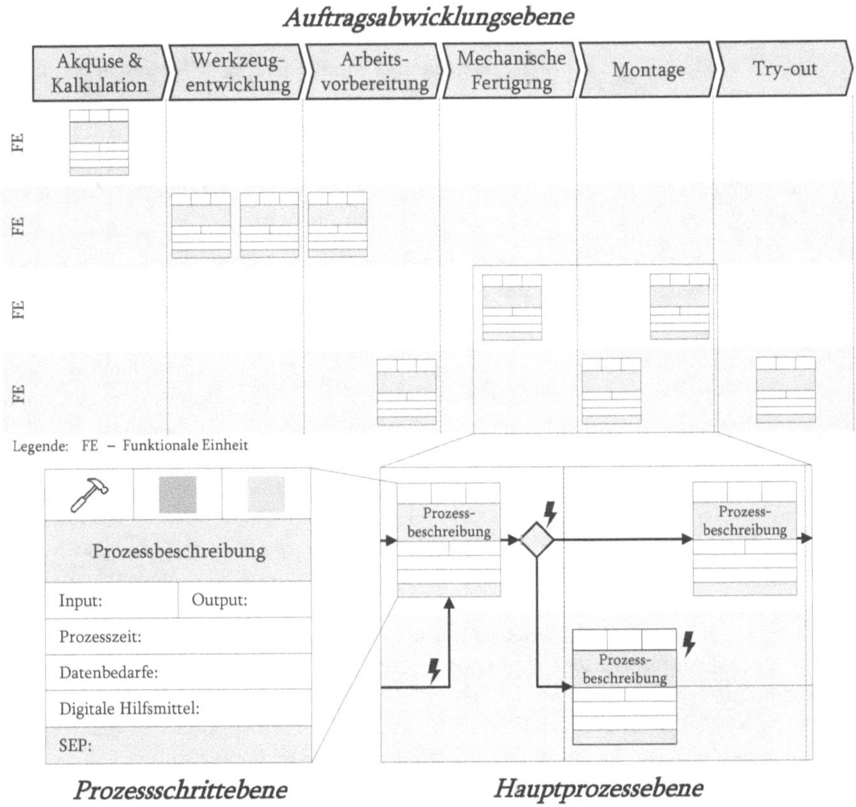

Abbildung 73: Exemplarische Prozessmodellierung der Detaillierungsebenen[580]

Zu Beginn erfolgt die Prozessmodellierung auf der Ebene mit dem geringsten Detaillierungsgrad, der Auftragsabwicklungsebene. Dabei werden die einzelnen Prozessschritte entsprechend ihrer Reihenfolge entlang der definierten Hauptprozesse angeordnet und anhand der „Swimlanes" den verschiedenen funktionalen Einheiten des Werkzeugbaus zugeordnet. Im Beispiel werden also der zweiten funktionalen Einheit drei Prozessschritte zugeordnet, von denen zwei bei der Werkzeugentwicklung und einer in der Arbeitsvorbereitung stattfinden. Weiterhin sollten verschiedene Meilensteine formuliert werden, die mit Durchlauf der entsprechenden Hauptprozesse erreicht werden. Hierdurch werden die Strukturierung und Einordnung der Prozessschritte für die Anwender erleichtert. Im Anschluss erfolgt die Betrachtung der Hauptprozessebene. Gegenüber der Betrachtung der Auftragsabwicklungsebene ist die Auflösung der Prozessmodellierung hierbei erhöht und es werden einzelne Prozessschritte in Relation zueinander gesetzt. Die Verbindungen zwischen den einzelnen Prozessschritten repräsentieren Materialflüsse, bspw. Rohmaterial oder zu montierende Bauteile, und Informationsflüsse, bspw. ein erstelltes NC-Programm

[580] Eigene Darstellung.

oder ein im Try-out dokumentierter Fehler. Prozessschritte können entweder in direkter Verbindung stehen oder durch Operatoren der logischen Verknüpfung in Relation zueinander gesetzt werden. Die Visualisierung der Material- und Informationsflüsse im Prozessplan ermöglicht die Identifikation von Regelkreisen, anhand derer Schwachstellen und Ineffizienzen festgestellt werden können. Exemplarisch hierfür können überflüssige Zwischenschritte oder willkürliche bzw. fehlende Informationsweitergaben aufgeführt werden. Lokalisierte Schwachstellen und Ineffizienzen werden anhand von Blitzen, sogenannten Kaizen-Blitzen, im Prozessplan abgebildet. Abschließend wird die Prozessmodellierung auf Prozessschrittebene mit dem feinsten Detaillierungsgrad durchgeführt. Dabei werden die Prozesselemente anhand von verschiedenen Eigenschaften detailliert charakterisiert und im Prozessplan eingetragen. Im Feld der oberen linken Ecke indiziert ein Symbol die Prozessart, welche zwischen prüfenden, dokumentierenden, informationsverarbeitenden, planenden, bearbeitenden und steuernden Prozessschritten unterscheidet. Das obere mittlere respektive rechte Feld des Prozesselements bildet den Wertschöpfungs- respektive Standardisierungsgrad anhand einer Ampellogik ab. Diese reicht von wertschöpfend bzw. standardisiert (grün) über bedingt wertschöpfend bzw. teilweise standardisiert (gelb) bis hin zu verschwenderisch bzw. nicht standardisiert (rot). Für die Auslegung der Soll-Prozesse wird ein hoher Wertschöpfungsgrad durch Vermeidung von Verschwendung, Minimierung von indirekter Wertschöpfung und Optimierung von direkter Wertschöpfung angestrebt. Weiterhin sollte für die allgemeine Effizienzsteigerung ein hoher Standardisierungsgrad erreicht werden. Weitere Eigenschaften zur Charakterisierung der Prozesselemente nach aixperanto sind physische In- und Outputs, Prozesszeit, Datenbedarfe und digitale Hilfsmittel. Diese sind im Kontext der vorliegenden Arbeit am unteren Ende des Prozesselements zudem um die SEP ergänzt, um solche SEP zu vermerken, auf die der Prozessschritt einen außerordentlichen Einfluss besitzt. Dies muss jedoch nicht zwangsläufig gegeben sein, sodass sowohl ein Freilassen aber auch Mehrfacheinträge zulässig sind.

In der Praxis erfolgt die Prozessmodellierung mittels aixperanto anhand von kollaborativen Workshops mit Mitarbeitenden des zu analysierenden Werkzeugbaus. Bei der Zusammenstellung der einbezogenen Personengruppen ist sicherzustellen, dass diese entsprechend der zu modellierenden Detaillierungsebene definiert werden. So sollten für Prozessmodellierungsebenen mit geringer Auflösung tendenziell Wissensträger, wie bspw. Führungskräfte, einbezogen werden, da diese zumeist eine bessere Übersicht des gesamten Betriebs und ein höheres Abstraktionsvermögen aufweisen. Für die Prozessmodellierung mit hoher Auflösung und hohem Detaillierungsgrad sollten demgegenüber insbesondere operative Mitarbeitende einbezogen werden. Diese besitzen zumeist ein detaillierteres Verständnis über die tatsächlich praktizierten Prozesse im Zuge der Auftragsabwicklung. Das Gesamtvorgehen der Prozessmodellierung ist iterativ, wodurch der Prozessplan immer wieder anhand der verschiedenen Perspektiven der Mitarbeitenden überarbeitet und optimiert wird. Letztendlich soll so eine realistische Abbildung der Ist-Prozesse sichergestellt und die Lokalisierung von Schwachstellen und Ineffizienzen ermöglicht werden.

V.1.1.4 Methodikschritt A3: Analyse des digitalen Reifegrads

Neben der allgemeinen Leistungsfähigkeit eines Werkzeugbaubetriebs, welche im vorausgehenden Methodikschritt A2 anhand von Kennzahlen und Prozessmodellierung ermittelt wird, birgt auch der Status quo in Bezug auf die digitale Vernetzung der Wertschöpfung Möglichkeiten zur Potenzialgenerierung. Im Zuge der Transformation zu einem angestrebten Zielzustand der digitalen Vernetzung können Defizite in gewissen Bereichen, Prozessen oder funktionalen Einheiten behoben oder vollkommen neue Potenziale realisiert werden. Die digitale Reife eines Werkzeugbaubetriebs kann daher, je nach Ausprägung, als Stärke respektive Schwäche benannt werden, wobei unterschiedliche Reifegrade in den einzelnen funktionalen Einheiten vorhanden sein können.

Die systematische Analyse des digitalen Reifegrads erfordert eine Quantifizierbarkeit der verschiedenen Ausprägungsstufen. Hierfür eignen sich bspw. die Reifegradstufen der Industrie 4.0 nach SCHUH ET AL.[581], welche die digitale Reife anhand von sechs voneinander abgrenzbaren Ausprägungen klassifizieren. Dabei beschreiben die ersten beiden Stufen, Computerisierung und Konnektivität, die Digitalisierung und sind somit als grundlegende Voraussetzung der digitalen Vernetzung anzusehen. Da die deutsche Branche Werkzeugbau nicht als vollständig digitalisiert betrachtet werden kann, ist eine Berücksichtigung der ersten beiden Stufen aus der dritten industriellen Revolution für die Analyse und Bewertung des digitalen Reifegrads erforderlich. Auf die Computerisierung und Konnektivität folgen mit Sichtbarkeit, Transparenz, Prognosefähigkeit und Selbstoptimierung die vier Reifegradstufen der Industrie 4.0.[582] Diese gilt es durch eine bedarfsgerechte Transformation zum digital vernetzten Werkzeugbau zu realisieren.

Die Analyse des digitalen Reifegrads erfolgt ebenfalls systematisch anhand der Hauptprozesse respektive Funktionalbereiche im Werkzeugbau. Hierdurch soll eine Parallelität der Bewertungsdimensionen im Vergleich zur Analyse der Leistungsfähigkeit gewährleistet werden. Für die Einordnung der Hauptprozesse anhand des digitalen Reifegrads wird ein spezifischer Bewertungsmaßstab benötigt. Ein exemplarischer Bewertungsmaßstab mit den verschiedenen Ausprägungsstufen je Hauptprozess kann der nachfolgenden Abbildung 74 entnommen werden.

---

[581] Vgl. Schuh et al. (Industrie 4.0 Maturity Index), 2020, S. 18.
[582] Vgl. Kapitel II.1.2.2

	Computerisierung	*Konnektivität*	*Sichtbarkeit*	*Transparenz*	*Prognosefähigkeit*	*Selbstoptimierung*
A&K	Digitale Systeme für den Auftragseingang und zur Dokumentation von Aufwänden	Digitale Erfassung verursachter Aufwände entlang der generischen Prozesskette	Analyse und Visualisierung von terminierten Aufträgen und deren Aufwänden	Systematisierung ähnlicher Aufträge anhand der abgeleiteten Aufwandsstrukturen	Prognose über benötigte Aufwände zu eingehenden Aufträgen	Automatisiertes und autonom lernendes System zur Aufwandskalkulation
WE	Digitale Konstruktion mittels CAD	Digitale Verknüpfung zur Übermittlung von CAD-Modellen	Integration von Toleranzen und fertigungsrelevanten Informationen im CAD-Modell	Papierlose Fertigung durch digitale Zeichnungsdarstellung	Automatisierte Generierung von 2D-Zeichnungen aus CAD-Modellen	Autonome Konstruktion von Werkzeugen
AV	Digitale Terminplanung und NC-Programmierung	Verknüpfung von Kapazitäten der Hauptprozesse und Import von CAD-Modellen ins CAM-System	Digitale Darstellung der Terminplanung für Mitarbeiter und maschinenunabhängiger Postprozessor	Auftragsdarstellung mit Lagerorten und Fristigkeiten und CAM-System mit Maschinensimulation	Antizipation von Kapazitätsengpässen und Teilautomatisierte CAM-Generierung	Autonome Terminpriorisierung in Echtzeit und automatisierte CAM-Generierung
MF	Einsatz von CNC-Werkzeugmaschinen in der Fertigung	CAM und digitale Verknüpfung zur Übermittlung von NC-Programmen	Automatische Erkennung von Fertigungsfehlern und Erfassung von Werkzeugparametern	Echtzeitkontrolle zu definierten Grenzwerten und Warnung bei Abweichungen	Analyse der Werkzeugparameter und Predictive Maintenance	Selbstregelung der CNC-Werkzeugmaschinen und Prozessoptimierung in Echtzeit
Montage	Digitale Darstellung von CAD-Modellen	Digitale Verknüpfung mit der Konstruktion zur Übermittlung der CAD-Modelle	Darstellung von auftragsspezifischen Einbauvorgaben	Prozessbegleitende Visualisierung der einzelnen Montageschritte	Vorgaben zu folgenden Montageschritten mit Handlungsempfehlungen und Problemhinweisen	Einbindung von kollaborativer und autonom agierender Robotik
Try-out	Digitale Beschreibung von Prüfumfängen	Digitale Verknüpfung für Vorgaben zu auftragsspezifischen Prüfumfängen	Digitale Dokumentation von Try-out Ergebnissen	Aufbereitung der Try-out Ergebnisse und Untersuchung der Fehlerhäufigkeit	Analysen zur Ableitung häufiger Fehlerursachen	Indikation in vorgelagerten Hauptprozessen zur Fehlervermeidung

Industrie 3.0 ←→ *Industrie 4.0*

Abbildung 74: Exemplarischer Bewertungsmaßstab des digitalen Reifegrads[583]

Zwischen den aufgeführten Übergängen der Ausprägungsstufen der einzelnen Reifegradstufen existieren keine klar definierten Grenzen, sodass diese als fließend zu betrachten sind. Exemplarisch kann so innerhalb der AV bereits ein höherer digitaler Fortschritt hinsichtlich eines teilautomatisierten CAM-System vorhanden sein (Prognosefähigkeit). Gleichzeitig kann die Termin- und Kapazitätsplanung jedoch in großen Teilen noch analog erfolgen bzw. lediglich manuell in Computer eingetragen werden (Computerisierung). In solchen Fällen ist es erforderlich, den digitalen Reifegrad für den spezifischen Hauptprozess respektive Funktionalbereich anteilig zu ermitteln. Für das aufgeführte Beispiel der AV bedeutet dies, dass bei gleicher Gewichtung von NC-Programmierung sowie Termin- und Kapazitätsplanung, die Sichtbarkeit als digitaler Reifegrad gewählt werden sollte. Die definierten Ausprägungen dienen zur Schaffung einer einheitlichen Struktur für die systematische Ermittlung des digitalen Reifegrads entlang der Funktionalbereiche.

Dennoch liegt es im Ermessen des anwendenden Betriebs, die Rahmenbedingungen individuell auszulegen und zu bewerten. Dies ist insbesondere dann erforderlich, wenn initial andere Funktionalbereiche für den Werkzeugbaubetrieb definiert wurden. Sobald die Ermittlung der digitalen Reifegrade für alle Funktionalbereiche und die korrespondierenden Hauptprozesse abgeschlossen ist, können die Ergebnisse in ein entsprechendes Diagramm

[583] Eigene Darstellung.

oder eine Tabelle überführt werden. In der nachfolgenden Abbildung 75 ist die Bewertung der digitalen Reifegrade exemplarisch entlang der Hauptprozesse der Funktionalbereiche eines fiktiven Werkzeugbaubetriebs visualisiert.

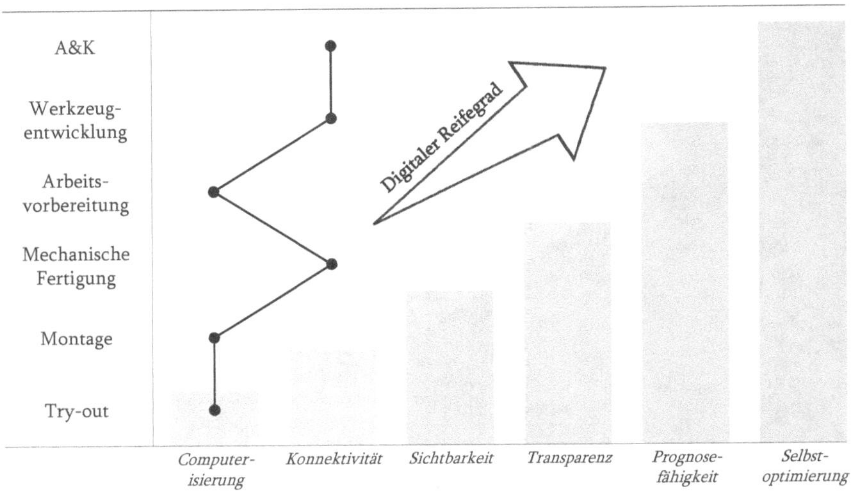

Abbildung 75: Digitales Reifegradprofil in den Hauptprozessen der Funktionalbereiche[584]

Weiterhin existieren Aspekte der digitalen Reife, welche keinem der Hauptprozesse in den Funktionalbereichen eindeutig zugewiesen werden können. Um jedoch auch diese Aspekte in die Reifegradbewertung zu integrieren und sicherzustellen, dass alle relevanten Wertschöpfungsdimensionen (Ressource, Prozess, Organisation) hinreichend berücksichtigt werden, werden sie mithilfe der fünf prozessübergreifenden Elemente systematisiert. Neben der Einstufung der Hauptprozesse in den Funktionalbereichen, welche primär die Wertschöpfungsdimension Prozess adressiert, soll anhand der weiteren prozessübergreifenden Elemente die digitale Reife der Wertschöpfungsdimensionen Ressource und Organisation analysiert werden. Dadurch sollen weitere Potenziale für die zielgerichtete Transformation zum digital vernetzten Werkzeugbau identifiziert werden. Die prozessübergreifenden Elemente setzen sich aus zwei differierenden Kategorien zusammen:[585]

- *Transformierbare Elemente* – Diese werden durch den Wandlungsprozess der digitalen Transformation tatsächlich transformiert und umfassen die drei Elemente Hardwaresysteme, Softwaresysteme sowie Informationen und Dokumente.
- *Befähigende Elemente* – Diese bilden die Grundlage zur digitalen Transformation der übrigen Elemente sowie der Funktionalbereiche mit ihren Hauptprozessen und umfassen die beiden Elemente Infrastruktur sowie Organisationsstruktur.

Durch die Heterogenität der prozessübergreifenden Elemente ist ein quantitatives Vorgehen zur Bewertung, wie die systematisierten Ausprägungsstufen des Reifegradmodells der

[584] Eigene Darstellung.
[585] Vgl. Kapitel V.1.1.1

Industrie 4.0, weniger geeignet. Es ist zu erwarten, dass bei quantitativer Bewertung teils große Inhomogenitäten der digitalen Reife innerhalb eines prozessübergreifenden Elements resultieren. Exemplarisch kann die digitale Reife der prozessübergreifenden Informationen und Dokumente in Bezug auf Daten der Mitarbeitenden durch ein ERP-System vollständig digitalisiert und vernetzt sein, während die Abfrage eines Auftragsstatus lediglich analog und verbal erfolgen kann. Dementsprechend wird zur Bewertung der prozessübergreifenden Elemente eine qualitative Skala verwendet, welche die elementspezifische digitale Reife anhand der Ausprägungen analog, digitalisiert und digital vernetzt abbildet. Um jedoch weiterhin eine möglichst hohe Präzision zu gewährleisten, wird auf eine Darstellung in Form qualitativer Box-Plots zurückgegriffen. In diesen werden qualitativ Maximum, Minimum sowie Median des betrachteten Elements aufgetragen sowie der Bereich markiert, welcher elementspezifisch den Großteil der bestehenden digitalen Reife umfasst. Eine exemplarische Bewertung der digitalen Reife der prozessübergreifenden Elemente ist in der nachfolgenden Abbildung 76 dargestellt.

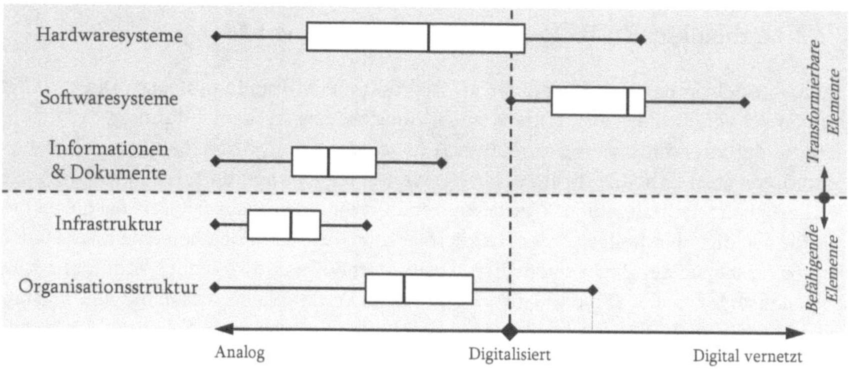

Abbildung 76: Digitale Reifegradbewertung der prozessübergreifenden Elemente[586]

Die Übergänge der drei Ausprägungen analog, digitalisiert und digital vernetzt sind stufenlos. Für das Element der Hardwaresysteme, zu dem unter anderem der Maschinenpark zählt, erlaubt die Box-Plot-Darstellung folgende Rückschlüsse: Es existiert mindestens eine Maschine, die in eine digital vernetzte Umgebung integriert werden kann. Diese stellt das Maximum des Box-Plots dar. Jedoch ist ebenso mindestens eine Maschine in Verwendung, die als analog eingestuft wird. Die NC-Programmierung erfolgt bspw. an dieser Maschine selbst und Schnittstellen für einen Kommunikations- und Informationsaustausch sind nicht vorgesehen. Insgesamt ist das Element Hardwaresysteme in der Übergangsphase von analog zu digitalisiert, sodass die Box bis in das digitalisierte Spektrum reicht, der Durchschnitt über das gesamte Element jedoch überwiegend im Bereich zwischen analog und digitalisiert liegt. Zur korrekten Bewertung aller prozessübergreifenden Elemente ist es erforderlich, die beiden Kategorien zu unterscheiden. Da die transformierbaren Elemente tatsächlich eine digitale Transformation erfahren, muss hier betrachtet werden, ob das Segment bereits hinreichend digitalisiert respektive digital vernetzt ist. Grundlage dessen stellen die befähigenden Elemente dar, bei deren Bewertung hinterfragt werden sollte, ob das Element

586 Eigene Darstellung.

bereits hinreichend zur Digitalisierung respektive digitalen Vernetzung befähigt. In Ergänzung zur prozessorientierten Reifegradbewertung schafft die Bewertung der einzelnen prozessübergreifenden Elemente ein besseres Verständnis über die gesamte digitale Reife im betrachteten Werkzeugbaubetrieb.

V.1.1.5 Methodikschritt A: Ergebnisse

Die Ergebnisse des ersten Methodikschritts zur internen Analyse innerhalb der Methodik für die systematische Transformation zur digital vernetzten Wertschöpfung im Werkzeugbau bilden:

- Definierte Funktionalbereiche zur Strukturierung der Organisation
- Identifizierte Potenzialbereiche zur Optimierung der internen Leistungsfähigkeit
- Ermittelte digitale Reife in den Funktionalbereichen und prozessübergreifenden Elementen

V.1.2 Methodikschritt B: Aggregation der Handlungsfelder

Der zweite Schritt der Methodik dient zur Aggregation der Handlungsfelder. Diese erfolgt im Rahmen von zwei Detailschritten, wobei zunächst eine Zusammenführung der Ergebnisse aus der internen Analyse von Schritt A stattfindet. Dazu wird anhand der erhobenen Kennzahlen aus Methodikschritt A2 ein Benchmarking durchgeführt und der betrachtete Werkzeugbau relativ zu seinem Wettbewerbsumfeld eingeordnet. Analog erfolgt dies ebenfalls für den digitalen Reifegrad der Hauptprozesse in den Funktionalbereichen. Zusätzlich wird basierend auf der Prozessmodellierung aus Methodikschritt A2 eine Verbindung zwischen den angestrebten SEP des Betriebs und seinen Funktionalbereichen mit den zugrundeliegenden Hauptprozessen hergestellt. Anschließend erfolgt eine Ableitung der Handlungsfelder auf Basis der Ergebnisse der internen Analyse, welche gleichzeitig den Abschluss der Analysephase darstellt. In diesem Kontext werden nachfolgend zunächst die Grundlagen in Bezug auf Benchmarking, Kennzahlennormierung und SEP betrachtet.

V.1.2.1 Methodikschritt B: Grundlagen

Im Rahmen von Kapitel V.1.1.1 wurden Kennzahlen als fundierte Ausgangsbasis für einen Vergleich der Leistungsfähigkeit eingeführt. Dieser Vergleich von Unternehmen mit führenden Wettbewerbern der betreffenden Branche erlaubt die Ableitung von Stärken und Schwächen und wird auch als Benchmarking bezeichnet.[587] Dem Verständnis von CAMP folgend stellt das Benchmarking „eine kontinuierliche, systematische Suche nach verbesserten Lösungen für Produkte, Serviceleistungen oder Arbeitsprozesse" dar.[588] Grundsätzlich können internes und externes Benchmarking sowie zwei weitere Unterarten differenziert werden.[589] Die nachfolgende Abbildung 77 fasst die verschiedenen Arten des Benchmarkings zusammen.

[587] Vgl. Weber; Wertz (Benchmarking), 1999, S. 12-13.
[588] Vgl. Camp (Benchmarking), 1994, S. 27.
[589] Vgl. Camp (Benchmarking), 1994, S. 79.

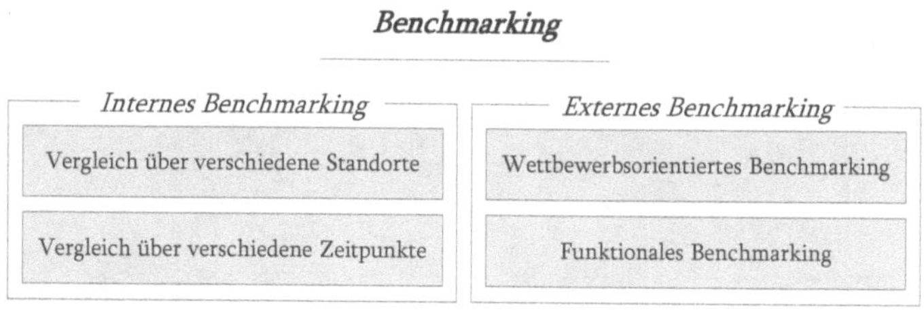

Abbildung 77: Übersicht zu den Arten des Benchmarkings[590]

Während ein internes Benchmarking einen Vergleich zwischen zwei verschiedenen Zeitpunkten oder Standorten innerhalb eines Unternehmens ermöglicht, wird beim externen Benchmarking zwischen einer wettbewerbsorientierten und einer funktionalen Variante unterschieden. Der wettbewerbsorientierte Vergleich umfasst dabei lediglich die eigene Branche des betrachteten Unternehmens, während im Rahmen des funktionalen Benchmarkings auch branchenübergreifende Vergleiche erfolgen können.[591]

Zur Sicherstellung der Vergleichbarkeit zwischen den Kennzahlen eines Benchmarkings ist eine Normierung der Kennzahlen erforderlich. Die Kennzahlen werden dabei von ihren Einheiten losgelöst und relativ zu den betrachteten Vergleichsgruppen, meist Branchendurchschnitt und Best-in-Class Unternehmen, einer dimensionslosen Skala zugeordnet.[592] Aufgrund der besseren Vergleichbarkeit und Interpretierbarkeit resultiert dies in einem verbesserten Verständnis über die relative Positionierung des eigenen Unternehmens gegenüber den ausgewählten Vergleichsgruppen. Das Schema zur Normierung der Kennzahlen ist mitsamt der erforderlichen Berechnungsvorschriften in der nachfolgenden Abbildung 78 aufgeführt.

[590] I. A. a. Camp (Benchmarking), 1994, S. 77;
Bilsing (Technologische Leistungsfähigkeit), 2007, S. 16;
Kühn (Leistungssysteme im Werkzeugbau), 2016, S. 116.

[591] Vgl. Camp (Benchmarking), 1994, S. 79.

[592] Vgl. Kühn (Leistungssysteme im Werkzeugbau), 2016, S. 122-123.

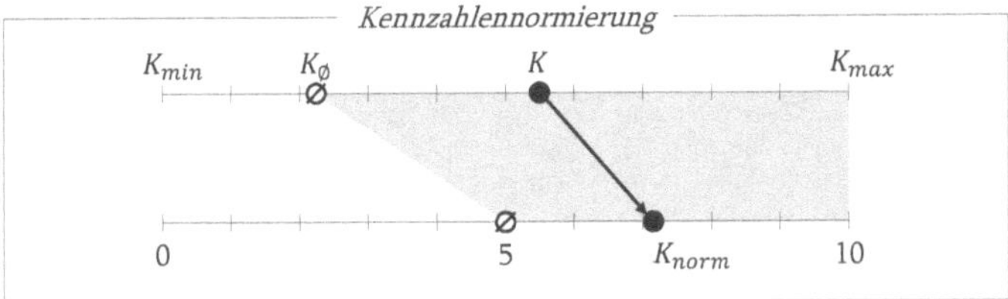

Für $K_{max} = Benchmark$ und $K > K_{\emptyset}$

$$K_{norm} = 10 - 5 \times \frac{K_{max} - K}{K_{max} - K_{\emptyset}}$$

Für $K_{max} = Benchmark$ und $K < K_{\emptyset}$

$$K_{norm} = 5 \times \frac{K - K_{min}}{K_{\emptyset} - K_{min}}$$

Für $K_{min} = Benchmark$ und $K > K_{\emptyset}$

$$K_{norm} = 5 \times \frac{K_{max} - K}{K_{max} - K_{\emptyset}}$$

Für $K_{min} = Benchmark$ und $K < K_{\emptyset}$

$$K_{norm} = 10 - 5 \times \frac{K - K_{min}}{K_{\emptyset} - K_{min}}$$

Abbildung 78: Schema zur Normierung der Kennzahlen[593]

Zur Normierung der Kennzahlen werden zunächst die erhobenen Werte aller im Benchmarking berücksichtigen Unternehmen auf einer kennzahlenspezifischen Skala angeordnet. Die Grenzen dieser Skala werden über die Kennzahlenwerte der Unternehmen mit dem geringsten Wert (K_{min}) respektive dem höchsten Wert (K_{max}) definiert. Weiterhin werden die Kennzahlenwerte des betrachteten Unternehmens (K) sowie des Branchendurchschnitts ($K_{\emptyset}$) je Kennzahl eingetragen. Durch die Normierung der Kennzahlen wird jeder Kennzahlenwert des betrachteten Unternehmens (K) zu seiner normierten Darstellung (K_{norm}) transformiert. Die Normierung erfolgt auf einer Skala, die vom nachteilhaftesten Kennzahlenwert des Benchmarkings, welcher den Wert null annimmt, bis zum vorteilhaftesten Kennzahlenwert des Benchmarkings, der den Wert zehn annimmt, reicht. Der Branchendurchschnitt ($K_{\emptyset}$) nimmt auf der normierten Skala stets den Wert fünf an.[594] Die Transformation der Kennzahlen erfolgt anhand der in Abbildung 78 dargestellten Berechnungsvorschriften. Im Schema ist die Normierung der Kennzahlen für den exemplarischen Fall eines überdurchschnittlichen Unternehmenswerts mit einem möglichst hohen Kennzahlenwert als Benchmark dargestellt.

Die Identifizierung von strategischen Erfolgspositionen (SEP) stellt eine elementare Zielsetzung in der Analysephase des strategischen Managements dar.[595] SEP beschreiben Marktpositionierungen, anhand derer die innehabenden Unternehmen vorteilhafte Differenzierungen gegenüber seinen Wettbewerbern realisieren können. Aufgrund ihrer externen Orientierung an Kunden und Markt entsprechen SEP daher der marktorientierten Sichtweise, in der englischsprachigen Literatur auch als Market-based View (MBV) betitelt.[596]

593 Vgl. Kühn (Leistungssysteme im Werkzeugbau), 2016, S. 123.
594 Vgl. Kühn (Leistungssysteme im Werkzeugbau), 2016, S. 122-123.
595 Vgl. Kapitel II.3.2;
Gälweiler; Malik (Strategische Unternehmensführung), 2005, S. 23-24.
596 Vgl. Pümpin (Strategische Erfolgspositionen), 1992, S. 28;
Schuh; Kampker (Strategie und Management), 2011, S. 109-111.

Innerhalb der strategischen Erfolgspositionen können drei verschiedene Kategorien differenziert werden, die überwiegend die Orientierung der SEP widerspiegeln:[597]

- Leistungsbezogene SEP befähigen zur Realisierung von Leistungen, die den Bedürfnissen der Kunden in Bezug auf Qualität und Kosten gerecht werden.
- Funktionale SEP fokussieren den Aufbau einer überlegenen Durchführung spezifischer interner Funktionen.
- Marktbezogene SEP spiegeln die Marktperspektive wider und erzielen Erfolge durch eine außerordentliche Stellung des Unternehmens im Marktumfeld.

Gegenüber den SEP umfassen strategische Erfolgspotenziale die Voraussetzungen, die von einem Unternehmen geschaffen werden müssen, um die spezifischen SEP besetzen zu können. Formuliert ein Unternehmen die Erreichung einer konkreten SEP als Ziel, so wird dies durch die Identifizierung und Umsetzung eines strategischen Erfolgspotenzials erreicht. Dies erfolgt durch die zielgerichtete Kombination von Ressourcen und Kompetenzen, weshalb auch von der ressourcenorientierten Sichtweise respektive dem Ressource-based View (RBV) gesprochen wird.[598] In diesem Kontext können die angestrebten SEP eines Werkzeugbaubetriebs als bekannt vorausgesetzt werden, da sich das fundamentale strategische Leitbild des Betriebs durch die angestrebte digitale Vernetzung der Wertschöpfung nicht verändert.[599] Die zur Realisierung dieses Zielzustands erforderlichen Transformationsstrategien bzw. digitalen Funktionsprogramme müssen sich mithin nahtlos in das strategische Leitbild eines Betriebs eingliedern.

V.1.2.2 Methodikschritt B1: Zusammenführung der Ergebnisse

Die Aggregation der Handlungsfelder aus den initialen Analysen erfordert es, die verschiedenen Ergebnisse zusammenzuführen und interpretierbar zu gestalten. Zur objektiven und nachvollziehbaren Bewertung der Stärken und Potenziale eines Betriebs eignet sich ein externes Benchmarking der Leistungsfähigkeit. Dieses erlaubt eine kennzahlenbasierte Bewertung relativ zu den Kennzahlen anderer Unternehmen.[600] Da die Kennzahlen werkzeugbauspezifisch definiert sind, ist das wettbewerbsorientierte Benchmarking zu präferieren. Für eine möglichst repräsentative Abbildung der Branche Werkzeugbau werden mithin Kennzahlenwerte über den Querschnitt der Branche benötigt. Dementsprechend sollten sowohl sehr leistungsfähige als auch tendenziell leistungsschwächere Betriebe im Benchmarking vertreten sein. Ferner sollten Betriebe gewählt werden, deren Hauptprozessstrukturen und Produktspektren ähnlich zu denen des eigenen Werkzeugbaubetriebs sind. Zur Sicherstellung einer Vergleichbarkeit des Benchmarkings müssen zunächst die verschiedenen erhobenen Kennzahlenwerte des betrachteten Betriebs aus Methodikschritt A2 unter Zuhilfenahme der Kennzahlenwerte des Wettbewerbs normiert werden. Die Normierung folgt dabei dem beschriebenen Schema.

---

[597] Vgl. Michel; Pifko (Marketingkonzept), 2012, S. 62-63;
Kühn (Leistungssysteme im Werkzeugbau), 2016, S. 105-106.

[598] Vgl. Gälweiler; Malik (Strategische Unternehmensführung), 2005, S. 24;
Schuh; Kampker (Strategie und Management), 2011, S. 109-111.

[599] Vgl. Kapitel II.1

[600] Vgl. Kühn (Leistungssysteme im Werkzeugbau), 2016, S. 122.

Im Anschluss an die Normierung der 18 im Rahmen von Methodikschritt A2 exemplarisch definierten Kennzahlen erfolgt die Zusammenführung der Kennzahlen. Diese wird für jeden Funktionalbereich sowie die korrespondieren Hauptprozesse separat durchgeführt, indem die diesen zugeordneten und normierten Kennzahlen (K_{xi}) aufsummiert und anschließend erneut in Relation zur definierten Skala normiert werden. Das Schema für die Zusammenführung der Kennzahlen für die einzelnen Funktionalbereiche kann der nachfolgenden Abbildung 79 entnommen werden.

$$IL_x = \frac{K_{x1} + K_{x2} + K_{x3}}{3}$$

Interne Leistungsfähigkeit IL_x für Funktionalbereich x aus seinen drei normierten Kennzahlen K_{xi}

Abbildung 79: Schema zur Zusammenführung der Kennzahlen[601]

Ergebnis der zusammengeführten Kennzahlen ist die normierte interne Leistungsfähigkeit eines Funktionalbereichs und der korrespondierenden Hauptprozesse relativ zum Wettbewerb (IL_x) auf einer Skala von null bis zehn. Der Wert null entspricht dabei weiterhin dem nachteilhaftesten erreichbaren Wert im Benchmarking bzw. zehn dem vorteilhaftesten. Da ein Betrieb nicht zwangsweise hinsichtlich aller drei Kennzahlen eines Funktionalbereichs die schlechtesten bzw. besten Kennzahlenwerte aufweist, werden die Werte null und zehn nicht uneingeschränkt erreicht. Für den betrachteten Betrieb ergibt sich, dass eine interne Leistungsfähigkeit von fünf oder höher eine überdurchschnittliche Leistungsfähigkeit darstellt, während ein geringerer Wert als fünf entsprechend als unterdurchschnittlich gilt.

Im Anschluss an die Analyse der Leistungsfähigkeit wird im Rahmen von Methodikschritt A3 der digitale Reifegrad des betrachteten Werkzeugbaubetriebs ermittelt. Analog zur Bewertung der internen Leistungsfähigkeit bietet sich auch hierbei ein externes Benchmarking des digitalen Reifegrads an, um die relative Position des betrachteten Betriebs in der Branche Werkzeugbau einordnen zu können. Das Benchmarking des digitalen Reifegrads betrachtet dabei alle Funktionalbereiche mit den korrespondierenden Hauptprozessen gesondert. Je Funktionalbereich sollte der durchschnittliche sowie der höchste digitale Reifegrad der Branche als Ergebnis des Benchmarkings erfasst und dokumentiert werden. Zur Sicherstellung der Einheitlichkeit und Repräsentativität der Ergebnisse sollte das Benchmarking des digitalen Reifegrads möglichst auf demselben Branchenquerschnitt basieren wie das Benchmarking der internen Leistungsfähigkeit.

Weiterhin ist eine angepasste Skalierung des digitalen Reifegrads erforderlich, um eine Vergleichbarkeit des digitalen Reifegrads mit der internen Leistungsfähigkeit der Funktionalbereiche zu ermöglichen. Als Ergebnis von Methodikschritt A3 liegt ein digitales Reifegradprofil über die Funktionalbereiche des betrachteten Betriebs in sechs Stufen des digitalen Reifegrads vor. Diese Einstufung soll entsprechend der Skala zur Bewertung der internen Leistungsfähigkeit auf die Werte null bis zehn skaliert werden. Das Schema zur Skalierung des digitalen Reifegrads ist in der nachfolgenden Abbildung 80 dargestellt.

601 Eigene Darstellung.

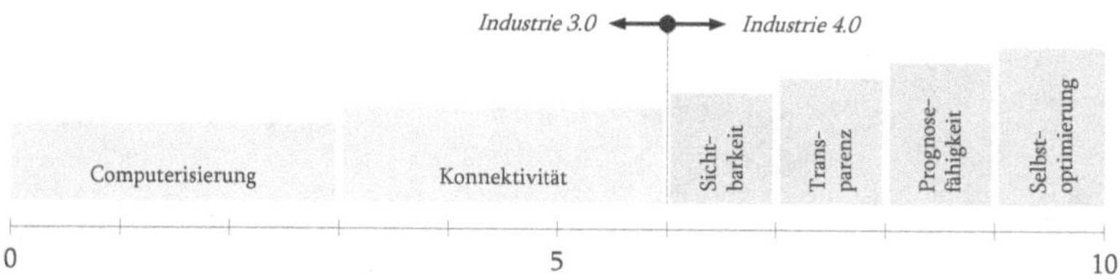

Abbildung 80: Schema zur Skalierung des digitalen Reifegrads[602]

Im Rahmen der Skalierung des digitalen Reifegrads werden den einzelnen Stufen verschiedene Werte zugeordnet. Dabei nehmen die Reifegradstufen der dritten industriellen Revolution die Werte von null bis sechs und die vier Reifegradstufen der Industrie 4.0 die Werte von sechs bis zehn an. Die stärkere Gewichtung der Reifegradstufen Computerisierung und Konnektivität ist in deren höherer Priorität begründet, da die Digitalisierung eine Grundvoraussetzung für die Transformation zur digital vernetzten Wertschöpfung darstellt. Trotz ihrer Wichtigkeit für die Erreichung des Zielzustands eines digital vernetzten Werkzeugbaus, ist die Digitalisierung für einen Großteil der deutschen Werkzeugbaubetriebe noch nicht vollständig erfolgt.[603] Um diesem inkrementellen, aber signifikanten Fortschritt einen größeren Korridor zur detaillierten Betrachtung einzuräumen, welche zusätzlich die Mehrheit der Betriebe abbildet, sind die ersten beiden Reifegradstufen breiter gespannt. Die Skalierung erfolgt dabei nicht diskret, sondern kontinuierlich. Demnach sind Dezimalwerte als Repräsentation von verschiedenen Ausprägungsstufen der digitalen Reife zwischen zwei Stufen zulässig. Wird dem Funktionalbereich mechanische Fertigung bspw. der Wert 6,4 zugewiesen, so ist dies nach dem Bewertungsmaßstab aus Methodikschritt A3 mit einem vollständig implementierten CAM sowie mit der digitalen Verknüpfung zur Übermittlung von NC-Programmen gleichzusetzen. Gleichzeitig wird ein gewisser Fortschritt zur nächsthöheren Reifegradstufe Sichtbarkeit induziert. Diese Skalierung ist für alle Funktionalbereiche anzuwenden, die im Zuge der Analyse des digitalen Reifegrads betrachtet wurden.

Durch die Vereinheitlichung der Skalen für die Bewertung der internen Leistungsfähigkeit sowie des digitalen Reifegrads wird die Zusammenführung der Ergebnisse. Beide Betrachtungsdimensionen können hierbei geschlossen betrachtet werden. In der nachfolgenden Abbildung 81 sind exemplarische Ergebnisprofile des Benchmarkings zu interner Leistungsfähigkeit und digitalem Reifegrad über die Funktionalbereiche aufgetragen.

[602] Eigene Darstellung.
[603] Vgl. Kapitel II.2.4; Kapitel II.4

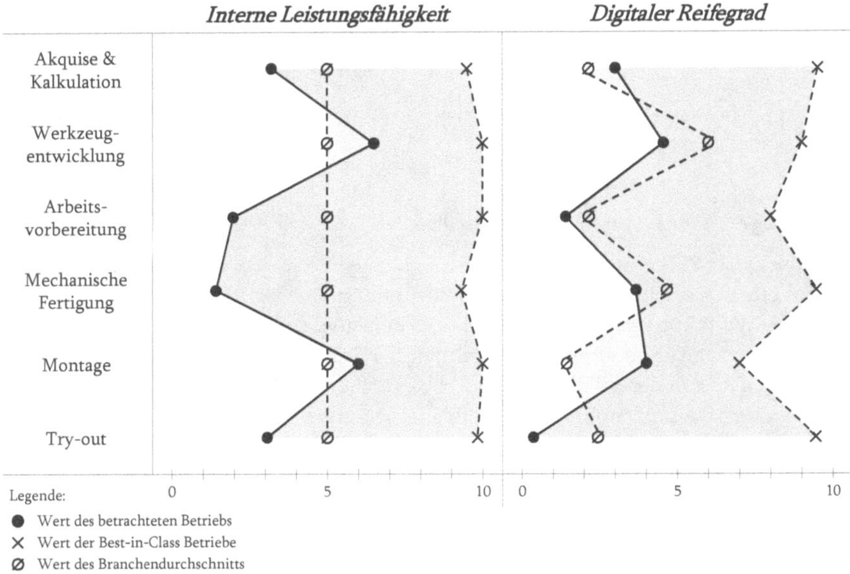

Abbildung 81: Exemplarische Ergebnisprofile des Benchmarkings[604]

Für die Betrachtungsdimensionen interne Leistungsfähigkeit respektive digitaler Reifegrad wird jeweils ein Ergebnisprofil angelegt. Wie eingangs erläutert, reichen die Skalen für beide Betrachtungsdimensionen von null bis zehn. Neben dem betrachteten Betrieb werden im Ergebnisprofil die Werte der Best-in-Class Betriebe und des Branchendurchschnitts über die Funktionalbereiche aufgetragen. Die Diskrepanzen zwischen den Werten des betrachteten Betriebs und denen der Best-in-Class Betriebe sind in hellblau hinterlegt, die Diskrepanzen zwischen betrachtetem Betrieb und Branchendurchschnitt in hellgrau.

Im Kontext des strategischen Managementprozesses ist die Berücksichtigung von SEP während der Strategieentwicklung essenziell. SEP können in leistungsbezogene und funktionale SEP kategorisiert werden, welche durch spezifische Kompetenzen realisiert werden können. Gemäß KÜHN können leistungsbezogene SEP durch Output-orientierte Kompetenzen adressiert werden, wohingegen die funktionalen SEP durch transformationsorientierte Kompetenzen befähigt werden.[605] Nachfolgend wird in Abbildung 82 auf die Vorarbeiten zu charakteristischen SEP von KÜHN verwiesen, der leistungsbezogenen sowie funktionalen SEP die korrespondierenden Output-orientierten und transformationsorientierten Kompetenzen im Werkzeugbau gegenübergestellt.

[604] Eigene Darstellung.
[605] Vgl. Kühn (Leistungssysteme im Werkzeugbau), 2016, S. 116-117.

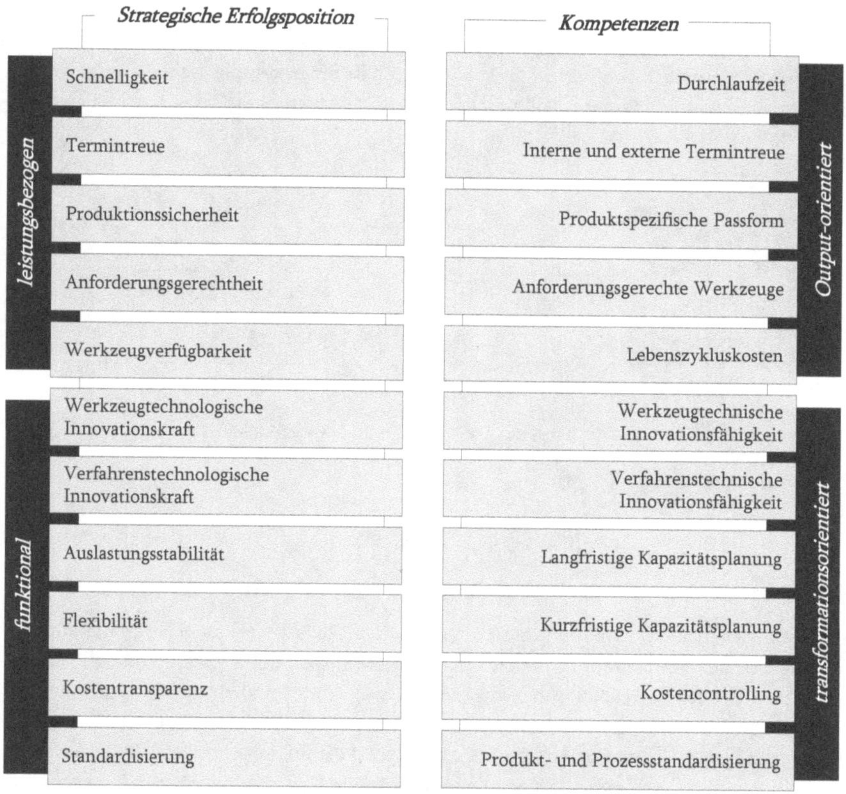

Abbildung 82: Gegenüberstellung charakteristischer SEP und Kompetenzen[606]

Zur Konkretisierung des Anwendungsbezugs der vorliegenden Arbeit sowie zum Zweck konkreter Beispielillustrationen wird im weiteren Verlauf eine exemplarische Auswahl der aufgeführten SEP getroffen. Diese können bei Verwendung der Methodik anhand der Präferenzen bzw. der strategischen Ausrichtung des Anwendenden angepasst werden. Dementsprechend sollen in den folgenden exemplarischen Betrachtungen Schnelligkeit, Produktionssicherheit und Flexibilität als die vom betrachteten Werkzeugbaubetrieb angestrebten SEP dienen.

Bedingt durch die fortwährende Strukturierung der Analyse anhand der Funktionalbereiche und ihrer korrespondierenden Hauptprozesse wird eine Verknüpfung zwischen Funktionalbereichen und SEP im Allgemeinen sowie den angestrebten SEP des Betriebs im Speziellen hergestellt. Auf Basis der Deduktion der Funktionalbereiche aus Methodikschritt A1 sowie der Prozessmodellierung mittels aixperanto aus Methodikschritt A2 sind den einzelnen Prozesselementen SEP zugeordnet, die durch die entsprechenden Funktionalbereiche überdurchschnittlich beeinflusst werden. Jedes Prozesselement wird dabei durch seine horizontale Position im Prozessplan einem Funktionalbereich untergeordnet. Anhand der

[606] Vgl. Kühn (Leistungssysteme im Werkzeugbau), 2016, S. 117.

Prozesselemente kann daher eine Verbindung zwischen Funktionalbereichen und deren beeinflussten SEP abgeleitet werden. Diese Beziehungen werden zunächst in einer Matrix dokumentiert. In der nachfolgenden Abbildung 83 ist eine exemplarische Matrix der Verknüpfungen zwischen Funktionalbereichen und SEP dargestellt.

	A&K	WE	AV	MF	Montage	Try-out
Schnelligkeit			●	●	●	
Produktionssicherheit		●		●	●	●
Termintreue			●	●	●	
Flexibilität		●	●	●		
Standardisierung		●		●	●	
Kostentransparenz	●	●				●
Auslastungsstabilität	●	●		●		

Legende: Funktionalbereich Werkzeugbau; Angestrebte SEP; Sonstige SEP

Abbildung 83: Exemplarische Verknüpfung zwischen Funktionalbereichen und SEP[607]

In der dargestellten Matrix repräsentieren die Zeilen die SEP und die Spalten die Funktionalbereiche des betrachteten Werkzeugbaus. Hierbei sind die angestrebten SEP des betrachteten Betriebs dunkelblau hervorgehoben, während die übrigen SEP grau unterlegt sind. Ist ein Funktionalbereich mit seinen Hauptprozessen in Bezug auf die Realisierung einer spezifischen SEP besonders einflussreich, wird die entsprechende Zeile durch einen dunkelblauen Punkt gekennzeichnet. Zudem sollen die Verknüpfungen von Funktionalbereichen und den angestrebten SEP zusätzlich durch hellblaue Unterlegung hervorgehoben werden.

Für die vereinfachte Interpretation und Verrechnung der Bedeutsamkeit eines Funktionalbereichs für die Realisierung der angestrebten SEP wird nachfolgend eine spezifische Kennzahl eingeführt. Diese Kennzahl repräsentiert die strategische Relevanz eines Funktionalbereichs in Bezug auf die angestrebten SEP. Das Schema zu Berechnung der strategischen Relevanz ist in der nachfolgenden Abbildung 84 aufgeführt.

$$SR_x = \left[\sum_{s \in S} ES_{sx}\right] / |S|$$

$$mit\ ES_{sx} \in \{0,1\},\quad S = \{s_1, \dots s_n\},\ n \in \mathbb{N}$$

Legende:
SR – Strategische Relevanz
ES – Einfluss auf SEP
S – Menge der angestrebten SEP
0 ≙ Geringer Einfluss von x auf s
1 ≙ Hoher Einfluss von x auf s
x – Funktionalbereich Werkzeugbau
s – Angestrebte SEP

Abbildung 84: Schema zur Berechnung der strategischen Relevanz[608]

[607] Eigene Darstellung.
[608] Eigene Darstellung.

Die strategische Relevanz eines Funktionalbereichs (SR_x) berechnet sich gemäß dem Verhältnis aus der Anzahl angestrebter SEP, die von diesem Funktionalbereich maßgeblich begünstigt werden, zur Gesamtanzahl angestrebter SEP. Mithin beschreibt die strategische Relevanz eine Verhältniskennzahl.[609] Für die Berechnung wird die Binärvariable des Einflusses (ES_{sx}) eines Funktionalbereichs auf die spezifische SEP definiert. Diese nimmt bei geringem Einfluss den Wert null respektive bei hohem Einfluss den Wert eins an. Die Gesamtanzahl aller angestrebten SEP wird durch die Mächtigkeit der Menge (S) ausgedrückt, die jede angestrebte SEP als Element beinhaltet. Resultat ist die strategische Relevanz, deren Wert zwischen null und eins betragen kann. Je höher der Wert ist, desto größer ist die strategische Relevanz des jeweiligen Funktionalbereichs für den betrachteten Werkzeugbaubetrieb. Im dargestellten Beispiel aus Abbildung 83 beträgt die strategische Relevanz der mechanischen Fertigung mithin den Wert eins. Die eingeführte Kennzahl der strategischen Relevanz wird im nachfolgenden Methodikschritt B2 benötigt und sollte in der Anwendung für alle Funktionalbereiche berechnet werden.

V.1.2.3 Methodikschritt B2: Ableitung der Handlungsfelder

Der abschließende Detailschritt der Analysephase umfasst die Ableitung von Handlungsfeldern, wobei funktionsspezifische und prozessübergreifende Handlungsfelder differenziert werden. Initial ist dazu die Identifikation sämtlicher digitaler Potenziale erforderlich, welche die Wertschöpfung eines Werkzeugbaubetriebs durch digitale Vernetzung optimieren können. Die digitalen Potenziale, welche den größten Nutzen für die Wertschöpfung aufweisen, können als digitale Kernpotenziale bezeichnet werden. Diese werden anschließend isoliert von den übrigen digitalen Potenzialen betrachtet. Das Vorgehen ist in der nachfolgenden Abbildung 85 dargestellt.

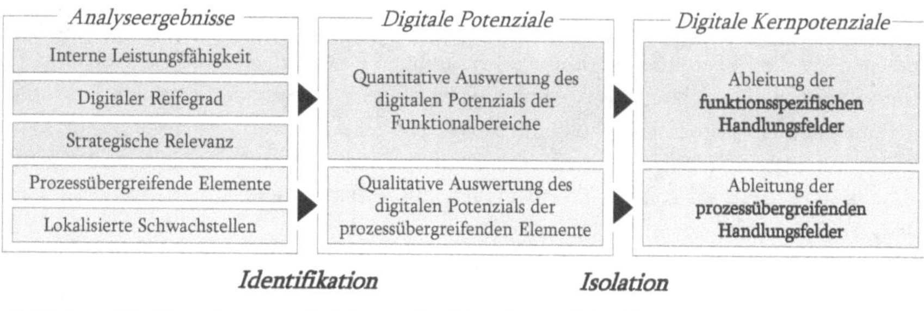

Abbildung 85: Vorgehen zur Ableitung der Handlungsfelder[610]

Zunächst müssen die Handlungsfelder quantitativ aus der internen Leistungsfähigkeit, dem digitalen Reifegrad sowie der strategischen Relevanz aus Methodikschritt B1 abgeleitet werden. Sämtliche dieser Analyseergebnisse basieren auf der Strukturierung des Werkzeugbaus nach seinen Funktionalbereichen und den zugehörigen Hauptprozessen. Dies ermöglicht die Ableitung von funktionsspezifischen Handlungsfeldern aus den identifizierten und isolierten Potenzialen. Zunächst müssen die digitalen Potenziale der Funktionalbereiche aufgedeckt werden, welche durch die gleichnamige Kennzahl beschrieben werden. Das

[609] Vgl. Kapitel V.1.1.1
[610] Eigene Darstellung.

Schema zur Berechnung des digitalen Potenzials eines Funktionalbereichs ist in der nach nachfolgenden Abbildung 86 aufgeführt.

$$DP_x = \frac{1}{5}(IL_{xb} - IL_{xa}) + \frac{1}{5}(DR_{xb} - DR_{xa}) + SR_x$$

Legende:

DP – Digitales Potenzial
IL – Interne Leistungsfähigkeit
DR – Digitaler Reifegrad
SR – Strategische Relevanz

x – Funktionalbereich Werkzeugbau
a – betrachteter Betrieb
b – Best-in-Class Betrieb

Abbildung 86: Berechnung des digitalen Potenzials eines Funktionalbereichs[611]

Das digitale Potenzial eines Funktionalbereichs (DP_x) ist abhängig von der Differenz zwischen der internen Leistungsfähigkeit des Funktionalbereichs im Best-in-Class Betrieb (IL_{xb}) und der internen Leistungsfähigkeit des Funktionalbereichs im betrachteten Betrieb (IL_{xa}), von der Differenz des digitalen Reifegrads des Funktionalbereichs im Best-in-Class Betrieb (DR_{xb}) und des digitalen Reifegrads des Funktionalbereichs im betrachteten Betrieb (DR_{xa}) sowie von der strategischen Relevanz dieses Funktionalbereichs (SR_x). Die für die Berechnung erforderlichen Werte können dem Methodikschritt B1 entnommen werden. Durch die Berechnungsvorschrift des digitalen Potenzials kann dieses einen Wert von null bis fünf annehmen, wobei null ein geringes respektive fünf ein hohes digitales Potenzial für den Funktionalbereich darstellt. Sofern die Diskrepanzen der internen Leistungsfähigkeit respektive des digitalen Reifegrads eines Funktionalbereichs zwischen betrachtetem und Best-in-Class Betrieb hoch sind, steigt auch das entsprechende digitale Potenzial. Analog gilt dies für die strategische Relevanz, die ebenfalls das digitale Potenzial eines Funktionalbereichs erhöht, wenn dieser die angestrebten SEP des Betriebs begünstigt. Durch die Normierung in einem Wertebereich von null bis fünf addieren die Diskrepanzen der internen Leistungsfähigkeit und der digitalen Reife jeweils einen maximalen Wert von zwei zum digitalen Potenzial. Die strategische Relevanz beeinflusst das digitale Potenzial hingegen maximal mit dem Wert eins. Mithin muss das digitale Potenzial gemäß diesem Schema für jeden Funktionalbereich separat berechnet werden. Bei Vorliegen aller digitalen Potenziale der einzelnen Funktionalbereiche können diese zur vereinfachten Visualisierung und verbesserten Übersichtlichkeit in einem Netzdiagramm aggregiert werden. Die nachfolgende Abbildung 87 stellt ein solches Netzdiagramm mit exemplarischen Ausprägungen für die digitalen Potenziale der einzelnen Funktionalbereiche dar.

[611] Eigene Darstellung.

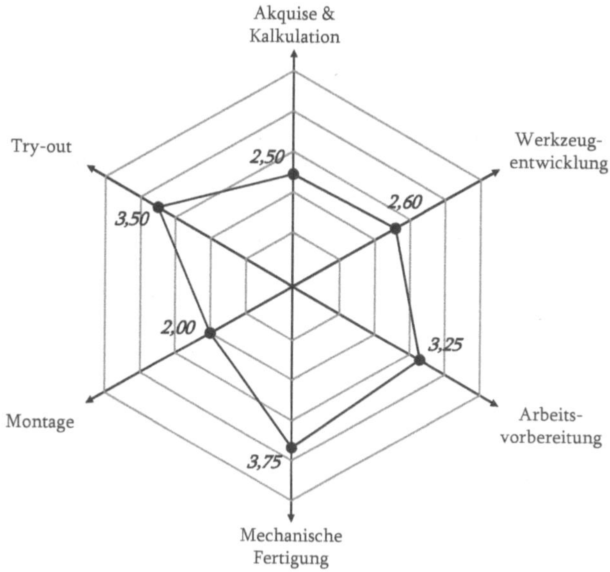

Abbildung 87: Exemplarische digitale Potenziale der Funktionalbereiche[612]

Innerhalb der quantifizierten digitalen Potenziale müssen anschließend die digitalen Kernpotenziale isoliert werden. An dieser Stelle wird jedoch aufgrund der zu großen Individualität und Bandbreite potenzieller Kernpotenziale auf eine klare Vorschrift für deren Isolation verzichtet. Der Anwender muss hierbei nach eigenem Ermessen entscheiden, wie die Abgrenzung zur Isolation der digitalen Kernpotenziale von den digitalen Potenzialen definiert wird. Dabei sollte keine konkrete Anzahl für die digitalen Kernpotenziale festgelegt werden, sondern vielmehr auf Basis der höchsten Diskrepanzen des digitalen Potenzials zwischen den betrachteten Funktionalbereichen entschieden werden. Mit Bezug auf das vorliegende Anwendungsbeispiel wird deutlich, dass die Arbeitsvorbereitung, mechanische Fertigung und der Try-out ein signifikant höheres digitales Potenzial gegenüber den übrigen Funktionalbereichen aufweisen. Daher liegen innerhalb dieser Funktionalbereiche die digitalen Kernpotenziale. Folglich sind die Funktionen Arbeitsvorbereitung, mechanische Fertigung und Try-out im vorliegenden Beispiel als funktionsspezifische Handlungsfelder abzuleiten.

Im Anschluss sollen die Handlungsfelder abgeleitet werden, die aus den lokalisierten Schwachstellen in der Prozessmodellierung aus Methodikschritt A2 sowie der digitalen Reifegradermittlung der prozessübergreifenden Elemente aus Methodikschritt A3 resultieren. In Abgrenzung zu den zuvor abgeleiteten funktionsspezifischen Handlungsfeldern sind diese nicht an einzelne Funktionen und deren Hauptprozesse gebunden, sondern besitzen einen der gesamten Auftragsabwicklung übergeordneten Charakter. In der Folge werden

[612] Eigene Darstellung.

aus den in diesem Rahmen identifizierten und isolierten Kernpotenzialen die prozessübergreifenden Handlungsfelder gebildet. Exemplarisch für derartige Schwachstellen sind oftmals konsekutive Medienbrüche, fehlende Standarddokumente, häufige Umpriorisierungen oder fehlende Informationen.[613] Diese Schwachstellen können zwar in einzelnen Funktionalbereichen lokalisiert werden, betreffen zumeist jedoch die gesamte Auftragsabwicklung und die übrigen Funktionalbereiche. Demnach gilt es, die prozessübergreifende Perspektive an dieser Stelle hervorzuheben.

Die Identifikation der digitalen Potenziale und die anschließende Isolation der Kernpotenziale ist im Fall der prozessübergreifenden Handlungsfelder qualitativ. Dies ist dadurch bedingt, dass der Zusammenhang aus den lokalisierten Schwachstellen der Prozessmodellierung und der digitalen Reife der prozessübergreifenden Elemente maßgeblich von der konkreten Situation im betrachteten Werkzeugbaubetrieb abhängt. Eine quantitative Abstrahierung ist somit nicht valide umsetzbar. Die lokalisierten Schwachstellen im Prozess lassen sich jedoch mithilfe einer Potenzierung des digitalen Reifegrads bestmöglich adressieren. Hierbei bietet sich eine visuelle Gegenüberstellung der diversen Faktoren an, anhand derer die digitalen Potenziale unmittelbar eingetragen werden können. Die nachfolgende Abbildung 88 stellt eine exemplarische Visualisierung der digitalen Potenziale dar, die durch Erhöhung des digitalen Reifegrads in den prozessübergreifenden Elementen für die lokalisierten Schwachstellen adressiert werden.

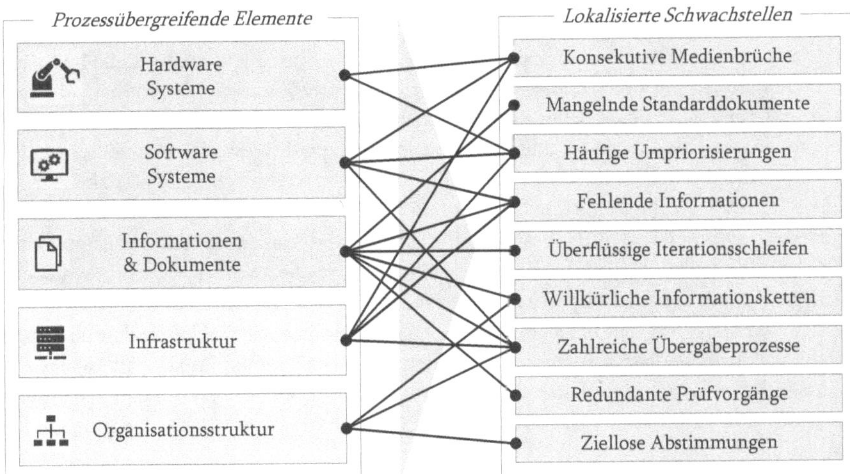

Abbildung 88: Exemplarische digitale Potenziale der prozessübergreifenden Elemente[614]

Die Gegenüberstellung der prozessübergreifenden Elemente mit den lokalisierten Schwachstellen erlaubt es, die digitalen Potenziale in Form von Verknüpfungen unmittelbar einzutragen. Exemplarisch können häufige Umpriorisierungen auf Basis von entsprechenden Hard- und Softwaresystemen zur effizienten Festlegung und transparenten Ein-

[613] Vgl. Hensen (Auslegung industrieller Werkzeugbaubetriebe), 2017, S. 180.
[614] Eigene Darstellung.

sehbarkeit von Prioritäten vermieden oder zumindest vereinfacht werden. Die beispielhafte Schwachstelle der zahlreichen Übergabeprozesse kann durch speziell ausgelegte Softwaresysteme mit entsprechenden Eingabemasken und standardisierten Dokumenten optimiert und mittels einer effizienten Organisationsstruktur verschlankt werden. Voraussetzung ist in beiden Fällen eine hinreichend leistungsfähige Infrastruktur. Ähnlich zur Isolation der Kernpotenziale im Rahmen der funktionsübergreifenden Handlungsfelder kann hierbei jedoch keine konkrete Auswahlvorschrift gegeben werden, sodass diese im Ermessen des Anwenders liegt. Die Isolation wird jedoch durch die Gegenüberstellung von prozessübergreifenden Elementen und lokalisierten Schwachstellen systematisiert und auf fundierter Basis vereinfacht. Im aufgeführten Beispiel wird zudem deutlich, dass insbesondere Softwaresysteme, Informationen und Dokumente sowie die Infrastruktur einen Großteil der lokalisierten Schwachstellen adressieren. Folglich stellt eine Erhöhung der digitalen Reife in diesen prozessübergreifenden Elementen jeweils ein digitales Kernpotenzial dar. Im vorliegenden Beispiel können die Elemente Softwaresysteme, Informationen und Dokumente sowie die Infrastruktur dementsprechend als prozessübergreifende Handlungsfelder abgeleitet werden. Abschließend werden sowohl die funktionsspezifischen als auch die prozessübergreifenden Handlungsfelder, die exemplarisch aus dem vorliegenden Beispiel abgeleitet sind, in Abbildung 89 zusammenfassend dargestellt.

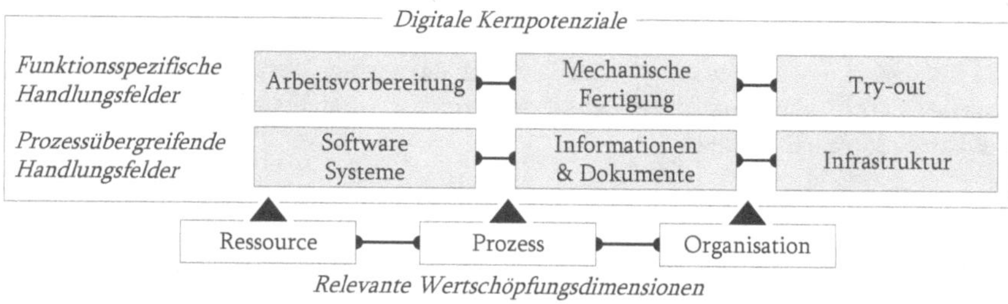

Abbildung 89: Exemplarische Aggregation der Handlungsfelder[615]

Die Aggregation der Handlungsfelder fokussiert die relevanten Wertschöpfungsdimensionen, die auf Basis des abgeleiteten Handlungsbedarfs aus der Praxis in Kapitel II.4 als zu transformierende Wertschöpfungsdimensionen gelten. Die systematische Herleitung der digitalen Potenziale und die Isolation der digitalen Kernpotenziale aus diesen ermöglicht die Ableitung von funktionsspezifischen und prozessübergreifenden Handlungsfeldern. Mithin werden sowohl die Ressourcen innerhalb der einzelnen Prozesse als auch Ressourcen, die die gesamte Auftragsabwicklung aus einer übergeordneten Perspektive betreffen, einbezogen. Ferner werden die Prozesse selbst durch die Analysen zu interner Leistungsfähigkeit, digitalem Reifegrad und strategischer Relevanz umfassend berücksichtigt. Abschließend wird die Organisation anhand des prozessübergreifenden Elements der Organisationsstruktur berücksichtigt und erlaubt dabei die Adressierung prozessualer Schwachstellen sowie der digitalen Transformation selbst. Mithin werden alle drei relevanten Wertschöpfungsdimensionen aus Ressource, Prozess und Organisation gesamtheitlich in die

[615] Eigene Darstellung.

Analyse zur Ableitung der Handlungsfelder integriert und sind dementsprechend Ausgangspunkt für die holistische Transformation zur digital vernetzten Wertschöpfung.

Nach Abschluss der Analysephase gilt es, die Transformation der aggregierten Handlungsfelder im Rahmen der Gestaltungsphase zu konzeptionieren. Gemäß dem strategischen Managementprozess müssen dazu sowohl für die einzelnen Funktionen und ihre Hauptprozesse (funktionsspezifische Handlungsfelder) als auch für die prozessübergreifenden Elemente (prozessübergreifende Handlungsfelder) Lösungen formuliert, evaluiert und anschließend ausgewählt werden. Entsprechend der Potenzialtheorie müssen in diesem Kontext strategische Erfolgspotenziale (interne Perspektive bzw. RBV) im betrachteten Betrieb entwickelt werden, damit dieser seine angestrebten strategischen Erfolgspositionen (externe Perspektive bzw. MBV) am Markt einnehmen kann.[616] Bedingt durch den Betrachtungsfokus der vorliegenden Arbeit sollen die strategischen Erfolgspotenziale wesentlich durch die Transformation zu einer digital vernetzten Wertschöpfung realisiert werden. Infolgedessen sind alle betrachteten strategischen Erfolgspotenziale digitaler Natur. Daher werden diese individuell entwickelten digitalen Lösungen im weiteren Verlauf als digitale Erfolgspotenziale (DEP) betitelt. Die nachfolgende Gestaltungsphase der Methodik thematisiert die Gestaltung und Evaluierung von DEP.

V.1.2.4 **Methodikschritt B: Ergebnisse**

Die Ergebnisse des zweiten Methodikschritts zur Aggregation der Handlungsfelder innerhalb der Methodik für die systematische Transformation zur digital vernetzten Wertschöpfung im Werkzeugbau bilden:

- Ermittelte Ergebnisprofile des Benchmarkings für interne Leistungsfähigkeit und digitalen Reifegrad
- Berechnete strategische Relevanz spezifischer Funktionalbereiche
- Abgeleitete digitale Kernpotenziale in funktionsspezifischen und prozessübergreifenden Handlungsfeldern

V.2 Detaillierung der Gestaltungsphase

Die zweite Phase der Methodik für die systematische Transformation zur digital vernetzten Wertschöpfung umfasst zwei Schritte. Basierend auf den zuvor aggregierten Handlungsfeldern wird in Methodikschritt C die Gestaltung von individuellen DEP für einen Werkzeugbaubetrieb erläutert. Dazu werden zunächst potenzielle DEP abgeleitet und ausgestaltet. Anschließend werden in Methodikschritt D die ausgestalteten DEP qualitativ und quantitativ bewertet. Solche DEP, die den Anforderungen des Betriebs genügen und mithin nicht im Rahmen der Bewertung verworfen werden, bilden die Grundlage für die anschließende Synthese, welche als dritte und letzte Phase der Methodik auf die Gestaltung folgt.

---

[616] Vgl. Kampker (Kompetenzbasierte Geschäftsausweitung), 2004, S. 71; Kühn (Leistungssysteme im Werkzeugbau), 2016, S. 124-125.

V.2.1 Methodikschritt C: Gestaltung potenzieller DEP

Im Rahmen von Methodikschritt C erfolgt die Gestaltung potenzieller DEP basierend auf den abgeleiteten Handlungsfeldern. Im ersten von zwei Detailschritten erfolgt die Ableitung von potenziellen DEP, indem der konkrete Lösungsraum anhand eines morphologischen Kastens systematisiert wird. Zudem werden relevante Technologien im Rahmen der Technologiefrüherkennung identifiziert und dem Anwender werden eine Reihe exemplarischer DEP ausgehändigt. Im zweiten Detailschritt folgt die methodische Ausgestaltung potenzieller DEP anhand einer speziell für DEP adaptierten Osborn-Checkliste sowie weiterer Kreativitätstechniken, wie bspw. der TRIZ-Methode. Anschließend werden die formulierten DEP in den entwickelten morphologischen Kasten eingeordnet, um Eigenschaften und Nutzen der DEP umfassend zu durchdringen. Zur Durchführung dieses Schritts sind eingangs theoretische Grundlagen zu definieren, auf deren Basis eine fundierte Anwendung der untergeordneten Detailschritte erfolgt. Daher werden nachfolgend zunächst die Themengebiete Technologiefrüherkennung, Kreativitätstechniken sowie das Konzept der Methodenstränge vorgestellt.

V.2.1.1 Methodikschritt C: Grundlagen

Die Technologiefrüherkennung stellt als Komponente der strategischen unternehmensweiten Früherkennung auch für den strategischen Managementprozess einen essenziellen Bestandteil dar und kommt insbesondere im Rahmen der Strategieformulierung zum Einsatz.[617] Zielsetzung ist dabei „rechtzeitig relevante Informationen über Veränderungen im gesamten Umfeld des Unternehmens bereitzustellen, um potenzielle Chancen und Risiken frühzeitig zu erkennen".[618] Gemeinsam mit den SEP kann die Technologiefrüherkennung dementsprechend der externen Perspektive (MBV) zugeordnet werden. Der Technologiefrüherkennungsprozess wird durch vier Phasen abgebildet und läuft kontinuierlich ab. Die vier Phasen umfassen die Bestimmung des Informationsbedarfs, die Beschaffung der Informationen, die Bewertung der Informationen und die Kommunikation der Informationen. Im Rahmen der ersten Phase werden Informationsbedürfnisse der Technologiefrüherkennung abgeleitet und die grundsätzliche Ausrichtung wird definiert. Zusätzlich werden Suchfelder festgelegt und die benötigten Informationen aufbereitet. Anschließend werden in der zweiten Phase Zuständigkeiten für die Informationsbeschaffung definiert. Hierbei werden Informationsquellen ausgewählt und der während der Recherche anzuwendende Detaillierungsgrad festgelegt. Im Anschluss an die Recherche werden in der dritten Phase die Informationen unter Beachtung der äußeren Einflüsse auf die Entscheidungssituation zielgerichtet aufbereitet und aggregiert. Dazu werden verschiedene Bewertungsmethoden eingesetzt, um so eine unternehmensspezifische Informationsgrundlage zu schaffen. Abschließend werden im Rahmen der Kommunikation der Informationen die zu verwendenden Kommunikationswege und -formen bestimmt, sodass die Informationen zielgerichtet an betroffene Mitarbeitende weitergegeben werden können.[619] Die beschriebenen Phasen des Technologiefrüherkennungsprozesses werden parallel zum strategischen Management

---

[617] Vgl. Schuh (Technologiemanagement), 2011, S. 89.
[618] Vgl. Schuh (Technologiemanagement), 2011, S. 89.
[619] Vgl. Schuh (Technologiemanagement), 2011, S. 102-105.

durchlaufen.[620] Im Kontext der vorliegenden Arbeit lässt sich die Bestimmung des Informationsbedarfs der Analysephase und die Beschaffung sowie Bewertung der Informationen den Gestaltungs- und Synthesephasen zuordnen. Die Inhalte der Kommunikation der Informationen überlagern sich größtenteils mit der Implementierung, die allerdings aufgrund ihres eindeutigen Umsetzungscharakters nicht Teil der Betrachtung einer Methodik zur Strategieentwicklung ist.

Im Rahmen der Technologiefrüherkennung können verschiedene Methoden eingesetzt werden, die jedoch nicht uneingeschränkt für alle Phasen geeignet sind.[621] In der nachfolgenden Abbildung 90 ist eine Auswahl relevanter Methoden zur Technologiefrüherkennung im Kontext der vorliegenden Arbeit dargestellt und mit deren prozessseitigen Anwendungsbereich visuell verknüpft.

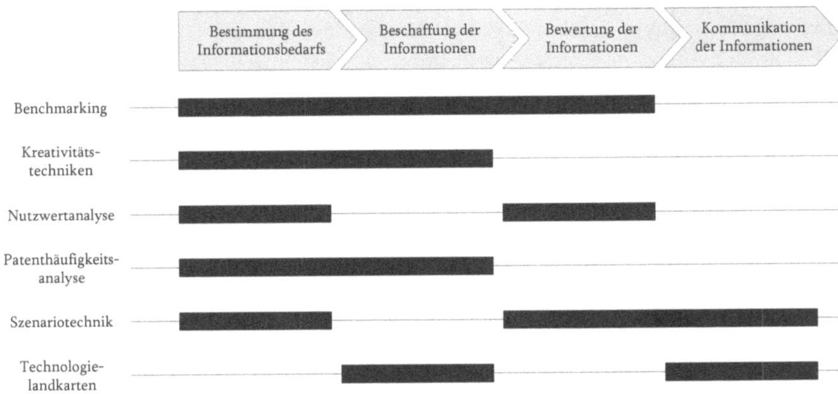

Abbildung 90: Methoden und Anwendungsbereiche in der Technologiefrüherkennung[622]

Das Benchmarking dient zum Vergleich der Leistungsfähigkeit und kann jede der ersten drei Phasen des Technologiefrüherkennungsprozesses abbilden.[623] Kreativitätstechniken dienen der Generierung von Ideen und werden zur intuitiven und zweckgerichteten Suche zur Lösung von Problemen genutzt, indem heuristische Prinzipien wie Assoziation, Abstraktion, Kombination oder Variation instrumentalisiert werden.[624] Damit erfüllen sie die Anforderungen an die Bestimmung des Informationsbedarfs und die Beschaffung von Informationen.[625] Die Nutzwertanalyse[626] findet insbesondere im Zuge der Bewertung von In-

[620] Vgl. Kapitel II.3.2
[621] Vgl. Schuh (Technologiemanagement), 2011, S. 150-151.
[622] I. A. a. Schuh (Technologiemanagement), 2011, S. 151.
[623] Vgl. Schuh (Technologiemanagement), 2011, S. 151.
[624] Vgl. Kett; Schewe (Management Skills), 2010, S. 31; Schröder (Kreativitätstechniken), 2008, S. 30.
[625] Vgl. Schuh (Technologiemanagement), 2011, S. 151.
[626] Die Nutzwertanalyse wird im Rahmen von Schritt D2 der vorliegenden Arbeit zur Bewertung der DEP verwendet, weshalb an dieser Stelle auf ausführliche Erläuterungen verzichtet wird.

formationen Anwendung. Zur Etablierung einer Entscheidungsbasis wird dabei der gewichtete Nutzen ermittelt.[627] Neben den Kreativitätstechniken kann die Patenthäufigkeitsanalyse im Rahmen der ersten beiden Phasen des Technologiefrüherkennungsprozesses eingesetzt werden.[628] Anhand von geeigneten Datenbanken dient diese zur quantitativen Identifikation neuer technologischer Trends, wobei angenommen wird, dass Forschungsintensität und Patentanmeldungen in einem Forschungsfeld mit seiner Bedeutung korrelieren.[629] Die Bestimmung und Bewertung von Informationen kann ferner ebenfalls über die Szenariotechnik erfolgen, indem verschiedene Zukunftsszenarien entwickelt und bewertet werden. Zudem unterstützt die Szenariotechnik bei der Auswahl der Kommunikationswege und der Kommunikation der Informationen.[630] Für die Beschaffung von Informationen und die anschließende Kommunikation können außerdem Technologielandkarten eingesetzt werden.[631] Der sogenannte „Hype-Cycle", der jährlich von der IT-Beratung Gartner Inc. publiziert wird, stellt ein typisches und in der Wirtschaft anerkanntes Beispiel einer Technologielandkarte dar. Dieser ordnet die aktuelle Reife von aufstrebenden Technologien in fünf Phasen eines technologiespezifischen Lebenszyklus ein und bewertet das kurz- bis langfristige Potenzial der Technologien.[632]

Bedingt durch die Parallelität zwischen Technologiefrüherkennungsprozess und Ordnungsrahmen der Methodik, kann die vorangegangene Ableitung der Handlungsfelder auf Basis des Benchmarkings in Methodikschritt B1 als Bestimmung des Informationsbedarfs verstanden werden. Die Gestaltung potenzieller DEP im Rahmen von Methodikschritt C kann dieser Logik folgend der Beschaffung von Informationen zugeordnet werden. Für die erfolgreiche Durchführung von Methodikschritt C sind daher besonders Patenthäufigkeitsanalyse, Technologielandkarten sowie Kreativitätstechniken hilfreich. Letztere werden nachfolgend kategorisiert und vorgestellt.

Die Gestaltung von DEP kann für Werkzeugbaubetriebe durch Anwendung von Kreativitätstechniken systematisiert und vereinfacht werden. Zur Lösungsfindung für definierte Problemstellungen existiert ein breites Spektrum an kreativen Methoden.[633] Mithilfe dieser Methoden werden entweder Lösungen von Grund auf neuentwickelt oder bestehende Ansätze konkretisiert. Zu den gängigsten Methoden zählen das Brainstorming, die 635 Methode, die Osborn-Checkliste, das Mind-Mapping oder der morphologische Kasten. Als Urform der Kreativitätstechniken gilt das Brainstorming, bei dem eine möglichst hohe Anzahl von Ideen in einem definierten Zeitraum generiert werden soll. Dies erfolgt durch freie Assoziation der Teilnehmenden. Da die Qualität der generierten Ideen zunächst irrelevant ist, wird jegliche Kritik während der Anwendung ausgeschlossen. Als Variante des Brainwritings besitzt die 635 Methode die größte Bekanntheit. Hierbei formulieren sechs Personen jeweils drei Ideen in einem Zeitraum von fünf Minuten. Nach Ablauf der Zeit werden

---

[627] Vgl. Wiendahl (Grundlagen der Fabrikplanung), 1999, S. 27-28; Schuh (Technologiemanagement), 2011, S. 151.

[628] Vgl. Schuh (Technologiemanagement), 2011, S. 151.

[629] Als Variation der Patenthäufigkeitsanalyse kann deren Vorgehen äquivalent anhand von Publikationen durchgeführt werden, weshalb in diesem Fall auch von der Publikationshäufigkeitsanalyse gesprochen wird (Vgl. Schuh (Technologiemanagement), 2011, S. 160-162).

[630] Vgl. Schuh (Technologiemanagement), 2011, S. 151-153.

[631] Vgl. Schuh (Technologiemanagement), 2011, S. 151.

[632] Vgl. Linden; Fenn (Gartner's Hype Cycles), 2003, S. 5-8.

[633] Vgl. Kett; Schewe (Management Skills), 2010, S. 31.

die entwickelten Ideen zur weiteren Konkretisierung an die nächste Person weitergegeben. Innerhalb von 30 Minuten entstehen so 108 Ideen. Brainstorming und Brainwriting konzentrieren sich daher im ersten Schritt auf Quantität anstelle von Qualität. Darauf aufbauend dient die Osborn-Checkliste zur Erweiterung der generierten Ideen, indem zur Systematisierung ein vorformulierter Fragenkatalog genutzt wird. Für die Visualisierung und Strukturierung komplexer Problemstellungen wird oftmals das Mind-Mapping eingesetzt. Hierbei wird eine Hierarchie entwickelt, die sowohl eine grobe als auch feine Gliederung sämtlicher Aspekte eines Themengebiets erlaubt. Demgegenüber befähigt der morphologische Kasten zur Ideenfindung durch die ganzheitliche Systematisierung eines Suchfeldes, indem die Gesamtproblemstellung in unabhängige Problemelemente gegliedert wird. Anschließend werden für jedes Problemelement potenzielle Ausprägungen und Lösungsmöglichkeiten separat dokumentiert. Die Gesamtheit aller Ausprägungen wird abschließend in einer Matrix aggregiert, auf deren Basis alle potenziellen Optionen des Lösungsraums gebildet werden können. Einen ähnlichen Fokus auf die Strukturierung von Problemstellungen legt die Theorie des erfinderischen Problemlösens (TRIZ)[634], welche Probleme durch Anwendung von technisch bewährten Lösungen adressiert.[635] Die Methode basiert dabei auf dem Paradigma, dass eine große Anzahl von Erfindungen auf einer kleinen Anzahl von Lösungsprinzipen basiert. Daher wird zunächst das Problem abstrahiert, um anschließend für die Adressierung des spezifischen Problems typische Lösungen zu formulieren und zu konkretisieren.[636]

Die vorgestellten Methoden unterscheiden sich in ihrer Anwendbarkeit hinsichtlich verschiedener Sachverhalte teilweise in hohem Maße. Die Methoden variieren dabei insbesondere in Bezug auf die Geschwindigkeit ihrer Durchführung, handhabbare Komplexität der Problemstellung und die heuristischen Mechanismen ihres Vorgehens.[637] In der nachfolgenden Abbildung 91 ist eine Auswahl der vorgestellten Kreativitätstechniken hinsichtlich ihrer charakteristischen Eigenschaften dargestellt.

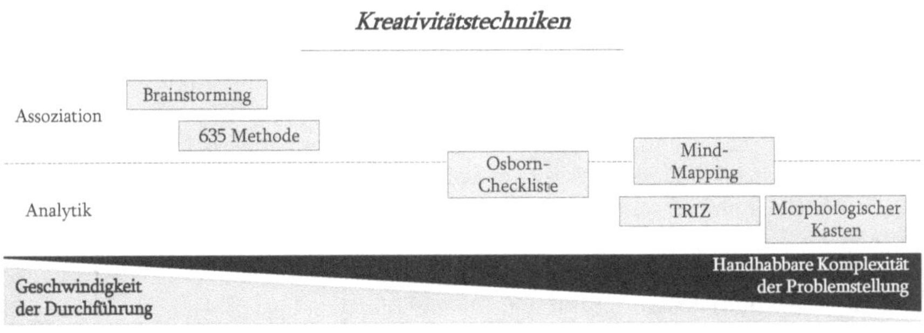

Abbildung 91: Übersicht von Kreativitätstechniken und ihrer Eigenschaften[638]

[634] Sinngemäße Übersetzung des russischen Akronyms (Vgl. Ilevbare et al. (TRIZ), 2013, S. 30-31).
[635] Vgl. Rabl (Kreativitätstechniken), 2009, S. 83-85.
[636] Vgl. Ilevbare et al. (TRIZ), 2013, S. 30-37.
[637] I. A. a. Rabl (Kreativitätstechniken), 2009, S. 83-85; Schröder (Kreativitätstechniken), 2008, S. 30.
[638] I. A. a. Rabl (Kreativitätstechniken), 2009, S. 83-85; Kett; Schewe (Management Skills), 2010, S. 31-33.

Während entlang der horizontalen Dimension der Übersicht die Komplexität der Problemstellung zunimmt, verringert sich die Geschwindigkeit, mit der die Durchführung der jeweiligen Methode erfolgt. Anhand der vertikalen Dimension wird zudem zwischen den heuristischen Maßnahmen differenziert. Die Kreativitätstechniken im oberen Bereich instrumentalisieren eher die Assoziation der Teilnehmenden, während die Methoden im unteren Bereich tendenziell eher analytischer Natur sind.

V.2.1.2 Methodikschritt C1: Ableitung potenzieller DEP

Der erste Detailschritt der Gestaltungsphase dient zur Unterstützung des Anwenders bei der Ableitung potenzieller DEP für den betrachteten Werkzeugbaubetrieb. Die im Rahmen von Methodikschritt B2 aggregierten Handlungsfelder sollen durch das Kollektiv der DEP möglichst ganzheitlich adressiert werden. Das Kollektiv der DEP kann im Sinne der Systemtechnik und Modellierung als eigenes System verstanden werden, welches durch seine Umsetzung die Transformation zur digital vernetzten Wertschöpfung ermöglicht. Die einzelnen SEP können dabei erst dann sinnvoll abgeleitet werden, wenn der Betrachtungsbereich sukzessive konkretisiert und präzisiert ist, um eine zu detaillierte Einzelbetrachtung von DEP zu vermeiden. Das Kollektiv der DEP als komplexes Gesamtsystem besteht dabei aus mehreren zusammenwirkenden und sich gegenseitig beeinflussenden Komponenten in Form einzelner DEP. Nach RABL ist insbesondere das Konzept des morphologischen Kastens geeignet, um diese als Systemkonzeptentwicklung betitelte Problemstellung zu adressieren.[639] Nachfolgend soll daher zunächst ein morphologischer Kasten entwickelt werden, welcher zur Systematisierung des gesamten Lösungsraums in Bezug auf die Ableitung von DEP dient.

Die Entwicklung eines morphologischen Kastens erfordert zunächst die Isolation der einzelnen Problemelemente des Gesamtproblems. Letzteres wird im vorliegenden Fall durch die Ideengenerierung von DEP verkörpert und kann mithin auch als Suchfeld bezeichnet werden. Weiterhin werden nachfolgend die Problemelemente als Parameter betitelt. Diese klassifizieren die Ausprägungen der abzuleitenden DEP, wobei die Parameter voneinander unabhängig formuliert werden müssen. Folglich können die Ausprägungen eines Parameters nicht die eines anderen ausschließen respektive bedingen. Der erste Parameter beschreibt das Einsatzgebiet eines DEP. Hierzu eignet sich eine Strukturierung entlang der Funktionalbereiche und der zugehörigen Hauptprozesse eines Werkzeugbaubetriebs, da so die gesamte Auftragsabwicklung abgebildet werden kann. Für solche DEP, die allen Funktionalbereichen zugeordnet werden können, wird im ersten Parameter zusätzlich die Ausprägung Gesamtprozess eingeführt. Weiterhin können DEP auch prozessübergreifende Elemente adressieren. Daher werden diese als zweiter Paramater instrumentalisiert. Der dritte Parameter des morphologischen Kastens für DEP leitet sich aus dem digitalen Reifegrad ab, während der vierte Parameter auf Basis der angestrebten strategischen Erfolgspositionen definiert wird. Letzterer erlaubt die Beurteilung des Fits zwischen DEP und angestrebter SEP. Zur Veranschaulichung werden dabei weiterhin die gelisteten SEP des durchgängigen Anwendungsbeispiels herangezogen. Der entwickelte morphologische Kasten für DEP

[639] Vgl. Rabl (Kreativitätstechniken), 2009, S. 83.

spannt ein ganzheitliches Suchfeld zur systematischen Lösungsgenerierung auf und ist in der nachfolgenden Abbildung 92 dargestellt.

Funktionalbereiche im Werkzeugbau	Akquise & Kalkulation	WE	AV	MF	Montage	Try-out	Gesamt-prozess
Prozess-übergreifende Elemente	Hardware Systeme	Software Systeme	Informationen & Dokumente	Infrastruktur	Organisations-struktur		
Digitaler Reifegrad	Computer-iersierung	Konnektivität	Sichtbarkeit	Trans-parenz	Prognose-fähigkeit	Selbst-optimierung	
Strategische Erfolgspositionen	Schnelligkeit	Produktions-sicherheit	Termintreue	Flexibilität	Standar-disierung	Kosten-transparenz	Auslastungs-stabitlität

Legende: Parameter | Ausprägung | Präferierte Ausprägung bzw. Handlungsfeld

Abbildung 92: Morphologischer Kasten für DEP[640]

In Methodikschritt B2 wurden bereits konkrete funktionsspezifische und prozessübergreifende Handlungsfelder abgeleitet und die angestrebten SEP des exemplarischen Werkzeugbaubetriebs sind definiert. Bedingt durch die Vorschrift zur Vervollständigung des Suchfelds für einen morphologischen Kasten, werden dennoch sämtliche Ausprägungen der betrachteten Parameter betrachtet. Zur besseren Übersichtlichkeit werden die präferierten Ausprägungen bzw. Handlungsfelder[641] durch hellgraue Unterlegung hervorgehoben. Der angestrebte digitale Reifegrad wird in den Ausprägungen Sichtbarkeit, Transparenz und Prognosefähigkeit angenommen. Diese Ausprägungsstufen der digitalen Reife weisen bereits ein hohes Potenzial zur Optimierung der Wertschöpfung auf, während der Aufwand der DEP für die Selbstoptimierung im Anwendungskontext Werkzeugbau oftmals noch nicht im Verhältnis zum entsprechenden Nutzen steht.[642] Das dargestellte Anwendungsbeispiel dient mit den dargestellten Ausprägungen jedoch lediglich der besseren Nachvollziehbarkeit und induziert noch keine Wertung. Im Sinne der Kreativitätstechniken sind zunächst jegliche Ideen zu potenziellen DEP ohne wertende Beurteilung zu dokumentieren. Mithin sind ebenfalls Ausprägungen ohne Präferenz zulässig.

Der entwickelte morphologische Kasten gewährleistet die systematische Betrachtung des ganzheitlichen Suchfelds. Gemäß dem Prinzip vom Groben zum Detail kann das Suchfeld für DEP zu diesem Zeitpunkt bereits besser konkretisiert und präziser eingegrenzt werden. Im Zuge der Ideengenerierung für die Ableitung von DEP können anschließend Technologielandkarten, wie bspw. die „Emerging Technology Roadmap" der IT-Beratung Gartner Inc., genutzt werden. Im Jahr 2021 umfasste diese mit Blick auf die folgenden zwei Jahre

640 Eigene Darstellung.

641 Diese werden entsprechend des durchgängigen Anwendungsbeispiels durch die funktionsspezifischen Handlungsfelder (AC, MF, Try-out), die prozessübergreifenden Handlungsfelder (Softwaresysteme, Informationen & Dokumente, Infrastruktur) den angestrebten digitalen Reifegrad (Sichtbarkeit, Transparenz, Prognosefähigkeit) sowie die angestrebten SEP (Schnelligkeit, Produktionssicherheit, Flexibilität) verkörpert.

642 Vgl. Boos et al. (Digitale Transformation im Werkzeugbau), 2019, S. 19.

115 verschiedene, für KMU relevante Technologien und deren Einordnung hinsichtlich ihrer Technologielebenszyklen. Weiterhin wurden die vorgestellten Technologien anhand sechs verschiedener Anwendungsbereiche kategorisiert und hinsichtlich Implementierungsrisiko und Nutzwert bewertet.[643] Mithilfe derartiger Technologielandkarten werden anwendende Werkzeugbaubetriebe zur einfachen Identifikation von Technologien befähigt, die für die Ableitung von DEP relevant sind.

Weiterhin eignen sich Patent- und Publikationshäufigkeitsanalyse sowohl zur Identifikation neuartiger Technologien als auch für die anschließende Ideengenerierung im Kontext der Ableitung von DEP. Das methodische Verfahren wird durch spezielle Softwarelösungen unterstützt, um den Aufwand für Anwender möglichst zu minimieren. Mithin eignen sich Patent- und Publikationshäufigkeitsanalysen auch für die Anwendung in KMU, welche einen Großteil der Branche Werkzeugbau abbilden. Aufgrund der vergleichsweise hohen Latenz von Patentveröffentlichungen eignen sich die Methoden jedoch weniger gut als Frühwarnindikator.[644] Im Kontext der Branche Werkzeugbau mit ihrer Vielzahl an KMU ist dies jedoch von untergeordneter Bedeutung. Da KMU wegen der hohen Unsicherheit und des Investitionsvolumens zumeist nicht bereit sind, das Risiko der Erprobung einer vollkommen neuartigen Technologie zu tragen, implementieren sie zumeist eher Best-Practice Lösungen anderer Betriebe. Zusätzlich zu Technologielandkarten und Paten- sowie Publikationshäufigkeitsanalysen können sämtliche als sinnvoll erscheinende Quellen und Methoden zur Technologieidentifikation, Ideengenerierung und Ableitung von DEP im Kontext der vorgestellten Methodik verwendet werden.

Neben den exemplarisch vorgestellten Methoden zur Ableitung von DEP sind im Rahmen der vorliegenden Arbeit zwölf werkzeugbauspezifische DEP explizit formuliert. Diese sollen Werkzeugbaubetrieben eine fundierte Ausgangsbasis bieten, um den weiteren Entwicklungsprozess anzuregen. In der nachfolgenden Abbildung 93 sind die zwölf exemplarisch formulierten DEP für den Werkzeugbau erläutert. Zudem werden die DEP zur besseren Anschaulichkeit für das durchgängige Anwendungsbeispiel alphabetisch geordnet.

---

[643] Vgl. Gartner Inc. (Technology Roadmap for Midsize Enterprises), 2021.
[644] Vgl. Schuh (Technologiemanagement), 2011, S. 161.

DEP	Bezeichnung	Erläuterung
A	Automatisierte Kostenkalkulation	Kalkulation der Ist-Kosten für eingehende Aufträge erfolgt anhand einer Prognose auf Basis von erfassten Daten in der Auftragsabwicklung ähnlicher Projekte
B	Zeichnungs-automatisierung	Digitale 2D-Zeichnungen werden automatisch aus 3D-CAD-Modellen abgeleitet, die bereits Toleranzmaße integrieren und befähigen so zur papierlosen Fertigung
C	Intelligente Werkzeugverwaltung	Intelligente Überwachung der Bearbeitungswerkzeuge in der mechanischen Fertigung schafft Transparenz über Standort, Zustand, Verfügbarkeit und Produktivität der eingesetzten Bearbeitungswerkzeuge
D	Digital vernetzte Planung & Steuerung	Aufträge werden nach einer intelligenten Planungslogik priorisiert, auf Maschinenebene echtzeitnah visualisiert und lassen sich von den Mitarbeitenden mithilfe digitaler Hilfsmittel unmittelbar auf dem Shopfloor umpriorisieren
E	Kollaborative Robotik	Roboterarme kooperieren mit Menschen (und CNC-Maschinen) und automatisieren manuelle Prozesse (z. B. Heben) oder Prozessaufgaben (z. B. Schrauben)
F	Augmented Reality	Mitarbeitende tragen „Smart Glasses" zur ortsunabhängigen Visualisierung von Anweisungen, Scannen von Barcodes oder Bereitstellung von Informationen mithilfe von Augmented Reality
G	Fahrerlose Transportsysteme (FTS)	Intralogistische Prozesse werden durch ein fahrerloses, automatisch steuerndes Fördersystem abgebildet; FTS agiert berührungslos mithilfe einer realen oder virtuellen Spur auf dem Shopfloor
H	RFID-Tracking	Bauteile werden mit RFID-Mikrochips zur eindeutigen Identifikation und transparenten Lokalisierung ihrer Position ausgestattet
I	Tablet-Fehlerkontrolle	Mitarbeitende des Try-outs führen die Fehlerkontrolle mittels Tablets durch; Festgestellte Fehler werden eindeutig gespeichert und simultan digitalisiert
J	Digitales Wissensmanagement	Wissensplattform wird kollaborativ von allen Mitarbeitenden zur Sammlung von Optimierungspotenzialen und zielgerichteten Maßnahmen sowie zum effizienten Informationsabruf in der Auftragsabwicklung verwendet
K	Digitales Kennzahlencockpit	Relevante Kennzahlen der Auftragsabwicklung werden echtzeitnah auf dem Shopfloor erfasst und visualisiert; Performance der Leistungserstellung kann datenbasiert überwacht und optimiert werden
L	Digitaler Werkzeugzwilling	Virtuelle Abbildung von Prozessparametern, Arbeitsabläufen und Fertigungsprozessen des herzustellenden Werkzeugs zur Visualisierung und Simulation

Abbildung 93: Übersicht exemplarischer werkzeugbauspezifischer DEP[645]

Die Übersicht exemplarischer werkzeugbauspezifischer DEP weist keinen Anspruch auf Vollständigkeit auf. Vielmehr gilt es, diese im individuellen Anwendungsfall anhand der eigens abgeleiteten DEP aus morphologischem Kasten, Patent- und Patenthäufigkeitsanalyse sowie sonstigen Quellen und Methoden stetig zu erweitern. Die vorgenommene Sortierung der Übersicht ist chronologisch an den Durchlauf der Funktionalbereiche zur Auftragsabwicklung angelehnt, um so ein besseres Verständnis über die Gesamtheit der abgeleiteten DEP zu erlangen. Das Einsatzgebiet des DEP A gliedert sich so bspw. in den Funktionalbereich Akquise & Kalkulation ein, während das Einsatzgebiet des DEP I dem Funktionalbereich Try-out zugeordnet werden kann. Die DEP J, K und L betreffen demgegenüber den Gesamtprozess der Auftragsabwicklung im Werkzeugbau. Ferner sollte ebenfalls berücksichtigt werden, welche SEP durch einen einzelnen DEP adressiert werden sollen. In der nachfolgenden Abbildung 94 sind die zwölf exemplarischen werkzeugbauspezifischen DEP sowohl den Funktionalbereichen als auch den angestrebten SEP zugeordnet.

645 Eigene Darstellung.

	Schnelligkeit	Produktions-sicherheit	Termintreue	Flexibilität	Standar-disierung	Kosten-transparenz	Auslastungs-stabilität
Akquise & Kalkulation	A					A	
Werkzeug-entwicklung	B	B			B		
Arbeits-vorbereitung	C D	C	D	C D	C	C	D
Mechanische Fertigung	C D G H	C	D G	C D	C	C	D E H
Montage	D E G H	E F	D	E F			D H
Try-out	F H	I		F	I	I	H
Gesamt-prozess	J K L	J K L	K L	J K L	J	K L	K L

Abbildung 94: Zuordnung von DEP zu Funktionalbereichen und SEP[646]

Basierend auf dem morphologischen Kasten, den Methoden zur Technologiefrüherkennung und den exemplarisch eingeführten DEP sollte bereits ein umfangreiches Kollektiv von DEP formuliert werden können. Die Bewertung der DEP in Schritt D sowie die Clusterung der ausgewählten DEP in Schritt E reduzieren den Auswahlkorridor für das anwendende Unternehmen. Daher ist es wünschenswert, ein Kollektiv von mindestens zehn inhaltlich verschiedenen DEP zu bilden. Aus diesem Grund wird im Zuge der Ausgestaltung potenzieller DEP im nachfolgenden Schritt C2 noch keine Eingrenzung der generierten Ideen zur Ableitung von DEP durchgeführt.

V.2.1.3 Methodikschritt C2: Ausgestaltung potenzieller DEP

Im Rahmen der Ausgestaltung der abgeleiteten potenziellen DEP gilt es, deren technische Umsetzung zu definieren. Neben der bereits erfolgten Zuordnung zu den relevanten Funktionalbereichen und adressierten SEP muss dabei ebenfalls betrachtet werden, welche Auswirkungen ein DEP auf den Betrieb aufweist, wie seine spezifische Anwendung erfolgt und wie sich das DEP in die operative Auftragsabwicklung eingliedert. Zudem müssen sowohl die Schnittstellen eines DEP zu den Mitarbeitenden berücksichtigt werden als auch die induzierten Veränderungen auf deren Arbeitsweisen. Für diesen Zweck bietet sich die Instrumentalisierung entsprechender Kreativitätstechniken an. Gemäß der Einordnung von

[646] Eigene Darstellung.

RABL eignen sich zur Suche von Anwendungsmöglichkeiten insbesondere solche Kreativitätstechniken, die eine starke Assoziation erfordern. In diesem Kontext sind das Brainstorming und die 635 Methode für die inhaltliche Ausgestaltung potenzieller DEP empfehlenswert. Entsprechend der Anwendungsvorschrift dieser assoziativen Methoden wird Kritik während der Durchführung kategorisch ausgeschlossen.[647] Die sinnhaftesten Ausgestaltungen für ein DEP sind zu dokumentieren, wobei in diesem Kontext noch keine tatsächliche Bewertung der DEP erfolgt. Vielmehr sollen zunächst lediglich solche Ausgestaltungen ausgeschlossen werden, die in sich keinen Sinn ergeben oder für den betrachteten Werkzeugbaubetrieb grundsätzlich unanwendbar sind – bspw. wenn der Prozess, in dem das DEP zum Einsatz kommt, überhaupt nicht im Betrieb vorhanden ist.

Dennoch sollten DEP, die zunächst weniger sinnhaft erscheinen, nicht unmittelbar verworfen werden. Oftmals ist lediglich eine ungeeignete Variante eines in Wirklichkeit passenden DEP formuliert, die bspw. in ihrer technischen Umsetzung zu komplex oder nicht zielführendt ist. Daher ist eine systematische Variation abgeleiteter DEP erforderlich. Gemäß der Anwendungsfallverordnung der Kreativitätstechniken nach RABL wird für die Lösung eines technischen Erfindungsproblems, welche ein technisches Problem in neuartiger Weise oder unter Verwendung anderer Funktionsprinzipien lösen soll, die Osborn-Checkliste empfohlen.[648] Diese weist einen überwiegend analytischen Charakter auf und befähigt ebenfalls zur Ableitung zusätzlicher Anwendungsmöglichkeiten für die bereits sinnhaften DEP und gleichermaßen zur sukzessiven Erweiterung des Kollektivs an DEP.

Die Osborn-Checkliste wurde als Fortsetzung des Brainstormings entwickelt. Sie dient zur ganzheitlichen Betrachtung von Problemen und deren Umfeld, um so aus dem Brainstorming abgeleitete Lösungen systematisch zu variieren und weiterzuentwickeln. Dazu wird ein Fragenkatalog vorformuliert, welcher den Kreativitätsprozess anhand von neun Fragestellungen in die vorgeschriebene Richtung lenkt.[649] Die dadurch zu identifizierenden Veränderungsoptionen können im vorliegenden Anwendungsfall ein untauglich ausgestaltetes DEP zur Brauchbarkeit wandeln oder für bereits sinnhafte DEP weitere Anwendungsoptionen generieren. In der nachfolgenden Abbildung 95 ist eine speziell zur systematischen Variation von DEP modifizierte Osborn-Checkliste aus neun verschiedenen Fragestellungen dargestellt.

[647] Vgl. Rabl (Kreativitätstechniken), 2009, S. 83.
[648] Vgl. Rabl (Kreativitätstechniken), 2009, S. 83.
[649] Vgl. Osborn (Applied Imagination), 1963, S. 297-300; Rabl (Kreativitätstechniken), 2009, S. 85.

Anders verwenden?	***Substituieren?***	***Adaptieren?***
Wie kann das DEP alternativ verwendet werden? Wie kann es nach einer Modifikation genutzt werden?	Wodurch kann das DEP ersetzt werden? Kann ein anderes DEP die Funktion effizienter erfüllen?	Welche Parallelen können zum DEP gezogen werden? Was kann kopiert werden?
Magnifizieren?	***Modifizieren?***	***Minifizieren?***
Wie kann das DEP expandiert werden? Kann es für mehr Prozesse genutzt oder sein digitaler Reifegrad erhöht werden?	Wie kann das DEP für die individuellen Bedingungen des Betriebs verändert werden?	Wie kann das DEP reduziert werden? Kann ein geringerer digitaler Reifegrad oder ein kleinerer Umfang genügen?
Rearrangieren?	***Invertieren?***	***Kombinieren?***
Wie kann das DEP andere strategische Erfolgspositionen erzielen? Kann das DEP anders eingeordnet werden?	Wie kann das DEP gegenteilig gestaltet werden? Können Elemente bzw. Rollen oder Ursache und Wirkung vertauscht werden?	Welche DEP können durch ihre Schnittmengen zu nützlicheren DEP zusammengefasst werden?

Abbildung 95: Osborn-Checkliste zur systematischen Variation von DEP[650]

Mithilfe der Osborn-Checkliste wird überprüft, wie ein DEP in den Veränderungsperspektiven andere Verwendung, Substitution, Adaption, Magnifikation, Modifikation, Minifikation, Rearrangierung, Invertierung oder Kombination beeinflusst werden kann. Die Formulierungen im Kasten unterhalb der jeweiligen Veränderungsperspektive dienen zur Konkretisierung der Fragestellungen im Kontext von DEP. Initial wird immer ein bereits entwickeltes DEP betrachtet, welches im Rahmen dieser Kreativitätstechnik eine Veränderung erfahren soll. Die Reihenfolge der Fragestellungen ist nicht festgeschrieben. Für die Anwendung der Methode empfiehlt sich eine iterative Durchführung. Solche DEP, deren inhaltliche Ausgestaltung auch unter Einsatz der Osborn-Checkliste nicht sinnhaft beschrieben werden kann oder für die im betrachteten Werkzeugbaubetrieb kein Anwendungsbereich existiert, können final von der weiteren Betrachtung exkludiert werden.

Nach Anwendung der Osborn-Checkliste ist das Kollektiv der DEP inhaltlich ausgestaltet und um gänzlich unbrauchbare DEP bereinigt. Zudem sind die Eigenschaften und Ausprägungen der einzelnen DEP in ihren verschiedenen sinnhaften Varianten dokumentiert. Es ist mithin möglich, das Verständnis zu den einzelnen DEP sowie deren inhaltliche Ausprägungen im Kollektiv zu aggregieren. Hierbei kommt erneut der im Rahmen von Schritt C1 entwickelte morphologische Kasten zum Einsatz. Zudem werden die einzelnen DEP in den definierten Parametern für alle Beteiligten transparent visualisiert und es wird eine ganzheitliche Übersicht zur weiteren Verwendung generiert. Nachfolgend ist in Abbildung 96 eine Eingliederung von sechs der zwölf exemplarischen DEP für Werkzeugbaubetriebe dargestellt.

---

[650] I. A. a. Rabl (Kreativitätstechniken), 2009, S. 85-86;
Higgins; Wiese (Innovationsmanagement), 1996, S. 119-120.

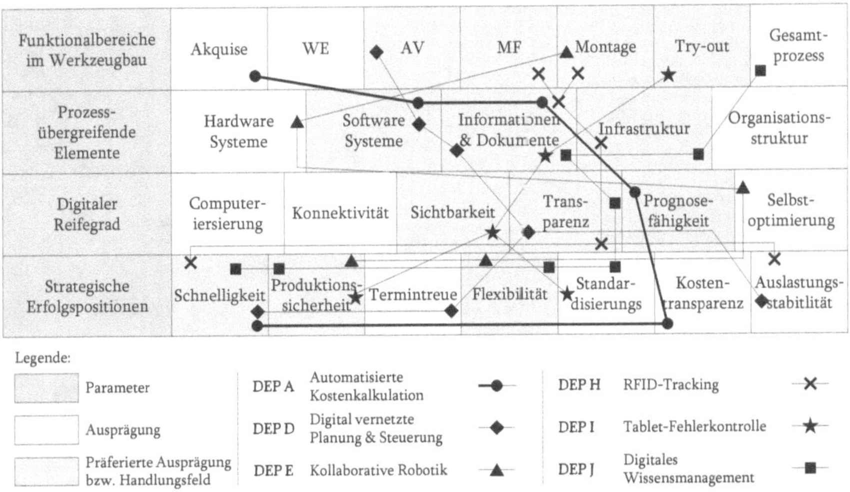

Abbildung 96: Exemplarisch ausgefüllter morphologischer Kasten für DEP[651]

In der dargestellten exemplarischen Eingliederung in den morphologischen Kasten werden die automatisierte Kostenkalkulation (DEP A), die digital vernetzte Planung und Steuerung (DEP D), die kollaborative Robotik (DEP E), das RFID-Tracking von Bauteilen (DEP H), die Tablet-Fehlerkontrolle (DEP I) sowie das digitale Wissensmanagement (DEP J) betrachtet. Die Erfassung der DEP erfolgt dabei grundsätzlich in den verschiedenen Funktionalbereichen. Die ganzheitliche digitale Vernetzung der Wertschöpfung weist zusätzlich jedoch einen funktionsübergreifenden Charakter auf, der im morphologischen Kasten durch die Ausprägung Gesamtprozess abgebildet wird.

Die unterschiedlichen DEP werden im Zuge der Einordnung in den morphologischen Kasten einer eindeutigen Nummer zugeordnet – im Beispiel DEP 1 bis DEP 6. Vorhandene Lücken in der Betitelung der DEP, die durch den Ausschluss nicht sinnhafter DEP entstehen, werden so eliminiert und es wird eine durchgängige Benennung der DEP ermöglicht. Diese Benennung soll für die folgenden Methodikschritte D, E und F genutzt werden. Als Ergebnis des Teilschritts C2 liegen somit alle DEP mit ihren jeweiligen Varianten der inhaltlichen Ausgestaltung eindeutig nummeriert vor.

[651] Eigene Darstellung.
Basierend auf dem in Schritt C1 entwickelten morphologischen Kasten und den definierten exemplarischen werkzeugbauspezifischen DEP (Vgl. Kapitel V.2.1.2)

V.2.1.4 Methodikschritt C: Ergebnisse

Die Ergebnisse des dritten Methodikschritts zur Gestaltung potenzieller DEP innerhalb der Methodik für die systematische Transformation zur digital vernetzten Wertschöpfung im Werkzeugbau bilden:

- Abgeleitete potenzielle DEP zur weiteren inhaltlichen Ausgestaltung und Eingrenzung des Lösungsraums
- Inhaltlich ausgestaltete DEP zur Adressierung der funktionsspezifischen und prozessübergreifenden Handlungsfelder
- Ausgefüllter morphologischer Kasten zur transparenten Darstellung von Eigenschaften und adressierten SEP

V.2.2 Methodikschritt D: Bewertung der DEP

In Methodikschritt D erfolgt die Bewertung der inhaltlich ausgestalteten DEP anhand von zwei Detailschritten. Zunächst wird eine qualitative Bewertung der DEP vorgenommen, indem die DEP in Bezug auf drei Kriterien geprüft und ungeeignete DEP von der weiteren Betrachtung ausgeschlossen werden. Im zweiten Detailschritt wird eine quantitative Bewertung auf Basis einer Nutzwertanalyse durchgeführt. Hierbei werden verschiedene Kriterien zur Bewertung der Vorteilhaftigkeit der DEP herangezogen. Die Gewichtung dieser Kriterien erfolgt durch einen paarweisen Vergleich. Auf Basis des ermittelten Nutzwerts können weitere DEP, die unterhalb eines definierten Grenzwerts liegen, ausgeschlossen werden. Im Folgenden werden zunächst die Grundlagen der Nutzwertanalyse, des paarweisen Vergleichs, der Bewertungsmatrix sowie der Investitionsrechnung erläutert.

V.2.2.1 Methodikschritt D: Grundlagen

Der strategische Managementprozess umfasst im Rahmen der Strategieformulierung und -auswahl eine systematische Bewertung der einzelnen Strategiealternativen. Für die Entscheidungsfindung bzgl. der Eignung und Auswahl der zu bewertenden Alternativen existieren in der wissenschaftlichen Praxis verschiedene Methoden und Modelle. Die Methode der Nutzwertanalyse weist hierbei die größte praktische Relevanz auf.[652] Die Anwendung einer Nutzwertanalyse ist insbesondere dann zweckmäßig, wenn Faktoren verschiedener Dimensionen gleichzeitig innerhalb einer Bewertung berücksichtigt werden sollen.[653] Folgende Faktoren sind bei Anwendung der Nutzwertanalyse in der Berechnung zu inkludieren:[654]

- Faktoren, die einem konkreten errechenbaren Geldwert entsprechend und somit quantifizierbar sind
- Faktoren, die nicht oder nur bedingt in einen Geldwert umzurechnen, als Kennzahl oder Parameter jedoch quantifizierbar sind

---

[652] Vgl. Welge et al. (Strategisches Management), 2017, S. 742-743.
[653] Vgl. Binner (Ganzheitliches Prozessmanagement), 2016, S. 45.
[654] Vgl. Drews (Projektmanagement-Methoden), 2010, S. 119-120; Wiendahl (Grundlagen der Fabrikplanung), 1999, 27–28.

- Faktoren, die weder als Geldwert darzustellen noch quantifizierbar sind und nur qualitativ sowie subjektiv zu bewerten sind

Die Nutzwertanalyse stellt dementsprechend eine integrative Betrachtung von qualitativen sowie quantitativen Faktoren dar. Durch die subjektive Beurteilung qualitativer Faktoren zusammen mit den quantifizierbaren Faktoren wird eine Reihe quantifizierbarer Kriterien geschaffen, die miteinander vergleichbar sind. Die Bewertung erfolgt anhand der Berechnung des Nutzwerts einer jeder betrachteten Alternative im Rahmen der Analyse. Der Nutzwert wird basierend auf verschiedenen definierten Kriterien und einer Gewichtung dieser ermittelt. Folglich muss jede Alternative in Bezug auf alle definierten Kriterien bewertet werden.[655] Die Bewertung der Alternativen in den einzelnen Kriterien erfordert eine funktionale Skala, wobei in der Regel eine dreistufige, fünfstufige oder zehnstufige Skala definiert werden sollte. Dabei ist der Detailgrad der vorhandenen Informationen maßgeblich für die Auswahl der passenden Skala. So empfiehlt sich bei vager Informationslage eine dreistufige, während bei genaueren Informationen eine fünfstufige Skala gewählt werden sollte. Die Nutzung einer zehnstufigen Skala ist demgegenüber nur in Ausnahmefällen bei besonders detailliertem Informationsgrad und gleichzeitiger Notwendigkeit dieser kleinschritten Abstufung sinnvoll. Ferner gilt es zu beachten, dass der Aufwand für die Bewertung der einzelnen Alternativen und die Quantität der Abstufungen unmittelbar korrelieren.[656] Die Wahl einer zu kleinschrittigen Skala sollte demnach vermieden werden, wenn der hohe Detailgrad nicht zwangsläufig erforderlich ist. Die nachfolgende Abbildung 97 beinhaltet das Schema zur Nutzwertanalyse mit sämtlichen benötigten Formeln.

Kriterium K_i	Gewichtung G_i	Alternativen A_j			
		A_1	A_2	…	A_m
K_1	G_1	TN_{11}	TN_{12}	…	TN_{1m}
K_2	G_2	TN_{21}	TN_{22}	…	TN_{2m}
…	…	…	…	…	…
K_n	G_n	TN_{n1}	TN_{n2}	…	TN_{nm}
Summe	100%	NW_1	NW_2	…	NW_m
Rangfolge		1	2	…	m

$$TN_{ij} = G_i \times E_{ij}$$

$$mit\ i \leq n \wedge j \leq m,\quad i,j,m,n \in \mathbb{N}$$

Bildung des Teilnutzens TN_{ij} bezüglich des Kriteriums K_i für Alternative A_j aus Gewichtung G_i und Erfüllungsgrad E_{ij}

$$NW_j = \sum_{i=1}^{n} TN_{ij} = \sum_{i=1}^{n} G_i \times E_{ij}$$

$$mit\ i \leq n \wedge j \leq m,\quad i,j,m,n \in \mathbb{N}$$

Bildung des Nutzwertes NW_j für Alternative A_j aus der Summe der Teilnutzen TN_{ij}

Abbildung 97: Schema zur Durchführung der Nutzwertanalyse[657]

Im Anschluss an die Definition der Kriterien (K_i) werden diese zunächst gewichtet. Für den Anwendenden ist es dabei praktikabel, wenn die Summe der Gewichtungen (G_i) über die Kriterien eins bzw. 100 % beträgt. Anschließend werden sämtliche Alternativen (A_j) in Bezug auf die definierten Kriterien bewertet. Hierzu wird die gewählte Skala verwendet,

[655] Vgl. Drews (Projektmanagement-Methoden), 2010, S. 119-130; Eversheim (Standortplanung), 1999, S. 46-47.

[656] Vgl. Wiendahl (Grundlagen der Fabrikplanung), 1999, 28.

[657] I. A. a. Wiendahl (Grundlagen der Fabrikplanung), 1999, S. 27; Eversheim (Standortplanung), 1999, S. 47.

die eine Punktzahl vergibt und so den Erfüllungsgrad (E_{ij}) bildet – bspw. kann der Erfüllungsgrad auf einer fünfstufigen Skala die Werte von eins bis fünf annehmen. Die Multiplikation von Gewichtung und Erfüllungsgrad bildet anschließend den Teilnutzen (TN_{ij}) einer Alternative in Bezug auf ein einzelnes Kriterium. Der Nutzwert (NW_j) einer Alternative wird schließlich durch die Summierung sämtlicher Teilnutzen berechnet. Dieser ermöglicht das Bilden einer Rangfolge, bei der die verschiedenen Alternativen aufsteigend gemäß ihren Nutzwerten sortiert werden. So wird der Alternative mit dem höchsten Nutzwert der erste Rang zugeordnet, während die Alternative mit dem geringsten Nutzwert den letzten Rang erhält. Die Durchführung der Nutzwertanalyse erfordert daher initial die Definition der zu bewertenden Kriterien sowie deren Gewichtung.[658] Während die Definition der Kriterien vom zu analysierenden Sachverhalt abhängt, sind die Methoden zur Bewertung der gewählten Alternativen von den definierten Kriterien abhängig. Das methodische Vorgehen für die Gewichtung der Kriterien ist hingegen unabhängig vom Sachverhalt und den Inhalten der Kriterien.

Für die Ermittlung der Gewichtungsfaktoren bzw. der Gewichtung (G_i) aus der Nutzwertanalyse existieren verschiedene systematische Methoden. Eine Methode zur Festlegung der relativen Bedeutung einzelner Kriterien stellt der paarweise Vergleich dar, dessen Grundlage ebenfalls die initial durchzuführende Definition der Kriterien ist. Die Methode bildet dabei jede mögliche Kombination von zwei Kriterien ab und vergleicht beide qualitativ anhand ihrer relativen Wichtigkeit zueinander. Das Schema für die Durchführung des paarweisen Vergleichs ist in der nachfolgenden Abbildung 98 anhand einer exemplarischen Berechnung der normierten Gewichtungsfaktoren dargestellt.

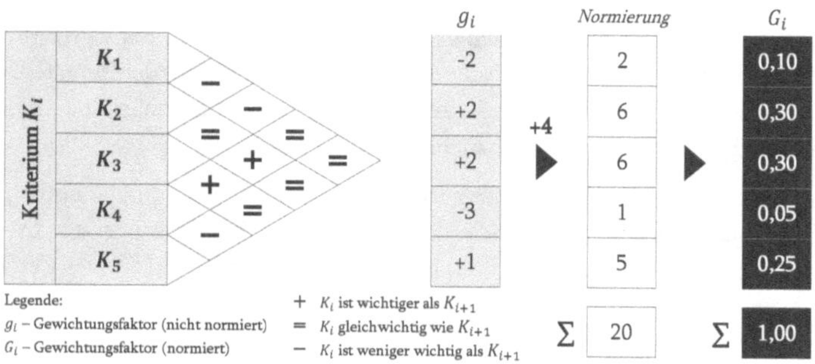

Abbildung 98: Schema zur Durchführung des paarweisen Vergleichs[659]

Im linken Bereich des Schemas werden sämtliche möglichen Kombinationen der Kriterien (K_i) abgebildet. Diese Paarungen werden jeweils mit einem Plus-, Gleichheits- oder Minuszeichen gekennzeichnet. Die Verwendung des Plus- respektive Minuszeichens zeigt an, dass das obere Kriterium wichtiger bzw. weniger wichtig ist als das untere Kriterium der Paarung. Das Gleichheitszeichen induziert, dass die Kriterien in ihrer Wichtigkeit äquiva-

[658] Vgl. Drews (Projektmanagement-Methoden), 2010, S. 122-130;
Wiendahl (Grundlagen der Fabrikplanung), 1999, S. 27-28;
Eversheim (Standortplanung), 1999, S. 46-48.

[659] I. A. a. Eversheim (Standortplanung), 1999, S. 48.

lent sind. Somit erfolgt das Abwägen der Wichtigkeit in den Kriterien paarweise und subjektiv anhand der Einschätzung des Anwendenden. Die relative Wichtigkeit der Paarungen ist die Basis für die Ableitung des nicht normierten Gewichtungsfaktors (g_i), der aus allen möglichen Paarungen eines gegebenen Kriteriums gebildet wird. Ausgehend vom Wert null wird für jede Paarung, in der ein gegebenes Kriterium wichtiger ist als sein Gegenstück, der Wert eins addiert. Analog wird für jede Paarung, in der das gegebene Kriterium weniger wichtig ist als sein Gegenstück, der Wert eins subtrahiert. Äquivalente Paarungen induzieren keine Veränderung am Wert. Nachdem diese Berechnung für alle Kriterien erfolgt ist, werden die Gewichtungsfaktoren normiert. Hierzu wird zunächst ein Wert addiert, sodass alle Gewichtungsfaktoren einen Wert größer null annehmen - im dargestellten Beispiel ist dies durch die Addition des Werts vier erfolgt. Aus diesen positiven Gewichtungsfaktoren wird anschließend die Summe gebildet. Der prozentuale Anteil eines positiven Gewichtungsfaktors an der Summe der positiven Gewichtungsfaktoren entspricht schließlich dem normierten Gewichtungsfaktor.[660] Die errechneten normierten Gewichtungsfaktoren (G_i) sind dabei gleichbedeutend mit den Gewichtungen (G_i) aus der Nutzwertanalyse und werden daher durch dasselbe Formelzeichen dargestellt. Folglich können die normierten Gewichtungsfaktoren unmittelbar in die Nutzwertanalyse übertragen werden.

Zur Ermittlung der Gewichtungsfaktoren kann außerdem die Bewertungsmatrix verwendet werden. Der Unterschied zum paarweisen Vergleich liegt lediglich in ihrer Darstellungsform. Hierbei wird eine Matrix aufgespannt, die die definierten Kriterien sowohl entlang ihrer Zeilen als auch ihrer Spalten aufführt. In den so aufgespannten Zellen erfolgt ebenfalls eine paarweise Bewertung der beiden Kriterien. Je nach Wert (0, 1 oder 2) ist das Zeilenkriterium weniger wichtig, gleichgewichtig oder wichtiger als das Spaltenkriterium.[661] Eine Betrachtung der Diagonalen erfolgt bei Anwendung der Bewertungsmatrix nicht, da hier theoretisch zwei identische Kriterien verglichen werden müssten. Somit ist eine Bewertung dieser Zellen nicht erforderlich. Das weitere Vorgehen ist äquivalent zum paarweisen Vergleich und wird daher nicht näher erläutert.

Im Kontext der quantitativen Bewertung sind Methoden relevant, die die Berechnung der finanziellen Vorteilhaftigkeit ermöglichen. Hierzu dienen die Verfahren der Investitionsrechnung. In der nachfolgenden Abbildung 99 ist ein ausgewählter Teil von Verfahren der Investitionsrechnung übersichtlich dargestellt.

660 Vgl. Eversheim (Standortplanung), 1999, S. 48.
661 Vgl. Eversheim (Standortplanung), 1999, S. 48-49.

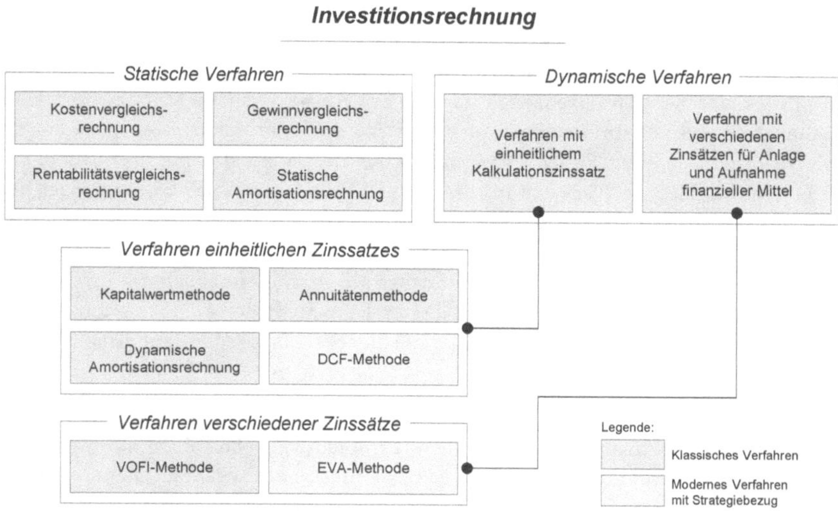

Abbildung 99: Übersicht zu den Verfahren der Investitionsrechnung[662]

Investitionsverfahren können in statische Verfahren und dynamische Verfahren unterteilt werden. Statische Verfahren betrachten lediglich einen einzelnen Zeitabschnitt als theoretische Durchschnittsperiode. Gängige statische Verfahren sind die Kostenvergleichsrechnung, Gewinnvergleichsrechnung und Rentabilitätsrechnung. Diese vergleichen jeweils die namensgebende Dimension verschiedener Investitionsentscheidungen. Zudem gibt die statische Amortisationsrechnung Aufschluss über die Zeit, die zur Wiedergewinnung des eingesetzten Kapitals einer Investition benötigt wird. Sie wird daher häufig zur Risikoeinschätzung von Investitionen verwendet.[663] Demgegenüber ermöglichen dynamische Verfahren die Betrachtung mehrerer Perioden mit unterschiedlich hohen Ein- und Auszahlungen zu verschiedenen Zeitpunkten. Weiterhin können die dynamischen Verfahren anhand der Berücksichtigung einheitlicher oder verschiedener Zinssätze unterschieden werden. Beide Verfahren haben gemeinsam, dass zur dynamischen Betrachtung sämtliche Ein- und Auszahlungen im Betrachtungszeitraum durch Diskontierung respektive Askontierung mit einem festgelegten kalkulatorischen Zins transformiert werden. Bei Anwendung der Kapitalwertmethode werden alle Zahlungen, die im Rahmen einer Investition verursacht werden, für den betrachteten Zeitpunkt transformiert. Eine Investition ist dabei vorteilhaft, wenn der so errechnete Kapitalwert größer null ist. Die Annuitätenmethode basiert auf dem identischen Prinzip, wobei das Ergebnis als kontinuierliche und gleich hohe Zahlung (Annuität) über den Betrachtungszeitraum angegeben wird. Als Äquivalent zur statischen Amortisationsrechnung existiert im Kontext der dynamischen Verfahren die dynamische Amortisationsrechnung. Sie funktioniert nach dem gleichen Prinzip, die Zahlungen werden lediglich vorher entsprechend transformiert.[664] Als letztes der betrachteten Verfahren

---

[662] I. A. a. Götze (Investitionsrechnung), 2014, S. 55-136 u. 168-171; Nowak (Unternehmensbewertung), 2000, S. 9-38 u. 141-147.
[663] Vgl. Götze (Investitionsrechnung), 2014, S. 55-73.
[664] Vgl. Götze (Investitionsrechnung), 2014, S. 73-117.

mit einheitlichem Zinssatz integriert die DCF-Methode verschiedene Ansätze zur Berechnung von Unternehmenswerten und basiert auf den Grundsätzen der Kapitalwertmethode.[665] Die Methode des vollständigen Finanzplans (VOFI-Methode) unterscheidet zwischen verschiedenen Zinssätzen zur Aufnahme und Anlage von Kapital, wobei neben der Zahlungsreihe des Investitionsobjekts zusätzlich finanzielle Dispositionen – sogenannte derivative Zahlungen – berücksichtigt werden.[666] Die EVA-Methode zählt ebenfalls zu den Verfahren verschiedener Zinssätze und dient zur Differenzierung von wertsteigernden und wertvernichtenden Investitionsalternativen. Solche Alternativen, deren Rendite höher ausfällt als die Kosten des verwendeten Kapitals, werden als wertsteigernd eingestuft.[667] Während die meisten der vorgestellten Verfahren klassische Methoden der Investitionsrechnung darstellen, wurden DCF-Methode und EVA-Methode basierend auf modernen Erkenntnissen speziell für die strategiebezogene Entscheidungsfindung entwickelt.[668]

V.2.2.2 Methodikschritt D1: Qualitative Bewertung der DEP

Die qualitative Bewertung in Schritt D1 dient zur Vorauswahl von DEP, um den Aufwand im folgenden Detailschritt der quantitativen Bewertung und Auswahl möglichst gering zu halten. Damit in Schritt D2 eine Nutzwertanalyse zur Abwägung der einzelnen DEP angewendet werden kann, muss zuvor eine umfangreiche Bewertung in verschiedenen Dimensionen stattfinden. Dies erfolgt im Rahmen der qualitativen Bewertung, bei der die generelle Eignung eines DEP anhand von qualitativen Bewertungskriterien evaluiert wird. Neben der Verminderung des Aufwands für die Durchführung von Schritt D2 wird dadurch zudem das Kollektiv der DEP eingegrenzt und auf grundsätzlich valide DEP für den betrachteten Betrieb reduziert.

Die Zusammenstellung der qualitativen Bewertungskriterien für DEP soll auf der qualitativen Bewertung des strategischen Managementprozesses basieren. Dieser umfasst im Vorfeld der quantitativen Bewertung ebenfalls eine qualitative Bewertung zur Vorauswahl der strategischen Alternativen. Die Vorauswahl wird hierbei als notwendige Bedingung betrachtet.[669] Nach HUNGENBERG werden im Prozess des strategischen Managements bspw. die Kriterien Plausibilität der Strategie, Fit der Strategie und Machbarkeit der Strategie zur Bewertung der Strategiealternativen herangezogen.[670] Auf inhaltlicher Ebene können diese drei Kriterien jedoch auch für andere Varianten und Schwerpunkte als die reine Bewertung von Strategiealternativen verallgemeinert werden.[671] In der nachfolgenden Abbildung 100 sind qualitative Bewertungskriterien für die initiale Validierung von DEP aus den einzelnen qualitativen Bewertungskriterien nach HUNGENBERG abgeleitet und dargestellt.

665 Vgl. Nowak (Unternehmensbewertung), 2000, S. 26-28.
666 Vgl. Götze (Investitionsrechnung), 2014, S. 126-128.
667 Vgl. Nowak (Unternehmensbewertung), 2000, S. 141-143.
668 Vgl. Götze (Investitionsrechnung), 2014, S. 168-171.
669 Vgl. Hungenberg (Strategisches Management), 2014, S. 276.
670 Vgl. Hungenberg (Strategisches Management), 2014, S. 276-278; Johnson et al. (Corporate Strategy), 2005, S. 357-359.
671 Vgl. Kapitel II.3.2

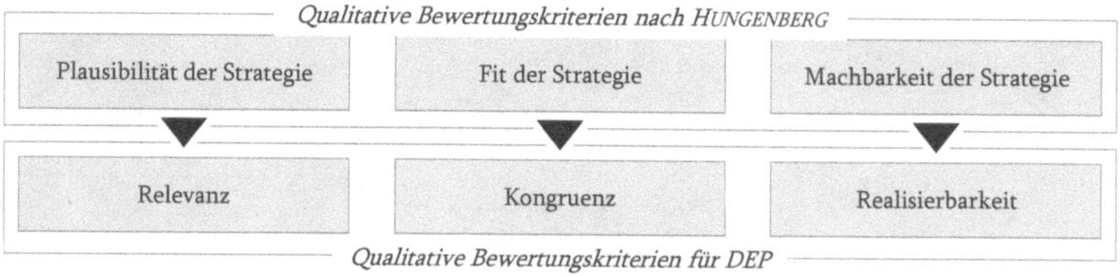

Abbildung 100: Ableitung qualitativer Bewertungskriterien für DEP[672]

Aus der Plausibilität der Strategie nach HUNGENBERG leitet sich das qualitative Bewertungskriterium Relevanz ab.[673] Dieses dient zur Bewertung der Bedeutsamkeit eines speziellen DEP für die digitale Vernetzung der Wertschöpfung eines Werkzeugbaubetriebs. Aus dem Fit der Strategie wird das Bewertungskriterium Kongruenz abgeleitet, welche die strategische Eingliederung eines DEP in den betrachteten Werkzeugbaubetrieb und seine angestrebte strategische Ausrichtung fokussiert.[674] Abschließend kann aus dem Kriterium der Machbarkeit der Strategie das Bewertungskriterium Realisierbarkeit abgeleitet werden.[675] Dieses dient zur ersten qualitativen Einschätzung der generelle Umsetzbarkeit eines spezifischen DEP für den betrachteten Werkzeugbaubetrieb. In Summe verkörpert die Erfüllung dieser qualitativen Kriterien ebenfalls eine Art notwendige Bedingung für DEP, damit diese vorteilhaft im betrachteten Werkzeugbaubetrieb implementiert werden können. In der nachfolgenden Abbildung 101 ist ein Schema mit jeweils zwei formulierten Fragestellungen dargestellt, welches die drei Kriterien zur initialen qualitativen Validierung von DEP präzisiert.

---

[672] I. A. a. Hungenberg (Strategisches Management), 2014, S. 276-279.
[673] Vgl. Hungenberg (Strategisches Management), 2014, S. 276-277.
[674] Vgl. Hungenberg (Strategisches Management), 2014, S. 277.
[675] Vgl. Hungenberg (Strategisches Management), 2014, S. 277-278.

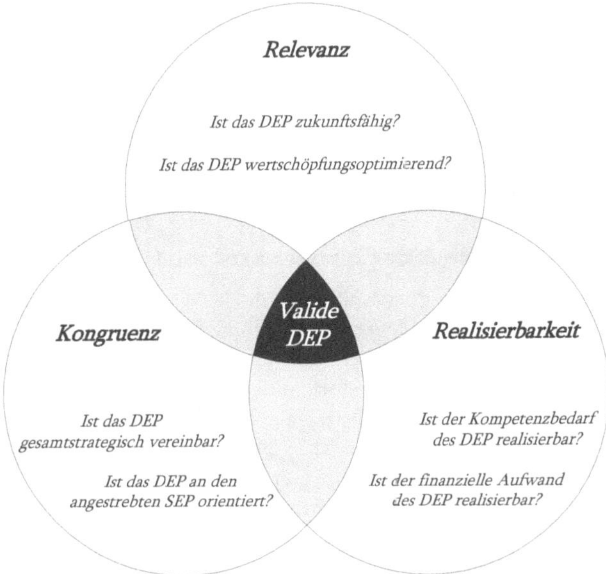

Abbildung 101: Schema zur qualitativen Bewertung der DEP[676]

Die Erfüllung des Bewertungskriteriums Relevanz erfordert, dass ein DEP sowohl zukunftsfähig ist als auch die Optimierung der Wertschöpfung fokussiert. Dadurch wird gewährleistet, dass ein spezifisches DEP auch in Zukunft den Anforderungen der digitalen Vernetzung entspricht. Aufgrund des Fokus der vorliegenden Arbeit wird zudem gesondert berücksichtigt, ob ein spezifisches DEP ausreichend Bezug zur Wertschöpfung aufweist. Das Bewertungskriterium Kongruenz ist erfüllt, wenn ein DEP mit der strategischen Ausrichtung des betrachteten Betriebs vereinbar ist und sich zudem an den angestrebten SEP orientiert. Diese beiden Fragestellungen stellen sicher, dass sich ein DEP in die übergreifende Strategie eingliedern lässt und zusätzlich zur Verbesserung der Merkmale eines Betriebs beiträgt, die er zur Positionierung am Markt nutzt. Zur Erfüllung des Bewertungskriteriums Realisierbarkeit müssen sowohl die erforderlichen Kompetenzen als auch der finanzielle Aufwand im Rahmen der Möglichkeiten des betrachteten Betriebs sein. So wird sichergestellt, dass ein DEP keine zu weitreichenden Veränderungen für die Belegschaft aufgrund zu hoher Komplexität induziert. Gleichermaßen wird so gewährleistet, dass die Kosten zur Umsetzung des DEP nicht die vorgeschriebene Budgetierung des Betriebs um ein Vielfaches übersteigen. Die Erfüllung der qualitativen Bewertungskriterien muss als notwendige Bedingung für jedes DEP gegeben sein, um als valide für die weitere Betrachtung im Zuge der quantitativen Bewertung zu gelten. DEP, welche die Bewertungskriterien Relevanz, Kongruenz und Realisierbarkeit nicht erfüllen, werden somit von der weiteren Betrachtung ausgeschlossen. Entweder sind diese generell als DEP zur digitalen Vernetzung der Wertschöpfung oder speziell für den betrachteten Betrieb ungeeignet.

[676] Eigene Darstellung.

Die eingeführten Fragestellungen sind qualitativ und ohne Verwendung zusätzlicher Analysen und Untersuchungen zu beantworten – bspw. im Rahmen von Workshops mit relevanten Mitarbeitenden. Im Gegensatz zur Prozessmodellierung fokussiert ein solcher Workshop hingegen nahezu ausschließlich ein erhöhtes Abstraktionsniveau sowie die gesamtbetriebliche Ebene. Zur Sicherstellung dieser holistischen Perspektive auf den gesamten Betrieb sind tendenziell Führungskräfte anstelle von operativen Mitarbeitenden in den Workshops zur qualitativen Bewertung von DEP einzubeziehen.

V.2.2.3 Methodikschritt D2: Quantitative Bewertung der DEP

Basierend auf der qualitativen Bewertung und Vorauswahl erfolgt – analog zum Vorgehen im strategischen Managementprozess – die quantitative Bewertung der DEP. Das Kernelement dieser quantitativen Bewertung ist die Nutzwertanalyse, welche auf die einzelnen Alternativen der DEP aus dem Gesamtkollektiv angewendet wird. Im weiteren Verlauf sind Alternativen und DEP daher synonym zu verstehen. Durch Anwendung der Nutzwertanalyse können die DEP anhand verschiedener Faktoren ganzheitlich betrachtet werden. Zudem wird jedem DEP ein Nutzwert zugeordnet, welcher die jeweilige Vorteilhaftigkeit quantifiziert und für die spätere Auswahl der DEP zweckdienlich ist. Für die Durchführung der Nutzwertanalyse sind drei Eingangsgrößen erforderlich. Initial muss die Definition der Kriterien anhand der beeinflussenden Faktoren durchgeführt werden, bevor für diese eine Ermittlung der Gewichtungen erfolgt. Abschließend wird die Bewertung der Erfüllungsgrade für die DEP in jedem Kriterium isoliert angewendet und die einzelnen Ausprägungen werden dokumentiert. In der nachfolgenden Abbildung 102 ist das methodische Vorgehen zur Durchführung der Nutzwertanalyse dargestellt.

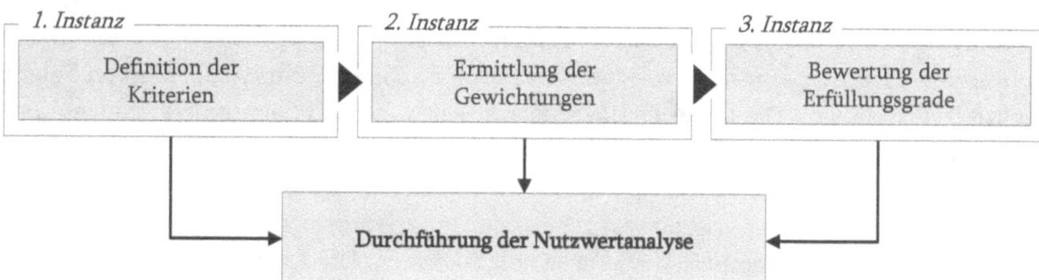

Abbildung 102: Vorgehen für die Nutzwertanalyse zur quantitativen Bewertung[677]

Zu Beginn erfolgt die Definition der Kriterien, die für die Durchführung der Nutzwertanalyse benötigt werden. Diese legen die Faktoren fest, anhand derer die DEP quantitativ bewertet werden. Analog zur Bewertung von strategischen Alternativen im Sinne des strategischen Managementprozesses sind insbesondere quantitative bzw. monetäre Faktoren zur Beurteilung der Vorteilhaftigkeit eines DEP ausschlaggebend. Dennoch können auch qualitative Faktoren, die nicht unmittelbar in einen eindeutigen Geldwert umgerechnet werden können, respektive deren Quantifizierung zu komplex ist, in die Bewertung von DEP einfließen. Insbesondere im Zuge der digitalen Transformation von Unternehmen lassen sich nicht alle Potenziale eindeutig quantifizieren, sodass auch qualitative Faktoren berücksichtigt werden sollten. Zudem ist es im Sinne des strategischen Managements essenziell,

[677] Eigene Darstellung.

dass die DEP hinsichtlich ihrer Beeinflussung der angestrebten SEP zur Positionierung am Markt evaluiert werden. Die Summe der monetär quantifizierbaren sowie qualitativen Faktoren verdeutlicht, weshalb die Nutzwertanalyse als Methode zur quantitativen Bewertung gewählt wird. So befähigt die Nutzwertanalyse als robuste Bewertungsmethode zur simultanen Betrachtung von Faktoren verschiedener Dimensionen. Die Kriterien zur Durchführung der Nutzwertanalyse, die aus den vorab aufgeführten Faktoren abgeleitet sind, sind mit spezifischen Beispielen in der nachfolgenden Abbildung 103 aufgeführt.

Abbildung 103: Bezugsrahmen der Kriterien zur Durchführung der Nutzwertanalyse[678]

Die aufgeführten Kriterien stellen lediglich einen Bezugsrahmen für den Anwendenden dar und können basieren auf den individuellen Präferenzen angepasst werden. Es gilt jedoch zu beachten, dass das sogenannte MECE-Prinzip[679] angewendet wird. Demnach sollten die definierten Kriterien sämtliche relevanten Faktoren abbilden, ohne jedoch einen Faktor mehrfach abzubilden. Die Kriterien quantitativer Aufwand und quantitativer Nutzen umfassen alle monetären Implikationen eines DEP. Im Falle des quantitativen Aufwands sind dies bspw. Investitionskosten, Betriebskosten oder kalkulatorische Zinsen. Der quantitative Nutzen kann bspw. Ressourceneinsparungen oder Prozessbeschleunigungen umfassen, die wiederum unmittelbar monetär bewertet werden können. Die Kriterien qualitativer Aufwand und qualitativer Nutzen umfassen solche Faktoren, die nicht unmittelbar monetär bewertet werden können. Beispiele für qualitative Aufwände sind eine erhöhte erforderliche Motivation seitens der Mitarbeitenden oder die Umstrukturierung etablierter Prozesse, die für die Umsetzung eines DEP erforderlich sind. Qualitative Nutzen können bspw. ergonomische Verbesserungen, eine Steigerung der Betriebsaktivität für potenzielle Auszubildende durch zukunftsweisende Digitalisierungslösungen oder kognitive Entlastungen umfassen. Abschließend gilt es, die strategischen Erfolgspositionen zu betrachten. Diese bilden im Gegensatz zu den vorab aufgeführten Kriterien mehrere Dimensionen ab. Zunächst sollten die primär angestrebten SEP von den sonstigen SEP, die ein Betrieb nicht in erster Instanz adressiert, differenziert werden. Sofern ein Betrieb eine Vielzahl verschiedener SEP

678 Eigene Darstellung.

679 MECE ist das Akronym für mutually exclusive and collectively exhaustive, welches impliziert, dass keine Variable in eine Betrachtung doppelt einfließt, gleichzeitig aber alle relevanten Variablen berücksichtigt werden (Vgl. Herrmann; Huber (Produktmanagement), 2013, S. 93).

anstrebt, kann an dieser Stelle für einen erhöhten Detailgrad erneut differenziert werden. In der Folge werden spezifische SEP als eigene Kriterien eingeführt.[680] Gemäß des durchgängigen Anwendungsbeispiels werden so die SEP Schnelligkeit, Produktionssicherheit und Flexibilität als eigenes Kriterium aufgeführt. Dies ist insbesondere dann zielführend, wenn die Realisierung der einzelnen SEP unterschiedlich stark gewichtet ist. Folglich können die SEP einerseits in Form von angestrebten sowie sonstigen SEP als zwei Kriterien aufgeführt werden. Andererseits ist auch eine weitere Unterscheidung der angestrebten SEP zusätzlich zu den sonstigen SEP zulässig, um durch weitere Differenzierung der Kriterien einen höheren Detaillierungsgrad zu ermöglichen. Wie eingangs erläutert können die Kriterien sukzessive auf Basis der individuellen Bedürfnisse und Präferenzen des anwendenden Betriebs modifiziert, eingeführt, erweitert oder differenziert werden. Exemplarisch könnte so für einen Betrieb die erfolgreiche Umsetzung der Neuerungen bei den Mitarbeitenden von besonderer Bedeutung sein; folglich könnte dies aus den Betrachtungen des qualitativen Aufwands exkludiert und stattdessen als eigenes Kriterium eingeführt werden. Hierbei ist jedoch die Exklusion des Faktors aus dem Kriterium des qualitativen Aufwands notwendig, um weiterhin dem MECE-Prinzip zu entsprechen.

Auf die Definition der Kriterien folgt die Ermittlung der Gewichtungen für diese. Für die systematische Festlegung subjektiver Hierarchien eignen sich insbesondere die bereits vorgestellten Methoden des paarweisen Vergleichs und der Bewertungsmatrix. Beiden Methoden liegt hierbei die identische Methodik zugrunde, lediglich die Darstellungsform variiert. Bei einer hohen Anzahl an verschiedenen zu gewichtenden Kriterien erweist sich die Darstellungsform des paarweisen Vergleichs in Bezug auf Lesbarkeit und Durchführung als kompliziert. Basierend auf dem exemplarisch eingeführten Bezugsrahmen der Kriterien liegen der quantitativen Bewertung im Anwendungsbeispiel mindestens sechs verschiedene Kriterien zugrunde. Für die Gewichtung der Kriterien soll im Folgenden daher die Bewertungsmatrix instrumentalisiert werden, um die Anforderungen an Übersichtlichkeit und Praktikabilität der Durchführung zu erfüllen. In der nachfolgenden Abbildung 104 ist eine entsprechende Bewertungsmatrix visualisiert, in der die Gewichtung der Kriterien exemplarisch durchgeführt ist.

[680] Aufgrund der qualitativen Bewertung in Schritt D1 adressiert jedes DEP des Kollektivs mindestens ein angestrebtes SEP (Vgl. Kapitel V.2.2.2).

	Quant. Aufwand	Quant. Nutzen	Qual. Aufwand	Qual. Nutzen	Produktions-sicherheit	Flexibilität	Schnelligkeit	Sonstige SEP	Summe		Gewichtung
Quant. Aufwand		1	2	2	2	2	2	2	13	Normierung	0,23
Quant. Nutzen	1		2	2	2	2	2	2	13		0,23
Qual. Aufwand	0	0		1	1	2	2	2	8		0,14
Qual. Nutzen	0	0	1		1	2	2	2	8		0,14
Produktions-sicherheit	0	0	1	1		2	2	2	8		0,14
Flexibilität	0	0	0	0	0		1	2	3		0,06
Schnelligkeit	0	0	0	0	0	1		1	2		0,04
Sonstige SEP	0	0	0	0	0	0	1		1		0,02
								Σ	56		

Legende: 0 ≙ Zeile weniger wichtig als Spalte
1 ≙ Zeile und Spalte gleichwichtig
2 ≙ Zeile wichtiger als Spalte

Abbildung 104: Exemplarische Bewertungsmatrix zur Gewichtung von Kriterien[681]

Die Vorgehensweise zur Befüllung der Bewertungsmatrix sowie zur Normierung der Summen eines Kriteriums ist im Rahmen der Grundlagen erläutert. Die paarweise Bewertung zwischen den Kriterien erfolgt logischerweise individuell in Abhängigkeit des anwendenden Betriebs. Die aufgeführten Kriterien umfassen den quantitativen respektive qualitativen Aufwand bzw. Nutzen, die Adressierung der drei exemplarisch angestrebten SEP Schnelligkeit, Produktionssicherheit und Flexibilität sowie die Adressierung der sonstigen SEP. Die Summe der normierten Gewichtungen beträgt eins, wobei diese die relative Bedeutung eines einzelnen Kriteriums für den betrachteten Betrieb verkörpern. Für die weitere Durchführung können die normierten Gewichtungen im Rahmen der Nutzwertanalyse verwendet werden.

Bevor die Nutzwertanalyse durchgeführt werden kann erfolgt in dritter Instanz die Bewertung der Erfüllungsgrade der DEP in den definierten Kriterien. Daraus werden zunächst die jeweiligen Teilnutzen ermittelt. Für die Skalierung der Erfüllungsgradbewertung empfiehlt sich dabei die Nutzung einer fünfstufigen Skala. So kann einerseits ein hinreichend genauer Detailgrad sichergestellt und andererseits ein zu kleinschrittiger und aufwändiger Bewertungsprozess vermieden werden. Die Erfüllungsgrade selbst können entweder direkt oder indirekt anhand der Skala bewertet werden. Je nach Kriterium ist dabei die Verwendung

[681] I. A. a. Eversheim (Standortplanung), 1999, S. 48.

unterschiedlicher Methoden und Hilfsmittel[682] sinnvoll, sofern deren Ergebnisse der gewählten Skala zugeordnet werden können. Exemplarische Bestimmungsempfehlungen zur Bewertung der Erfüllungsgrade der DEP in Bezug auf die verschiedenen Kriterien können der nachfolgenden Abbildung 105 entnommen werden.

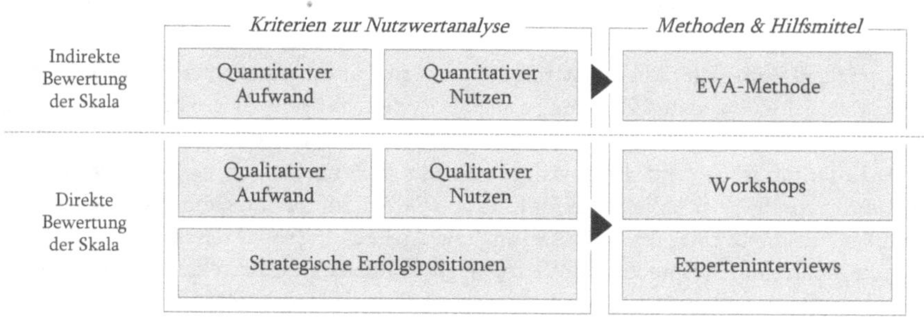

Abbildung 105: Bestimmungsempfehlungen zu Bewertung der Erfüllungsgrade[683]

Sofern eine Bewertung nicht unmittelbar, also indirekt, anhand der gewählten Skala vorgenommen wird, sollten zunächst die Ergebnisausprägungen der entsprechenden Bewertungsmethode zur fünfstufigen Skala zugeordnet werden.[684] Eine indirekte Bewertung bietet sich insbesondere im Kontext des quantitativen Aufwands und Nutzens an und sollte im Rahmen einer Investitionsrechnung realisiert werden. Dazu existieren verschiedene Verfahren der Investitionsrechnung. Im Kontext der vorliegenden Arbeit sind besonders die dynamischen Verfahren von hoher Relevanz, da durch diese mehrere Perioden betrachtet und dementsprechend eine höhere Repräsentativität erzielt werden kann. Von den diversen Verfahren der dynamischen Investitionsrechnung bietet sich insbesondere die EVA-Methode an, welche kennzahlenbasiert den Geschäftswertbeitrag (engl. Economic Value Added) einer Investition ermittelt. Diese dient speziell zur Bewertung der monetären Vorteilhaftigkeit von Strategien.[685] Die EVA-Methode soll auch zur finanziellen Untersuchung von DEP instrumentalisiert werden und so Aufwand und Nutzen quantitativ bewerten. Die Kennzahl des EVA setzt den operativen Gewinn nach Steuern (NOPAT) ins Verhältnis zum resultierenden Produkt aus eingesetztem Kapital und Kapitalkostensatz. Dabei werden sämtliche Faktoren der Investition, Finanzierung und operativen Entscheidung in einer einzelnen Kennzahl gebündelt. In der wissenschaftlichen Praxis gilt die Methode in ihrer Anwendung als besonders praktikabel, sodass diese auch zur Einordnung auf der gewählten Skala im Kontext der quantitativen Bewertung von DEP geeignet ist.[686] Wichtig bei der Anwendung der Methode ist die Berücksichtigung sämtlicher monetärer Einflussgrößen. So können bspw. durch eine digital vernetzte Planung und Steuerung (DEP D) nicht nur

---

[682] Um die Vergleichbarkeit der Ergebnisse sicherzustellen, sollte für die Bewertung desselben Kriteriums in Bezug auf verschiedene DEP grundsätzlich immer dieselbe Methode oder dasselbe Hilfsmittel genutzt werden.

[683] Eigene Darstellung.

[684] Ein Beispiel einer solchen Zuordnung stellt der Bewertungsmaßstab der digitalen Reifegradstufen für die Funktionalbereiche aus Methodikschritt A3 dar, der einem konkret bestehende Zustand in einem der Funktionalbereiche eine der sechs digitalen Reifegradstufen zuordnet (vgl. Kapitel V.1.1.4).

[685] Vgl. Nowak (Unternehmensbewertung), 2000, S. 142.

[686] Vgl. Nowak (Unternehmensbewertung), 2000, S. 143-144.

eine höhere Produktivität und weniger potenziell sanktionierte Terminabweichungen realisiert werden, sondern ebenfalls Papier- und Druckaufwände durch digitale Anzeige eingespart werden. Gleichermaßen sind allerdings auch Aufwendungen für Schulungsmaßnahmen der Mitarbeitenden und die verlorene Arbeitskraft während dieser Schulungen zu berücksichtigen. In Abhängigkeit der monetären Vorteilhaftigkeit eines DEP ist dieses relativ zu den anderen DEP auf der fünfstufigen Skala anzuordnen. Zur Bewertung der Erfüllungsgrade in Bezug auf die qualitativen Kriterien zu Aufwand und Nutzen respektive SEP empfiehlt sich die direkte Bewertung anhand der fünfstufigen Skala. Hierzu eignen sich insbesondere diskussionsfördernde methodische Workshops, in denen sämtliche DEP für jedes Kriterium isoliert auf der gewählten Skala relativ zueinander eingeordnet werden. Weiterhin empfiehlt sich die Durchführung von Experteninterviews, um zusätzliches Wissen über bestimmte DEP, deren Umsetzung und Anwendung sowie deren Vor- und Nachteile zu generieren. Entsprechende Wissensträger können durch den Vertrieb entsprechender Lösungen bzw. Anbieter, Best-in-Class Betriebe oder werkzeugbauspezifische Netzwerke, wie die WBA Aachener Werkzeugbau Akademie GmbH, identifiziert werden.

Auf Basis der abgeleiteten Einflussgrößen kann anschließend die Durchführung der Nutzwertanalyse erfolgen. Dazu soll das im Rahmen der Grundlagen vorgestellte Vorgehen modifiziert werden, wobei sich die Modifikationen ausschließlich auf die Auswertung der Nutzwertanalyse beziehen. Die Ermittlung des Nutzwerts einer Alternative bzw. eines DEP erfolgt initial wie in den Grundlagen erläutert. Da sich die Auswahl der umzusetzenden DEP – entgegen der gängigen Anwendung der Nutzwertanalyse – nicht auf eine einzelne Alternative beschränkt, ist die reine Bildung einer Rangfolge der Alternativen nicht zielführend. Stattdessen ist es sinnvoller, den ermittelten Nutzwert der Alternativen zu normieren. So wird die Vergleichbarkeit der Alternativen sichergestellt, um anschließend im Rahmen von Methodikschritt E2 der Synthese eine Clusteranalyse der DEP durchführen zu können. In der nachfolgenden Abbildung 106 ist das Schema der benötigten Berechnungsvorschrift zur Durchführung einer Nutzwertanalyse von DEP dargestellt.

$$NW_{DEP\,x} = \sum_{i=1}^{n} G_i \times E_{ix} \qquad NNW_{DEP\,x} = \frac{10 \times NW_{DEP\,x}}{NW_{max}}$$

Abbildung 106: Berechnungsvorschriften für eine Nutzwertanalyse von DEP[687]

Der linke Bereich der Berechnungsvorschrift beschreibt die Berechnung des Nutzwertes ($NW_{DEP\,x}$) für ein DEP. Äquivalent zu den Ausführungen in den Grundlagen berechnet sich dieser aus der Summe über die Produkte der einzelnen Gewichtungen (G_i) der Kriterien und deren Erfüllungsgraden (E_{ix}) für das betrachtete DEP. Der rechte Teil der Berechnungsvorschrift des Schemas erläutert das Vorgehen zur Ermittlung des normierten Nutzwertes ($NNW_{DEP\,x}$). Der Nutzwert ($NW_{DEP\,x}$) eines DEP wird hierzu auf einer zehnstufigen Skala normiert. Zudem wird der maximal erzielte Nutzwert (NW_{max}) in der Betrachtung ins Verhältnis gesetzt. Resultat dessen ist der normierte Nutzwert (NNW) für alle DEP in einem Bereich von eins bis zehn, wobei das DEP mit maximalem Nutzen grundsätzlich den Wert zehn repräsentiert. Gegenüber der Definition einer Rangfolge wird dabei ersichtlich, dass

[687] Eigene Darstellung.

neben einer reinen Hierarchisierung der Vorteilhaftigkeit so zusätzlich auch die relativen Abweichungen der Vorteilhaftigkeit im Ergebnis dargestellt werden können. Indem ein gewisser NNW als Grenzwert definiert wird, kann so zudem die Auswahl der DEP getroffen werden, die den vorausgesetzten Ansprüchen genügen. Alle DEP, deren NNW diesen Grenzwert unterschreiten, werden folglich von der weiteren Betrachtung ausgeschlossen, während DEP mit einem NNW oberhalb des Grenzwerts im Kollektiv beibehalten werden. Auf diese Weise wird gewährleistet, dass jedes DEP des Kollektivs für den betrachteten Betrieb eine individuelle Vorteilhaftigkeit aufweist. In der nachfolgenden Abbildung 107 ist eine Durchführung der Nutzwertanalyse zur quantitativen Bewertung von DEP exemplarisch für das durchgängige Anwendungsbeispiel dargestellt.

	Gew.	DEP A	DEP D	DEP E	DEP H	DEP I	DEP J	
Quant. Aufwand	23%	3	2	1	4	4	5	
Quant. Nutzen	23%	4	3	3	4	3	2	
Qual. Aufwand	14%	3	2	3	3	5	1	
Qual. Nutzen	14%	1	1	4	3	2	4	
Produktions-sicherheit	14%	1	1	3	1	4	3	
Flexibilität	6%	1	2	5	1	1	3	
Schnelligkeit	4%	1	1	2	1	3	5	
Sonstige SEP	2%	5	5	5	4	1	2	Max.
Nutzwert		2,52	1,96	2,79	3,02	3,38	3,14	3,38
			Normierung ▼					
Normierter Nutzwert		7	6	8	9	10	9	

Abbildung 107: Nutzwertanalyse zur quantitativen Bewertung von DEP[688]

Die dargestellte Nutzwertanalyse basiert auf den definierten Kriterien sowie deren Gewichtungen. In Kombination mit den Erfüllungsgraden der DEP bzgl. der einzelnen Kriterien wird exemplarisch der Teilnutzen und Nutzwert anhand der vorgestellten Berechnungsvorschrift kalkuliert. Die Ermittlung der Erfüllungsgrade erfolgt im Beispiel anhand der sechs DEP, die im Rahmen von Methodikschritt C2 in den morphologischen Kasten eingeordnet und entsprechend beziffert sind. Diese DEP umfassen die automatisierte Kostenkalkulation (DEP A), die digital vernetzte Planung und Steuerung (DEP D), die kollaborative Robotik (DEP E), das RFID-Tracking von Bauteilen (DEP H), die Tablet-Fehlerkontrolle (DEP I) sowie das digitale Wissensmanagement (DEP J).[689] Es gilt zu beachten, dass die dargestellten Erfüllungsgrade der einzelnen DEP bzgl. der Kriterien lediglich exemplarisch

[688] Eigene Darstellung.
[689] Vgl. Kapitel V.2.1.3

und keinesfalls als allgemeingültig anzusehen sind. Basierend auf dem DEP I, welches in Form der Tablet-Fehlerkontrolle den maximalen Nutzen aufweist, wird die Normierung der DEP vorgenommen. So wird der NNW nach der vorgestellten Berechnungsvorschrift für jedes DEP bestimmt.

V.2.2.4 Methodikschritt D: Ergebnisse

Die Ergebnisse des vierten Methodikschritts zur Bewertung der DEP innerhalb der Methodik für die systematische Transformation zur digital vernetzten Wertschöpfung im Werkzeugbau bilden:

- Vorausgewählte DEP zur weiteren Betrachtung im Rahmen der quantitativen Bewertung basierend auf den qualitativen Bewertungskriterien Relevanz, Kongruenz und Realisierbarkeit
- Ermittelte Nutzwerte der einzelnen DEP zur quantitativen Bewertung der Vorteilhaftigkeit
- Eingegrenzter Lösungsraum durch weitere Fokussierung innerhalb des DEP-Kollektivs

V.3 Detaillierung der Synthesephase

Im Rahmen der dritten Phase der Methodik für die systematische Transformation zur digital vernetzten Wertschöpfung erfolgt die Synthese, welche zwei Schritte umfasst. Zunächst dient Methodikschritt E zur Clusterung der bewerteten DEP. Dazu müssen die einzelnen DEP zunächst reziprok verknüpft werden, um anschließend auf dieser Basis eine Clusteranalyse durchführen zu können. In Methodikschritt F erfolgt abschließend die Synthese von Transformationsstrategien in Form von digitalen Funktionsprogrammen. Das gebildete DEP-Cluster wird hierzu zunächst priorisiert und die Implikationen für die Implementierung der Transformationsstrategien werden deduziert. Somit wird die letzte Phase des strategischen Managementprozesses, die Implementierung, konzeptioniert – diese ist als Umsetzung der Strategie jedoch nicht mehr im Betrachtungsbereich der vorliegenden Arbeit.

V.3.1 Methodikschritt E: Clusterung der DEP

Im fünften Methodikschritt erfolgt die Clusterung der bewerteten DEP. Im ersten von zwei Detailschritten wird die Clusterung vorbereitet, indem ein Graph zur Visualisierung der reziproken Verknüpfungen der DEP im Kollektiv gebildet wird. Anschließend werden die so identifizierten Beziehungen in eine Matrix überführt, um eine bessere Analysierbarkeit zu ermöglichen. Im Zuge der Überführung von Graph zu Matrix werden die Relationen zudem quantifiziert und gewichtet. Dies erlaubt eine erste Einschätzung hinsichtlich der Vorteilhaftigkeit der verschiedenen DEP-Kombinationen im Kollektiv. Um jedoch aus den verschiedenen DEP-Kombinationen im Kollektiv die vorteilhafteste Kombination zu extrahieren, wird im zweiten Detailschritt eine Clusteranalyse verwendet. Diese basiert auf den normierten Nutzwerten und den quantifizierten sowie gewichteten Relationen innerhalb des Kollektivs und ist speziell für die Clusterung von DEP entwickelt. Zum Abschluss des zweiten Detailschritts wird das Cluster mit dem höchsten akkumulierten Nutzwert für den betrachteten Betrieb ausgewählt. Im Folgenden werden zunächst die Grundlagen in Bezug auf Graphentheorie, Design Structure Matrix und Clusteranalyse erläutert.

V.3.1.1 Methodikschritt E: Grundlagen

Im Rahmen der Operations Research (OR)[690] finden zur Entscheidungsfindung im unternehmerischen Kontext verschiedene quantitative Modelle und Methoden Anwendung. Der Wissenszweig der OR umspannt dabei die Wissenschaftsfelder der angewandten Mathematik, der Wirtschaftswissenschaften und der Informatik. Die Graphentheorie stellt ein Teilgebiet der OR dar und dient zur graphischen Visualisierung von Organisationsstrukturen oder Projektabläufen. Zur Analyse solcher Graphen, bspw. in Bezug auf kürzeste Wege oder maximale Flüsse, existieren in der OR diverse Methoden und Modelle.[691] Die bekannteste

---

[690] Operations Research wird im deutschen Sprachgebrauch durch verschiedene Bezeichnungen wie Unternehmensforschung, mathematische Planungsrechnung, Operationsforschung oder Optimierungsrechnung abgebildet, wovon sich jedoch keine eindeutig und nachhaltig etabliert hat. In der Folge findet der englische Begriff daher auch im deutschen Sprachraum weitreichende Verwendung. (Vgl. Domschke et al. (Operations Research), 2015, S. 3).

[691] Vgl. Domschke et al. (Operations Research), 2015, S. 1-3.

und in der Praxis weitverbreitetste Methode ist die Netzplantechnik, welche die Überwachung und Kontrolle betrieblicher Abläufe und Projekte bezweckt.[692]

Im Kontext der Graphentheorie werden Graphen als Komposition einer Knoten- und einer Kanten- bzw. Pfeilmenge definiert. Die Kanten bzw. Pfeile dienen der Verbindung der Knoten und setzen diese innerhalb eines Graphen in Bezug zueinander. Es werden ungerichtete und gerichtete Graphen differenziert. Erstere verbinden Knoten ohne zugewiesene Zuordnungsrichtung, weshalb die Verbindungselemente als Kanten bezeichnet werden. Gerichtete Graphen besitzen hingegen eine Zuordnungsrichtung, weshalb die Verbindungselemente als Pfeile betitelt werden.[693] Die erläuterten Begrifflichkeiten der Graphentheorie sind in der nachfolgenden Abbildung 108 systematisiert. Jedoch werden aus Gründen der Übersichtlichkeit ausschließlich gerichtete Verbindungselemente – also Pfeile – in der Darstellung verwendet.

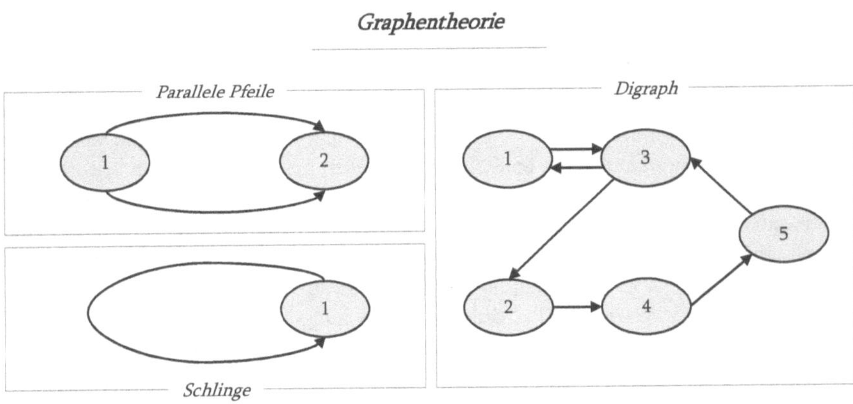

Abbildung 108: Übersicht zu den Begrifflichkeiten der Graphentheorie[694]

Die Definitionen gelten trotz der ausschließlichen Darstellung gerichteter Graphen äquivalent für ungerichtete Verbindungselemente. Hierzu werden lediglich Pfeile begrifflich durch Kanten ersetzt. Teilen Pfeile denselben Anfangs- und Endknoten, so gelten diese als parallele Pfeile. Sind Anfangs- und Endknoten eines Pfeils identisch, wird dies als Schlinge bezeichnet. Sofern ein Graph weder parallele Pfeile noch Schlingen beinhaltet, wird dieser als schlichter Graph bezeichnet. Ein derartiger Graph ist im rechten Teil der Abbildung dargestellt. Weist ein gerichteter schlichter Graph eine endliche Knotenmenge auf, wird er in der Literatur als Digraph bezeichnet. Weiterhin können die Verbindungen der Knoten innerhalb eines Graphen bewertet werden, indem allen Pfeilen Werte oder andere Indikatoren zugewiesen werden. Den Verbindungselementen wird so eine zusätzliche Quantität

[692] Vgl. Domschke et al. (Operations Research), 2015, S. 8.
[693] Vgl. Domschke et al. (Operations Research), 2015, S. 71.
[694] I. A. a. Domschke et al. (Operations Research), 2015, S. 72.

respektive Qualität verliehen. Solche Graphen werden im Allgemeinen als bewertete Graphen bezeichnet.[695] Bewertete Graphen können durch verschiedene Analyseverfahren untersucht werden wie bspw. Verfahren zur Bestimmung kürzester Wege oder zur Bestimmung minimaler spannender Bäume.[696]

Weiterhin können Graphen in eine Matrixform überführt werden, bevor diese analysiert werden.[697] Sofern alle Knoten derselben Domäne angehören, wird eine solche Matrix als Design Structure Matrix (DSM) bezeichnet.[698] Der Begriff Domäne verkörpert, dass nur eine Art von Elementen im Graphen bzw. in der Matrix betrachtet wird. So werden bspw. nur die Abhängigkeiten von Prozessen abgebildet, nicht aber die Zuordnung von Prozessen und ausführenden Personen.[699] In der Folge wird in den Zeilen und Spalten der Matrix die gleiche Menge von Elementen abgebildet, sodass die Diagonale – ähnlich wie bei der Bewertungsmatrix aus Kapitel V.2.2.1 – nicht berücksichtigt wird. Die übrigen Zellen dienen der Abbildung der Beziehung zwischen den einzelnen Elementen.[700] DSM finden insbesondere zur modellhaften Untersuchung komplexer Systeme im Ingenieurwesen, wie bspw. dem Produktdesign, Anwendung.[701] In der nachfolgenden Abbildung 109 sind verschiedene Arten von DSM für verschiedene Anwendungsbereiche aufgeführt und mit einer Klassifizierung der charakteristischen Algorithmen verknüpft.

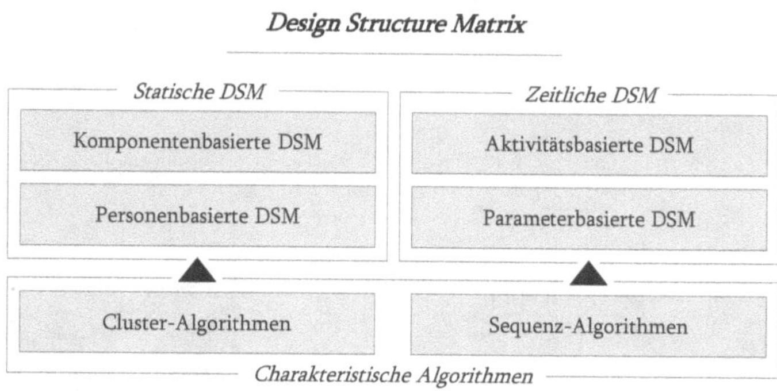

Abbildung 109: Übersicht zu den Arten von DSM und ihren Algorithmen[702]

In Bezug auf DSM wird zwischen statischen und zeitlichen DSM differenziert. Statische DSM geben Aufschluss über simultan existierende Elemente eines Systems und umfassen entweder komponenten- oder personenbasierte DSM. Komponentenbasierte DSM verknüpfen verschiedene Komponenten, bspw. von einer Produktarchitektur. Personenbasierte DSM bilden hingegen die Beziehungen zwischen den Gruppen innerhalb einer Organisation ab. Die Analyse von statischen DSM erfolgt typischerweise auf Basis von Cluster-

[695] Vgl. Domschke et al. (Operations Research), 2015, S. 71-73.
[696] Vgl. Domschke et al. (Operations Research), 2015, S. 77-79.
[697] Vgl. Lindemann et al. (Structural Complexity Management), 2009, S. 69-76 u. 126-127.
[698] Vgl. Lindemann et al. (Structural Complexity Management), 2009, S. 50.
[699] Vgl. Lindemann et al. (Structural Complexity Management), 2009, S. 49-52.
[700] Vgl. Lindemann et al. (Structural Complexity Management), 2009, S. 50-51.
[701] Vgl. Lindemann et al. (Structural Complexity Management), 2009, S. 41-42.
[702] I. A. a. Lindemann et al. (Structural Complexity Management), 2009, S. 53.

Algorithmen. Zeitliche DSM umfassen aktivitäts- und parameterbasierte DSM und beschreiben einen zeitlichen Fluss von Elementen. Aktivitätsbasierte DSM dienen zur Erläuterung der Abhängigkeiten von Prozessen untereinander und bestimmen so deren Ablauf. Parameterbasierte DSM charakterisieren die Relationen zwischen einzelnen Designparametern eines Systems auf Mikroprozessebene. Zeitliche DSM werden typischerweise mithilfe von Sequenz-Algorithmen untersucht.[703]

Zur Clusteranalyse von statischen DSM werden diese vorbereitend strukturiert. So werden die Wechselwirkungen der Komponenten innerhalb eines Clusters maximiert, während Wechselwirkungen über die Clustergrenzen hinaus minimiert werden.[704] Ein Cluster bezeichnet in diesem Kontext eine zusammengehörige und verordnete Menge an Elementen, welche verglichen mit der übrigen Menge der Elemente möglichst homogen sein soll. Sofern mehrere Cluster vorhanden sind, sollten diese reziprok über eine möglichst große Heterogenität verfügen. Bei der Clusteranalyse kommen sogenannte Cluster-Algorithmen bzw. -verfahren zum Einsatz.[705] In der nachfolgenden Abbildung 110 sind verschiedene Verfahren der Clusteranalyse aufgeführt.

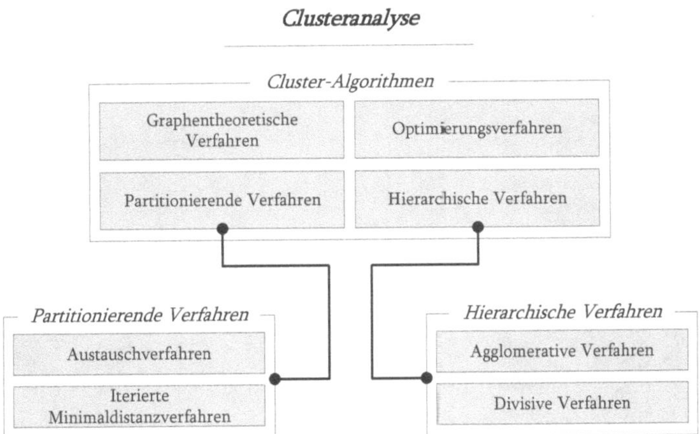

Abbildung 110: Übersicht zu den Verfahren der Clusteranalyse[706]

Graphentheoretische Verfahren dienen zur Clusteranalyse von Graphen, während Optimierungsverfahren basierend auf Daten durchgeführt werden. In der Literatur und Praxis besitzen beide Verfahren der Clusteranalyse jedoch geringe Relevanz, weshalb sie im Folgenden nicht näher betrachtet werden. Bei den partitionierenden Verfahren können Austausch- sowie iterierte Minimaldistanzverfahren differenziert werden. Beide verwenden ein gegebenes Cluster von Elementen als Ausgangspunkt. Die Elemente dieses Clusters werden sukzessive mit Elementen außerhalb des Clusters vertauscht, bis eine vordefinierte

[703] Vgl. Lindemann et al. (Structural Complexity Management), 2009, S. 52-54; Browning (Design Structure Matrix), 2001, S. 292-294.
[704] Vgl. Browning (Design Structure Matrix), 2001, S. 294.
[705] Vgl. Backhaus et al. (Multivariate Analysemethoden), 2016, S. 455.
[706] I. A. a. Backhaus et al. (Multivariate Analysemethoden), 2016, S. 476.

Zielfunktion ihr Optimum erreicht. Entsprechend der Differenzierung zwischen Austauschverfahren und iteriertem Minimaldistanzverfahren finden verschiedene Austauschalgorithmen Anwendung. Das Gegenstück zu den partitionierenden Verfahren stellen die hierarchischen Verfahren dar. Im Gegensatz zu den partitionierenden Verfahren ist eine Auflösung eines Clusters nach seiner einmaligen Synthese hierbei nicht zulässig. Die Anwendung der hierarchischen Verfahren kann agglomerativ oder divisiv erfolgen. Im Zuge der agglomerativen Verfahren bildet die feinste Partition den Ausgangspunkt der Analyse. Dies bedeutet, dass die Partition der Anzahl der Elemente entspricht und jedes Element ein eigenes Cluster bildet. Mithilfe verschiedener algorithmischer Vorschriften erfolgt von diesem Ausgangspunkt die sukzessive Vereinigung und Vergrößerung der Cluster bis zur Erfüllung eines definierten Zielkriteriums. Bei den divisiven Verfahren bildet die gröbste Partition den Ausgangspunkt der Analyse – es findet also eine invertierte Logik Anwendung. Dementsprechend befinden sich zu Beginn der Analyse sämtliche Elemente in einem einzigen Cluster. Dieses wird anschließend bis zur Zielerfüllung sukzessive fragmentiert.[707]

V.3.1.2 Methodikschritt E1: Reziproke Verknüpfung der DEP

Durch die qualitative und quantitative Bewertung im Rahmen von Methodikschritt D ist sichergestellt, dass jedes DEP des Kollektivs einzeln betrachtet für den jeweiligen Betrieb vorteilhaft ist. Zusätzlich muss jedoch sichergestellt werden, dass eine Kombination von DEP ausgewählt wird, die gesamtheitlich nutzenmaximierend für den Betrieb ist. Aus diesem Grund findet im Sinne der Graphentheorie zunächst eine reziproke Verknüpfung aller DEP des Kollektivs statt. Die Zielsetzung dabei ist die Bewertung der Beeinflussung der DEP untereinander. Initial werden dazu zunächst sämtliche DEP des Kollektivs als Knoten eines Graphen dargestellt. Darauf aufbauend werden Pfeile als Verbindungselemente zwischen den einzelnen DEP eingeführt, um so die gegenseitige Beeinflussung der DEP zu visualisieren. Es gilt zu beachten, dass die Zuordnungsrichtung zwischen Einfluss nehmend und Einfluss empfangend variiert – somit zeigen Pfeile auf die DEP, die von anderen DEP beeinflusst werden. Sofern zwei DEP wechselseitige Auswirkungen zueinander aufweisen, werden entsprechend zwei Pfeile eingetragen, die jeweils auf eines der beiden DEP zeigen. Bei fehlender Beeinflussung eines DEP zu einem anderen DEP werden entsprechend keine Pfeile eingetragen. Für die Finalisierung des Graphen werden die einzelnen Verbindungselemente zudem bewertet. Die Bewertung der Beeinflussung erfolgt anhand von vier Stufen. Die Beziehungen zwischen DEP mit einer begünstigenden respektive erschwerenden Bedingung werden mit einem Plus- respektive Minuszeichen an der jeweiligen Pfeilspitze visualisiert. Sofern ein DEP für ein anderes DEP eine befähigende Bedingung aufweist, wird das entsprechende Verbindungselement mit zwei Pluszeichen gekennzeichnet. Eine Befähigung bedeutet in diesem Kontext, dass die vorherige Implementierung eines DEP notwendig für die Umsetzung eines anderen DEP ist. Abschließend kann ein DEP auf ein anderes DEP verhindernd wirken und dieses somit von der Umsetzung ausschließen. In die-

[707] Vgl. Backhaus et al. (Multivariate Analysemethoden), 2016, S. 476-480.

sem Fall wird das Verbindungselement mit zwei Minuszeichen markiert. In der nachfolgenden Abbildung 111 ist die reziproke Verknüpfung von DEP in einem Graphen exemplarisch dargestellt.

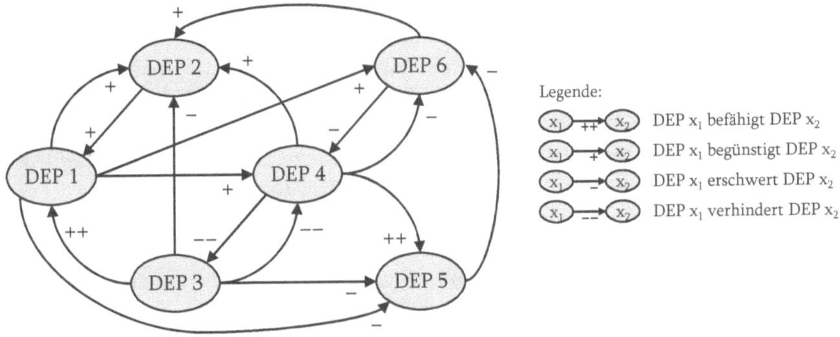

Abbildung 111: Exemplarischer Graph mit reziproker Verknüpfung von DEP[708]

Es gilt zu beachten, dass der abgebildete Graph lediglich ein Beispiel darstellt und nicht die sechs DEP aus dem durchgängigen Anwendungsbeispiel abbildet. Die Bewertung der Relationen im Graphen ist dementsprechend ebenfalls exemplarisch und sollte nicht als Maßstab hinsichtlich der Menge der Knoten respektive Verbindungselemente für die individuelle Durchführung verwendet werden. Der Graph im Beispiel zur Erläuterung der Vorgehensweise ist so konstruiert, dass nachfolgend sämtliche Varianten und Abhängigkeiten der reziproken Verknüpfungen der DEP veranschaulicht werden können. Um dennoch die Transparenz der Bewertungsstufen zu gewährleisten, werden im Folgenden einige Beispiel genannt, die sich auf die werkzeugbauspezifischen DEP des exemplarischen Verzeichnisses aus Methodikschritt C1 beziehen:

- *Befähigende Relation:* Zur Realisierung echtzeitnaher Umpriorisierungen von Fertigungsumfängen bzw. Projekten im Rahmen einer digital vernetzten Planung und Steuerung (DEP D) ist es erforderlich, dass mindestens alle durchzuführenden Fertigungsprozesse in Form eines digitalen Werkzeugzwillings (DEP L) abgebildet werden können. Der Fokus liegt in diesem Kontext eindeutig auf der Echtzeitfähigkeit von DEP D, da für die reine Visualisierung der Fertigungsumfänge nicht zwangsläufig ein digitaler Zwilling erforderlich ist.
- *Begünstigende Relation:* Durch Kombination von Augmented Reality mittels „Smart Glasses" (DEP F) und RFID-Tracking von Bauteilen (DEP H) resultieren Synergieeffekte, die bspw. Such- und Liegezeiten reduzieren. Zusätzlich kann die Anwendung durch ein System zum Wissensmanagement (DEP J) nutzenstiftend unterstützt werden.
- *Erschwerende Relation:* Eine Zeichnungsautomatisierung, bei der Toleranzen integriert sind und die Fertigung papierlos verläuft (DEP B) sowie die Implementierung eines intelligenten Systems zur Verwaltung von Bearbeitungswerkzeugen (DEP C) können gemeinsam zwar hohe Potenziale einer effizienten Fertigung aufweisen, in-

[708] Eigene Darstellung.

duzieren jedoch bereits für sich genommen eine massive Umstellung für die Mitarbeitenden der betroffenen Funktionalbereiche. Eine solche Menge an simultanen Veränderungen kann die Mitarbeitenden eines Betriebs auch unter Berücksichtigung entsprechender Schulungen mittel- bis langfristig überfordern.

- *Verhindernde Relation:* Sowohl die kollaborative Robotik zur Automation manueller Prozesse (DEP E) als auch die die Implementierung fahrerloser Transportsysteme (DEP G) resultieren in sehr hohen Investitionskosten und erfordern initial weitreichende Prozessstandardisierungen. Eine simultane Implementierung dieser Lösungen kann dementsprechend für eine Vielzahl der Betriebe oberhalb der möglichen Budgetierung liegen.

Die aufgeführten Beispiele verdeutlichen, dass verschiedene Wirkbeziehungen im Rahmen der Relationen zweier DEP vorliegen können. Initial ist daher die Gesamtauswirkung aus der Summe der einzelnen Wirkbeziehungen eines DEP auf ein anderes zu evaluieren. Im Folgenden soll daher der Begriff Wirkbeziehung für die einzelnen positiven und negativen Aspekte zwischen zwei DEP verwendet werden. Die Relation hingegen beschreibt die Gesamtauswirkung der Wirkbeziehungen. Die reziproken Relationen zweier DEP müssen dabei nicht zwangsläufig dieselbe Bewertungsstufe repräsentieren. So besitzt im exemplarischen Graphen DEP eine befähigende Relation zu DEP 1, umgekehrt weist die Relation jedoch einen neutralen Charakter auf. Gleichermaßen gilt, dass sowohl befähigende als auch verhindernde Relationen binäre Entscheidungen induzieren. Im Beispiel des dargestellten Graphen bedeutet dies, dass zur Umsetzung von DEP 1 zunächst die Implementierung von DEP 3 erfolgen muss und dass DEP 3 und DEP 4 nicht gemeinsam ausgewählt werden können. Folglich kann die logische Grundannahme getroffen werden, dass verhindernde Relationen immer reziprok gelten und eine befähigende Relation ausschließlich mit einer begünstigenden oder erschwerenden Relation als Gegenstück existiert.

Die vorangegangenen Ausführungen verdeutlichen, dass die individuelle Ableitung und Bewertung der reziproken Relationen im Graphen für jeden Betrieb individuell erfolgen muss. Für einige DEP können zwar grundsätzlich gewisse reziproke Wirkbeziehungen angenommen werden, jedoch können diese nicht vollständig verallgemeinert für alle Werkzeugbaubetriebe gelten. Dies ist insbesondere auf die unterschiedlichen Rahmenbedingungen, wie bspw. zur Verfügung stehendes Budget oder Qualifikationsgrad der Mitarbeitenden, zurückzuführen. Zudem muss beachtet werden, dass die DEP mit ihren spezifischen Schwerpunkten im Rahmen von Schritt C individuell für den anwendenden Betrieb ausgestaltet werden. Eine einheitliche und allgemeingültige Bewertungsmaxime für die reziproken Relationen zwischen DEP kann somit weder für die DEP im Allgemeinen noch für die exemplarischen werkzeugbauspezifischen DEP definiert werden.

Zum weiteren Durchlauf des methodischen Vorgehens erfolgt im Anschluss an die individuelle Ableitung und Bewertung der reziproken Relationen im Graphen eine Transformation in eine DSM. Sämtliche DEP werden dabei sowohl den Zeilen als auch den Spalten der Matrix zugeordnet. Es handelt sich folglich um eine komponentenbasierte DSM. Die Zellen der DSM bilden dabei die Relationen der DEP ab, wobei die Zeilen Einfluss auf die Spalten nehmen. Im Rahmen des aufgeführten Beispiels wird so bspw. der begünstigende Einfluss von DEP 1 auf DEP 4 in der Zelle der ersten Zeile und vierten Spalte vermerkt. Einhergehend mit der Transformation des Graphen zur komponentenbasierten DSM erfolgt gleichzeitig eine Quantifizierung der Relationen. Begünstigenden Relationen werden dabei Punktwerte von eins bis drei zugewiesen, während für erschwerende Relationen dieselben Punktwerte im Negativen verwendet werden. Je höher der Betrag des zugewiesenen Punktwertes, desto größer ist die begünstigende respektive erschwerende Beeinflussung des DEP. Entgegen der Darstellung im Graphen können in der DSM zudem neutrale Relationen durch Zuweisung des Wertes null vermerkt werden. Die befähigenden Relationen müssen ebenfalls anhand dieser Punktwerte quantifiziert werden, da auch deren Beeinflussungsgrad unterschiedlich hoch ausfallen kann. In der Theorie sind für die befähigenden Relationen alle der genannten Punktwerte denkbar, da ein DEP als Voraussetzung für ein anderes DEP sowohl begünstigende als auch erschwerende Wirkbeziehungen zur Folge haben kann. Für die verhindernden Relationen ist eine quantifizierte Bewertung sowohl von einem logischen Standpunkt aus als auch für die weitere Betrachtung bedeutungslos, da sich verhindernde Relationen zwischen DEP allgemein gegenseitig ausschließen. Symbolisch kann hierbei zur Vollständigkeit der DSM mit minus drei der kleinste Wert vermerkt werden. Zudem sollten die befähigenden und verhindernden Relationen neben ihrer quantifizierten Bewertung eine zusätzliche binäre Information in der Matrix abbilden und entsprechend gekennzeichnet werden. Die nachfolgende Abbildung 112 visualisiert eine exemplarisch transformierte DSM aus dem beispielhaften Graphen und stellt die quantifizierten Relationen der DEP mit fiktiven Werten dar.

	DEP 1	DEP 2	DEP 3	DEP 4	DEP 5	DEP 6
DEP 1		2	0	3	-1	1
DEP 2	1		0	0	0	0
DEP 3	3	-1		-3	-1	0
DEP 4	0	1	-3		2	-2
DEP 5	0	0	0	0		-2
DEP 6	0	2	0	-3	0	

Legende:
- \+ Zeile begünstigt Spalte
- 0 Zeile beeinflusst Spalte nicht
- − Zeile erschwert Spalte
- ☐ Zeile befähigt Spalte
- ■ Zeile verhindert Spalte

Abbildung 112: Exemplarische DSM mit quantifizierten Relationen der DEP[709]

Ebenso wie bei dem exemplarisch eingeführten Graphen besteht auch bei der exemplarischen DSM kein Bezug zu den im Vorfeld definierten DEP des Anwendungsbeispiels. Die quantifizierten Relationen sind daher rein fiktiver Natur. Die besondere Kennzeichnung von befähigenden respektive verhindernden Relationen erfolgt durch hellblaue bzw. rote Unterlegung der jeweiligen Zelle. Die nicht notwendigerweise durchzuführende Bewertung der verhindernden Relationen ist zudem symbolisch durch den Wert minus drei dargestellt.

[709] Eigene Darstellung.

Im Zuge der Quantifizierung der Relationen ist es zudem erforderlich, eine nutzenadäquate Gewichtung anzuwenden. Da die quantifizierten Relationen in der anschließenden Clusteranalyse mit den NNW aus Methodikschritt D2 verrechnet werden, ist es notwendig, dass sich diese an einem einheitlichen Maßstab orientieren. So wird die Vergleichbarkeit der berücksichtigten Variablen in der Clusteranalyse sichergestellt. In der Literatur wird diese Vergleichbarkeit der Variablen als Kommensurabilität bezeichnet, wobei drei Kriterien für Variablen zu definieren sind. Erstens müssen die Variablen identische Maßeinheiten aufweisen. Zweitens müssen diese anhand eines einheitlichen Messniveaus abgeleitet sein. Und drittens dürfen diese einander nicht bedingen.[710] Im Kontext der vorliegenden Methodik erfolgt sowohl die Messung der NNW der DEP als auch der quantifizierten Relationen auf einer diskreten Skala. Gleichzeitig bedingen sich diese beiden Variablen nicht in ihren Ausprägungen, sodass sowohl ein einheitliches Messniveau als auch die Unabhängigkeit der Variablen sichergestellt sind. Zudem muss noch das Kriterium der identischen Maßeinheit adressiert werden, indem die Quantifizierung der Relationen in einem Rahmen erfolgt, welcher der Maßeinheit des NNW der DEP entspricht. In der nachfolgenden Abbildung 113 ist ein entsprechender Maßstab zur nutzenadäquaten Skalierung der quantifizierten Relationen relativ zum NNW aufgeführt.

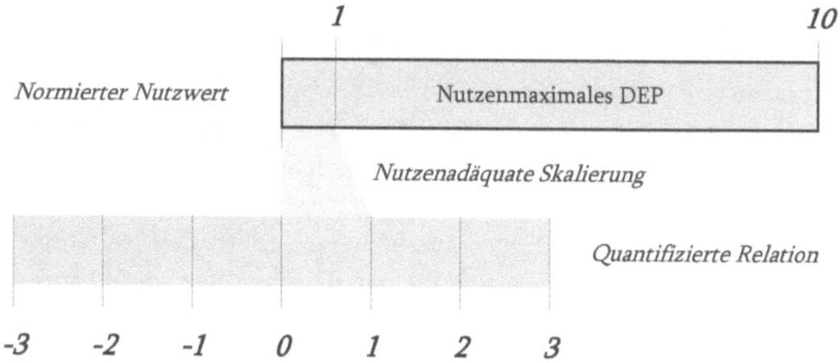

Abbildung 113: Maßstab zur Skalierung der quantifizierten Relationen[711]

Die Normierung der Nutzwerte liefert im Rahmen der Nutzwertanalyse immer ein nutzenmaximales DEP mit einem NNW von zehn. Für die Sicherstellung einer einheitlichen Maßeinheit ist es daher erforderlich, dass eine quantifizierte Relation zwischen zwei DEP mit dem Wert eins exakt dem Nutzen entspricht, der ein Zehntel des Nutzens des nutzenmaximalen DEP widerspiegelt. Die Anwendung dieses Maßstabs skaliert alle positiven und negativen Werte der quantifizierten Relationen analog. Auf dieser Basis findet die gesamte Bewertung der Relationen statt, um so Kommensurabilität für die Clusteranalyse sowie die nutzenadäquaten Gewichtungen der Relationen zu realisieren.

Die Umsetzung des Detailschritts E1 sollte ebenfalls in Form von Workshops mir relevanten Mitarbeitenden erfolgen. Ebenso wie die quantitative Bewertung in Methodikschritt D2 erfolgt die quantifizierende Bewertung anhand von qualitativen Merkmalen, wofür das Format des Workshops geeignet ist. Der Kreis der Teilnehmenden sollte dabei sowohl aufgrund des ganzheitlichen Betrachtungsfokus als auch der Vorkenntnisse ähnlich gewählt

[710] Vgl. Bacher et al. (Clusteranalyse), 2010, S. 175-176.
[711] Eigene Darstellung.

werden, wie im Rahmen des Detailschritt D2. Im Zuge des Workshops können sowohl der benötigte Graph als auch die DSM konzeptioniert respektive vorbereitet werden. Die empfohlene Abfolge aus der Methodik sollte dabei jedoch unbedingt eingehalten werden. Durch die initiale kollaborative Skizzierung des Graphen ist die Identifikation von Wirkbeziehungen zwischen einzelnen DEP intuitiv realisierbar. Die darauffolgende Transformation zur DSM begünstigt zudem die Übersichtlichkeit während der Quantifizierung und Gewichtung der Relationen zwischen den DEP. Im Zuge dessen ist die Ergänzung der DSM um zuvor unberücksichtigte Wirkbeziehungen zulässig. Dadurch, dass die gesamte Methodik anhand des strategischen Managementprosses ausgerichtet ist, ist diese als iterativer Prozess anzusehen. Demzufolge kann besonders an dieser Stelle der Methodik durch die gewonnenen Erkenntnisse über die Wirkbeziehungen eine erneute Revision der DEP mit potenziellen Modifikationen im Rahmen von Schritt C sinnvoll sein. Ergebnis dieses Detailschritts ist das Kollektiv der DEP inklusive sämtlicher gewichteter reziproker Relationen. Dieses befähigt im Folgenden zur Durchführung der Analyse zur Clusterung der DEP.

V.3.1.3 Methodikschritt E2: Clusteranalyse der DEP

Um aus dem Kollektiv der DEP die vorteilhafteste Kombination von DEP auswählen zu können, ist zuvor die hypothetische Kombination aller DEP eines Kollektivs zu bilden und zu bewerten. Um den dafür erforderlichen Aufwand signifikant zu reduzieren, stellt die Clusteranalyse ein geeignetes Verfahren dar. Wie bereits erläutert, kann die Analyse von komponentenbasierten DSM anhand partitionierender oder hierarchisierender Verfahren erfolgen. In der Praxis gelten hierarchisierende Verfahren aufgrund höherer Objektivität sowie einer gezielteren Optimierung als überlegen, weshalb diese auch in der vorliegenden Arbeit angewendet werden.[712] Im Rahmen der hierarchisierenden Verfahren werden zudem die agglomerativen Verfahren gegenüber den divisiven Verfahren häufiger angewendet.[713] Da sich beide Verfahren jedoch lediglich in der Inversion ihrer Methodenlogik unterscheiden, ist die Auswahl eines der Verfahren von den subjektiven Präferenzen abhängig. Aufgrund der simplen Nachvollziehbarkeit sowie der höheren Anschaulichkeit wird für den weiteren Verlauf ein agglomeratives Verfahren genutzt. Alle gängigen agglomerativen Verfahren basieren auf der Distanzberechnung eines Ähnlichkeitsmaßes, wobei die betrachteten Elemente mit geringer Distanz zwischen ihren Ähnlichkeiten geclustert werden.[714] Die Funktionsweise der agglomerativen Verfahren ist für die Zusammenfassung von DEP mit reziproken Begünstigungen sowie dem Ausschluss erschwerender DEP vorteilhaft. Allerdings erlauben klassische agglomerative Verfahren weder die Berücksichtigung der generellen Vorteilhaftigkeit eines DEP noch die binären Optionen zwischen den DEP. Basierend auf den Grundsätzen der agglomerativen Verfahren wird im Folgenden daher ein spezifischer Cluster-Algorithmus entwickelt, der die Identifikation der nutzenmaximierenden Kombinationen von DEP aus dem Kollektiv ermöglicht.

Der dedizierte Cluster-Algorithmus umfasst drei Phasen mit insgesamt neun Schritten. Im Rahmen der Initiierung wird anhand von vier Schritten der Ausgangspunkt des Clusters

[712] Vgl. Backhaus et al. (Multivariate Analysemethoden), 2016, S. 478.
[713] Vgl. Backhaus et al. (Multivariate Analysemethoden), 2016, S. 478.
[714] Vgl. Backhaus et al. (Multivariate Analysemethoden), 2016, S. 478-480.

definiert und die binären Optionen bestimmt, die in Abhängigkeit des gewählten Ausgangspunkts obligatorisch sind. Die Clusterung beinhaltet zwei Schritte, wobei der erste Schritt der Clusterung bzw. der fünfte Schritt des Algorithmus sechs weitere Teilschritte umfasst. Im Rahmen dieser erfolgt die iterative Inklusion einzelner DEP auf Basis ihrer individuellen Vorteilhaftigkeit für das gegenwärtig betrachtete Cluster. Diese Vorteilhaftigkeit wird im Folgenden als Inklusionswert (IW) bezeichnet und resultiert aus dem normierten Nutzwert (NNW)[715] eines DEP sowie den gewichteten Relationen[716] zwischen DEP und Cluster. Die gewichteten Relationen sind mit der Distanzberechnung des Ähnlichkeitsmaßes im Sinne der agglomerativen Verfahren vergleichbar. Die binären Optionen sowie ihre Implikationen im Iterationsprozess werden durch Bildung von Hilfsclustern (HC) berücksichtigt. Die zweite Phase des Cluster-Algorithmus ist abgeschlossen, sobald alle vorteilhaften DEP im Cluster inkludiert sind. Anschließend werden im Rahmen der Finalisierung die letzten drei Schritte durchlaufen. Zu Beginn wird der Nutzwert des gesamten Clusters ermittelt, welcher im Folgenden als Clusternutzwert (CNW) bezeichnet wird. Anschließend findet ein iterativer Durchlauf des Algorithmus statt, bis sämtliche DEP einmal die Clusterbasis gebildet haben. Anschließend wird das Cluster mit dem höchsten Clusternutzwert respektive das Cluster, welches für den anwendenden Betrieb nutzenmaximierend ist, ausgewählt. In der nachfolgenden Abbildung 114 ist das methodische Vorgehen des dedizierten Cluster-Algorithmus zur Identifikation von nutzenmaximierenden DEP-Clustern anhand der drei Phasen und neun Schritte abgebildet.

[715] Kann Methodikschritt D2 entnommen werden (vgl. Kapitel V.2.2.3).
[716] Kann Methodikschritt E1 entnommen werden (vgl. Kapitel V.3.1.2).

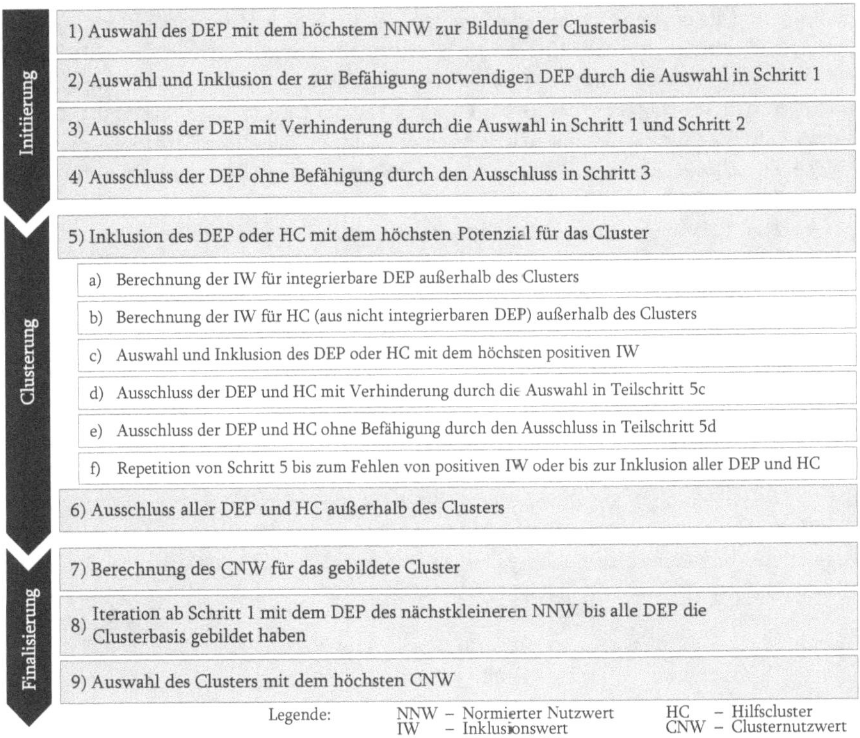

Abbildung 114: Algorithmus zur Identifikation nutzenmaximierender DEP-Cluster[717]

Die Anwendung des dedizierten Cluster-Algorithmus erfordert eine Reihe von Berechnungsvorschriften. Nachfolgend werden die einzelnen Schritte des Algorithmus erläutert. Zuvor werden jedoch die Berechnungsvorschriften eingeführt, die Aufschluss über die mathematischen Zusammenhänge zur Herleitung von drei Kennzahlen – dem IW eines DEP, dem IW eines HC sowie dem CNW eines Clusters – geben. Die drei Kennzahlen leiten sich aus den Werten der DSM sowie den NNW der DEP ab. Die drei Berechnungsvorschriften sowie die Definition der verwendeten Formelzeichen können der nachfolgenden Abbildung 115 entnommen werden. Die Berechnungsvorschriften sowie die definierten Formelzeichen werden zudem jeweils in dem spezifischen Schritt des Cluster-Algorithmus erläutert, welcher den entsprechenden mathematischen Zusammenhang verwendet.

[717] Eigene Darstellung.

Berechnungsvorschriften der Kennzahlen

B1

$$IW_{DEP\,x} = NNW_{DEP\,x} + \sum_{j=1}^{n} r_{xj} + \sum_{i=1}^{n} r_{ix}$$

B2

$$IW_{HC\,Y_k} = \left[\sum_{y \in Y_k} IW_{DEP\,y} + \sum_{j \in Y_k} \sum_{i \in Y_k \setminus \{j\}} r_{ij}\right] / |Y_k|$$

B3

$$CNW_{Cluster\,Z_l} = \sum_{z \in Z_l} NNW_{DEP\,z} + \sum_{j \in Z_l} \sum_{i \in Z_l \setminus \{j\}} r_{ij}$$

Legende: NNW – Normierter Nutzwert; IW – Inklusionswert; HC – Hilfscluster; CNW – Clusternutzwert

Definition der Formelzeichen

$r_{ij} \in \{-3, -2, -1, 0, 1, 2, 3\}$
$mit\ i, j \in \mathbb{N} \land i \neq j$

Gewichtete Relation r_{ij} von DEP i zu DEP j D1

$n = |Z_l|$
$mit\ n \in \mathbb{N}$

Mächtigkeit der Menge Z_l; Anzahl der inkludierten DEP zum aktuellen Zeitpunkt im Cluster l D2

$Y_k = \{DEP\ y_{k1}, \ldots, y_{km+1}\}$
$mit\ k, m \in \mathbb{N}$

Menge Y_k aus dem zu befähigenden DEP y_{k1} und allen dazu notwendigen DEP y_{km+1} im Hilfscluster k D3

$Z_l = \{DEP\ z_{l1}, \ldots, z_{ln}\}$
$mit\ l, n \in \mathbb{N}$

Menge Z_l aus allen inkludierten DEP z_{ln} zum aktuellen Zeitpunkt im Cluster l D4

$x, y_{km}, z_{ln} \in \mathbb{N}$
$mit\ k, l, m, n \in \mathbb{N}$

Der Index der DEP außerhalb des Clusters x, der der DEP im Hilfscluster y_{km} oder der der DEP im Cluster z_{ln} bezeichnen immer die Zeilen- bzw. Spaltenposition eines DEP in der DSM D5

Abbildung 115: Berechnungsvorschriften und Formelzeichen des Cluster-Algorithmus[718]

Im Rahmen der Initiierungsphase beginnt der dedizierte Cluster-Algorithmus im ersten Schritt mit der Auswahl des Ausgangspunkts. Im Sinne der agglomerativen Verfahren werden entsprechend der Anforderung an eine möglichst feine Partitionierung alle DEP in der DSM als einzelne Elemente betrachtet. Die Clusterbasis wird durch das DEP gebildet, welches den höchsten NNW als Resultat der Nutzwertanalyse aus Methodikschritt D2 innehat. Aufgrund des iterativen Durchlaufs des Cluster-Algorithmus und der wiederholten Durchführung des ersten Schrittes, können hierbei nur DEP gewählt werden, die noch nicht als Clusterbasis fungieren. Im Anschluss an die Wahl des DEP mit dem höchsten NNW wird folglich das DEP mit dem zweithöchsten NNW respektive dritthöchsten NNW etc. für die

[718] Eigene Darstellung.

Bildung der Clusterbasis ausgewählt. Demnach besteht das Cluster zum Zeitpunkt des Durchlaufs des ersten Schrittes aus einem einzelnen DEP.

Der zweite Schritt ist nur dann anzuwenden, wenn die ausgewählte Clusterbasis von einem oder mehreren anderen DEP befähigt wird. In diesem Fall ist die Inklusion der befähigenden DEP zwingend erforderlich, um das als Clusterbasis ausgewählte DEP realisieren zu können. Die entsprechenden DEP werden der Clusterbasis hinzugefügt, sodass diese aus dem initial gewählten DEP mit zum jeweiligen Zeitpunkt höchsten NNW sowie den zugehörigen befähigenden DEP gebildet wird.

Die Anwendung des dritten Schritts dient zur Bestimmung von binären Relationen – also solchen DEP, welche die Clusterbasis sowie die DEP, die diese befähigen, verhindern. Diese DEP mit verhindernden Relationen zum aktuellen Cluster werden dementsprechend aus der DSM entfernt. Im Rahmen des vierten Schritts werden die DEP von der weiteren Betrachtung sowie der DSM ausgeschlossen, die durch die im dritten Schritt exkludierten DEP befähigt werden. Sofern in Schritt drei also keine DEP ausgeschlossen werden oder die ausgeschlossenen DEP keine befähigenden Relationen aufweisen, ist die Durchführung von Schritt vier obsolet.

Mit dem fünften Schritt beginnt die zweite Phase des dedizierten Cluster-Algorithmus. Diese Phase dient der Clusterung und gliedert sich in insgesamt sechs Teilschritte. Dabei werden die DEP oder Kombinationen von DEP, welche durch die HC gebildet werden, mit dem höchsten Potenzial für das bestehende Cluster identifiziert. Das so identifizierte HC wird anschließend inkludiert. Die sechs Teilschritte der Clusterungsphase stellen dabei eine eigene Iterationsschleife innerhalb der gesamten Durchführung des Cluster-Algorithmus dar.

Zu Beginn wird in Teilschritt 5a der IW für alle integrierbaren DEP außerhalb des Clusters ermittelt. Integrierbar sind solche DEP, die nicht von anderen DEP außerhalb des Clusters befähigt werden. Verhindernde Relationen zum Cluster müssen nicht betrachtet werden, da solche DEP durch den Algorithmus unmittelbar nach der Entwicklung dieser Relation aus der DSM exkludiert werden. Für die Ermittlung der IW aller integrierbaren DEP wird die Berechnungsvorschrift B1 aus dem Schema zur Berechnung der Kennzahlen benötigt. Der IW eines DEP ($IW_{DEP\,x}$) resultiert aus der Addition des normierten Nutzwerts des DEP ($NNW_{DEP\,x}$), der Summe über die gewichteten Relationen des DEP zum Cluster (r_{xj}) sowie der Summe über die gewichteten Relationen vom Cluster zum DEP (r_{ix}). Gemäß der Definition D1 aus der Übersicht umfassen die gewichteten Relationen hierbei den Wertebereich von minus drei bis drei der ganzen Zahlen, was ebenfalls den Wertebereich aus Schritt E1 widerspiegelt. Definition D2 beschreibt mit n die Anzahl aller im Cluster inkludierten DEP, sodass anhand der beiden Summierungen alle reziproken Relationen berücksichtigt werden, die zwischen Cluster und dem betrachteten DEP existierten. Die errechneten IW der integrierbaren DEP werden anschließend in einer separaten Tabelle neben der DSM vermerkt.

Im Rahmen von Teilschritt 5b erfolgt die Bewertung der nicht integrierbaren DEP außerhalb des Clusters. Dies sind DEP, die durch ein oder mehrere andere DEP außerhalb des Clusters befähigt werden. Hierzu wird zunächst je ein HC aus je einem zu befähigenden

DEP sowie allen dazu notwendigen DEP gebildet. Da die HC dabei lediglich zur Verdeutlichung des Berechnungsprozesses dienen, muss keine Veränderung an der DSM vorgenommen werden. Anschließend wird der IW eines jeden HC ($IW_{HC\,Yk}$) gemäß Berechnungsvorschrift B2 ermittelt. Dazu werden die einzelnen IW der DEP im HC ($IW_{DEP\,y}$) summiert und die reziproken gewichteten Relationen (r_{ij}), die zwischen den einzelnen DEP im HC bestehen, addiert. Anschließend wird dieser Wert zur Normierung durch die Anzahl der im HC inkludierten DEP ($|Y_k|$) dividiert. Entsprechend Definition D3 umfasst die Menge Y_k alle im HC inkludierten DEP, wodurch die Mächtigkeit der Menge die Anzahl der DEP im HC widerspiegelt. Die Normierung ist zwingend erforderlich, um den IW des HC mit den IW der integrierbaren DEP vergleichbar zu machen, da hier mehrere IW addiert werden. So wird durch die Normierung der durchschnittliche IW eines DEP im HC berechnet. Es ist jedoch zu beachten, dass der auf diese Weise berechnete IW des HC ausschließlich der substituierenden Bewertung des zu befähigenden DEP dient. Alle dazu notwendigen DEP können, sofern diese eigenständig integrierbar sind, unabhängig anhand ihrer eigenen IW aus Teilschritt 5a betrachtet werden. Auch die IW der HC können in der separaten Tabelle neben der DSM vermerkt werden.

Im Zuge von Teilschritt 5c kann anschließend das DEP bzw. HC außerhalb des Clusters mit dem höchsten IW ausgewählt werden. Sofern der höchste IW von zwei unterschiedlichen HC gleichzeitig eingenommen wird, kann das HC mit dem größeren NNW gewählt werden. Dieses HC weist zu diesem Zeitpunkt im Algorithmus das höchste Potenzial für das Cluster auf und wird mithin inkludiert. Der höchste IW muss dabei positiv sein, da Schritt 5 andernfalls abgebrochen und mit Schritt 6 fortgefahren wird. Analog zu Schritt 3 werden in Teilschritt 5d solche DEP ausgeschlossen, die eine verhindernde Relation zum inkludierten DEP aus Teilschritt 5c aufweisen. Äquivalent zu Schritt 4 werden in Teilschritt 5e die DEP exkludiert, die aufgrund des Ausschlusses in Teilschritt 5d nicht mehr zu befähigen sind. Abschließend initiiert Teilschritt 5f die erneute Iterationsschleife innerhalb von Schritt 5, bis letztlich keine positiven IW mehr ermittelt werden können oder jegliche DEP bzw. HC im Cluster inkludiert sind.

Der sechste Schritt bildet den Abschluss der Clusterungsphase. Dazu werden jegliche DEP sowie HC, die nach Terminierung von Schritt 5 noch keine Inklusion im Cluster aufweisen, von der weiteren Betrachtung ausgeschlossen. Diese DEP bzw. HC können dementsprechend ebenfalls aus der DSM gestrichen werden. Als Resultat bleibt in der DSM ausschließlich das gebildete Cluster bestehend aus Clusterbasis und inkludierten DEP bestehen. Zu diesem Zeitpunkt liegt das Cluster in seiner finalen Form vor.

Die Finalisierungsphase beginnt im Rahmen des siebten Schritts mit der Berechnung des Clusternutzwerts. Dieser zeigt die holistische Vorteilhaftigkeit des gebildeten Clusters der aktuellen Iteration an. Die Berechnung dieser Kennzahl ($CNW_{Cluster\,Zl}$) basiert auf der Berechnungsvorschrift B3. Der Clusternutzwert ist das Ergebnis aus der Addition der Summe über die NNW aller DEP des Clusters ($NNW_{DEP\,z}$) und der Summe über alle reziprok gewichteten Relationen zwischen den DEP des Clusters (r_{ij}). Hierbei beinhaltete die Menge (Z_l) entsprechend der Definition D4 alle DEP, die zum aktuellen Zeitpunkt und während der derzeitigen Iteration im Cluster inkludiert sind. Als Resultat folgt eine Kennzahl die für das gesamte Cluster sowohl den Nutzen der DEP im Sinne einer Einzellösung als auch den positiven und negativen Nutzen der induzierten Wechselwirkungen berücksichtigt. Dementsprechend kann der CNW zur Relativierung der verschiedenen Cluster untereinander genutzt werden.

Im Rahmen des achten Schritts wird die Iteration des gesamten Algorithmus initiiert, indem erneut mit dem ersten Schritt begonnen wird. Wie eingangs erläutert, wird für jede nachfolgende Iteration die Clusterbasis aus dem DEP mit dem nächstkleineren NNW gebildet. Dieses Vorgehen wird so lange wiederholt, bis alle DEP einmalig die Clusterbasis gebildet haben. Demnach liegt dem Anwendenden nach Abschluss aller Iterationsschleifen für jedes so gebildete Cluster ein designierter CNW vor. Der finale und neunte Schritt des Cluster-Algorithmus dient dem Vergleich der in den einzelnen Iterationen gebildeten Clustern. Hierbei wird das Cluster ausgewählt, welches den höchsten CNW innehat und somit für den individuellen Anwendungsfall nutzenmaximierend ist.

Um die notwendige Zeit zur Durchführung des Cluster-Algorithmus möglichst zu minimieren, werden nachfolgend drei Abbruchkriterien definiert. Sofern die Bedingungen für eines dieser Abbruchkriterien erfüllt sind, kann die aktuelle Iterationsschleife abgebrochen werden und anhand des achten Schritts fortgefahren werden. Das erste Abbruchkriterium adressiert inhaltsgleiche Cluster in verschiedenen Iterationsschleifen. Dieses gilt als erfüllt, falls das Cluster einer Iterationsschleife zu einem beliebigen Zeitpunkt vollständig inhaltsgleich mit einem beliebigen Cluster einer vorab durchgeführten Iterationsschleife ist. Die Inhaltsgleichheit beschreibt hierbei, dass exakt dieselben und nur dieselben DEP in den betrachteten Clustern inkludiert sind. Das Abbruchkriterium ist auch dann erfüllt, wenn die Reihenfolgen der Inklusion der DEP unterschiedlich sind. Das zweite Abbruchkriterium resultiert aus der Inhaltsgleichheit zwischen einer DSM und einem vollständig gebildeten Cluster. Hierbei genügt es im Gegensatz zum ersten Kriterium, wenn die gesamte DSM der aktuellen Iterationsschleife mit einem vollendeten Cluster einer vorherigen Iterationsschleife inhaltsgleich ist. Es ist dabei irrelevant, welche DEP in der aktuellen Iterationsschleife im Vergleich zum vollendeten Cluster bereits im aktuell betrachteten Cluster inkludiert sind. Die ersten beiden Abbruchkriterien sind zulässig, da der Cluster-Algorithmus im weiteren Verlauf jeweils zum identischen Ergebnis führen wird. Da zwei identische Clusterergebnisse unter einem CNW zusammengefasst werden können, ist die weitere Durchführung der Iterationsschleife gegenstandslos. Das dritte Abbruchkriterium resultiert aus einem Sonderfall während der Initiierung des Algorithmus. Hierbei können Konstellationen von DEP entstehen, die sich gleichzeitig bedingen und ausschließen. Eine Realisierung solcher DEP-Cluster ist in der Folge unmöglich, sodass eine weitere Betrachtung der spezifischen Iteration obsolet ist. In den meisten Fällen sollten solch paradoxe Konstellationen von DEP jedoch bereits während der reziproken Verknüpfung in Methodikschritt E1 identifiziert und von Beginn an ausgeschlossen werden.

Abschließend erfordert die gesamte Durchführung des Cluster-Algorithmus die Indizierung der DEP gemäß Definition D5. Der Index x beschreibt sämtliche DEP außerhalb des Clusters zu einem spezifischen Zeitpunkt im Algorithmus. Der Index y_{km} beschreibt hingegen lediglich die DEP, die zu einem spezifischen Zeitpunkt im Algorithmus dem HC k zugehörig sind. Der zusätzliche Indikator k wird hierbei zur Unterscheidung der einzelnen HC benötigt. Die DEP innerhalb eines Clusters l werden durch den Index z_{ln} verkörpert. Der zusätzliche Indikator l dient hier zur Unterscheidung der einzelnen gebildeten Cluster über die Iterationsschleifen des Algorithmus hinweg. Für sämtliche verwendeten Indizierungen gilt, dass diese immer die aktuelle Zellen- und Spaltenposition eines DEP verkörpern und nicht mit der Bezifferung der DEP aus den vorherigen Methodikschritten verwechselt werden dürfen. Die Zuordnung der DEP wird über die Darstellung der DSM beibehalten. Zur Veranschaulichung ist nachfolgend in Abbildung 116 und Abbildung 117 eine exemplarische Iteration der ersten sieben Schritte des dedizierten Cluster-Algorithmus durchgeführt und visualisiert.

Schritt 1

	DEP 1	DEP 2	DEP 3	DEP 4	DEP 5	DEP 6
DEP 1		2	0	3	-1	1
DEP 2	1		0	0	0	0
DEP 3	3	-1		-3	-1	0
DEP 4	0	1	-3		2	-2
DEP 5	0	0	0	0		-2
DEP 6	0	2	0	-3	0	

Schritt 2

	DEP 1	DEP 2	DEP 3	DEP 4	DEP 5	DEP 6
DEP 1		2	0	3	-1	1
DEP 2	1		0	0	0	0
DEP 3	3	-1		-3	-1	0
DEP 4	0	1	-3		2	-2
DEP 5	0	0	0	0		-2
DEP 6	0	2	0	-3	0	

Schritt 3

	DEP 1	DEP 3	DEP 2	DEP 4	DEP 5	DEP 6
DEP 1		0	2	3	-1	1
DEP 3	3		-1	-3	-1	0
DEP 2	1	0		0	0	0
DEP 4	0	-3	1		2	-2
DEP 5	0	0	0	0		-2
DEP 6	0	0	2	-3	0	

Schritt 4

	DEP 1	DEP 3	DEP 2	DEP 6
DEP 1		0	2	1
DEP 3	3		-1	0
DEP 2	1	0		0
DEP 6	0	0	2	

Abbildung 116: Exemplarische Durchführung des Cluster-Algorithmus (I/II)[719]

Für die exemplarische Durchführung des dedizierten Cluster-Algorithmus wird die DSM aus Schritt E1 herangezogen. Diese ist anhand eines fiktiven Kollektivs aus DEP hergeleitet. Zudem wird die bekannte Notationsform für befähigende und verhindernde Relationen verwendet. Für die exemplarische Bestimmung von IW und CNW sind fiktive NNW gewählt. Die fiktiven Werte für die exemplarischen DEP sind in Anhang A.1 aufgelistet und können diesem entnommen werden. Als Clusterbasis ist das DEP 1 gewählt, da es mit einem

[719] Eigene Darstellung.

NNW von zehn die maximale Ausprägung verkörpert. Anhand der Nummerierung in der oberen linken Ecke einer jeden DSM kann die Reihenfolge der Bearbeitung abgelesen werden. Da manche Schritte nicht betrachtet werden müssen und andere in einer DSM zusammengefasst sind, entspricht die Nummerierung jedoch nicht den Schritten des Algorithmus. Die dunkelblau unterlegten DEP in den Zellen und Spalten verkörpert solche DEP, die dem Cluster angehören oder im aktuellen Schritt inkludiert werden. Zur besseren Verdeutlichung des Clusters wird dieses anhand des breiten blauen Rahmens innerhalb der DSM explizit hervorgehoben. Die rote Unterlegung der DEP zeigt an, dass entsprechende DEP in diesem Schritt von der weiteren Betrachtung ausgeschlossen werden. In der nachfolgenden Abbildung 117 wird der dedizierte Cluster-Algorithmus fortgesetzt.

Schritt 5	DEP 1	DEP 3	DEP 2	DEP 6	IW
DEP 1		0	2	1	
DEP 3	3		-1	0	
DEP 2	1	0		0	6
DEP 6	0	0	2		4

Schritt 6	DEP 1	DEP 3	DEP 2	DEP 6	IW
DEP 1		0	2	1	
DEP 3	3		-1	0	
DEP 2	1	0		0	
DEP 6	0	0	2		6

Schritt 7	DEP 1	DEP 2	DEP 3	DEP 6
DEP 1		2	0	1
DEP 2	1		0	0
DEP 3	3	-1		0
DEP 6	0	2	0	

CNW
30

Abbildung 117: Exemplarische Durchführung des Cluster-Algorithmus (II/II)[720]

Die dargestellte exemplarische Durchführung des Cluster-Algorithmus beschränkt sich auf die ersten sieben Schritte und endet somit mit der Berechnung des CNW für DEP 1 als Clusterbasis in der siebten DSM. Das DEP-Cluster 1 umfasst DEP 1, DEP 2, DEP 3 und DEP 6 und weist einen CNW von 30 auf. Die Iterationsschleifen für die Durchführung des Algorithmus mit Auswahl der übrigen DEP als Clusterbasis sind im Rahmen einer vollständigen exemplarischen Durchführung des dedizierten Cluster-Algorithmus Anhang A.2 zu entnehmen. Insgesamt können im Anwendungsbeispiel durch vollständige Durchführung der Iterationsschleifen zwei differierende DEP-Cluster hergleitet werden, die mit DEP 2 eine gemeinsame Schnittmenge aufweisen. Eine Aggregation der Ergebnisse der vollständigen exemplarischen Durchführung des dedizierten Cluster-Algorithmus kann Anhang

[720] Eigene Darstellung.

A.3 entnommen werden. Die resultierenden DEP-Cluster sind in der nachfolgenden Abbildung 118 visualisiert.

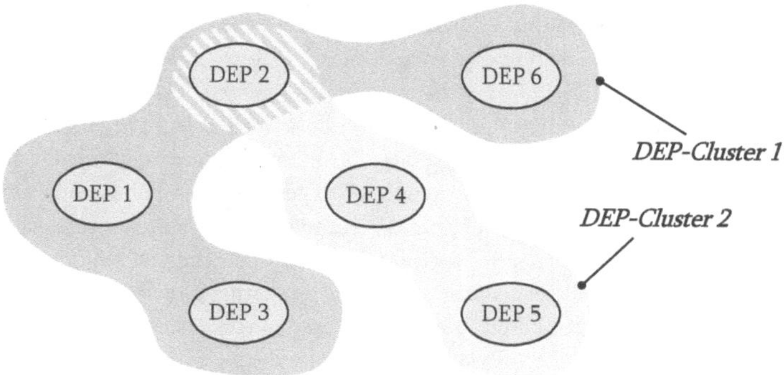

Abbildung 118: Exemplarische Darstellung der resultierenden DEP-Cluster[721]

Üblicherweise ordnen agglomerative Verfahren im Kontext der Clusteranalyse jede Komponente eindeutig je einem Cluster zu. Die anhand von DEP 2 verdeutlichte Möglichkeit der Überschneidung stellt eine Besonderheit der agglomerativen Verfahren dar. Diese Mehrfachzuordnung ist durch die zu durchlaufenden Iterationsschleifen des entwickelten Cluster-Algorithmus bedingt. Im vorliegenden Anwendungsbeispiel sind DEP als Bestandteil mehrerer Cluster sowohl aus logischer Perspektive möglich als auch für die robuste Ableitung eines optimalen Ergebnisses erforderlich. Für beide exemplarischen DEP-Cluster ist ein CNW ermittelt, wobei das DEP-Cluster 1 basierend auf den fiktiven Werten mit einem CNW von 30 gegenüber einem CNW von 20 nutzenmaximierend ist und dementsprechend für den weiteren Verlauf des Anwendungsbeispiels ausgewählt wird.[722]

V.3.1.4 **Methodikschritt E: Ergebnisse**

Die Ergebnisse des fünften Methodikschritts zur Clusterung der DEP innerhalb der Methodik für die systematische Transformation zur digital vernetzten Wertschöpfung im Werkzeugbau bilden:

- Identifizierte reziproke Verknüpfungen der DEP im Kollektiv
- Quantifizierte und gewichtete Relationen der verknüpften DEP im Kollektiv
- Entwickelte und bewertete DEP-Cluster auf Basis normierter Nutzwerte und gewichteter Relationen der reziprok verknüpften DEP
- Ausgewähltes nutzenmaximierendes DEP-Cluster zur weiteren Fokussierung

[721] Eigene Darstellung.
[722] Vgl. Anhang A.3

V.3.2 Methodikschritt F: Synthese digitaler Funktionsprogramme

Im sechsten Schritt der Methodik erfolgt die Synthese der digitalen Funktionsprogramme für die digitale Vernetzung der Wertschöpfung anhand von zwei Detailschritten. Im ersten Detailschritt erfolgt zunächst eine Priorisierung des zuvor ausgewählten DEP-Clusters. Das methodische Vorgehen dieser Priorisierung basiert auf dem Cluster-Algorithmus, der in Methodikschritt E2 eingeführt und beschrieben ist. Im Rahmen dessen werden die DEP des Clusters in eine sinnvolle Reihenfolge für die anschließende Umsetzung gebracht. Im zweiten Detailschritt wird die Entwicklung digitaler Funktionsprogramme fokussiert. Diese entprechen spezifischen Transformationsstragien für die deduzierten Funktionen und dienen als Vorbereitung der anschließenden Implementierung. Die Implementierung ist als eigenständige Phase zwar nicht Teil der Strategieentwicklung und daher auch nicht Teil der vorliegenden Arbeit, schließt jedoch unmittelbar an die Synthese an. Mithin wird ein Rahmenwerk entwickelt, welches bereits die wichtigsten Aspekte der Implementierung fokussiert und dabei aufzeigt, welche Informationen anhand des ausgewählten und priorisierten DEP-Clusters abgeleitet werden müssen. Zu Beginn werden jedoch die theoretischen Grundlagen zur Implementierung aufgegriffen und in Bezug auf ihre Bestandteile Operationalisierung und Befähigung vor dem Hintergrund der digitalen Transformation spezifiziert.

V.3.2.1 Methodikschritt F: Grundlagen

Der Prozess des strategischen Managements wird durch die Implementierung von Strategien abgeschlossen. Gemäß dem Verständnis nach HUNGENBERG umfasst die Implementierung von Strategien die Bestandteile Gestaltung von System und Strukturen, Operationalisierung der Strategie sowie die Durchsetzung und Kontrolle der Strategie.[723] Im Kontext der wertschöpfungsseitigen Transformation durch die Implementierung korrespondierender Transformationsstrategien sind besonders die Operationalisierung und Befähigung relevant. Während im Zuge der Operationalisierung konkrete Maßnahmen zur Umsetzung der Transformation abgeleitet werden, fokussiert die Befähigung die Vorbereitung der Mitarbeitenden auf die durch den Wandlungsprozess induzierten Veränderungen.[724] Diese zentralen Aspekte für die Implementierung sind somit inhaltlich mit der Operationalisierung der Strategie[725] respektive der Durchsetzung der Strategie[726] nach HUNGENBERG sowie der korrespondierenden Phase der Strategieimplementierung[727] nach WELGE & AL-LAHAM gleichzusetzen. Der Prozess des strategischen Managements wurde mit seinen einzelnen Bestandteilen bereits im Rahmen der theoretischen Grundlagen eingeführt und vorgestellt, sodass dieser als bekannt vorausgesetzt und nicht näher vorgestellt wird. Im Folgenden werden jedoch einige Besonderheiten für die Operationalisierung und Befähigung von Transformationsstrategien im Speziellen betrachtet.

[723] Vgl. Hungenberg (Strategisches Management), 2014, S. 9-11.
[724] Vgl. Merz (Vorgehensmodell für die Einführung von Industrie 4.0), 2016, S. 104-106; Schuh et al. (Implementierung von Industrie 4.0), 2018, S. 22-27.
[725] Vgl. Hungenberg (Strategisches Management), 2014, S. 348-350.
[726] Vgl. Hungenberg (Strategisches Management), 2014, S. 359-362.
[727] Vgl. Welge; Al-Laham (Strategisches Management), 2003, S. 98-100.

Im Zuge der Vorbereitung der Operationalisierung ist es zielführend, Prioritäten für die Umsetzung der Transformationsstrategie zu definieren. Anhand dieser Prioritäten können die abgeleiteten Maßnahmen der Operationalisierung im weiteren Verlauf zeitlich eingeordnet, aufeinander abgestimmt und in einer schlüssigen Reihenfolge strukturiert werden.[728] In der Literatur und Praxis wird eine solche Struktur oftmals als (digitale) Roadmap bezeichnet und kann als eines der zentralen Ergebnisse einer abgeschlossenen Operationalisierung angesehen werden.[729]

Zur erfolgreichen Befähigung der Organisation und Belegschaft sollte ein speziell für die digitale Transformation ausgelegtes Change-Management etabliert werden.[730] Dieses soll gleichzeitig Widerstände gegen die Durchsetzung strategischer Programme identifizieren und Maßnahmen zur Verhaltensbeeinflussung der Mitarbeitenden instrumentalisieren. Dabei müssen im Wesentlichen drei Dimensionen adressiert und den Mitarbeitenden vermittelt werden.[731] Das schematische Vorgehen mit den Maßnahmen zur Verhaltensbeeinflussung in den drei Dimensionen Information, Motivation und Qualifikation kann der nachfolgenden Abbildung 119 entnommen werden.

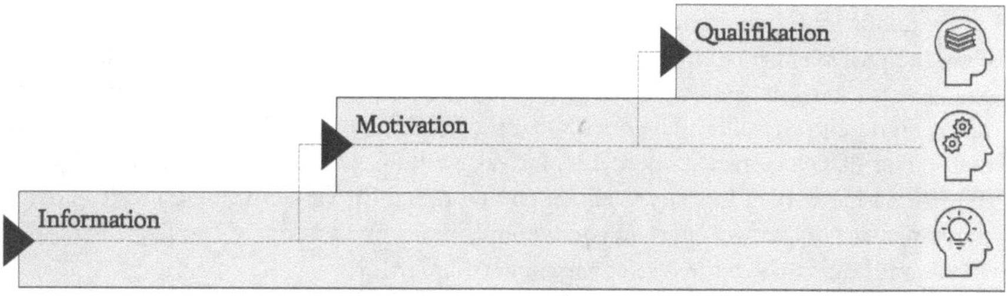

Abbildung 119: Vorgehen zur Verhaltensbeeinflussung in drei Dimensionen[732]

Initial muss dem Mitarbeitenden die Notwendigkeit zur Veränderung erläutert werden. Dementsprechend stellt die Information den ersten zu vermittelnden Inhalt dar. Sie ist essenziell, um Widerstände der individuellen Ebene zu beseitigen. Dabei sollte insbesondere eine effektive und glaubwürdige Kommunikation fokussiert werden. Aufbauend auf dieser Information muss der Mitarbeitende selbst die Veränderung akzeptieren. Der zweite zu vermittelnde Inhalt fokussiert daher die Motivation. Auch wenn bereits die Information maßgeblich zur Motivation der Mitarbeitenden beitragen kann, so sind weitere Maßnahmen sinnvoll. Um den Mitarbeitenden zu motivieren und so eine erfolgreiche Durchsetzung strategischer Programme zu befähigen, bieten positive Anreize sowie das eindeutige Bekennen des Managements zur Strategie sehr gute Optionen. Zuletzt muss der Mitarbeitende die notwendigen Fähigkeiten besitzen, um die Veränderungen durchzuführen. Der dritte zu vermittelnde Inhalt adressiert daher die Qualifikation. Damit Mitarbeitende die notwendigen Fähigkeiten erlernen, sind Qualifizierungsmaßnahmen unverzichtbar. Dabei können Maßnahmen unterschieden werden, die „On the Job", also während der realen

[728] Vgl. Schuh et al. (Industrie 4.0 Maturity Index), 2020, S. 50.
[729] Vgl. Schallmo; Rusnjak (Roadmap digitale Transformation), 2017, S. 11-13; Issa et al. (Framework for digital Transformation & Industrie 4.0-Roadmap), 2018, S. 973-975.
[730] Vgl. Merz (Vorgehensmodell für die Einführung von Industrie 4.0), 2016, S. 108.
[731] Vgl. Hungenberg (Strategisches Management), 2014, S. 363.
[732] I. A. a. Hungenberg (Strategisches Management), 2014, S. 363.

Aufgabenerfüllung, erfolgen, oder die „Off the Job“ stattfinden. Letztere erfolgen zumeist in speziell ausgerichteten Schulungen losgelöst vom Arbeitsplatz. Für die erfolgreiche Durchsetzung strategischer Programme ist eine Kombination beider Varianten empfehlenswert.

Das Change-Management kann durch eine möglichst frühe Einbeziehung der Mitarbeitenden, bspw. in den Prozess der Ideen- und Use Case-Generierung, positiv beeinflusst werden.[733] In diesem Kontext muss zur erfolgreichen digitalen Transformation zudem ein Wandel in der Führungskultur erfolgen. Haupttreiber sind dabei insbesondere eine erhöhte Flexibilität und Diversität, womit bspw. individuelle Zeiteinteilungen oder häufig wechselnde Teamkonstellationen zur operativen Umsetzung der erarbeiteten Lösungen gemeint sind. Zudem wird die Verlagerung von Verantwortung der Führungskräfte zu den Mitarbeitenden als wesentlicher Bestandteil moderner digitaler Führung angesehen. In diesem Zuge sind Hierarchien abzubauen und die interdisziplinäre Zusammenstellung von Projektteams zu fokussieren. Dadurch soll der Netzwerkgedanke der gesamten Organisation gestärkt werden.[734]

Für die gebündelte Koordination und eine klar definierte Verantwortung wird im Kontext der digitalen Transformation zumeist die Beauftragung einer designierten Person empfohlen. Diese wird in der Literatur und Praxis häufig als CDO bezeichnet.[735] Bei ausreichender Unternehmensgröße sollte sich der CDO ausschließlich der digitalen Transformation widmen.[736] Der CDO soll insbesondere die Motivation des Gesamtunternehmens zur digitalen Transformation heben, Initiativen anstoßen und deren Erfolg kontrollieren sowie die unternehmensweite Zusammenarbeit vor diesem Hintergrund stärken.[737] Der Begriff des CDO soll auch für die vorliegende Arbeit verwendet werden.

V.3.2.2 Methodikschritt F1: Priorisierung der DEP-Cluster

Die Synthese einer ganzheitlichen Transformationsstrategie aus den einzelnen DEP des ausgewählten DEP-Clusters erfordert zunächst eine Beurteilung über deren relative Vorteilhaftigkeit. Auf dieser Basis ist eine Priorisierung der DEP innerhalb des Clusters vorzunehmen. Die Priorisierung befähigt anschließend zur Ableitung des Implementierungsvorgehens – bspw. in Form einer Roadmap. Die Priorisierung des DEP-Clusters ist dabei jedoch nicht mit einer Roadmap gleichzusetzen. Während eine Roadmap einen festgelegten Ablaufplan zur Implementierung darstellt, gibt die Priorisierung lediglich Aufschluss darüber, welche DEP zu welchem Zeitpunkt nutzenmaximierend sind. Eine Priorisierung bietet somit vielmehr eine generelle Orientierung für die Bildung einer sinnvollen Reihenfolge, umfasst jedoch keinen konkreten Ablaufplan im Sinne einer Roadmap. Zur Bildung einer Roadmap müssen weitere Faktoren in Bezug auf die Implementierung der DEP berücksichtigt und chronologisch strukturiert werden. Während der Erstellung einer Roadmap sollte darauf geachtet werden, dass Synergieeffekte bei der Implementierung realisiert werden

---

[733] Vgl. Issa et al. (Framework for digital Transformation & Industrie 4.0-Roadmap), 2018, S. 976.
[734] Vgl. Creusen et al. (Digital Leadership), 2017, S. 124-126.
[735] Vgl. Becker; Schmid (Chief Digital Officer), 2019, S. 361-363;
Mohr (Digital Navigator), 2020, S. 108-110.
[736] Vgl. Mohr (Digital Navigator), 2020, S. 108.
[737] Vgl. Becker; Schmid (Chief Digital Officer), 2019, S. 364-365.

können, indem bspw. die Umsetzung von DEP mit vergleichbarem Schulungsbedarf simultan erfolgt. Die entsprechenden Schulungsmaßnahmen sind dabei ebenfalls zeitlich einzuplanen. Weiterhin kann es für die Beschleunigung der digitalen Transformation vorteilhaft sein, die Implementierung gewisser DEP zu parallelisieren, da bspw. Änderungen an identischen Schnittstellen vorgenommen werden müssten. Die Priorisierung des DEP-Clusters stellt daher ein robustes Fundament zur Ableitung einer Roadmap dar und kann somit als Ausgangspunkt der Synthese von Transformationsstrategien verstanden werden. Die Ableitung einer konkreten Roadmap kann jedoch gemäß dem definierten Ordnungsrahmen der Implementierungsphase zugeordnet werden und wird dementsprechend in der vorliegenden Arbeit nicht näher betrachtet. Nachfolgend wird jedoch eine fundierte Methode zur Herleitung der Priorisierung des DEP-Clusters vorgestellt, welche als Basis für die konkrete Ableitung einer Roadmap dient.

Die Priorität eines DEP resultiert aus zwei Faktoren. Einerseits muss der isolierte Nutzwert des DEP betrachtet werden und andererseits eine Berücksichtigung der reziproken Verknüpfungen des DEP erfolgen. Die Relationen zwischen den DEP sind insbesondere dann von Bedeutung, wenn die Realisierung eines DEP ein anderes DEP zur Befähigung erfordert. Beide Faktoren sind bereits im Rahmen von Schritt D2 und Schritt E1 für das gebildete DEP-Cluster dokumentiert. Um beide Dimensionen gleichzeitig zu berücksichtigen und so die Priorität eines DEP zu ermitteln, kann ein Teil des methodischen Vorgehens aus dem dedizierten Cluster-Algorithmus aus Schritt E2 instrumentalisiert werden. Entgegen der Verwendung im Zuge der Clusteranalyse soll diesmal zusätzlich die Reihenfolge dokumentiert werden, in der die DEP während der Durchführung des Algorithmus inkludiert werden. Je früher ein DEP dem Cluster hinzugefügt wird, desto höher ist dessen Priorität. Anhand der Systematik des dedizierten Cluster-Algorithmus werden sowohl die isolierten Nutzwerte der DEP als auch deren reziproke Verknüpfungen – insbesondere die befähigenden Relationen – in die Herleitung der Prioritäten integriert.

Das Vorgehen zur Priorisierung der DEP folgt aus dem ersten bis fünften Schritt des dedizierten Cluster-Algorithmus. Dieser wird erneut auf das ausgewählte und nutzenmaximierende DEP-Cluster angewendet. Es ist jedoch erforderlich, die Iterationsschleifen anhand der Teilschritte des fünften Schritts vollständig durchzuführen. Die Notwendigkeit der Iterationen zur Clusterbildung des achten Schritts entfällt dementsprechend, sodass die Anwendung des Algorithmus maßgeblich verkürzt wird. Zudem ist es während der Anwendung nicht möglich, dass einzelne DEP von der Betrachtung ausgeschlossen werden müssen – solche Relationen können nach der erfolgten Clusteranalyse der DEP aus Schritt E2 nicht mehr vorliegen. Der dritte und vierte Schritt des Cluster-Algorithmus sowie die Teilschritte 5d und 5e sind somit hinfällig und können im Zuge der Priorisierung ausgelassen werden. Parallel zur Anwendung wird die Reihenfolge dokumentiert, in der die DEP dem Cluster hinzugefügt werden. Das Ergebnis stellt daher kein gebildetes Cluster dar, sondern die Reihenfolge, in der die DEP inkludiert werden. Dies repräsentiert gleichzeitig die Priorität der einzelnen DEP. Zu befähigende DEP werden im Algorithmus unmittelbar mit solchen DEP verknüpft, die für deren Realisierung erforderlich sind.[738] Dabei gilt es diese Verknüpfun-

[738] Dies erfolgt entweder im Rahmen vom zweiten Schritt bei der Bildung der Clusterbasis oder im Rahmen des Teilschritts 5b bei der Bildung von Hilfsclustern (vgl. Kapitel V.3.1.3).

gen manuell zu priorisieren. Die höhere Priorität wird logischerweise immer den zur Befähigung erforderlichen DEP zugewiesen. Die Priorisierung eines DEP-Clusters als Resultat der Anwendung des verkürzten Cluster-Algorithmus ist beispielhaft in der nachfolgenden Abbildung 120 dargestellt.

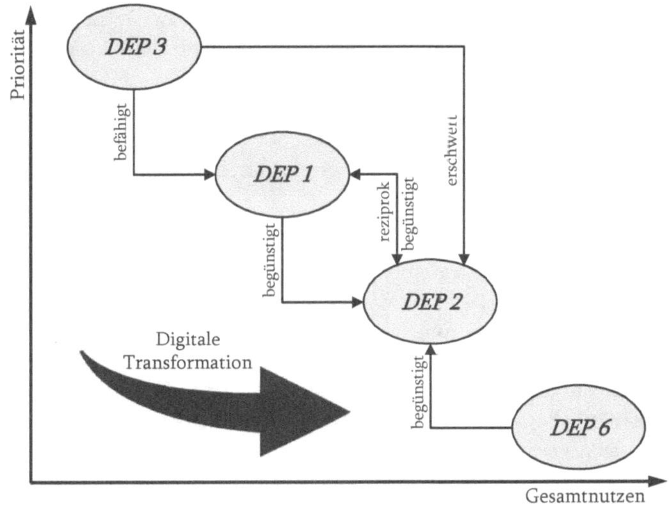

Abbildung 120: Exemplarisches Diagramm zur Priorisierung des DEP-Clusters[739]

Die exemplarisch dargestellte Priorisierung basiert auf den fiktiven Werten der Nutzwerte und Relationen des gebildeten DEP-Clusters in Schritt E2. Die Priorität der einzelnen DEP des Clusters kann anhand der Ordinate abgelesen werden. Im Beispiel weist DEP 3 demnach die höchste Priorität auf, obwohl der Nutzwert mit einem Wert von fünf relativ gering ist. Jedoch befähigt dieses DEP zur Realisierung von DEP 1, dessen Nutzwert mit einem Wert von zehn der höchste des Clusters ist.[740] Gleichzeitig repräsentiert die Abszisse den Gesamtnutzen, der durch die sukzessive Realisierung der einzelnen DEP des Clusters kumulativ erzielt wird. Es gilt zu beachten, dass sowohl die Priorität als auch der Gesamtnutzen im Diagramm eine Ordinalskala abbilden. Demnach kann lediglich eine Rangfolge in beiden Dimensionen beschrieben werden, die Abstände zwischen den einzelnen DEP können jedoch nicht, wie bspw. bei Intervall- oder Verhältnisskalen, zueinander in direkten Bezug gesetzt werden.[741] Dementsprechend kann das Ausmaß der Differenzen zwischen den DEP nicht beurteilt werden. Mit fortschreitender Umsetzung der DEP sinkt also deren relative Priorität, während der kumulierte Gesamtnutzen konstant steigt und so die Transformation zur digital vernetzten Wertschöpfung stetig voranschreitet. Die Priorisierung ermöglicht dabei bereits eine erste Allokation finanzieller und personeller Ressourcen. Auf

739 Eigene Darstellung.
740 Vgl. Anhang A.1
741 I. A. a. Wübbenhorst; Kamps (Definition: Skalenniveau), 2018.

Basis der Priorisierung des DEP-Clusters können in der Folge digitale Funktionsprogramme entwickelt und die Implementierung vorbereitet werden.

V.3.2.3 Methodikschritt F2: Entwicklung digitaler Funktionsprogramme

Der letzte Schritt der Methodik dient der Entwicklung digitaler Funktionsprogramme und der Vorbereitung der Implementierung. Im digitalen Funktionsprogramm werden die verschiedenen Inhalte der spezifischen Funktionalbereiche in Bezug auf deren digitale Vernetzung aggregiert. Mithin ist die Entwicklung eines digitalen Funktionsprogramms für jeden Funktionalbereich individuell durchzuführen. Dabei müssen für jeden Funktionalbereich die Implikationen des ausgewählten DEP-Clusters und der darin aggregierten DEP abgeleitet und interpretiert werden. Die Implementierung von digitalen Funktionsprogrammen setzt sich schwerpunktmäßig aus der Operationalisierung und Befähigung zusammen. Während die Operationalisierung zur Ableitung konkreter Maßnahmen sowie zur Ressourcenallokation für die Umsetzung der DEP dienen soll, fokussiert die Befähigung die Information, Motivation und Qualifikation der Mitarbeitenden hinsichtlich der umzusetzenden DEP. Sowohl die Operationalisierung als auch die Befähigung müssen zunächst konzeptioniert werden. Dies geschieht im Rahmen der Synthese digitaler Funktionsprogramme, um so die Implementierung auf Basis des ausgewählten DEP-Clusters vorzubereiten.

Zunächst empfiehlt sich die Etablierung einer zentralen Verantwortlichkeit, welche die verschiedenen Aspekte während der Implementierung der digitalen Funktionsprogramme aggregiert und zudem als Schnittstelle zwischen den verschiedenen Funktionalbereichen agiert. In der Literatur werden vergleichbare Verantwortlichkeiten häufig durch eine Person abgebildet, die als CDO betitelt wird. Im Kontext des Werkzeugbaus muss aufgrund der heterogenen Branchenstruktur sowie der signifikant differierenden Betriebsgrößen jedoch eine genauere Charakterisierung des CDO vorgenommen werden. Besonders für kleinere externe Werkzeugbaubetriebe ist die Beschäftigung einer einzelnen Arbeitskraft, die ausschließlich mit der Umsetzung der digitalen Transformation beauftragt ist, weder kapazitiv noch monetär zu realisieren. Demgegenüber ist in größeren internen Werkzeugbaubetrieben mit ausreichend finanziellen Ressourcen eher davon auszugehen, dass eine einzelne Arbeitskraft sich hauptsächlich der Umsetzung von Initiativen zur digitalen Vernetzung widmen kann. Bedingt durch diese Variabilität soll der CDO im Rahmen dieser Arbeit weniger als konkrete Arbeitskraft verstanden werden, sondern vielmehr als ein definierter Aufgabenbereich in Kombination mit entsprechenden Verantwortlichkeiten. Somit kann die Rolle des CDO in einem kleineren internen Werkzeugbau bspw. durch den Leiter des Betriebs selbst verkörpert werden oder aber auf mehrere Mitarbeitende aufgeteilt werden. Eine detaillierte Beschreibung des Aufgabenbereichs sowie der Verantwortlichkeiten des CDO erfolgt gemeinsam mit zusätzlichen Aspekten im weiteren Verlauf dieses Methodikschritts. Dazu wird ein Rahmenwerk für die Vorbereitung der Implementierung eingeführt, welches in der nachfolgenden Abbildung 121 dargestellt ist.

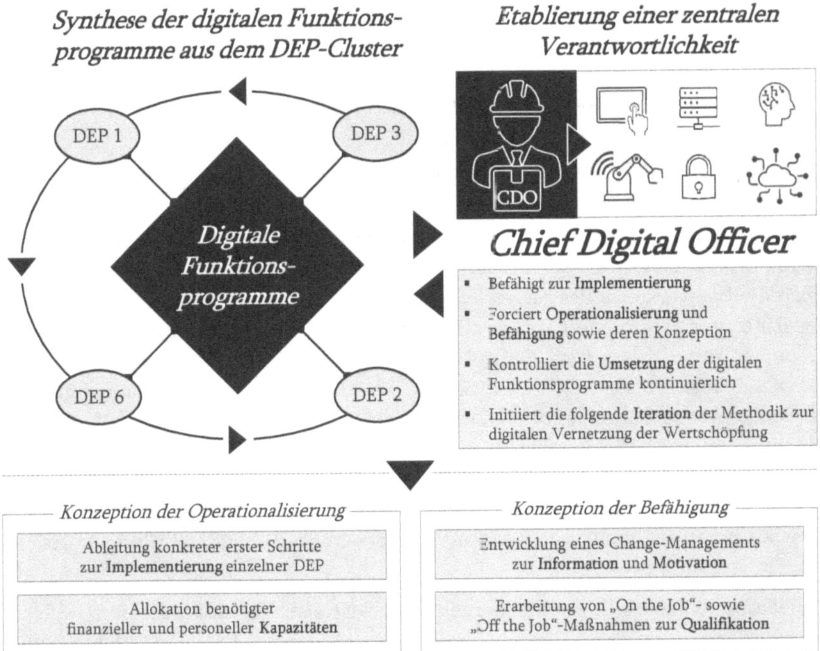

Abbildung 121: Rahmenwerk zur Vorbereitung der Implementierung[742]

Die Synthese der digitalen Funktionsprogramme erfolgt aus dem im Rahmen von Schritt E2 individuell ausgewählten DEP-Cluster. Anhand der Priorisierung des DEP-Clusters in Schritt F1 ist bereits eine sinnvolle Reihenfolge gegeben. Die Etablierung einer zentralen Verantwortlichkeit stellt einen weiteren Aspekt des Rahmenwerks dar und wird wie eingangs beschrieben durch die Rolle des CDO adressiert. Dieser soll alle relevanten Schnittstellen zwischen den Funktionalbereichen im Zuge der Umsetzung der DEP bündeln. Dazu gehören periphere sowie formelle Bereiche, wie notwendige Infrastrukturanpassungen und Datensicherheit, aber auch die tatsächliche Umsetzung der DEP. Weiterhin führt der CDO eine kontinuierliche Überwachung bzgl. der Implementierungserfolge der digitalen Funktionsprogramme durch. In diesem Kontext obliegt es dem CDO nach einer gewissen Zeit eine Revision der digitalen Funktionsprogramme vorzunehmen. Bedingt durch den iterativen Charakter der entwickelten Methodik kann es zudem erforderlich sein, die Methodik erneut anzuwenden.[743] Auf diese Weise kann die kontinuierliche Aktualität der digitalen Funktionsprogramme sichergestellt werden. Folglich ist es vorteilhaft, wenn als CDO eine Person ausgewählt wird, die bereits während der Synthese der digitalen Funktionsprogramme an sämtlichen Workshops sowie Gestaltung- und Entwicklungsinitiativen beteiligt

[742] Eigene Darstellung.
[743] Vgl. Kapitel IV.4

ist. Zunächst sollte der CDO zur Vorbereitung der Implementierung sowohl die Operationalisierung der digitalen Funktionsprogramme als auch die Befähigung der Organisation und Mitarbeitenden konzeptionieren.

Im Zuge der Konzeption der Operationalisierung werden für die einzelnen DEP erste konkrete Maßnahmen zur Implementierung abgeleitet. Gleichzeitig findet eine erste Allokation der benötigten Ressourcen zur Implementierung der einzelnen Lösungen statt, wobei sowohl finanzielle als auch kapazitive Aspekte berücksichtigt werden. Wichtig ist dabei, dass eine Differenzierung der nötigen Maßnahmen und Ressourcen zwischen den verschiedenen Funktionsbereichen, die von der Umsetzung der DEP betroffen sind, stattfindet. Die Operationalisierung sollte somit von einer isolierten Betrachtung der spezifischen Ressourcen der Funktionalbereiche ausgehen, um diese anschließend für den Gesamtbetrieb zu optimieren. So wird gewährleistet, dass im Zuge der Ressourcenallokation sowohl die Bedürfnisse der einzelnen Funktionalbereiche berücksichtigt werden als auch das Gesamtoptimum über die Grenzen der Funktionalbereiche hinaus realisiert wird. Es ist daher essenziell, dass der CDO über ein detailliertes Verständnis bzgl. der DEP des ausgewählten Clusters sowie deren Implikationen für die einzelnen Funktionalbereiche entlang der Hauptprozesskette verfügt.

Bei der Konzeption der Befähigung ist der CDO dafür verantwortlich, dass sämtliche Mitarbeitenden mit Schnittmengen zu den ausgewählten DEP zu deren Nutzung befähigt werden müssen. In diesem Kontext empfiehlt sich die Einführung eines Change-Managements. Dieses dient zur ganzheitlichen Umsetzung der verhaltensbeeinflussenden Maßnahmen aus den drei Dimensionen Information, Motivation und Qualifikation. Dabei sollte die Belegschaft hinsichtlich eventuell vorhandener Widerstände gegenüber der Einführung der DEP untersucht werden. So können die identifizierten Widerstände speziell im konzeptionierten Change-Management adressiert werden. Für die gänzliche Vermeidung von Widerständen und die Erhöhung der unmittelbaren Akzeptanz für die digitale Transformation seitens der Mitarbeitenden ist eine Integration dieser in den Entwicklungsprozess zu empfehlen. Im Rahmen der Anwendung der vorliegenden Methodik kann dies durch Workshops, Diskussionsrunden und Methoden in den Schritten A2 und A3, C1 und C2, D1 und D2 sowie E1 verwirklicht werden. Ferner ist es zur Etablierung eines digitalen Verständnisses bei den Mitarbeitenden sinnvoll, theoretische sowie praktische Qualifikationsmaßnahmen zu kombinieren. Demnach sollten sowohl „On-the-Job“- als auch „Off-the-Job“-Trainings zur Weiterbildung herangezogen werden.

Basierend auf dem Rahmenwerk zur Vorbereitung der Implementierung können anschließend die konkreten digitalen Funktionsprogramme für die einzelnen Funktionalbereiche abgeleitet werden. In der nachfolgenden Abbildung 122 ist ein digitales Funktionsprogramm für die mechanische Fertigung exemplarisch abgebildet.

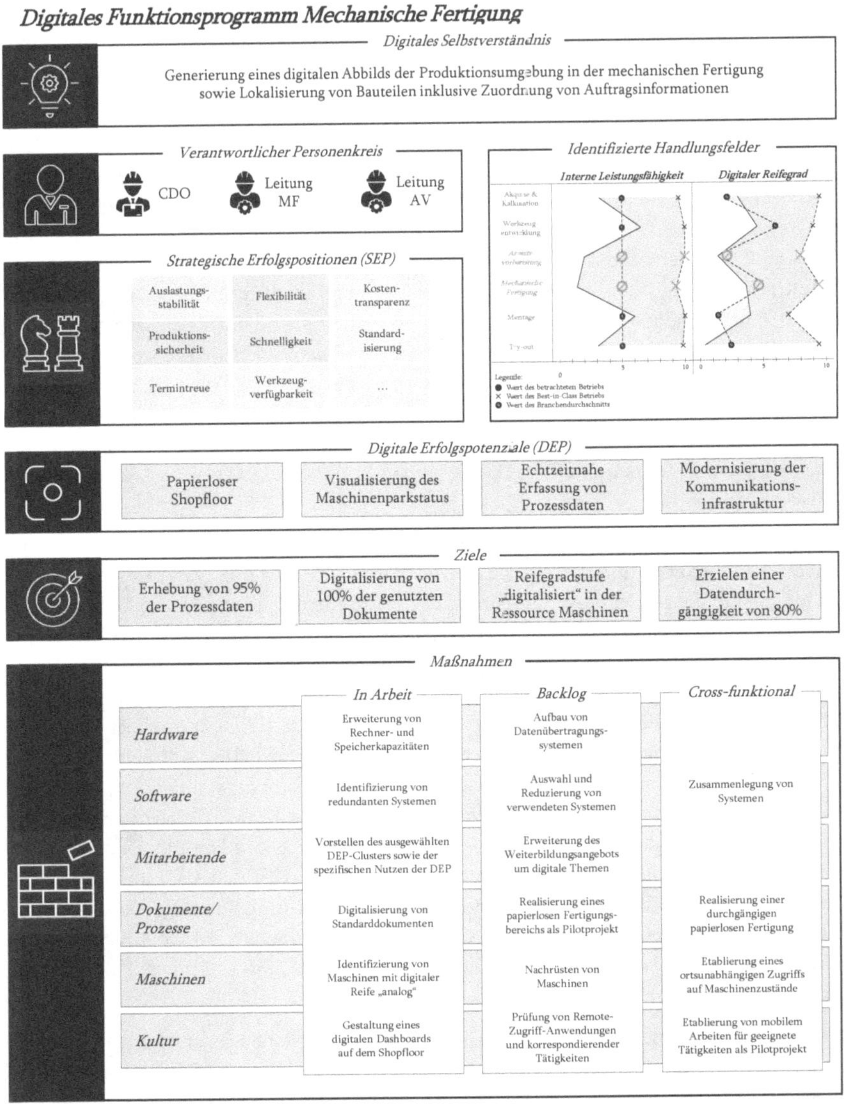

Abbildung 122: Exemplarisches digitales Funktionsprogramm für AV & MF[744]

Das erste Element eines digitalen Funktionsprogramms bildet das digitale Selbstverständnis. Im Kontext der Strategie ist dieses Element vergleichbar mit der Vision eines Unternehmens. Anstelle des Gesamtunternehmens fokussiert dieses jedoch ausschließlich den betrachteten Funktionalbereich des Unternehmens. Bei der Formulierung des digitalen Selbstverständnisses ist darauf zu achten, sowohl den Ist- als auch den Ziel-Zustand für den

[744] Eigene Darstellung.

spezifischen Funktionalbereich zu berücksichtigen. Dazu müssen sowohl die für den Funktionalbereich relevanten SEP und DEP implizit berücksichtigt werden. Obwohl das digitale Selbstverständnis nicht für das Gesamtunternehmen gilt, sollte dennoch sichergestellt werden, dass dieses nicht konträr zu einer eventuell vorhandenen unternehmensweiten Vision ist. Insgesamt repräsentiert das digitale Selbstverständnis ein konkretes, realisierbares und zugleich dennoch distanziertes Zukunftsbild der digitalen Vernetzung für den jeweiligen Funktionalbereich. Dieses ist zugleich auf eine langfristige Geltungsdauer ausgelegt und bleibt dementsprechend für einen längeren Zeitraum bestehen. Bei Realisierung des digitalen Selbstverständnisses gilt es, dieses im Zuge der kontinuierlichen digitalen Transformation zu aktualisieren. Speziell im Kontext der Befähigung der Mitarbeitenden sowie zur Erhöhung der Akzeptanz für die digitale Transformation stellt das digitale Selbstverständnis ein wichtiges Element der digitalen Funktionsprogramme dar.

Das zweite Element eines digitalen Funktionsprogramms wird durch den verantwortlichen Personenkreis gebildet. Neben dem designierten CDO sind hierzu Mitarbeitende zu bestimmen, die sowohl eine ausgewiesene Fachkenntnis im jeweiligen Funktionalbereich als auch grundsätzlich vorhandene digitalisierungsspezifische Kompetenzen aufweisen. Während ersteres zumeist bei der Mehrheit der Mitarbeitenden eines Funktionalbereichs vorhanden ist, sind digitalisierungs- bzw. transformationsspezifische Kompetenzen oftmals lediglich bei einzelnen Mitarbeitenden vorhanden. Diese gilt es im Zuge der digitalen Transformation möglichst frühzeitig zu identifizieren und im Prozess zu integrieren. Ferner kann es vorteilhaft sein, wenn der verantwortliche Personenkreis funktionsübergreifend zusammengestellt wird. Während die Umsetzung der Inhalte des digitalen Funktionsprogramms weiterhin größtenteils durch die spezifischen Mitarbeitenden des Funktionalbereichs erfolgt, bietet sich eine interdisziplinäre Abstimmung und Synchronisierung jedoch zweifelsfrei an. Insbesondere wenn die entsprechenden Funktionalbereiche aneinander angrenzen, lassen sich so frühzeitig Defizite im Zuge der ganzheitlichen digitalen Vernetzung der Wertschöpfung identifizieren.

Als weitere Elemente eines digitalen Funktionsprogramms sind die angestrebten SEP, die funktionsspezifisch ausgewählten DEP sowie die im Rahmen der Analyse identifizieren Handlungsfelder zu integrieren. Diese dienen maßgeblich zur Erhöhung der Transparenz sowie der Akzeptanz für das Transformationsvorhaben. Um hierbei eine Optimierung über alle Funktionalbereiche hinweg sicherzustellen, bietet sich die Abbildung aller SEP und Handlungsfelder an. Dennoch sollten im Sinne der Fokussierung die für den jeweiligen Funktionalbereich geltenden Inhalte zentriert und entsprechend visualisiert sein. So werden den Mitarbeitenden der jeweiligen Funktionalbereiche relevante Informationen für den eingeschlagenen Transformationsprozess zur Verfügung gestellt, die in der Folge die Nachvollziehbarkeit für die resultierenden Aktivitäten und Veränderungen erhöhen sollen.

Um den Umsetzungserfolg der digitalen Transformation in den jeweiligen Funktionalbereichen bewerten zu können, ist zudem die Formulierung von spezifischen Zielen und Maßnahmen erforderlich. Neben der Schaffung von Transparenz dienen spezifisch formulierte Zielsetzungen zur Konkretisierung des digitalen Selbstverständnisses. Dies erfolgt maßgeblich dadurch, dass ein quantifizierbarer operativer Bezug zu den Inhalten hergestellt wird. Speziell im Kontext der digitalen Transformation gilt es hierbei zu beachten, dass die definierten Ziele explizit messbar und erreichbar sein sollten. Zur Erreichung der definierten Ziele empfiehlt es sich, die durchzuführenden Maßnahmen explizit zu erfassen. Während die übrigen Inhalte des digitalen Funktionsprogramms überwiegend einen zukünftigen Zustand und vorhandene Potenziale aufschlüsseln, wird durch die Formulierung spezifischer Maßnahmen eine operativ durchzuführende Handlung beschrieben. Für die einzelnen Maßnahmen sollte zudem über das digitale Funktionsprogramm hinausgehend detailliert werden, welche Aktivitäten und welcher Zeitrahmen zugrunde liegt. Die aufgeführten Maßnahmen werden durch das Kollektiv des Funktionalbereichs bearbeitet. Zur besseren Strukturierung und Justierung der beanspruchten Ressourcen empfiehlt sich die Etablierung eines Backlogs. Dieser beinhaltet solche Maßnahmen, die an den erfolgreichen Abschluss einer Maßnahme anknüpfen und so die kontinuierliche Transformation des Funktionalbereichs aufrechterhalten. Da einige Maßnahmen zur Realisierung von DEP zudem funktionsübergreifend stattfinden, werden diese als cross-funktionale Maßnahmen ebenfalls in allen relevanten digitalen Funktionsprogrammen abgebildet. Für die Umsetzung solcher Maßnahmen empfiehlt sich in der Praxis eine Etablierung von interdisziplinären, cross-funktionalen Teams. Durch diese Zusammenlegung von Ressourcen kann sichergestellt werden, dass im Zuge des Transformationsprozesses eine möglichst ganzheitliche Perspektive eingenommen wird. So sollen frühzeitig Defizite identifiziert werden, die bei einer exklusiv funktionsspezifischen Bearbeitung der Maßnahmen nicht erkannt werden können.

In Summe dient das exemplarisch abgebildete digitale Funktionsprogramm der funktionsspezifischen Detaillierung notwendiger Aktivitäten zur strategischen Strukturierung der digitalen Transformation. Dadurch, dass diese für jede Funktion zwar individuell entwickelt werden müssen, gleichzeitig jedoch cross-funktionale Teams gebildet werden, kann eine übergreifende Synchronisierung von operativen und strategischen Zielsetzungen sowie der korrespondierenden Maßnahmen sichergestellt werden. Digitale Funktionsprogramme bündeln alle Informationen, die für die strategische Transformation des betrachteten Funktionalbereichs erforderlich sind. Grundsätzlich können diese entsprechend den Präferenzen des betrachteten Werkzeugbaubetriebs modifiziert werden. Bei der Entwicklung digitaler Funktionsprogramme empfiehlt es sich jedoch, dass mindestens die exemplarisch dargestellten Inhalte abgebildet werden.

V.3.2.4 Methodikschritt F: Ergebnisse

Die Ergebnisse des sechsten Methodikschritts zur Entwicklung digitaler Funktionsprogramme innerhalb der Methodik für die systematische Transformation zur digital vernetzten Wertschöpfung im Werkzeugbau bilden:

- Priorisiertes DEP-Cluster und Ableitung der Implementierungsreihenfolge für die spezifisch ausgewählten DEP
- Entwickelte digitale Funktionsprogramme für die deduzierten Funktionalbereiche zur Vorbereitung und Strukturierung der Implementierungsphase
- Konkretisierung des Implementierungsvorgehens durch Formulierung von Verantwortlichkeiten, digitalen Fokusthemen, Zielsetzungen und spezifischen Maßnahmen

V.4 Integration und Zwischenfazit der Methodik

Im Rahmen der vorangegangenen Kapitel IV und V wurden die einzelnen Schritte der Methodik für die systematische Transformation zur digital vernetzten Wertschöpfung im Werkzeugbau initial hergeleitet und anschließend erläutert. Sowohl im Rahmen der Herleitung als auch bei der Detaillierung der Methodik wurden die Zusammenhänge und Schnittstellen zwischen den einzelnen Methodikschritten als auch den Detailschritten stets fokussiert. Anhand der differenzierten Betrachtung und Erläuterung dieser Zusammenhänge sollen die Methodikschritte integriert sowie die systematische und ganzheitliche Anwendbarkeit der Methodik sichergestellt werden. Nachfolgend sind dazu die zentralen Zusammenhänge und Schnittstellen der Methodik zusammengefasst.

In der Analysephase wird im Rahmen von Methodikschritt A eine interne Analyse durchgeführt. Neben der Deduktion der einzelnen Funktionalbereiche entlang der Hauptprozesskette des Werkzeugbaubetriebs, dient dies insbesondere zur Ermittlung von Leistungsfähigkeit und digitalem Reifegrad der Funktionalbereiche. Dazu werden zunächst Vorgehensweisen zur Strukturierung der Funktionalbereiche eines Werkzeugbaubetriebs vorgestellt. Anschließend wird ein Kennzahlensystem zur Ermittlung der Leistungsfähigkeit in den Funktionalbereichen respektive Hauptprozessen eingeführt. Mithilfe einer Prozessmodellierung mittels aixperanto sollen zudem Schwachstellen entlang der Hauptprozesse lokalisiert sowie solche SEP, die von den einzelnen Hauptprozessen maßgeblich beeinflusst werden, identifiziert werden. Simultan findet eine Analyse des digitalen Reifegrads statt, wobei sowohl für die Funktionalbereiche als auch für prozessübergreifende Elemente ein Status quo bzgl. des digitalen Reifegrads im Werkzeugbaubetrieb ermittelt wird. Methodikschritt B dient anschließend der Aggregation der Handlungsfelder für die Transformation zur digital vernetzten Wertschöpfung, wobei weiterhin die spezifisch deduzierten Funktionalbereiche fokussiert werden. Mithilfe eines Benchmarkings werden die einzelnen Analyseergebnisse anhand des aufgestellten Kennzahlensystems für die interne Leistungsfähigkeit sowie anhand des ermittelten digitalen Reifegrads strukturiert zusammengeführt. Ferner werden die vom Werkzeugbaubetrieb angestrebten SEP mit den identifizierten maßgeblichen Funktionalbereichen verknüpft, um die strategische Relevanz der zugrundeliegenden Hauptprozesse in den einzelnen Funktionen zu bestimmen. Zum Abschluss der Analysephase erfolgt eine systematische Ableitung der Handlungsfelder. Hierzu werden anhand aller bisherigen Analyseergebnisse in den Dimensionen der Funktionalbereiche und der prozessübergreifenden Elemente in erster Instanz digitale Potenziale identifiziert und in zweiter Instanz digitale Kernpotenziale isoliert. Grundlage dessen ist die Kennzahlenberechnung des digitalen Potenzials der Funktionalbereiche sowie die Zuordnung der prozessübergreifenden Elemente zu den lokalisierten Schwachstellen. Demnach stellt das Ergebnis eine Aggregation der Handlungsfelder in einer prozessspezifischen und einer prozessübergreifenden Dimension dar, wobei in Summe alle drei relevanten Wertschöpfungsdimensionen Ressource, Prozess und Organisation fokussiert werden.

Die abgeleiteten Handlungsfelder aus der Analysephase bilden die Eingangsgröße für die anschließende Gestaltungsphase. Im Rahmen dieser werden mittels Methodikschritt C potenzielle DEP abgeleitet und inhaltlich ausgestaltet. Mithilfe eines werkzeugbauspezifischen morphologischen Kastens, welcher die aggregierten Handlungsfelder aus Methodikschritt B und weitere charakteristische Ausprägungen von DEP integriert, werden potenziell geeignete DEP systematisch abgeleitet. So soll ein Kollektiv an DEP generiert werden, dessen Bestandteile einzeln betrachtet den Anforderungen des Werkzeugbaubetriebs genügen. Dies wird durch die Technologiefrüherkennung mit Ressourcen und Methoden, wie etwa Technologielandkarten und Patent- und Publikationshäufigkeitsanalysen, unterstützt. Außerdem wird ein Verzeichnis exemplarischer werkzeugbauspezifischer DEP erarbeitet und zur Verfügung gestellt, wobei die beispielhaften DEP mit ihrem Einsatzgebiet sowie den adressierten SEP verknüpft werden. Basierend auf diesem ersten Entwurf potenzieller DEP werden diese hinsichtlich ihrer technischen Umsetzung ausgestaltet. Hierzu werden verschiedene Kreativitätstechniken vorgestellt und entsprechend der Zielsetzung der vorliegenden Arbeit modifiziert und instrumentalisiert. Abschließend werden die einzelnen DEP des ausgestalteten Kollektivs in den morphologischen Kasten eingeordnet. In Methodikschritt D wird jedes DEP des generierten Kollektivs aus Methodikschritt C einzeln bewertet. Hierzu findet zunächst eine Vorauswahl der DEP auf qualitativer Basis statt. Die zugrundeliegenden Bewertungskriterien Relevanz, Kongruenz und Realisierbarkeit sind dabei aus den qualitativen Bewertungskriterien für Strategien abgeleitet. Aufbauend auf der qualitativen Bewertung wird anschließend eine quantitative Bewertung mithilfe einer Nutzwertanalyse durchgeführt. Initial werden zu bewertende Kriterien aus Aufwand, Nutzen und Beeinflussung der angestrebten SEP abgeleitet. Anschließend werden die Kriterien anhand einer Bewertungsmatrix gewichtet und die Erfüllungsgrade der Kriterien bewertet. Dies befähigt zur Durchführung der Nutzwertanalyse, mit deren Hilfe für jedes DEP ein normierter Nutzwert ermittelt wird. So soll eine hinreichende Vergleichbarkeit der einzelnen DEP gewährleistet werden. Das Kollektiv an DEP, welches die Anforderungen des spezifischen Werkzeugbaubetriebs am besten erfüllt, bildet das Ergebnis der Gestaltungsphase und bleibt für den weiteren Verlauf der Methodik erhalten.

Die dritte und letzte Phase der Methodik bildet die Synthesephase. Diese ist durch die Clusterung der DEP und die Synthese digitaler Funktionsprogramme charakterisiert, wobei das gestaltete und bewertete Kollektiv der DEP unter Verwendung der normierten Nutzwerte harmonisiert wird und Vorkehrungen für die Implementierung getroffen werden. Zu diesem Zweck werden die DEP des Kollektivs im Rahmen von Methodikschritt E reziprok verknüpft. Dies erfolgt mithilfe eines Graphen, in dem die Wechselwirkungen der DEP in befähigende, begünstigende, erschwerende und verhindernde Relationen eingeteilt werden. Dieser Graph wird anschließend zu einer DSM transformiert, bei der die Relationen gleichzeitig quantifiziert und entsprechend der Nutzwertskalierung aus Methodikschritt D gewichtet werden. Dies bildet unter Einbezug der normierten Nutzwerte die Grundlage für die Clusteranalyse der DEP. Die DEP werden dabei entsprechend eines dediziert entwickelten Cluster-Algorithmus in verschiedene Cluster eingeteilt, um die nutzenmaximierende Kombination von DEP individuell für den betrachteten Werkzeugbaubetrieb identifizieren zu können. Anschließend wird im Rahmen von Methodikschritt F eine Priorisierung innerhalb des ausgewählten nutzenmaximierenden DEP-Clusters aus Methodikschritt E durchgeführt. Die DEP des Clusters werden dazu in einer sinnvollen Reihenfolge anhand der normierten Nutzwerte und der reziproken Verknüpfungen strukturiert. Abschließend werden Vorbereitungen für die anknüpfende Implementierung anhand eines Rahmenwerks in Form digitaler Funktionsprogramme deduziert; die Implementierung selbst ist jedoch nicht mehr Teil des Gestaltungsumfangs der vorliegenden Arbeit. Anhand der zuvor erfolgten Priorisierung der DEP wird dazu eine Konzeption der Operationalisierung und Befähigung vorgenommen. Die Verantwortung zur Umsetzung trägt dabei der Chief Digital Officer als zentrale Rolle im Kontext des Transformationsvorhabens zur digital vernetzten Wertschöpfung im Werkzeugbau. Folglich schließt die Methodik mit synthetisierten digitalen Funktionsprogrammen, welche auf Basis des ausgewählten und priorisierten DEP-Clusters eine ganzheitliche und abgestimmte digitale Transformation befähigen.

Anhand der Integration der spezifischen Methodikschritte sowie der übergeordneten Phasen der Methodik resultiert, dass die systematische Transformation zur digital vernetzten Wertschöpfung im Werkzeugbau anhand einer umfassenden internen Analyse in Verbindung mit den angestrebten SEP zu realisieren ist. Basierend auf den Zusammenhängen und Schnittstellen innerhalb der Methodik werden die Ergebnisse der Analysephase zur Gestaltung eines DEP-Kollektivs instrumentalisiert. Aufgrund des hinreichend feinen Detaillierungsgrad sowie der Fokussierung bestehender Schwachstellen und Potenziale kann sichergestellt werden, dass die Gestaltung der DEP sinn- und nutzenstiftend für den individuell betrachteten Werkzeugbaubetrieb sind – schließlich soll die digitale Transformation kein Selbstzweck sein. Die im Rahmen der Synthese entwickelten digitalen Funktionsprogramme dienen schließlich als strategisches Hilfsmittel zur erfolgreichen Umsetzung der digitalen Vernetzung. Insgesamt repräsentiert die vorliegende Methodik demnach ein geeignetes Hilfsmittel für die strategische Transformation zur digital vernetzten Wertschöpfung im Werkzeugbau.

VI Validierung der Methodik

Die Methodik für die Transformation zur digital vernetzten Wertschöpfung im Werkzeugbau wurde im Rahmen des vorangegangenen Kapitels V detailliert erläutert. Nachstehend erfolgt die Validierung der erarbeiteten Methodik anhand von zwei Fallbeispielen. Die Prüfung der praktischen Anwendbarkeit der Methodik im Anwendungszusammenhang von Werkzeugbaubetrieben ist dabei die zentrale Zielsetzung. Diese Validierung erfüllt die letzten beiden Phasen der angewandten Forschung nach ULRICH.[745] Im Anschluss an die erfolgreiche Validierung ist der vorliegende Forschungsprozess somit vollständig abgeschlossen.

Die beiden vorgestellten Fallbeispiele adressieren jeweils unterschiedliche Phasen der Methodik, um so sowohl die Komplexität als auch den Umfang einer ganzheitlichen Durchführung der Methodik reduzieren zu können. Bedingt durch individuelle Vorarbeiten der beiden betrachteten Unternehmen, spezifische Problemstellungen sowie unterschiedliche Ausgangssituationen in Bezug auf die digitale Transformation kann so zudem die modulare Anwendbarkeit der Methodik überprüft werden. Das erste Fallbeispiel betrifft die Hirschvogel Umformtechnik GmbH, welche als interner Werkzeugbau der Hirschvogel Group agiert. Fokus dieses Fallbeispiels sind Methodikschritte A, B, C, D und E. Im Rahmen des zweiten Fallbeispiels wird die WBA Aachener Werkzeugbau Akademie GmbH betrachtet. Fokus der Validierung sind hierbei die Gestaltungs- und Synthesephase, also die Methodikschritte C, D, E und F.

Die nachfolgende Abbildung 123 visualisiert die Durchführung der spezifischen Methodikschritte in den Fallbeispielen. Insgesamt konnten über beide Fallbeispiele alle Methodikschritte sowie die vorgestellten Hilfsmittel mindestens einmal angewendet werden.

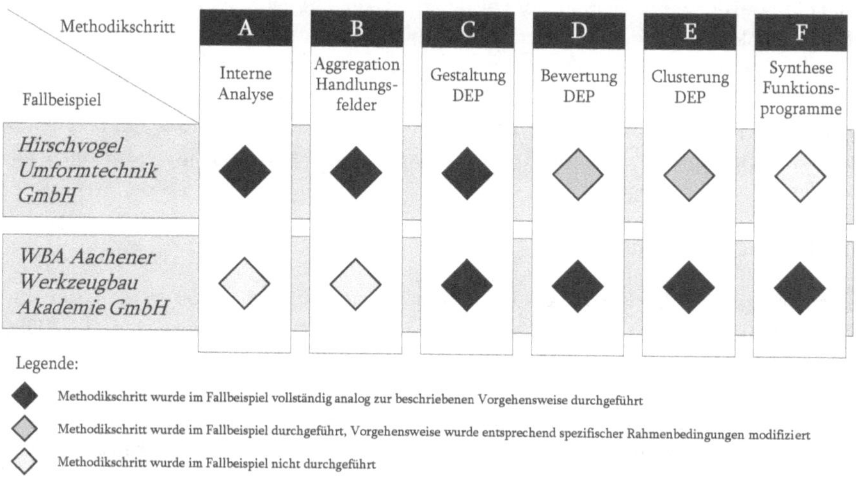

Abbildung 123: Anwendung der entwickelten Methodik in den Fallbeispielen[746]

[745] Vgl. Kapitel I.4
[746] Eigene Darstellung.

VI.1 Fallbeispiel 1: Hirschvogel Umformtechnik GmbH

Die Hirschvogel Group stellt einen der größten, weltweiten operierenden Automobilzulieferer mit Fokus auf der Massivumformung von Stahl und Aluminium sowie der anschließenden Bearbeitung und Weiterveredlung dar. Dabei zählen sämtliche namhaften Automobilhersteller und Zulieferer zum Kundenstamm. Das Produktspektrum umfasst diverse Komponenten aus Antriebsstrang, Elektromotor, Verbrennungsmotor, Getriebe, Kraftstoffsystem sowie Fahrwerk und Karosserie. Die Hirschvogel Group ist ein Familienunternehmen mit rund 6.000 Beschäftigten und erwirtschaftete im Jahr 2021 einen konsolidierten Umsatz von 1,2 Mrd. €. Die Hirschvogel Group verfügt über neun Produktionsstätten in Europa, Asien und Amerika. Das größte Produktionswerk und gleichzeitig Ursprung sowie Entwicklungszentrum der Hirschvogel Group stellt die Hirschvogel Umformtechnik GmbH im Stammwerk Denklingen dar. Der interne Werkzeugbau der Hirschvogel Umformtechnik GmbH[747] bildet den Betrachtungsbereich der Validierung.

Im Rahmen der Tätigkeit als wissenschaftlicher Mitarbeiter am Werkzeugmaschinenlabor WZL der RWTH Aachen hat der Autor ein bilaterales Industrieprojekt bei der Hirschvogel Umformtechnik durchgeführt. Zielsetzung des Projekts war die Bestimmung der Leistungsfähigkeit und des digitalen Reifegrads des internen Werkzeugbaus sowie die Entwicklung eines Zielzustands für die digitale Vernetzung der Wertschöpfung im Werkzeugbau. Die Bearbeitung des Projekts erfolgte analog zu den ersten fünf Schritten der entwickelten Methodik, wobei der Detaillierungsgrad in einzelnen Teilschritten in der Praxis partiell variierte. Zunächst erfolgte die Durchführung eines organisatorischen und technologischen Benchmarkings sowie die Bestimmung des Industrie 4.0-Reifegrads im Vergleich zum Branchendurchschnitt und Best-in-Class Werkzeugbaubetrieben. Ferner wurden konkrete Handlungsfelder zur Steigerung der Leistungsfähigkeit abgeleitet und konkrete Potenziale für die Implementierung von Industrie 4.0-Lösungen identifiziert. Basierend auf den Teilergebnissen der Analysen konnte ein individueller Industrie 4.0-Zielzustand erarbeitet werden. Zur Realisierung dieses Zielzustands wurden weiterhin konkrete digitale Lösungen konzeptioniert. Mithilfe von qualitativen Aufwand-Nutzen-Abschätzungen wurde abschließend eine individuelle Industrie 4.0-Roadmap als Vorbereitung für die anschließende Implementierung entwickelt.

VI.1.1 Ausgangssituation

Das vorliegende Fallbeispiel fokussiert den internen Werkzeugbau der Hirschvogel Umformtechnik GmbH am Standort Denklingen. Im internen Werkzeugbau sind ca. 270 Beschäftigte für die Fertigung von Massivumformwerkzeugen für Stahl sowie entsprechende Vorrichtungen für den Einsatz in der Serienproduktion verantwortlich. Mit seinen Erzeugnissen beliefert der interne Werkzeugbau sowohl die Serienproduktion am Stammsitz Denklingen als auch alle übrigen weltweiten Produktionswerke. Der Werkzeugbau deckt kompetenzseitig die gesamte Wertschöpfungskette des Werkzeugbaus ab, wobei sowohl neue Werkzeuge für die Serienproduktion gefertigt als auch Reparaturen und Serviceaufträge durchgeführt werden. Ein besonderer Fokus liegt zudem auf der frühzeitigen Integration

[747] Nachfolgend als Hirschvogel Umformtechnik bezeichnet

in die Produkt- und Prozessentwicklung. Da die hergestellten Massivumformwerkzeuge im Serieneinsatz stark beansprucht werden, liegt im Zuge des Herstellungsprozesses ein besonderer Fokus auf der qualitativen Hochwertigkeit der Werkzeuge. Aufgrund des vergleichsweisen hohen Verschleißes der Werkzeuge, insbesondere im Vergleich zu klassischen Spritzgieß- oder Stanzwerkzeugen, ist die Erfüllung höchster Qualitätsansprüche zur Sicherstellung von möglichst hohen Standzeiten der Werkzeuge erforderlich. Aufgrund eines hohen Niveaus in sämtlichen Funktionen des internen Werkzeugbaus wurde eine Effizienzsteigerung der internen Wertschöpfung mithilfe der digitalen Vernetzung als wesentliches Handlungsfeld für die Weiterentwicklung des internen Werkzeugbaus identifiziert.

Im Jahr 2019 wurde der Werkzeugbau der Hirschvogel Umformtechnik im Zuge des Wettbewerbs „Excellence in Production“ unter mehr als 300 teilnehmenden Werkzeugbaubetrieben als einer von zwölf Finalisten ausgezeichnet. Dies zeigt die hohe Leistungsfähigkeit des internen Werkzeugbaus im deutschsprachigen Wettbewerb. Aufbauend auf diesem Resultat sowie der Identifizierung der digitalen Vernetzung als nächstem Entwicklungsschritt für den Werkzeugbau, wurde das o. a. bilaterale Industrieprojekt initiiert sowie ein Großteil der im Rahmen der vorliegenden Dissertation entwickelten Methodikschritte angewendet.

VI.1.2 Anwendung der Methodik

Nachfolgend wird die Anwendung der Methodikschritte zur Validierung der Methodik durchgeführt. Dazu wird erläutert, in welcher Form die einzelnen Methodikschritte im internen Werkzeugbau der Hirschvogel Umformtechnik durchgeführt werden. Der Fokus der Validierung liegt in diesem Fallbeispiel im Wesentlichen auf der Analyse- und Gestaltungsphase. Diese umfassen die interne Analyse, die Aggregation der Handlungsfelder, die Gestaltung potenzieller digitaler Erfolgspotenziale (DEP) sowie die Bewertung der DEP. Zudem wird Methodikschritt E als Bestandteil der Synthesephase in einer modifizierten Form angewendet.

VI.1.2.1 Methodikschritt A: Interne Analyse

Entsprechend der entwickelten Methodik wird zu Beginn des gemeinsamen Projekts eine interne Analyse durchgeführt. Gemäß Methodikschritt A1 erfolgt initial die Bestimmung der relevanten Funktionalbereiche. Hierzu wird simultan auf interne Vorarbeiten seitens Hirschvogel Umformtechnik zurückgegriffen. Entsprechend dieser Vorarbeiten soll der interne Werkzeugbau, welcher als wesentlicher Befähiger der unternehmensweiten Serienproduktionen agiert, hinsichtlich seiner strategischen Ausrichtung maßgeblich die Stärkung der Kernkompetenzen sowie die technologische Weiterentwicklung fokussieren. Im Rahmen des Projekts werden dementsprechend solche Funktionen als relevant deklariert, die einen unmittelbaren Einfluss auf die Qualität der hergestellten Werkzeuge sowie auf die zugrundeliegenden Durchlaufzeiten aufweisen. Für den weiteren Verlauf des Projekts werden folglich die Planung, die mechanische Fertigung sowie die Montage als relevante Funktionen benannt. Hierbei gilt es zu berücksichtigen, dass in der Planung mit der Arbeitsvorbereitung, der CAM-Programmierung und der Kapazitätsplanung verschiedene Teilfunktionen gebündelt sind.

Anschließend an die Bestimmung der relevanten Funktionalbereiche erfolgt in Methodikschritt A2 die Analyse der internen Leistungsfähigkeit. Hierzu wird ein kennzahlenbasiertes Benchmarking durchgeführt, welches die Leistungsfähigkeit des internen Werkzeugbaus der Hirschvogel Umformtechnik relativ zu spezifisch definierten Vergleichsgruppen bewertet. Die gemeinsame Datenbank des Werkzeugmaschinenlabors WZL der RWTH Aachen und des Fraunhofer-Instituts für Produktionstechnologie IPT stellt die Datenbasis für das kennzahlenbasierte Benchmarking sowie die Definition der spezifischen Vergleichsgruppen dar. Die erste Vergleichsgruppe bilden Werkzeugbaubetriebe, deren Fokus ebenfalls auf der Massivumformung liegt und die überwiegend als interne Werkzeugbaubetriebe agieren. Die zweite Vergleichsgruppe bilden die zehn besten Werkzeugbaubetriebe aus dem deutschsprachigen Raum, die im Rahmen des Wettbewerbs „Excellence in Production" ermittelt wurden. Diese Best-in-Class Betriebe weisen gegenüber dem Branchendurchschnitt einen deutlich fortgeschrittenen Entwicklungsstand und in der Folge eine außerordentliche Leistungsfähigkeit auf. Die dritte Vergleichsgruppe umfasst Werkzeugbaubetriebe aus den aufstrebenden Märkten in Indien und Ostasien. Als vierte Vergleichsgruppe wird zudem der Durchschnitt über alle Werkzeugbaubetriebe gebildet, deren Datensätze in der Datenbank enthalten sind. Zur Strukturierung des kennzahlenbasierten Benchmarkings erfolgt eine Einteilung der Kennzahlen in Leistungs-, Ergebnis-, Kosten-, Mitarbeitende- sowie Ressourcenperspektiven. Für jede dieser Perspektiven werden abschließend zentrale Erkenntnisse abgeleitet.

Im Rahmen von Methodikschritt A3 findet zum Abschluss der internen Analyse eine Ermittlung des digitalen Reifegrads entlang der internen Wertschöpfungsprozesse statt. Neben einer Auditierung des internen Werkzeugbaus, welche zudem die Erkenntnisse aus Methodikschritt A2 ergänzte, erfolgt hierzu eine Detailbetrachtung der bereits vorhandenen Digitalisierungslösungen. Ferner wird im Rahmen eines Workshops ein digitalisierungsspezifischer Zielzustand für den internen Werkzeugbau der Hirschvogel Umformtechnik definiert. Die Basis für die Definition des Zielzustands bildet eine umfassende Analyse und Diskussion von Best Practices in der Branche Werkzeugbau. Hierzu werden für die eingangs bestimmten relevanten Funktionalbereiche verschiedene digitale Lösungen identifiziert und entsprechend ihres digitalen Reifegrads eingeordnet.

VI.1.2.2 Methodikschritt B: Aggregation der Handlungsfelder

Basierend auf den Teilergebnissen der internen Analyse erfolgt anschließend die Aggregation der Handlungsfelder. Hierzu werden die Teilergebnisse im Rahmen von Methodikschritt B1 zunächst zusammengeführt. Entsprechend der strategischen Ausrichtung dient die Weiterentwicklung des internen Werkzeugbaus maßgeblich zur Befähigung einer optimierten Serienproduktion. Neben einer Reduzierung der werkzeugbedingten Ausfallzeiten in der Serienproduktion durch eine Steigerung der Werkzeugqualität umfasst dies wesentlich eine schnelle- und termingerechte Werkzeugversorgung. Die korrespondierenden strategischen Erfolgspositionen (SEP) können demnach als Produktionssicherheit, Schnelligkeit und Termintreue bestimmt werden. Bedingt durch den begrenzten Umfang des gemeinsamen Projekts wird an dieser Stelle zur Komplexitätsreduktion auf eine quantitative Ermittlung der strategischen Relevanz verzichtet und stattdessen eine qualitative Ermittlung durchgeführt. Zum Abschluss von Methodikschritt B1 werden für die interne Leistungsfähigkeit sowie den digitalen Reifegrad spezifische Ergebnisprofile erstellt. Die einzelnen Betrachtungsdimensionen entsprechen hierbei den abgeleiteten Funktionalbereichen. Zur Sicherstellung einer durchgängigen Stringenz werden zudem die Werte der Vergleichsgruppen in die Ergebnisprofile überführt.

Auf Basis der Ergebnisprofile werden im Rahmen von Methodikschritt B2 schließlich konkrete Handlungsfelder abgeleitet. Diese sind entsprechend des definierten Vorgehens in funktionsspezifische sowie prozessübergreifende Handlungsfelder eingeteilt. Initial werden hierzu die identifizierten digitalen Potenziale, welche aus der Analyse der internen Leistungsfähigkeit und dem digitalen Reifegrad resultieren, im Rahmen von Workshops diskutiert. Neben den Funktionalbereichen Planung, mechanische Fertigung und Montage werden für die prozessübergreifenden Elemente das Projektmanagement sowie die Qualitätssicherung definiert. Zur weiteren Eingrenzung der identifizierten Potenziale werden anschließend digitale Kernpotenziale abgeleitet, die das größte Nutzenversprechen für die einzelnen Funktionen respektive prozessübergreifenden Elemente aufweisen. Für die einzelnen Dimensionen sind anschließend die konkreten Ausprägungen der verschiedenen Reifegradstufen definiert. Dadurch soll auf qualitativer Basis sichergestellt werden, dass eine eindeutige Zuordnung der zu entwickelnden Lösungen in die einzelnen Stufen des Reifegradmodells gegeben ist. Gleichermaßen dienen die verschiedenen Ausprägungen innerhalb der Reifegradstufen als Orientierung für die Definition einer anforderungsgerechten Digitalisierungsroadmap. Die Gegenüberstellung von Status quo und Zielzustand des internen Werkzeugbaus von Hirschvogel ergibt, dass zukünftig in allen Funktionen mindestens die Reifegradstufe Transparenz, überwiegend jedoch die Reifegradstufe Vorhersage, erreicht werden soll. Damit würde der digitale Reifegrad des internen Werkzeugbaus von Hirschvogel in sämtlichen Dimensionen mindestens dem Niveau der Best-in-Class Betriebe entsprechen. Zum Abschluss der Analysephase werden zudem Implikationen der angestrebten Transformation auf die Wertschöpfungsdimensionen Ressource, Prozess und Organisation diskutiert.

VI.1.2.3 Methodikschritt C: Gestaltung potenzieller DEP

Im Zuge der Gestaltung potenzieller DEP wird in Methodikschritt C1 zunächst ein potenzieller Lösungsraum aufgespannt, welcher eine Vielzahl von konkreten digitalen Lösungen beinhaltet. Während entsprechend des definierten Vorgehens verschiedene Kreativitätstechniken und Methoden der Technologiefrüherkennung zur Ermittlung des Lösungsraums vorgesehen sind, kann im Rahmen des Projekts auf die gemeinsame Datenbank des Werkzeugmaschinenlabors WZL der RWTH Aachen und des Fraunhofer Instituts für Produktionstechnologie IPT sowie auf das umfassende Branchenwissen des Autors in seiner Rolle als wissenschaftlicher Mitarbeiter zurückgegriffen werden. Im Rahmen dieser Tätigkeit sowie einer Vielzahl durchgeführter Industrie- und Forschungsprojekte existieren bereits diverse Technologielandkarten und ausgearbeitete Use Cases für die digitale Vernetzung im Werkezugbau, welche als Vorarbeiten für das gemeinsame Projekt eingebracht werden. Auf diese Weise können für die einzelnen Funktionalbereiche sowie die prozessübergreifenden Elemente verschiedene DEP abgeleitet werden.

Im Anschluss erfolgt in Methodikschritt C2 die inhaltliche Ausgestaltung der abgeleiteten DEP. Für den Funktionalbereich Planung können so drei verschiedene DEP konzeptioniert werden. Das erste DEP stellt die intelligente Grobplanung dar. Zum Zeitpunkt des Projekts entspricht die bestehende Grobplanung der Reifegradstufe Transparenz und verfügt über keinerlei Intelligenz. Durch Realisierung dieses DEP soll die intelligente Vorhersage von Kapazitätsengpässen sowie ein automatisierter Vorschlag von Alternativplanungen befähigt werden. Das zweite DEP umfasst eine intelligente Feinplanung und Steuerung, welche ebenfalls zur Vorhersage von Kapazitätsengpässen sowie zum automatisierten Vorschlag von Alternativplanungen befähigt werden soll. Der Unterschied zur Grobplanung liegt hierbei einerseits in einem deutlich feineren Detaillierungsgrad sowie einer verkürzten Reaktionszeit bedingt durch den späteren Zeitpunkt im Projektverlauf der Werkzeugherstellung. Zudem beinhaltet die bestehende Lösung zur Feinplanung und Steuerung lediglich eine zentrale Auftrags- und Planungsübersicht, sodass keine Kapazitätsbedarfe angezeigt werden können. Das dritte planungsspezifische DEP bildet eine teilautomatisierte CAM-Programmierung für einfache Geometrien. Für den Funktionalbereich mechanische Fertigung können zwei konkrete DEP abgeleitet und inhaltlich ausgestaltet werden. So kann ein intelligentes System für das Management von Bearbeitungswerkzeugen in der mechanischen Fertigung identifiziert werden. Während zum Projektzeitpunkt die Zustände der eingesetzten Bearbeitungswerkzeuge lediglich manuell erfasst werden können, soll mithilfe der angestrebten Lösung sichergestellt werden, dass Vorhersagen über Verschleißzustände, Ausfälle sowie die generelle Lebensdauer der Bearbeitungswerkzeuge ermöglicht werden. Das zweite DEP für die mechanische Fertigung stellt eine digitale Maschinenzustandsüberwachung für die Fertigungsressourcen dar, welche frühzeitig auf kritische Wartungsumfänge hinweisen soll. Für den Funktionalbereich Montage kann ein digitales Montagecockpit als DEP identifiziert werden. Dieses soll zukünftig eine transparente und echtzeitnahe Darstellung des Montagefortschritts und der durchzuführenden Montageschritte erlauben. Für die prozessübergreifenden Elemente können zwei DEP identifiziert werden. Das digitale Wissensmanagement dient zur systematischen und bedarfsgerechten Bereitstellung von relevantem Wissen über den gesamten Projektverlauf. Ferner kann ein digitales Qualitätsmanagementsystem als DEP identifiziert werden, mithilfe dessen zukünftig Prüf- und Messergebnisse durchgängig aufbereitet und hinsichtlich Abweichungen visualisiert werden. Die inhaltlich ausgestalteten DEP dienen anschließend als Eingangsgrößen für die Bewertung der DEP.

VI.1.2.4 Methodikschritt D: Bewertung der DEP

Im Rahmen von Methodikschritt D erfolgt schließlich die Bewertung der ausgewählten DEP. Bedingt durch den zeitlichen Rahmen des Projekts und die Langfristigkeit bei der Umsetzung der digitalen Lösungen wird dieser Schritt lediglich reduziert umgesetzt. In der Folge wird ausschließlich die qualitative Bewertung der DEP gemäß Methodikschritt D1 realisiert. Dazu werden die DEP zunächst hinsichtlich der definierten Bewertungskriterien Relevanz, Kongruenz und Realisierbarkeit untersucht. Alle der ausgewählten DEP können die Anforderungen an die Relevanz erfüllen, da sowohl eine Zukunftsfähigkeit als auch ein Wertschöpfungsfokus im Sinne des Projekts vorliegt. Weiterhin können die DEP ebenfalls die Anforderungen an eine hinreichende Kongruenz erfüllen. Dazu wurde die Übereinstimmung der DEP mit der strategischen Ausrichtung des internen Werkzeugbaus von

Hirschvogel geprüft. Wie eingangs erläutert, können Produktionssicherheit, Schnelligkeit und Termintreue als zentrale strategische Erfolgspositionen identifiziert werden. Zur Bewertung der Kongruenz werden die DEP deshalb hinsichtlich ihres Einflusses auf ebendiese SEP untersucht. Die Umsetzung der planungsspezifischen DEP dient maßgeblich der Erhöhung der Planungsgenauigkeit und -zuverlässigkeit, der Entlastung der Mitarbeitenden in der Planung sowie der optimierten Reaktion auf unvorhersehbare Störgrößen, welche den Projektverlauf gefährden. Demnach weisen die planungsspezifischen DEP einen positiven Einfluss auf die SEP Schnelligkeit und Termintreue auf. Den fertigungsspezifischen und montagespezifischen DEP kann ein positiver Einfluss auf das SEP Produktionssicherheit zugeordnet werden. Die resultierenden Optimierungen für die beiden Funktionalbereichen haben jedoch ebenfalls einen positiven Einfluss auf Schnelligkeit und Termintreue. Zuletzt kann für die prozessübergreifenden DEP ebenfalls ein positiver Einfluss auf die relevanten SEP festgestellt werden. Dies ist maßgeblich auf eine höhere Prozesssicherheit durch die bedarfsgerechte Bereitstellung von Wissen als auch eine grundsätzliche Qualitätserhöhung durch die digitale Unterstützung von qualitätssichernden Tätigkeiten zurückzuführen. Abschließend werden die ausgewählten DEP hinsichtlich ihrer Realisierbarkeit bewertet. Dazu wird auf qualitativer Basis definiert, welche Aufwände zur Umsetzung des DEP erforderlich sind und welcher Nutzen erwartet werden kann. Ein besonderer Fokus liegt dabei auf vorhandenen und erforderlichen Kompetenzen und Ressourcen.

VI.1.2.5 Methodikschritt E: Clusterung der DEP

Im Anschluss an die qualitative Bewertung der DEP erfolgt schließlich eine gegenüber dem methodischen Vorgehen reduzierte Clusterung der DEP. Dazu wurden die insgesamt acht DEP hinsichtlich ihrer Umsetzungsreihenfolge priorisiert. Bedingt durch die nicht erfolgte quantitative Bewertung der DEP findet der definierte Cluster-Algorithmus keine Anwendung. Stattdessen wird eine ganzheitliche Roadmap definiert, bei der die erforderlichen Maßnahmen zur Umsetzung der digitalen Lösungen ausformuliert werden. Neben den erforderlichen Maßnahmen werden konkrete Verantwortlichkeiten auf funktionaler Ebene sowie ein entsprechender zeitlicher Horizont formuliert. Die Entwicklung der Roadmap mit den entsprechend geclusterten DEP stellt den Abschluss des gemeinsamen Projekts dar. Im Anschluss an das Projekt erfolgt die weitere Umsetzung sowie die Formulierung spezifischer digitaler Funktionsprogramme intern durch die Belegschaft des Werkzeugbaus der Hirschvogel Umformtechnik.

VI.1.3 Fazit

Am Beispiel des internen Werkzeugbaus der Hirschvogel Umformtechnik kann die Anwendung der Methodik für die Transformation zur digital vernetzten Wertschöpfung anhand der Analyse- und Gestaltungsphase aufgezeigt werden. Das Fallbeispiel fokussiert die Darstellung der Anwendung der Methodikschritte A, B, C, D und teilweise E. Die übergeordnete Zielsetzung ist es, vorhandene Potenziale für den internen Werkzeugbau durch eine systematische digitale Transformation der Wertschöpfung zu realisieren. Hierzu erfolgt zunächst die Analyse der Ausgangssituation, indem der relevante Betrachtungsbereich, die Leistungsfähigkeit und der digitale Reifegrad entlang des Leistungserstellungsprozesses sowie die grundsätzliche strategische Ausrichtung untersucht werden. Aufbauend darauf können DEP identifiziert und ausgestaltet werden, welche zur Realisierung der angestrebten SEP innerhalb der definierten Funktionalbereiche befähigen. Im Anschluss an eine qualitative Bewertung werden die detaillierten DEP schließlich priorisiert und in einer übergeordneten Industrie 4.0-Roadmap aggregiert. Diese wird im Anschluss an das bilaterale Projekt durch die Mitarbeitenden der Hirschvogel Umformtechnik in spezifische digitale Funktionsprogramme für die definierten Funktionalbereiche überführt und dient als Basis für die kontinuierliche Weiterentwicklung der Wertschöpfung.

Das Fallbeispiel zeigt auf, dass die Methodikschritte A, B, C vollumfänglich in der Praxis anwendbar sind. Zudem kann demonstriert werden, dass die Methodikschritte D und E auch in reduziertem Umfang nutzenstiftend für das methodische Vorgehen sind. Dies ist darauf zurückzuführen, dass die einzelnen Methodikschritte eine klare Vorgehensweise mit definierten Eingangs- und Ausgangsgrößen aufweisen. Durch die klare Benennung der essenziellen Eingangs- und Ausgangsgrößen können diese auch bei variierenden Schwerpunkten in der Anwendung der Methodik generiert werden. Die Modifizierbarkeit der einzelnen Schritte befähigt Werkzeugbaubetriebe zudem dazu, die für sie relevanten Methodikschritte entsprechend ihrer individuellen Möglichkeiten und Rahmenbedingungen zu priorisieren. Die Anwendung der Methodik kann somit im internen Werkzeugbau der Hirschvogel Umformtechnik erfolgreich nachgewiesen werden.

VI.2 Fallbeispiel 2: WBA Aachener Werkzeugbau Akademie GmbH

Die WBA Aachener Werkzeugbau Akademie GmbH[748] ist der führende Partner der Branche Werkzeugbau. Neben den Geschäftsfeldern Beratung, digitale Lösungen, Weiterbildung und Forschung verfügt die WBA über einen eigenen Demonstrationswerkzeugbau, der die gesamte Prozesskette der Werkzeugherstellung abbildet. Die WBA verfügt zudem über eine enge Verbindung zu den Hochschulinstituten der RWTH Aachen, wobei insbesondere das Werkzeugmaschinenlabor WZL der RWTH Aachen sowie das Fraunhofer-Institut für Produktionstechnologie IPT zu nennen sind. Darüber hinaus weist die WBA insgesamt über 80 Mitgliedsunternehmen auf, die als einzigartige Community in einem kontinuierlichen Austausch stehen. Neben Impulsen zu neuen Trends und Handlungsempfehlungen für eine zielgerichtete Weiterentwicklung von Werkzeugbaubetrieben werden in dieser Community innovative Lösungen für die Branche entwickelt. Dabei ist es von Vorteil, dass neben den Werkzeugbaubetrieben ebenfalls Zulieferer der Branche Bestandteil der Community sind. Zu diesen zählen der Branche Werkzeugbau nahestehende Unternehmen wie bspw. Maschinenhersteller, IT-Dienstleister oder Materiallieferanten. Als Kompetenz-Center im Cluster Produktionstechnik auf dem RWTH Aachen Campus wird zudem sichergestellt, dass Wissenschaft und Industrie stets in einem engen Austausch stehen. Neben der Community verfügt die WBA über ein umfangreiches Angebot an Beratungsleistungen, welche spezifische Handlungsableitungen zur Leistungsoptimierung und Weiterentwicklung von Werkzeugbaubetrieben fokussieren. Dabei greift die WBA auf ein umfassendes Branchenwissen und zahlreiche Best Practices aus erfolgreichen Werkzeugbaubetrieben zurück. Ferner arbeitet die WBA eng mit dem Werkzeugmaschinenlabor

[748] Nachfolgend als WBA bezeichnet

WZL der RWTH Aachen und dem Fraunhofer-Institut für Produktionstechnologie zusammen, sodass gemeinsam die größte Werkzeugbau-Datenbank der Welt aufgebaut werden konnte. Diese umfasst über 1.000 Datensätze von deutschen und mehr als 2.000 Datensätze von internationalen, bewerteten Werkzeugbaubetrieben, die nicht älter als fünf Jahre sind. Der starke Kennzahlenbezug ermöglicht bei der Projektdurchführung nicht nur eine quantifizierbare Leistungsmessung, sondern auch eine realistische Definition von Zielen. Die eigene Erlebniswelt sowie der autarke Demonstrationswerkzeugbau befähigen die WBA zudem zur Entwicklung von digitalen Lösungen, die entsprechend den Anforderungen des Werkzeugbaus maßgeschneidert sind. Diese digitalen Lösungen umfassen sowohl Hard- als auch Softwarelösungen und sind zumeist unmittelbar über die Schnittstellen der bestehenden IT-Landschaft der Werkzeugbaubetriebe zu integrieren. Eine Vielzahl der entwickelten Lösungen wird zudem im eigenen Demonstrationswerkzeugbau eingesetzt. Dieser verfügt über einen leistungsfähigen Maschinenpark, der sämtliche Fertigungsverfahren abbildet, die zur Werkzeugherstellung benötigt werden. Ferner ist die WBA als Testzentrum auf der „Plattform Industrie 4.0“ gelistet. Diese Initiative vom Bundesministerium für Bildung und Forschung (BMBF) und vom Bundesministerium für Wirtschaft und Klimaschutz (BMWi) beinhaltet Einrichtungen und Institutionen, die einen besonders hohen Grad an Industrie 4.0-Lösungen in ihren Fabriken und Werkstätten aufweisen. Interessierte Unternehmen haben die Möglichkeit, digitale Lösungen gemeinsam mit der WBA zu entwickeln und anschließend zu testen. Dadurch kann vermieden werden, den Ablauf im eigenen Unternehmen zu stören und Produktivität zu verlieren.

Der Autor hat im Rahmen seiner Tätigkeit als Gruppenleiter am Werkzeugmaschinenlabor WZL der RWTH Aachen und als Projektleiter für die WBA Aachener Werkzeugbau Akademie GmbH diverse interne Projekte durchgeführt, die der Umsetzung von digitalen Lösungen im Demonstrationswerkzeugbau der WBA dienten.

VI.2.1 Ausgangssituation

Das vorliegende Fallbeispiel fokussiert den Demonstrationswerkzeugbau der WBA Aachener Werkzeugbau Akademie GmbH. Die übrigen Geschäftsfelder werden im Zuge der Validierung des methodischen Vorgehens somit exkludiert. Als ausgewiesenes Testzentrum für die Anwendung von Industrie 4.0-Lösungen strebt die WBA eine kontinuierliche Weiterentwicklung ihres eigenen Demonstrationswerkzeugbaus an. Neben der stetigen Modernisierung des Maschinenparks soll insbesondere die nutzenstiftende Anwendung von digitalen Lösungen im Werkzeugerstellungsprozess demonstriert werden. Einerseits kann so der eigene Werkzeugerstellungsprozess der WBA optimiert werden. Andererseits – und dies ist als Multiplikator für die Branche Werkzeugbau die vorrangige Zielsetzung – kann so aufgezeigt werden, dass digitale Lösungen die Realisierung von enormen Potenzialen im Werkzeugerstellungsprozess ermöglichen. Der Demonstrationswerkzeugbau der WBA dient somit maßgeblich dazu, die Branche Werkzeugbau bei ihrer Transformation zum digital vernetzten Werkzeugbau zu unterstützen. Dies erfolgt nicht ausschließlich durch die Entwicklung und Implementierung von eigenen Lösungen. Vielmehr werden die Werkzeugbaubetriebe der WBA-Community dazu befähigt, potenzielle Lösungen gemeinsam mit der WBA zu entwickeln und ihren Einsatz im Demonstrationswerkzeugbau ohne Produktivitätsverlust in der eigenen Fertigung zu validieren. Durch den engen Austausch mit der Community können die relevanten Problemstellungen aus der Praxis frühzeitig identifiziert und entsprechende Lösungen ausgearbeitet werden.

Die Validierung der Methodikschritte erfolgt im Rahmen der Tätigkeit des Autors als Projektleiter für die Industrieberatung der WBA. Das Erfahrungs- und Fachwissen des Autors aus verschiedenen Industrie- und Konsortialprojekten im Kontext der digitalen Vernetzung von Werkzeugbaubetrieben bildet den Ausgangspunkt für das interne Projekt der WBA. Zudem können praxisrelevante Problemstellungen aus der WBA-Community als Eingangsgröße für die Durchführung der Methodik herangezogen werden.

VI.2.2 Anwendung der Methodik

Das vorliegende Fallbeispiel der WBA Aachener Werkzeugbau Akademie zeigt die Anwendung der Methodikschritte C, D, E und F. Diese umfassen die Gestaltungs- und Synthesephase des entwickelten methodischen Vorgehens. Der Fokus während der Anwendung der Methodik liegt demnach auf der Gestaltung, Bewertung und Clusterung potenzieller DEP sowie der abschließenden Entwicklung von digitalen Funktionsprogrammen. Die initiale Analysephase wird im Vorfeld des internen Projekts im Kontext einer Neugestaltung des Layouts für den Demonstrationswerkzeugbau durchgeführt. Im Zuge einer internen Analyse können dabei für die an der Auftragsabwicklung partizipierenden Funktionalbereiche diverse Potenziale identifiziert werden. Gleichermaßen erfolgt eine Bewertung der digitalen Lösungen, die bereits Anwendung bei der Werkzeugerstellung finden. Die Analyseergebnisse werden als Vorbereitung des internen Projekts zu verschiedenen Handlungsfeldern aggregiert. Neben dem repräsentativen Charakter der zu integrierenden digitalen Lösungen können so eine hohe Kostentransparenz, Schnelligkeit und Auslastungsstabilität als primäre angestrebte SEP für den Demonstrationswerkzeugbau der WBA identifiziert werden.

VI.2.2.1 Methodikschritt C: Gestaltung potenzieller DEP

Entsprechend der entwickelten Methodik erfolgt – basierend auf den o. a. Eingangsgrößen im Sinne der Analysephase – die Ableitung und Ausgestaltung potenzieller DEP im Rahmen von Methodikschritt C1. Im Rahmen von Workshops mit den Mitarbeitenden aus den verschiedenen Funktionalbereichen werden verschiedene Kreativitätstechniken eingesetzt. Dabei unterstützen temporär ebenfalls einzelne Projektleiter der WBA. Durch das umfangreiche Branchenwissen der Beteiligten kann im Rahmen der Workshops ein umfassender Lösungsraum aufgespannt werden. Dabei können einige der abgeleiteten DEP bereits frühzeitig ausgeschlossen werden, da für einige Anwendungsfälle bereits suffiziente Lösungen im Demonstrationswerkzeugbau integriert sind. Eine Weiterentwicklung dieser Lösungen hat – bedingt durch begrenzte Ressourcen und Kapazitäten – zum Zeitpunkt des Projekts noch keine Priorität. Beispiele für diese Lösungen stellen die Darstellung von Montageanleitungen mittels Augmented Reality sowie ein digitales Fehlermanagement im Try-out dar. Gemäß dem entwickelten Vorgehen wird anschließend ein morphologischer Kasten eingesetzt, welcher zur Eingrenzung des Lösungsraums dient. Dieser erlaubt zudem eine strukturierte Zuordnung der abgeleiteten DEP zu den einzelnen Funktionalbereichen und den angestrebten SEP.

Im Rahmen von Methodikschritt C2 werden die abgeleiteten DEP inhaltlich ausgestaltet. Durch Verwendung von entsprechenden Templates kann die Ausgestaltung systematisch erfolgen. Neben dem angestrebten Nutzen der einzelnen DEP wird insbesondere der Umsetzungsaufwand in Bezug auf technische sowie kapazitive Fragestellungen erörtert. Zudem wird die für den Einsatz im Werkzeugbau modifizierte Osborn-Checkliste eingesetzt, um die abgeleiteten DEP systematisch zu variieren. Dadurch können bereits einige der ausgestalteten DEP für die weitere Betrachtung ausgeschlossen werden. Im Anschluss werden die ausgestalteten DEP in den morphologischen Kasten eingeordnet. Somit kann zum Abschluss von Methodikschritt C2 bereits ein eingegrenzter Lösungsraum für die DEP generiert werden. Dieser umfasst die folgenden DEP:

- DEP 1 – Automatisierte Angebots- und Kalkulationserstellung
- DEP 2 – Automatisierte Konstruktion von standardisierten Werkzeugbaugruppen
- DEP 3 – Automatisierung von Tätigkeiten im Einkauf
- DEP 4 – Echtzeitfähige Bauteillokalisierung auf dem Shopfloor
- DEP 5 – Digitale Shopfloorsteuerung zur echtzeitfähigen Umpriorisierung
- DEP 6 – IoT-Plattform zur Maschinenzustandsüberwachung
- DEP 7 – Nachhaltigkeits-Dashboard
- DEP 8 – Fahrerlose Transportsysteme für intralogistische Prozesse
- DEP 9 – Intelligentes Bearbeitungswerkzeugmanagement
- DEP 10 – Kollaborative Robotik für die Werkzeugmontage

VI.2.2.2 **Methodikschritt D: Bewertung der DEP**

Im Anschluss erfolgt die qualitative und quantitative Bewertung der DEP. Zunächst werden die zehn abgeleiteten DEP hinsichtlich der qualitativen Kriterien Relevanz, Kongruenz und Realisierbarkeit bewertet. Dies erfolgt im Rahmen von Methodikschritt D1 durch zwei verschiedene Workshop-Formate. Zunächst wird durch einen kleinen Teilnehmendenkreis ein erhöhtes Abstraktionsniveau eingenommen. Neben den Projektleitern aus dem Geschäftsfeld Industrieberatung partizipieren hierbei die einzelnen Führungskräfte aus den relevanten Funktionalbereichen. Die Überlegungen hinsichtlich der Erfüllung von Relevanz, Kongruenz und Realisierbarkeit werden anschließend im Rahmen von Workshops mit den operativen Mitarbeitenden diskutiert. Resultat der Workshops ist, dass acht der zehn abgeleiteten DEP die qualitativen Kriterien erfüllen und sich demnach zur weiteren Betrachtung eignen. Die kollaborative Robotik für die Werkzeugmontage (DEP 10) wird aufgrund von fehlender Kongruenz zur strategischen Zielsetzung sowie einer nicht gegebenen Realisierbarkeit der finanziellen Aufwendungen von der weiteren Betrachtung ausgeschlossen. Gleiches gilt für die automatisierte Konstruktion von standardisierten Werkzeugbaugruppen (DEP 2). Diese erfordert initial eine durchgängige Produkt- und Prozessstandardisierung, deren Umsetzung für den individuellen Anwendungsfall der WBA jedoch als nicht sinnvoll eingestuft wird.

Die übrigen acht DEP werden anschließend in Methodikschritt D2 einer quantitativen Bewertung unterzogen. Hierbei kommt eine Nutzwertanalyse entsprechend des entwickelten Vorgehens zum Einsatz. Zunächst wird im Rahmen von Workshops mit den Führungskräften eine Gewichtung für die Kriterien ermittelt, welche der Nutzwertanalyse zugrunde liegen. Zudem werden die Kriterien hinsichtlich ihrer Erfüllungsgrade untersucht. Die qualitativen Kriterien werden im Rahmen von Workshops bewertet. Es wird auf die Methode der externen Experteninterviews verzichtet, da diese Rolle intern durch die Belegschaft der WBA abgebildet werden kann. Die Ermittlung des quantitativen Nutzens respektive Aufwands erfolgt durch die Anwendung der EVA-Methode. Dabei gilt es zu beachten, dass der Demonstrationswerkzeugbau der WBA nicht ausschließlich wirtschaftliche Zielgrößen aufweist. Bedingt durch die Rolle als Testzentrum Industrie 4.0 ist es nicht zwangsläufig erforderlich, dass alle Investitionen ausschließlich monetär vorteilhaft sind. Somit kann die Instrumentalisierung der EVA-Methode in reduzierter Form erfolgen. Auf Basis der abgeleiteten Einflussgrößen kann zum Abschluss der Gestaltungsphase ein Nutzwert für jedes der DEP ermittelt werden. Aufgrund der Tatsache, dass die Gewichtung der Bewertungskriterien sowie die Quantifizierung von Nutzen und Aufwand im Zuge der EVA-Methode Rückschlüsse auf unternehmensinterne strategische Ausrichtungen zulassen, können diese nicht im Detail ausgeführt werden.

VI.2.2.3 Methodikschritt E: Clusterung der DEP

Nach der Bewertung der DEP folgt die Clusterung der DEP im Zuge der Synthesephase. In Methodikschritt E1 werden dazu die DEP reziprok miteinander verknüpft. Der Fokus der Verknüpfung liegt dabei gemäß dem methodischen Vorgehen auf befähigenden, begünstigenden, erschwerenden und verhindernden Relationen. Die Ermittlung dieser Relationen erfolgt erneut workshopbasiert. So kann bspw. festgestellt werden, dass die IoT-Plattform (DEP 6) eine befähigende Relation zum Nachhaltigkeits-Dashboard (DEP 7) aufweist. Ohne die durchgängige Anbindung des Maschinenparks sowie die Abbildung der erfassten Maschinendaten mittels IoT-Plattform lässt sich kein valides Dashboard zur Visualisierung und Erfassung nachhaltigkeitsrelevanter Kennzahlen entwickeln. Eine begünstigende Relation kann bspw. zwischen der echtzeitfähigen Bauteillokalisierung (DEP 4) sowie der digitalen Shopfloorsteuerung (DEP 5) identifiziert werden. Im Zuge der erhöhten Transparenz über den Standort und Bearbeitungsfortschritt der Bauteile kann die Entscheidungsgrundlage für die Umpriorisierung im Kontext der Shopfloorsteuerung verbessert werden. Erschwerende Relationen liegen z. B. zwischen der automatisierten Angebots- und Kalkulationserstellung (DEP 1) und der Automatisierung von Tätigkeiten im Einkauf (DEP 3) vor. Beide DEP induzieren einen hohen initialen Aufwand zur Umsetzung und resultieren gleichermaßen in massiven Umstellungen für die Mitarbeitenden der betrachteten Funktionalbereiche. Gleichermaßen können verhindernde Relationen identifiziert werden. So stellt die Implementierung eines fahrerlosen Transportsystems (DEP 8) ein finanziell derart aufwändiges Vorhaben dar, dass eine Vielzahl der übrigen DEP nicht simultan umgesetzt werden kann. Nachdem die einzelnen DEP reziprok verknüpft sind, werden diese entsprechend des methodischen Vorgehens in eine DSM überführt.

Im Anschluss erfolgt die Durchführung der Clusteranalyse im Rahmen von Methodikschritt E2. Das Vorgehen ist dabei analog zum dedizierten Cluster-Algorithmus.[749] Im Zuge der Durchführung können zwei verschiedene DEP-Cluster ermittelt werden. Das DEP-

[749] Um die Anwendung des Cluster-Algorithmus an dieser Stelle detailliert nachzuvollziehen, wird aufgrund der sensiblen Informationen aus dem Fallbeispiel auf die exemplarische Durchführung anhand fiktiver Werte im Anhang verwiesen.

Cluster 1 umfasst hierbei DEP 1, DEP 4, DEP 5, DEP 6 und DEP 7. Das DEP-Cluster 2 besteht aus DEP 4, DEP 5, DEP 8 und DEP 9. Aufgrund des höheren Clusternutzwerts wird schließlich das DEP-Cluster 1 für die weitere Betrachtung ausgewählt.

VI.2.2.4 Methodikschritt F: Synthese digitaler Funktionsprogramme

Den Abschluss der letzten Methodik bildet die Synthese digitaler Funktionsprogramme. Dazu erfolgt im Rahmen von Methodikschritt F1 zunächst eine Priorisierung innerhalb von DEP-Cluster 1. Die Priorisierung ist Resultat einer erneuten Anwendung des verkürzten Cluster-Algorithmus. Infolge der zugrundeliegenden Relationen zwischen den DEP kann die optimale Umsetzungsreihenfolge wie nachfolgend aufgeführt zusammengefasst werden:

- DEP 6 – weist nicht den höchsten Nutzwert auf, ist jedoch als Befähiger für die Umsetzung von DEP 7 erforderlich.
- DEP 7 – weist den höchsten Nutzwert auf, erfordert zur Umsetzung jedoch DEP 6.
- DEP 1 – weist den nächsthöchsten Nutzwert auf und wird weder von den anderen DEP befähigt, begünstigt, erschwert noch verhindert.
- DEP 4 – weist einen höheren Nutzwert als DEP 5 auf und ist gleichzeitig als Befähiger für dessen Umsetzung erforderlich.
- DEP 5 – weist den niedrigsten Nutzwert auf und erfordert zur Umsetzung DEP 5 als Befähiger.

Basierend auf der Priorisierung des DEP-Clusters kann im Rahmen von Methodikschritt F2 abschließend die Entwicklung digitaler Funktionsprogramme stattfinden. Dazu wird zunächst die Verantwortlichkeit für die Umsetzung der einzelnen DEP definiert. Während DEP 1 der Leitung des Demonstrationswerkzeugbaus zugeordnet wird, sind die übrigen DEP grundsätzlich alle dem Funktionalbereich der mechanischen Fertigung zugehörig. Im Sinne des Ressourcenausgleichs werden jedoch lediglich DEP 4 und DEP 5 unmittelbar in den Verantwortungsbereich der mechanischen Fertigung übergeben. Die Umsetzung der DEP 6 und DEP 7 wird durch den dedizierten Funktionalbereich „Digitale Lösungen“[750] verantwortet. Gleichzeitig verkörpert der Leitende des Funktionalbereichs „Digitale Lösungen“ in der WBA die Rolle des CDO. Mithin werden durch ihn sämtliche Initiativen der digitalen Vernetzung – und somit auch die entwickelten digitalen Funktionsprogramme – synchronisiert. Zur weiteren inhaltlichen Ausgestaltung der digitalen Funktionsprogramme werden zum Abschluss des Projekts weitere funktionsübergreifende Workshops durchgeführt. Inhalte dieser Workshops sind insbesondere die Formulierung von quantifizierbaren Zielsetzungen sowie die Ausarbeitung von konkreten Maßnahmen zur Umsetzung der DEP.

[750] Während die meisten Werkzeugbaubetriebe nicht zwangsläufig über vergleichbare Funktionalbereiche verfügen, kann im Fall der WBA das vorhandene Know-how aus dem Funktionalbereich „Digitale Lösungen“ genutzt werden. Die Mitarbeitenden des Funktionalbereichs entwickeln überwiegend Soft- und Hardwarelösungen und verfügen demnach über die opteimalen Kompetenzen für die Umsetzung von DEP 6 und DEP 7.

VI.2.3 Fazit

Am Beispiel der WBA Aachener Werkzeugbau Akademie GmbH kann die Anwendung der Methodik für die Transformation zur digital vernetzten Wertschöpfung anhand der Gestaltungs- und Synthesephase demonstriert werden. Der Fokus des Fallbeispiels liegt auf der Darstellung der Anwendung der Methodikschritte C, D, E und F. Die zentrale Zielsetzung des internen Projekts ist es, die Wertschöpfung im Demonstrationswerkzeugbau durch die synchronisierte Implementierung von DEP zu optimieren. Basierend auf den im Vorfeld des Projekts durchgeführten Vorarbeiten zur Analyse der Ausgangssituation werden dazu zunächst potenzielle DEP abgeleitet und gestaltet. Anschließend werden diese qualitativ und quantitativ hinsichtlich ihrer Vorteilhaftigkeit bewertet. Die so ausgewählten DEP werden anschließend in Bezug auf ihre reziproken Relationen evaluiert und verknüpft. Dies bildet die Basis für die Clusterung der DEP durch Anwendung des dedizierten Cluster-Algorithmus. Im Anschluss an die Clusterung der DEP wird für das final ausgewählte nutzenmaximierende DEP-Cluster schließlich eine Priorisierung für die Umsetzungsreihenfolge der DEP durchgeführt. Den Abschluss des methodischen Vorgehens bildet die Entwicklung von spezifischen Funktionsprogrammen für die relevanten Funktionalbereiche. So kann die kontinuierliche Weiterentwicklung des Demonstrationswerkzeugbaus durch die zielgerichtete Implementierung nutzenstiftender Lösungen der digitalen Vernetzung sichergestellt werden.

Das Fallbeispiel demonstriert, dass die Methodikschritte C, D, E und F ein praxisrelevantes Vorgehen beinhalten, in sich abgeschlossen sind und zudem inhaltlich schlüssig aufeinander aufbauen. Zudem konnte sichergestellt werden, dass bei Anwendung der Methodikschritte ein hinreichendes Maß an Flexibilität zulässig ist, indem bspw. bereits bestehende Vorarbeiten genutzt werden können. So kann die Anwendung der Methodik entsprechend der individuellen Rahmenbedingungen innerhalb der einzelnen Detailschritte variiert werden und gleichzeitig die Generierung der angestrebten Ergebnisse sichergestellt werden.

VI.3 Kritische Reflexion der Praxisanwendung

Die Methodik für die systematische Transformation zur digital vernetzten Wertschöpfung im Werkzeugbau konnte anhand der beiden Fallbeispiele der Hirschvogel Umformtechnik GmbH sowie der WBA Aachener Werkzeugbau Akademie GmbH erfolgreich angewendet werden. Während der Anwendung der Methodik konnte zudem der identifizierte Handlungsbedarf aus der Praxis belegt werden. Die beiden Fallbeispiele haben demonstriert, dass die Anwendung der Methodik sowohl eine detaillierte interne Analyse als auch eine zielgerichtete Identifikation und Gestaltung von digitalen Erfolgspotenzialen ermöglicht. Zudem konnte sichergestellt werden, dass die Anwendung der Methodik dazu befähigt, die digitale Transformation über verschiedene Funktionalbereiche hinweg sinnvoll zu synchronisieren. Neben den allgemeinen und branchenspezifischen Anforderungen konnten die transformations- und strategiespezifischen Anforderungen ebenfalls erfüllt werden.

Die allgemeinen Anforderungen an die Methodik umfassen die Praktikabilität und Konkretheit. Die beiden Fallbeispiele haben demonstriert, dass gemäß einer hohen Praktikabilität ausschließlich realistische Annahmen getroffen wurden. Zudem konnten die realitätsnahen Problemstellungen, welche als Grundlage der Konzeption dienten, im Zuge der Anwendung verifiziert werden. Ferner konnte die Anforderung an die Konkretheit durch eine einfache Handhabung der Methodikschritte sowie eine klare Strukturierung des Vorgehens erfüllt werden. Insbesondere die transparente Anwendung der einzelnen Detailschritte sowie klar definierte Eingangs- und Ausgansgrößen haben sich hierbei als vorteilhaft erwiesen.

Eine Erfüllung der branchenspezifischen Anforderungen, welche die Eignung für die Einzel- und Kleinserienfertigung sowie die Berücksichtigung der Unternehmensrandbedingungen umfasst, kann ebenfalls nachgewiesen werden. Die erfolgreiche Anwendung der Methodik bei zwei Unternehmen der Einzel- und Kleinserienfertigung belegt, dass diese Anforderung erfüllt werden kann. Zudem konnte während der Anwendung der Methodik entsprechend auf die individuellen Unternehmensrandbedingungen reagiert und innerhalb der Detailschritte entsprechend variiert werden. Die Anforderungserfüllung hinsichtlich der Unternehmensrandbedingungen kommt insbesondere durch die Heterogenität der beiden Fallbeispiele sowie die unterschiedlichen Ausgangssituationen der Unternehmen zum Ausdruck. Somit kann abgeleitet werden, dass die Anwendbarkeit der Methodik in der gesamten Branche Werkzeugbau möglich ist.

Die transformationsspezifischen Anforderungen bestehend aus hinreichender Kontinuität und Kohärenz, inkrementeller Transformation und fokussierter Wertschöpfung können ebenfalls erfolgreich erfüllt werden. Durch den zyklischen Charakter der Methodikanwendung kann die langfristige Auslegung des Transformationsprozesses sichergestellt werden. Die Clusterung der DEP sowie die detaillierte Bestimmung ihrer gegenseitigen Relationen gewährleisten, dass die Gesamtheit des ausgewählten DEP-Kollektivs in sich vorteilhaft ist. So wird anstelle der Implementierung von Insellösungen die Realisierung eines Gesamtoptimums sichergestellt. Folglich kann die Anforderung an Kontinuität und Kohärenz ebenfalls sichergestellt werden. Durch sukzessive und dennoch synchronisierte Implementierung einzelner DEP entsprechend ihrer Priorität kann zudem die Anforderung an die inkrementelle Transformation erfüllt werden. Dies wird zusätzlich durch die Modularität der Analyse und Bewertung gewährleistet. Außerdem kann die Fokussierung der Wertschöpfung durch anforderungsgerechte Deduktion der Funktionalbereiche und entsprechende Betrachtung der relevanten Wertschöpfungsdimensionen im Zuge der einzelnen Phasen erfolgreich nachgewiesen werden.

Durch Validierung der Methodik konnte ebenfalls die Erfüllung der strategiespezifischen Anforderungen bewiesen werden. Zur Sicherstellung einer hinreichenden Kongruenz und Individualisierbarkeit werden die abgeleiteten DEP im Zuge der Bewertung entsprechenden Kriterien unterzogen. So kann eine Kongruenz zu der übergeordneten strategischen Ausrichtung erfüllt werden. Die Individualisierbarkeit kann durch individuell adaptierbare Kriterien bei der Bewertung und Clusterung der DEP erfüllt werden. Sowohl in der Analyse als auch in der Gestaltung werden die individuell angestrebten SEP der Unternehmen in sämtlichen Detailschritten berücksichtigt. Eine Zentrierung von Erfolgspositionen ist somit gegeben. Die Anforderung an die funktionale Befähigung kann durch die Entwicklung von spezifischen digitalen Funktionsprogrammen erfüllt werden. Insbesondere die funktionsübergreifenden und interdisziplinären Workshops haben sich bei der Validierung der Methodik hierbei als vorteilhaft erwiesen, indem die beteiligten Mitarbeitenden frühzeitig am Transformationsprozess partizipieren können.

Die im Rahmen von Kapitel 0 vorgestellten Fallbeispiele sowie die durchgeführte Reflexion der Anwendung verifizieren die entwickelte Methodik als ganzheitlichen Lösungsansatz für die systematische Transformation zur digital vernetzten Wertschöpfung im Werkzeugbau. Demnach kann die Erfüllung der übergeordneten Zielsetzung der vorliegenden Arbeit konstatiert werden.

VII Zusammenfassung und Ausblick

Der Werkzeugbau gilt – bedingt durch seine Schlüsselposition an der Schnittstelle zwischen Produktentwicklung und Serienproduktion – als zentraler Befähiger der produzierenden Industrie. Mithin trägt die Branche Werkzeugbau auch am Produktionsstandort Deutschland maßgeblich zur Leistungsfähigkeit der Wirtschaft bei. In der Folge wirken sich Trends der produzierenden Industrie auch auf den Werkzeugbau aus. So werden im Zuge der Globalisierung zwar stetig neue Absatzmärkte erschlossen, simultan holt jedoch der Wettbewerb aus Asien und Osteuropa in Bezug auf Kompetenz und Erzeugnisqualität auf. Verkürzte Lebenszyklen und eine Derivatisierung resultieren zudem in einer erhöhten Produktvarianz bei gleichzeitig abnehmenden Losgrößen und steigendem Kostendruck. Ferner gewinnt das Thema der nachhaltigen Produktion zunehmend an Bedeutung und stellt ebenfalls eine zentrale Herausforderung für produzierende Unternehmen dar. Sowohl an die Erzeugnisse des Werkzeugbaus als auch deren Herstellungsprozesse werden hohe Anforderungen gestellt, ohne dass sich dies in höheren Produktmargen bemerkbar macht. Insbesondere am Produktionsstandort Deutschland sind Werkzeugbaubetriebe deshalb zur Steigerung ihres Preis-Leistungs-Verhältnisses gezwungen, da gleichwertige Qualität und höhere Komplexität zu niedrigeren Preisen gefordert werden. Die traditionellen Wettbewerbsdifferenzierungsmerkmale der deutschen Werkzeugbaubetriebe entfallen also zunehmend. Zur Sicherstellung einer wettbewerbsfähigen Positionierung am globalen Werkzeugbaumarkt ist die deutsche Branche Werkzeugbau daher gezwungen, die wachsenden Herausforderungen zu adressieren und gleichzeitig neue Differenzierungsmerkmale zu schaffen. Da eine Differenzierung über die Kosten am Hochlohnstandort Deutschland nicht möglich ist, kann der Erhalt der Wettbewerbsfähigkeit ausschließlich durch einen überlegenen Leistungserstellungsprozess realisiert werden.

Da inzwischen ein Großteil der deutschen Werkzeugbaubetriebe die Industrialisierung erfolgreich gemeistert hat, können die Potenziale eines überlegenen Leistungserstellungsprozesses lediglich durch Erreichen der nächsten Entwicklungsstufe realisiert werden. Diese Entwicklungsstufe kann in Zeiten der Industrie 4.0 als digital vernetzter Werkzeugbau bezeichnet werden. Durch die digitale Vernetzung von Ressourcen und Prozessen, aber auch Diensten und Menschen, soll der digital vernetzte Werkzeugbau zur echtzeitfähigen, dynamischen und autonomen Optimierung seiner Wertschöpfung und Leistungen befähigt werden. Zur Erreichung dieses Zielzustands ist es jedoch erforderlich, den Wandlungsprozess im Rahmen der digitalen Transformation erfolgreich zu gestalten. Dazu sind umfassende Neuausrichtungen von Aktivitäten und Ressourcen sowie ein entsprechendes Budget erforderlich. Die digitale Transformation ist demnach Potenzial und Herausforderung zugleich. Als komplexes Vorhaben, welches die gesamte Organisation betrifft und langfristig umgesetzt werden muss, ist eine systematische und strategische Strukturierung des Transformationsprozesses erforderlich. Im Kontext ihrer charakteristischen Rahmenbedingungen fehlt es jedoch insbesondere Werkzeugbaubetrieben an einer solch systematischen Vorgehensweise. Bislang beschränkt sich die digitale Transformation in der Branche Werkzeugbau lediglich auf die partielle Implementierung von einzelnen digitalen Lösungen. In der Folge weisen die meisten Werkzeugbaubetriebe lediglich einen niedrigen digitalen

Reife- bzw. Vernetzungsgrad auf. Um aktiv am digitalen Wandel partizipieren und die Potenziale zur erfolgreichen Differenzierung realisieren zu können, benötigt die Branche Werkzeugbau somit ein methodisches Vorgehen zur systematischen Strukturierung des Transformationsprozesses.

Bestehende Ansätze, die die erfolgreiche Transformation zur digital vernetzten Wertschöpfung adressieren, erfüllen die besonderen Anforderungen der Branche Werkzeugbau jedoch höchstens in Teilen. Defizite existieren insbesondere in Bezug auf die charakteristischen Rahmenbedingungen des Werkzeugbaus. So werden die Besonderheiten der Einzel- und Kleinserienfertigung sowie die Heterogenität der Werkzeugbaubetriebe nicht ausreichend berücksichtigt. Außerdem wird die Kontinuität der digitalen Transformation häufig nicht hinreichend langfristig und iterativ ausgelegt. Die Kohärenz der Lösungen, die im Rahmen der digitalen Vernetzung umgesetzt werden sollen, bleibt ebenfalls häufig unberücksichtigt. Eine weitere Problematik bestehender Ansätze zur digitalen Transformation liegt in der fehlenden Zentrierung von strategischen Erfolgspositionen, die einen wesentlichen Bestandteil des strategischen Managements darstellen. Damit die digitale Vernetzung weder einen Selbstzweck darstellt, noch exklusiv reine „Insellösungen" implementiert werden, sollte der Transformationsprozess jedoch an den unternehmensindividuellen strategischen Erfolgspositionen ausgerichtet werden. Es kann festgehalten werden, dass keine ganzheitliche und systematische Vorgehensweise existiert, die speziell Werkzeugbaubetriebe zur erfolgreichen digitalen Transformation ihrer Wertschöpfung befähigt. Die Zielsetzung der vorliegenden Dissertation stellt demnach die Entwicklung einer Methodik für die systematische Transformation zur digital vernetzten Wertschöpfung im Werkzeugbau dar. Zur Beantwortung der handlungsleitenden Forschungsfrage folgt die Arbeit dem Verständnis angewandter Forschung nach ULRICH[751].

Als Basis für den Aufbau der Methodik dient der abgeleitete Ordnungsrahmen aus dem strategischen Managementprozess mit den drei generischen Phasen Analyse, Gestaltung und Synthese.[752] Im Rahmen der Grobkonzeption ist die Methodik als zyklischer Prozess formuliert, um die digitale Vernetzung der Wertschöpfung kontinuierlich weiterzuentwickeln. Dazu verknüpft die Implementierungsphase, welche selbst als ausführende Dimension jedoch nicht Teil der vorliegenden Dissertation ist, die abschließende Synthesephase mit der Analysephase als Initiierung der Methodik iterativ. Auf diese Weise wird wertvolles Wissen generiert, das im Kontext zukünftiger Iterationen der Methodik zur Realisierung von Lerneffekten und zusätzlichen Optimierungspotenzialen befähigt.

Die Analysephase dient als erste Phase der Methodik zur Ermittlung der Ausgangssituation, in der sich der betrachtete Werkzeugbaubetrieb befindet. Dazu erfolgt in Methodikschritt A initial eine interne Analyse. Zunächst wird durch die Deduktion der Funktionalbereiche festgelegt, welche Funktionen für die weitere Anwendung der Methodik relevant sind. Anschließend wird für die ausgewählten Funktionalbereiche die interne Leistungsfähigkeit sowie der digitale Reifegrad ermittelt. Dies erfolgt im Wesentlichen durch eine Kennzahlenberechnung für die Funktionalbereiche, eine Prozessmodellierung sowie die Zuordnung

[751] Vgl. Kapitel I.4
[752] Vgl. Kapitel IV.3

eines digitalen Reifegrads für die spezifischen Funktionalbereiche und prozessübergreifenden Elemente. Im Rahmen von Methodikschritt B werden die Teilergebnisse der Analyse für die Funktionalbereiche zu einer einheitlichen Auswertungsbasis aggregiert sowie die strategische Relevanz der Funktionalbereiche bestimmt. Abschließend werden die aggregierten Analyseergebnisse zur Identifikation von digitalen Potenzialen sowie zur Isolierung von digitalen Kernpotenzialen verwendet. Auf diese Weise werden sowohl für die relevanten Funktionalbereiche als auch die prozessübergreifenden Elemente separate Handlungsfelder abgeleitet.

Die zweite Phase der Methodik baut auf den abgeleiteten Handlungsfeldern auf, um zunächst die Gestaltung potenzieller DEP sowie anschließend die Bewertung der DEP vorzunehmen. Dazu werden in Methodikschritt C potenzielle DEP abgeleitet und inhaltlich ausgestaltet. Neben weiteren Methoden der Technologiefrüherkennung und Kreativitätstechniken werden dazu ein morphologischer Kasten sowie eine Osborn-Checkliste instrumentalisiert, die entsprechend der Zielsetzung der vorliegenden Arbeit modifiziert wurden. Dadurch wird eine systematische Variation der diversen DEP ermöglicht. Zur Anregung von Ideen sowie zur Veranschaulichung des Vorgehens werden außerdem zwölf exemplarische DEP mit konkretem Werkzeugbaubezug vorgestellt und den entsprechenden Funktionalbereichen zugeordnet. Anschließend erfolgt in Methodikschritt D die Bewertung des generierten Kollektivs an DEP. Zunächst erfolgt eine Vorauswahl der DEP im Rahmen einer qualitativen Bewertung. Die zugrundeliegenden Kriterien Relevanz, Kongruenz und Realisierbarkeit sind dabei aus strategischen Bewertungskriterien hergeleitet und für den Anwendungsbezug der DEP konkretisiert. Die validen DEP werden anschließend einer quantitativen Bewertung unterzogen, wobei für jedes DEP ein individueller Nutzwert ermittelt wird. Dazu werden individuelle Kriterien definiert, die anhand der anwendungsspezifischen Präferenz zu gewichten sind.

Die Synthese vervollständigt die Methodik als letzte Phase und umfasst die Clusterung der DEP sowie die Synthese von digitalen Funktionsprogrammen. In Methodikschritt E erfolgt zunächst die reziproke Verknüpfung von solchen DEP, die sich als valide und vorteilhaft erwiesen haben. Diese Verknüpfungen, die eine befähigende, begünstigende, erschwerende, verhindernde oder keine Relation zwischen den DEP induzieren, werden in einer DSM quantifiziert und anhand einer äquivalenten Skalierung bzgl. der ermittelten Nutzwerte gewichtet. Anschließend wird eine Clusteranalyse der DEP durchgeführt, deren Basis ein dedizierter Cluster-Algorithmus bildet. Das DEP-Cluster, welches den höchsten holistischen Nutzwert aufweist, wird schließlich final ausgewählt. Insgesamt werden die DEP also verknüpft, in Clustern gebündelt und das nutzenmaximierende Cluster gewählt. Im Rahmen von Methodikschritt F wird das final ausgewählte DEP-Cluster hinsichtlich einer sinnvollen Umsetzungsreihenfolge priorisiert. Dazu werden spezifische digitale Funktionsprogramme instrumentalisiert, die in den entsprechenden Funktionen zur Vorbereitung der Implementierung dienen. Zudem wird ein Rahmenwerk konstruiert, welches eine zentrale Verantwortlichkeit für die Umsetzung etabliert sowie die anschließende Operationalisierung und Befähigung in den Funktionen konzeptioniert.

Die entwickelte Methodik wurde in zwei Fallbeispielen beim internen Werkzeugbau der Hirschvogel Umformtechnik GmbH sowie bei der WBA Aachener Werkzeugbau Akademie GmbH validiert. Die im Rahmen von Kapitel III.1.2 definierten Anforderungen an eine

Methodik zur Lösung des Praxis- und Theoriedefizits konnten im Zuge der Validierung erfüllt werden. Die entwickelte Methodik dient Werkzeugbaubetrieben somit als anwendungsorientierter Handlungsleitfaden und befähigt zur systematischen digitalen Vernetzung ihrer Wertschöpfung. Werkzeugbaubetriebe können so einen überlegenen Leistungserstellungsprozess und die korrespondierenden Potenziale der digitalen Vernetzung realisieren. Auf diese Weise können Werkzeugbaubetriebe auf die stetig zunehmenden und dynamischen Herausforderungen in ihrer Unternehmensumwelt reagieren und die Realisierung von Differenzierungsmerkmalen gegenüber dem globalen Wettbewerb erfolgreich gestalten.

Der wissenschaftliche Beitrag der vorliegenden Dissertation besteht in der Entwicklung eines methodischen Lösungsansatzes, welcher Werkzeugbaubetriebe für die systematische Transformation zur digital vernetzten Wertschöpfung befähigt. Die Methodik ist dabei anhand der anwendungsspezifischen Präferenzen der jeweiligen Werkzeugbaubetriebe individuell durchzuführen. Da der Fokus der vorliegenden Dissertation auf der Entwicklung von strategischen Programmen für die digitale Transformation liegt, erfährt die Implementierung als Umsetzung der Programme lediglich eine reduzierte Betrachtung. Nichtsdestotrotz ist die Implementierung in der Praxis essenziell für den Umsetzungserfolg der ausgearbeiteten Initiativen. Daher besteht für diese verknüpfende Phase des zyklischen Prozesses weiterführender Forschungsbedarf, um die zugrundeliegenden Überlegungen und Konzepte zur Implementierung zu konkretisieren. Außerdem ist es förderlich, eine modellhafte Dokumentation für Lerneffekte, die während der Implementierung erzielt werden, zu entwickeln. Dies erlaubt die kontinuierliche Optimierung der Methodik in ihrer iterativen Anwendung. Im Kontext des strategischen Managementprozesses besteht zudem weiterer Forschungsbedarf in der Gestaltung einer Systematik, welche die sukzessive Umsetzung der digitalen Transformation fortwährend kontrolliert und ihren Erfolg somit sicherstellt.

Obwohl der entwickelte Lösungsansatz der vorliegenden Dissertation die Systematisierung des Transformationsprozesses zur digital vernetzten Wertschöpfung von Werkzeugbaubetrieben gemäß dem aufgestellten Anforderungssystem ermöglicht, bedarf es dennoch einer kritischen Bewertung. Insbesondere die praktische Umsetzbarkeit der spezifischen Methodikschritte muss in der Praxis, über die beiden Fallbeispiele hinaus, flächendeckend verifiziert und sichergestellt werden. Zudem setzt die vorliegende Dissertation voraus, dass bestimmte Methodikschritte, wie bspw. die Analyse der internen Leistungsfähigkeit oder des digitalen Reifegrads, von den Werkzeugbaubetrieben eigenständig durchgeführt werden können. Insbesondere im Kontext der Analysephase ist fraglich, ob dadurch die notwendige Objektivität zur korrekten Ermittlung der Ergebnisse und Handlungsfelder gewährleistet ist.

Des Weiteren ist in Bezug auf die Gestaltungs- und Synthesephase unklar, inwieweit potenzielle DEP in der Praxis tatsächlich von der Belegschaft der Werkzeugbaubetriebe abgeleitet und bewertet werden können. Die Anwendung von Kreativitätstechniken allein wird ohne entsprechendes Wissen im Bereich neuartiger Technologien und Digitalisierungslösungen im Kontext der produzierenden Industrie nicht zu den optimalen Ergebnissen führen. Daher ist ein brancheninterner und -übergreifender Wissensaustausch mittelfristig von essenzieller Bedeutung. Zudem stellt sich die Frage, inwieweit die Bewertung der DEP und die nachfolgende Verknüpfung und Clusteranalyse der identifizierten Maßnahmen in der Praxis umgesetzt werden können. Insbesondere bei einer erhöhten Anzahl von potenziellen DEP und ihren Anwendungsmöglichkeiten kann die Bewertung und Verknüpfung sowie die Anwendung des Clusteralgorithmus ein komplexes und zeitintensives Vorhaben darstellen. Es gilt daher weiterführend zu erforschen, wie Werkzeugbaubetriebe das Optimierungsproblem zur Identifikation und Priorisierung der idealen DEP-Cluster mit geringem Aufwand lösen können, z. B durch geeignete Systemunterstützung.

Abschließend kann festgehalten werden, dass für die digitale Transformation der Branche Werkzeugbau zurzeit noch elementarer Forschungsbedarf besteht. Dies ist maßgeblich auf fehlende branchenspezifische Erfahrungsberichte in sämtlichen Phasen des Transformationsprozesses zurückzuführen. Bis die Branche den Transformationsprozess ganzheitlich umgesetzt und den Zielzustand der digital vernetzten Wertschöpfung erfolgreich realisiert hat, kann somit eine Vielzahl weiterer zu erforschender Fragestellungen abgeleitet werden.

VIII Anhang

Nachfolgend wird der dedizierte Cluster-Algorithmus aus Methodikschritt E2 des entwickelten Vorgehens vollständig angewendet.[753] Die Basis dessen stellen die fiktiven normierten Nutzwerte aus Anhang A.1 sowie die exemplarische DSM mit den quantifizierten und gewichteten Relationen aus Schritt E1 dar.[754] In Anhang A.2 wird dazu für jedes der sechs DEP die entsprechende Iterationsschleife beginnend mit dem DEP des höchsten Nutzwerts dargelegt. Im Rahmen von Anhang A.3 werden die Ergebnisse des dedizierten Cluster-Algorithmus aggregiert und die abgeleiteten DEP-Cluster inkl. deren Clusternutzwerte aufgeführt. Die Ergebnisse dieser exemplarischen Durchführung werden in den Methodikschritten E2 und F1 verwendet.[755]

A.1 Fiktive normierte Nutzwerte zur Durchführung

In Abbildung 124 sind die fiktiven normierten Nutzwerte dargestellt, die als Grundlage für die exemplarische Durchführung des dedizierten Cluster-Algorithmus dienen.

	DEP 1	DEP 2	DEP 3	DEP 4	DEP 5	DEP 6
Normierter Nutzwert	10	4	5	6	7	3

Abbildung 124: Fiktive normierte Nutzwerte zur exemplarischen Durchführung[756]

Die normierten Nutzwerte werden im Zuge der Berechnung von Inklusions- und Clusternutzwerten in Methodikschritt E2 sowie in Anhang A.2 genutzt.[757] Die normierten Nutzwerte sind vollkommen fiktiv und weisen keinen Bezug zu den exemplarischen werkzeugbauspezifischen DEP aus Methodikschritt C und D auf.[758]

A.2 Durchführung des dedizierten Cluster-Algorithmus

Im Folgenden sind die sechs Iterationsschleifen mit je einem DEP als Clusterbasis zur vollständigen exemplarischen Durchführung des dedizierten Cluster-Algorithmus aufgeführt. Die fiktiven normierten Nutzwerte aus Anhang A.1 bilden hierbei die Basis der Durchführung. Der Algorithmus beginnt mit der ersten Iterationsschleife zu DEP 1, da dieses über den höchsten normierten Nutzwert verfügt. Diese Iterationsschleife wird ebenfalls in Methodikschritt E2 exemplarisch erläutert.[759] Im Anschluss erfolgen die weiteren Iterationsschleifen mit den übrigen DEP als Clusterbasis entsprechend der Reihenfolge des absteigenden normierten Nutzwerts. Mithin werden immer die ersten sieben Schritte des dedizierten Cluster-Algorithmus für je eine Iterationsschleife angewendet. Nachfolgend sind

[753] Vgl. Kapitel V.3.1.3
[754] Vgl. Kapitel V.3.1.2
[755] Vgl. Kapitel V.3.1.3; Kapitel V.3.2.2
[756] Eigene Darstellung.
[757] Vgl. Kapitel V.3.1.3
[758] Vgl. Kapitel V.2.1; Kapitel V.2.2
[759] Vgl. Kapitel V.3.1.3

diese anhand je eines DEP als Clusterbasis gegliedert. Der achte Schritt des dedizierten Cluster-Algorithmus findet implizit durch die Iterationsschleifen Anwendung. Das Ergebnis im Sinne des neunten Schritts ist in Anhang A.3 dokumentiert. Die Darstellung und Durchführung der Iterationsschleifen folgt dem beschriebenen Schema aus Methodikschritt E2.[760]

Exemplarische Iteration mit DEP 1 als Clusterbasis

1.

	DEP 1	DEP 2	DEP 3	DEP 4	DEP 5	DEP 6
DEP 1		2	0	3	-1	1
DEP 2	1		0	0	0	0
DEP 3	3	-1		-3	-1	0
DEP 4	0	1	-3		2	-2
DEP 5	0	0	0	0		-2
DEP 6	0	2	0	-3	0	

2.

	DEP 1	DEP 2	DEP 3	DEP 4	DEP 5	DEP 6
DEP 1		2	0	3	-1	1
DEP 2	1		0	0	0	0
DEP 3	3	-1		-3	-1	0
DEP 4	0	1	-3		2	-2
DEP 5	0	0	0	0		-2
DEP 6	0	2	0	-3	0	

3.

	DEP 1	DEP 3	DEP 2	DEP 4	DEP 5	DEP 6
DEP 1		0	2	3	-1	1
DEP 3	3		-1	-3	-1	0
DEP 2	1	0		0	0	0
DEP 4	0	-3	1		2	-2
DEP 5	0	0	0	0		-2
DEP 6	0	0	2	-3	0	

4.

	DEP 1	DEP 3	DEP 2	DEP 6
DEP 1		0	2	1
DEP 3	3		-1	0
DEP 2	1	0		0
DEP 6	0	0	2	

Abbildung 125: Exemplarische Iteration mit DEP 1 als Clusterbasis (I/II)[761]

[760] Vgl. Kapitel V.3.1.3
[761] Eigene Darstellung.

5.

	DEP 1	DEP 3	DEP 2	DEP 6	IW
DEP 1		0	2	1	
DEP 3	3		-1	0	
DEP 2	1	0		0	6
DEP 6	0	0	2		4

7.

	DEP 1	DEP 2	DEP 3	DEP 6
DEP 1		2	0	1
DEP 2	1		0	0
DEP 3	3	-1		0
DEP 6	0	2	0	

CNW
30

6.

	DEP 1	DEP 3	DEP 2	DEP 6	IW
DEP 1		0	2	1	
DEP 3	3		-1	0	
DEP 2	1	0		0	
DEP 6	0	0	2		6

Abbildung 126: Exemplarische Iteration mit DEP 1 als Clusterbasis (II/II)[762]

In der exemplarischen Iteration mit DEP 1 als Clusterbasis kann der dedizierte Cluster-Algorithmus vollständig durchgeführt werden, da zu keiner Zeit ein Abbruchkriterium erfüllt wird. Folglich wird das resultierende DEP-Cluster aus DEP 1, DEP 2, DEP 3 und DEP 6 gebildet. Dieses wird als DEP-Cluster 1 bezeichnet. **DEP-Cluster 1** erreicht einen Clusternutzwert von 30.

[762] Eigene Darstellung.

Exemplarische Iteration mit DEP 5 als Clusterbasis

1.

	DEP 1	DEP 2	DEP 3	DEP 4	DEP 5	DEP 6
DEP 1		2	0	3	-1	1
DEP 2	1		0	0	0	0
DEP 3	3	-1		-3	-1	0
DEP 4	0	1	-3		2	-2
DEP 5	0	0	0	0		-2
DEP 6	0	2	0	-3	0	

2.

	DEP 5	DEP 1	DEP 2	DEP 3	DEP 4	DEP 6
DEP 5		0	0	0	0	-2
DEP 1	-1		2	0	3	1
DEP 2	0	1		0	0	0
DEP 3	-1	3	-1		-3	0
DEP 4	2	0	1	-3		-2
DEP 6	0	0	2	0	-3	

3.

	DEP 5	DEP 4	DEP 1	DEP 2	DEP 3	DEP 6
DEP 5		0	0	0	0	-2
DEP 4	2		0	1	-3	-2
DEP 1	-1	3		2	0	1
DEP 2	0	0	1		0	0
DEP 3	-1	-3	3	-1		0
DEP 6	0	-3	0	2	0	

4.

	DEP 5	DEP 4	DEP 2	DEP 6
DEP 5		0	0	-2
DEP 4	2		1	-2
DEP 2	0	0		0
DEP 6	0	-3	2	

Abbildung 127: Exemplarische Iteration mit DEP 5 als Clusterbasis (I/II)[763]

[763] Eigene Darstellung.

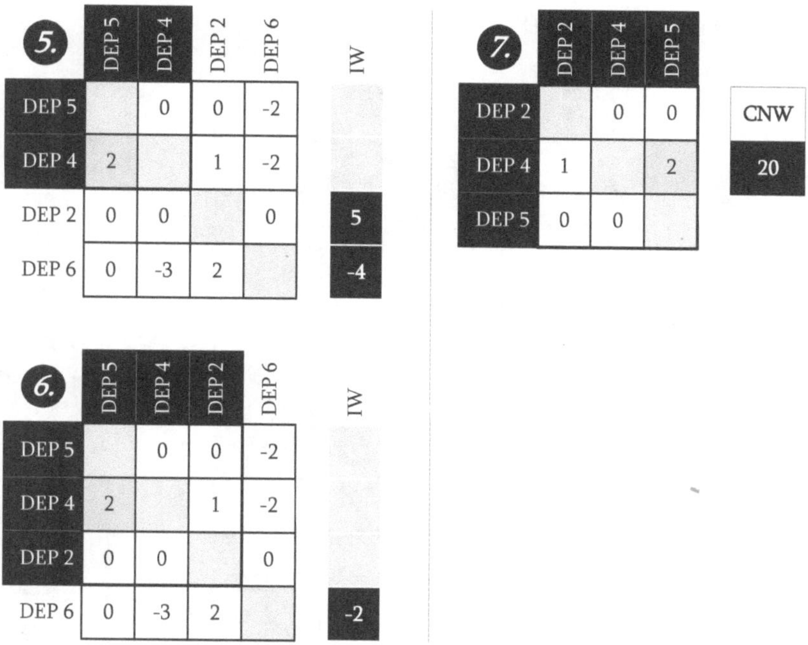

Abbildung 128: Exemplarische Iteration mit DEP 5 als Clusterbasis (II/II)[764]

In der exemplarischen Iteration mit DEP 5 als Clusterbasis kann der dedizierte Cluster-Algorithmus vollständig durchgeführt werden, da zu keiner Zeit ein Abbruchkriterium erfüllt wird. Folglich wird das resultierende DEP-Cluster aus DEP 2, DEP 4 und DEP 5 gebildet. Dieses wird als DEP-Cluster 2 bezeichnet. **DEP-Cluster 2** erreicht einen Clusternutzwert von 20.

[764] Eigene Darstellung.

Exemplarische Iteration mit DEP 4 als Clusterbasis

1.

	DEP 1	DEP 2	DEP 3	DEP 4	DEP 5	DEP 6
DEP 1		2	0	3	-1	1
DEP 2	1		0	0	0	0
DEP 3	3	-1		-3	-1	0
DEP 4	0	1	-3		2	-2
DEP 5	0	0	0	0		-2
DEP 6	0	2	0	-3	0	

2.

	DEP 4	DEP 1	DEP 2	DEP 3	DEP 5	DEP 6
DEP 4		0	1	-3	2	-2
DEP 1	3		2	0	-1	1
DEP 2	0	1		0	0	0
DEP 3	-3	3	-1		-1	0
DEP 5	0	0	0	0		-2
DEP 6	-3	0	2	0	0	

3.

	DEP 4	DEP 2	DEP 5	DEP 6	IW
DEP 4		1	2	-2	
DEP 2	0		0	0	4
DEP 5	0	0		-2	9
DEP 6	-3	2	0		-2

4.

	DEP 4	DEP 5	DEP 2	DEP 6	IW
DEP 4		2	1	-2	
DEP 5	0		0	-2	
DEP 2	0	0		0	5
DEP 6	-3	0	2		-4

Abbruchkriterium 1
Inhaltsgleichheit des Clusters mit DSM 3 aus Iteration DEP 5

Abbildung 129: Exemplarische Iteration mit DEP 4 als Clusterbasis[765]

In der exemplarischen Iteration mit DEP 4 als Clusterbasis wird der dedizierte Cluster-Algorithmus abgebrochen. DSM 4 erfüllt das Abbruchkriterium 1, indem eine Inhaltsgleichheit zwischen dem vorliegenden Cluster und dem Cluster der DSM 3 aus der Iteration mit DEP 5 als Clusterbasis besteht. Folglich kann das DEP-Cluster 2 aus DEP 2, DEP 4 und DEP 5 als Ergebnis der vorliegenden Iterationsschleife abgeleitet werden. **DEP-Cluster 2** erreicht einen Clusternutzwert von 20.

[765] Eigene Darstellung.

Exemplarische Iteration mit DEP 3 als Clusterbasis

1.

	DEP 1	DEP 2	DEP 3	DEP 4	DEP 5	DEP 6
DEP 1		2	0	3	-1	1
DEP 2	1		0	0	0	0
DEP 3	3	-1		-3	-1	0
DEP 4	0	1	-3		2	-2
DEP 5	0	0	0	0		-2
DEP 6	0	2	0	-3	0	

2.

	DEP 3	DEP 1	DEP 2	DEP 4	DEP 5	DEP 6
DEP 3		3	-1	-3	-1	0
DEP 1	0		2	3	-1	1
DEP 2	0	1		0	0	0
DEP 4	-3	0	1		2	-2
DEP 5	0	0	0	0		-2
DEP 6	0	0	2	-3	0	

3.

	DEP 3	DEP 1	DEP 2	DEP 4	DEP 5	DEP 6
DEP 3		3	-1	-3	-1	0
DEP 1	0		2	3	-1	1
DEP 2	0	1		0	0	0
DEP 4	-3	0	1		2	-2
DEP 5	0	0	0	0		-2
DEP 6	0	0	2	-3	0	

4.

	DEP 3	DEP 1	DEP 2	DEP 6
DEP 3		3	-1	0
DEP 1	0		2	1
DEP 2	0	1		0
DEP 6	0	0	2	

Abbruchkriterium 1 & 2
Inhaltsgleichheit des Clusters mit DSM 3 aus Iteration DEP 1; Inhaltsgleichheit der DSM mit DEP-Cluster 1

Abbildung 130: Exemplarische Iteration mit DEP 3 als Clusterbasis[766]

In der exemplarischen Iteration mit DEP 3 als Clusterbasis wird der dedizierte Cluster-Algorithmus abgebrochen. DSM 4 erfüllt das Abbruchkriterium 1, indem eine Inhaltsgleichheit zwischen dem vorliegenden Cluster und dem Cluster der DSM 3 aus der Iteration mit DEP 1 als Clusterbasis besteht. Zugleich wird Abbruchkriterium 2 erfüllt, da eine Inhaltsgleichheit zwischen der vorliegenden DSM und DEP-Cluster 1 besteht. Folglich kann das DEP-Cluster 1 aus DEP 1, DEP 2, DEP 3 und DEP 6 als Ergebnis der vorliegenden Iterationsschleife abgeleitet werden. Das **DEP-Cluster 1** erreicht einen Clusternutzwert von 30.

[766] Eigene Darstellung.

Exemplarische Iteration mit DEP 2 als Clusterbasis

1.

	DEP 1	DEP 2	DEP 3	DEP 4	DEP 5	DEP 6
DEP 1		2	0	3	-1	1
DEP 2	1		0	0	0	0
DEP 3	3	-1		-3	-1	0
DEP 4	0	1	-3		2	-2
DEP 5	0	0	0	0		-2
DEP 6	0	2	0	-3	0	

2.

	DEP 2	DEP 1	DEP 3	DEP 4	DEP 5	DEP 6	IW
DEP 2		1	0	0	0	0	
DEP 1	2		0	3	-1	1	10
DEP 3	-1	3		-3	-1	0	4
DEP 4	1	0	-3		2	-2	7
DEP 5	0	0	0	0		-2	8
DEP 6	2	0	0	-3	0		5

HC aus DEP 1 & DEP 3

$$\frac{13+4+3}{2} = 10$$

HC aus DEP 5 & DEP 4

$$\frac{7+7+2}{2} = 8$$

3.

	DEP 2	DEP 1	DEP 3	DEP 4	DEP 5	DEP 6
DEP 2		1	0	0	0	0
DEP 1	2		0	3	-1	1
DEP 3	-1	3		-3	-1	0
DEP 4	1	0	-3		2	-2
DEP 5	0	0	0	0		-2
DEP 6	2	0	0	-3	0	

4.

	DEP 2	DEP 1	DEP 3	DEP 6	IW
DEP 2		1	0	0	
DEP 1	2		0	1	
DEP 3	-1	3		0	
DEP 6	2	0	0		3

Abbruchkriterium 1 & 2

Inhaltsgleichheit des Clusters mit DSM 6 aus Iteration DEP 1; Inhaltsgleichheit der DSM mit DEP-Cluster 1

Abbildung 131: Exemplarische Iteration mit DEP 2 als Clusterbasis[767]

[767] Eigene Darstellung.

In der exemplarischen Iteration mit DEP 2 als Clusterbasis wird der dedizierte Cluster-Algorithmus abgebrochen. DSM 4 erfüllt das Abbruchkriterium 1, indem eine Inhaltsgleichheit zwischen dem vorliegenden Cluster und dem Cluster der DSM 6 aus der Iteration mit DEP 1 als Clusterbasis besteht. Zugleich wird Abbruchkriterium 2 erfüllt, da eine Inhaltsgleichheit zwischen der vorliegenden DSM und DEP-Cluster 1 besteht. Folglich kann das DEP-Cluster 1 aus DEP 1, DEP 2, DEP 3 und DEP 6 als Ergebnis der vorliegenden Iterationsschleife abgeleitet werden. Das **DEP-Cluster 1** erreicht einen Clusternutzwert von 30.

Exemplarische Iteration mit DEP 6 als Clusterbasis

1.

	DEP 1	DEP 2	DEP 3	DEP 4	DEP 5	DEP 6
DEP 1		2	0	3	-1	1
DEP 2	1		0	0	0	0
DEP 3	3	-1		-3	-1	0
DEP 4	0	1	-3		2	-2
DEP 5	0	0	0	0		-2
DEP 6	0	2	0	-3	0	

3.

	DEP 6	DEP 1	DEP 3	DEP 2	DEP 4	DEP 5
DEP 6		0	0	2	-3	0
DEP 1	1		0	2	3	-1
DEP 3	0	3		-1	-3	-1
DEP 2	0	1	0		0	0
DEP 4	-2	0	-3	1		2
DEP 5	-2	0	0	0	0	

2.

	DEP 6	DEP 1	DEP 2	DEP 3	DEP 4	DEP 5	IW
DEP 6		0	2	0	-3	0	
DEP 1	1		2	0	3	-1	9,5
DEP 2	0	1		0	0	0	6
DEP 3	0	3	-1		-3	-1	5
DEP 4	-2	0	1	-3		2	1
DEP 5	-2	0	0	0	0		4

HC aus DEP 1 & DEP 3

$$\frac{11+5+3}{2} = 9{,}5$$

HC aus DEP 5 & DEP 4

$$\frac{5+1+2}{2} = 4$$

Abbildung 132: Exemplarische Iteration mit DEP 6 als Clusterbasis (I/II)[768]

[768] Eigene Darstellung.

4.

	DEP 6	DEP 1	DEP 3	DEP 2	IW
DEP 6		0	0	2	
DEP 1	1		0	2	
DEP 3	0	3		-1	
DEP 2	0	1	0		8

Abbruchkriterium 2

Inhaltsgleichheit der DSM mit DEP-Cluster 1

Abbildung 133: Exemplarische Iteration mit DEP 6 als Clusterbasis (II/II)[769]

In der exemplarischen Iteration mit DEP 6 als Clusterbasis wird der dedizierte Cluster-Algorithmus abgebrochen. DSM 4 erfüllt das Abbruchkriterium 2, indem eine Inhaltsgleichheit zwischen der vorliegenden DSM und DEP-Cluster 1 besteht. Demzufolge kann das DEP-Cluster 1 aus DEP 1, DEP 2, DEP 3 und DEP 6 als Ergebnis der vorliegenden Iterationsschleife abgeleitet werden. Das **DEP-Cluster 1** erreicht einen Clusternutzwert von 30.

A.3 Resultierende exemplarische DEP-Cluster

Die vollständige exemplarische Durchführung des dedizierten Cluster-Algorithmus resultiert in zwei verschiedenen DEP-Clustern. Die Konstellationen von DEP-Cluster 1 und DEP-Cluster 2 sind in der nachfolgenden Abbildung anhand ihrer DSM mit deren jeweiligen Clusternutzwerten visualisiert.

DEP-Cluster 1

	DEP 1	DEP 2	DEP 3	DEP 6	CNW
DEP 1		2	0	1	
DEP 2	1		0	0	30
DEP 3	3	-1		0	
DEP 6	0	2	0		

DEP-Cluster 2

	DEP 2	DEP 4	DEP 5	CNW
DEP 2		0	0	
DEP 4	1		2	20
DEP 5	0	0		

Abbildung 134: Resultierende DEP-Cluster aus dem dedizierten Cluster-Algorithmus[770]

[769] Eigene Darstellung.
[770] Eigene Darstellung.

IX Literaturverzeichnis

acatech (Cyber-Physical Systems):
Cyber-Physical Systems. Innovationsmotor für Mobilität, Gesundheit, Energie und Produktion. Berlin: Springer, 2011.

Albert, H. (Marktsoziologie und Entscheidungslehre):
Marktsoziologie und Entscheidungslogik. Zur Kritik der reinen Ökonomik. Tübingen: Mohr Siebeck, 1998.

Albukhitan, S. (Developing Digital Transformation Strategy for Manufacturing):
Digital Transformation Strategy for Manufacturing. In: Procedia Computer Science. 170. Jg, 2020, S. 664-671.

Andrews, K. R. (Concept of Corporate Strategy):
The Concept of Corporate Strategy, 1971.

Ansoff, H. I. (Corporate Strategy):
Corporate Strategy. An Analytic Approach to Cusiness Policy for Growth and Expansion, 1965.

Bach, N.; Brehm, C.; Buchholz, W.; Petry, T. (Organisation):
Organisation. Gestaltung wertschöpfungsorientierter Architekturen, Prozesse und Strukturen. 2. Aufl. Wiesbaden: Springer Gabler, 2017.

Bacher, J.; Pöge, A.; Wenzig, K. (Clusteranalyse):
Clusteranalyse. Anwendungsorientierte Einführung in Klassifikationsverfahren. 3. Aufl. München: Oldenbourg, 2010.

Backhaus, K.; Erichson, B.; Plinke, W.; Weiber, R. (Multivariate Analysemethoden):
Multivariate Analysemethoden. Eine anwendungsorientierte Einführung. 14. Aufl. Berlin: Springer Gabler, 2016.

Bamberger, I.; Wrona, T. (Strategische Unternehmensberatung):
Strategische Unternehmensberatung. Konzeptionen - Prozesse - Methoden. In: Bamberger, I.; Wrona, T. (Hrsg.). (Reihe: SpringerLink Bücher). 6., akt. u. erw. Aufl. 2012. Wiesbaden: Gabler Verlag, 2012.

Bandte, H. (Komplexität in Organisationen):
Komplexität in Organisationen. Organisationstheoretische Betrachtung und agentenbasierte Simulation. 1. Aufl.: DUV Deutscher Universitäts-Verlag, 2007.

Bardmann, M. (Allgemeine Betriebswirtschaftlehre):
Grundlagen der Allgemeinen Betriebswirtschaftslehre. Geschichte - Konzepte - Digitalisierung. Wiesbaden: Springer Gabler, 2019.

Bauer, W.; Schlund, S.; Marrenbach, D.; Ganschar, O. (Volkswirtschaftliches Potenzial von Industrie 4.0):
Industrie 4.0 - volkswirtschaftliches Potenzial für Deutschland. Studie. Berlin, 2014.

Bauernhansl, T. (Die Vierte Industrielle Revolution):
Vierte Industrielle Revolution. Der Weg in ein wertschaffendes Produktionsparadigma. In: Bauernhansl, T.; Hompel, M. ten; Vogel-Heuser, B. (Hrsg.) Industrie 4.0 in Produktion, Automatisierung und Logistik. Anwendung · Technologien · Migration. Wiesbaden: Springer Fachmedien Wiesbaden, 2014, S. 5-35.

Bauernhansl, T.; Krüger, J.; Reinhart, G.; Schuh, G. (Standpunkt Industrie 4.0):
WGP-Standpunkt Industrie 4.0. Darmstadt: WGP, Wissenschaftliche Gesellschaft für Produktionstechnik, 2016.

Becker, T. (Prozesse in der Produktion optimieren):
Prozesse in Produktion und Supply Chain optimieren. 2., neu bearb. und erw. Aufl. Berlin, Heidelberg: Springer-Verlag, 2008.

Becker, W.; Schmid, O. (Rolle des Chief Digital Officer im Rahmen der digitalen Transformation von Unternehmen):
Chief Digital Officer. In: Becker, W.; Eierle, B.; Fliaster, A.; Ivens, B. S.; Leischnig, A.; Pflaum, A.; Sucky, E. (Hrsg.) Geschäftsmodelle in der digitalen Welt. Strategien, Prozesse und Praxiserfahrungen. Wiesbaden, Germany: Springer Gabler, 2019, S. 361-380.

Becker, W.; Schuhknecht, F.; Botzkowski, T. (Die Balanced Scorecard als Instrument zur Entwicklung und Implementierung von Digitalisierungsstrategien):
Entwicklung und Implementierung von Digitalisierungsstrategien. In: Becker, W.; Eierle, B.; Fliaster, A.; Ivens, B. S.; Leischnig, A.; Pflaum, A.; Sucky, E. (Hrsg.) Geschäftsmodelle in der digitalen Welt. Strategien, Prozesse und Praxiserfahrungen. Wiesbaden, Germany: Springer Gabler, 2019, S. 37-56.

Berens, W.; Delfmann, W.; Schmitting, W. (Quantitative Planung):
Quantitative Planung. Grundlagen, Fallstudien, Lösungen. 4., überarb. und erw. Aufl. Stuttgart: Schäffer-Poeschel, 2004.

Bilsing, A. (Technologische Leistungsfähigkeit):
Kennzahlengestützte Bewertung der technologischen Leistungsfähigkeit der Fertigung im Werkzeug- und Formenbau. Dissertation der RWTH Aachen. Aachen: Shaker, 2007.

Binder, V. A.; Kantowsky, J. (Technologiepotentiale):
Technologiepotentiale. Neuausrichtung der Gestaltungsfelder des Strategischen Technologiemanagements. (Reihe: Springer eBook Collection Business and Economics). Wiesbaden: Deutscher Universitätsverlag, 1996.

Binner, H. F. (Ganzheitliches Prozessmanagement):
Methoden-Baukasten für ganzheitliches Prozessmanagement. Systematische Problemlösungen zur Organisationsentwicklung und -gestaltung. Wiesbaden: Springer Fachmedien Wiesbaden, 2016.

Bischoff, J.; Taphorn, C.; Wolter, D.; Braun, N.; Fellbaum, M.; Goloverov, A.; Ludwig, S.; Hegmanns, T.; Prasse, C.; Henke, M.; Hompel, M. ten; **Döbbeler, F.; Fuss, E.; Kirsch, C.; Mättig, B.; Braun, S.; Guth, M.; Kaspers, M.; Scheffler, D. (Potenziale von Industrie 4.0 im Mittelstand):**
Erschließen der Potenziale der Anwendung von Industrie 4.0 im Mittelstand. Studie im Auftrag des Bundesministeriums für Wirtschaft und Energie (BMWi), 2015.

Bleicher, K. (Integriertes Management):
Das Konzept Integriertes Management. Visionen - Missionen - Programme. (Reihe: Business 2011). 8., überarbeitete Aufl. Frankfurt am Main: Campus Verlag GmbH, 2011.

BMBF (Bekanntmachung des Bundesministeriums für Bildung und Forschung von Richtlinien zur Förderung im Programm „Forschung für die Produktion von morgen" zum Themenfeld Intelligente Vernetzung in der Produktion - Ein Beitrag zum Zukunftsprojekt „Industrie 4.0"):
Bekanntmachung BMBF. Bundesministerium für Bildung und Forschung, 2011. https://www.bmbf.de/foerderungen/bekanntmachung-709.html, Stand: 14.09.2020

Boos, W. (Modulare Werkzeuge):
Methodik zur Gestaltung und Bewertung von modularen Werkzeugen. Dissertation der RWTH Aachen. Aachen: Apprimus, 2008.

Boos, W.; Kelzenberg, C.; Goertz, D.; Schweins, J. (Wettbewerbsfähig durch Industrie 4.0):
Wettbewerbsfähig durch Industrie 4.0. In: Digital Manufacturing. 12. Jg, 2020, Nr. 2, S. 40-41.

Boos, W.; Kelzenberg, C.; Helbig, J.; Graberg, T. (Auftragsabwicklung 4.0):
Auftragsabwicklung 4.0. Strategien im Werkzeugbau. In: FORM + Werkzeug. 29. Jg, 2020, S. 32-33.

Boos, W.; Kelzenberg, C.; Prümmer, M.; Goertz, D.; Boshof, J.; Horstkotte, R.; Ochel, T.; Lürken, C. (Tooling in Germany):
Tooling in Germany. Aachen: WBA Aachener Werkzeugbau Akademie GmbH im Eigenverlag, 2020.

Boos, W.; Kelzenberg, C.; Wiese, J.; Boshof, J.; Kessler, N.; Haase, B. (IT-Infrastruktur zur digitalen Vernetzung):
IT-Infrastruktur zur digitalen Vernetzung im Werkzeugbau. 1. Aufl. Aachen: WBA Aachener Werkzeugbau Akademie GmbH im Eigenverlag, 2021.

Boos, W.; Kelzenberg, C.; Wiese, J.; Goertz, D.; Boshof, J.; Busch, M.; Kessler, N. (Digitale Transformation im Werkzeugbau):
Digitale Transformation im Werkzeugbau. Aachen: WBA Aachener Werkzeugbau Akademie GmbH im Eigenverlag, 2019.

Boos, W.; Kelzenberg, C.; Wiese, J.; Stracke, F.; Ebbecke, C.; Graberg, T.; Jakubowski, S.; Lapper, S. (Intelligente Werkzeuge und datenbasierte Geschäftsmodelle):
Intelligente Werkzeuge und datenbasierte Geschäftsmodelle. 1. Aufl. Aachen: Werkzeugmaschinenlabor WZL der RWTH Aachen im Eigenverlag, 2019.

Boos, W.; Pitsch, M.; Salmen, M.; Wiese, J.; Kelzenberg, C.; Lange, J. de **(Erfolgreich Kalkulieren):**
Erfolgreich Kalkulieren im Werkzeugbau. Aachen: Werkzeugmaschinenlabor WZL der RWTH Aachen im Eigenverlag, 2015.

Boos, W.; Salmen, M.; Begovic, A.; Kelzenberg, C.; Stracke, F. (Smart Tooling):
Smart Tooling. 2016. Aachen: Werkzeugmaschinenlabor WZL der RWTH Aachen im Eigenverlag, 2016.

Boos, W.; Salmen, M.; Kelzenberg, C.; Johannsen, L.; Helbig, J.; Ebbecke, C. (Tooling in Germany):
Tooling in Germany. 2. Aufl. Aachen: Werkzeugmaschinenlabor WZL der RWTH Aachen im Eigenverlag, 2018.

Boos, W.; Salmen, M.; Kelzenberg, C.; Stark, M.; Schultes, T.; Graberg, T. (World of Tooling):
World of Tooling. Aachen: WBA Aachener Werkzeugbau Akademie GmbH im Eigenverlag, 2018.

Bossel, H. (Systeme, Dynamik, Simulation):
Systeme, Dynamik, Simulation. Modellbildung, Analyse und Simulation komplexer Systeme. Norderstedt: Books on Demand, 2004.

Bowersox, D.; Closs, D.; Drayer, R. (The Digital Transformation):
The Digital Transformation. Technology and Beyond. In: Supply Chain Management Review. 9. Jg, 2005, S. 22-30.

Bracker, J. (The Historical Development of the Strategic Management Concept):
Development of the Strategic Management. In: The Academy of Management Review. 5. Jg, 1980, Nr. 2, S. 219-224.

Brand, L.; Hülser, T.; Grimm, V.; Zweck, A. (Internet der Dinge):
Internet der Dinge - Perspektiven für die Logistik. Übersichtsstudie. (Reihe: Zukünftige Technologien, Bd. 80). Düsseldorf: Zukünftige Technologien Consulting, 2009.

Brandenburg, F. (Planung technologischer Produktinnovationen):
Methodik zur Planung technologischer Produktinnovationen. Dissertation der RWTH Aachen. Aachen: Shaker, 2002.

Brankamp, K. (Werkzeug- und Betriebsmittelbau):
Wettbewerbsfaktor Werkzeug- und Betriebsmittelbau. Zürich: Industrielle Organisation/TÜV Rheinland, 1991.

Brecher, C.; Klocke, F.; Schmitt, R.; Schuh, G. (Internet of Production für agile Unternehmen):
Internet of Production für agile Unternehmen. AWK Aachener Werkzeugmaschinen-Kolloquium 2017. In: Brecher, C.; Klocke, F.; Schmitt, R.; Schuh, G. (Hrsg.). 1. Aufl. Aachen: Apprimus Verlag, 2017.

Browning, T. R. (Applying the Design Structure Matrix to System Decomposition and Integration Problems):
Design Structure Matrix. A Review and New Directions. In: IEEE Trans. Eng. Manage. 48. Jg, 2001, Nr. 3, S. 292-306.

Broy, M. (Innovation durch CPS):
Cyber-Physical Systems. Innovation durch softwareintensive eingebettete Systeme. Berlin, Heidelberg: Springer-Verlag Berlin Heidelberg, 2010.

Brunhuber, E. (Druckgußfertigung):
Praxis der Druckgußfertigung. 4. Aufl. Berlin: Schiele & Schön, 1991.

Bruns, M. (Systemtechnik):
Systemtechnik. Ingenieurwissenschaftliche Methodik zur interdisziplinären Systementwicklung. Berlin, Heidelberg: Springer Berlin Heidelberg, 1991.

Bullinger, H.-J.; Spath, D.; Warnecke, H.-J.; Westkämper, E. (Handbuch Unternehmensorganisation):
Unternehmensorganisation. Strategien, Planung, Umsetzung. In: Bullinger, H.-J.; Spath, D.; Warnecke, H.-J.; Westkämper, E. (Hrsg.). 3. Aufl. Berlin: Springer, 2009.

Bundesministerium für Wirtschaft und Klimaschutz (Moderne Industriepolitik):
Industriepolitik. Bundesministerium für Wirtschaft und Klimaschutz - BMWK, 2022. https://www.bmwk.de/Redaktion/DE/Dossier/moderne-industriepolitik.html, Stand: 15.07.2022

Camp, R. C. (Benchmarking):
Benchmarking. München: Hanser, 1994.

Capron, L.; Hulland, J. (Redeployment of Brands, Sales Forces, and General Marketing Management Expertise Following Horizontal Acquisitions: A Resource-Based View: A Resource-Based View):
A Resource-Based View. In: Journal of Marketing. 63. Jg, 1999, Nr. 2, S. 41-54.

Chalmers, A. F.; Bergemann, N. (Wissenschaftstheorie):
Wege der Wissenschaft. Einführung in die Wissenschaftstheorie. 6., verbesserte Aufl. Berlin, Heidelberg: Springer-Verlag Berlin Heidelberg, 2007.

Chandler, A. D. (Strategy and Structure):
Strategy and Structure. Chapters in the History of the Industrial Enterprise. (Reihe: MIT Press research monographs). Cambridge, Mass.: MIT Press, 1962.

Coulter, M. K. (Strategic Management):
Strategic management in action. (Reihe: Always learning). 6. ed. Boston: Pearson, 2013.

Creusen, U.; Gall, B.; Hackl, O. (Digital Leadership):
Digital Leadership. Führung in Zeiten des digitalen Wandels. Wiesbaden: Springer Gabler, 2017.

Dawes, J. (Point Scales):
Point Scales. Do data characteristics change according to the number of scale points used? An experiment using 5-point, 7-point and 10-point scales. In: International journal of market research (JMRS): the journal of the Market Research Society. 50. Jg, 2008, Nr. 1, S. 61-77.

Doege, E.; Behrens, B.-A. (Umformtechnik):
Handbuch Umformtechnik. Grundlagen, Technologien, Maschinen. 2. Aufl. Berlin: Springer, 2010.

Domschke, W.; Drexl, A.; Klein, R.; Scholl, A. (Operations Research):
Einführung in Operations Research. 9., überarbeitete und verbesserte Aufl. Berlin: Springer Gabler, 2015.

Drews, G. (Projektmanagement-Methoden):
Lexikon der Projektmanagement-Methoden. (Reihe: GPM Projektmanagement bei Haufe). 2. Auflage. Freiburg: Haufe, 2010.

Duden (Best Practice):
Definition: Best Practice, 2021. https://www.duden.de/node/21314/revision/21343, Stand: 25.07.2021

Duden (Roadmap):
Definition: Roadmap, 2021. https://www.duden.de/node/122454/revision/122490, Stand: 25.07.2021

Duden (Modell):
Modell, 2021. https://www.duden.de/node/98181/revision/98217, Stand: 06.11.2021

Duden (Dokument):
Dokument, 2022. https://www.duden.de/node/33838/revision/33867, Stand: 16.01.2022

Dyckhoff, H. (Produktionstheorie):
Produktionstheorie. Grundzüge industrieller Produktionswirtschaft. (Reihe: Springer-Lehrbuch). 5, Aufl. Berlin: Springer, 2006.

Erner, M.; Hammer, S. (Strategisches Management 4.0):
Strategisches Management 4.0. In: Erner, M. (Hrsg.) Management 4.0 - Unternehmensführung im digitalen Zeitalter. (Reihe: Springer eBook Collection). Berlin, Heidelberg: Springer Gabler, 2019, S. 123-170.

Ernst & Young (Industrie 4.0: Status Quo und Perspektiven):
Industrie 4.0: Status Quo und Perspektiven. Ergebnisse einer repräsentativen Unternehmensbefragung in Deutschland und der Schweiz, 2018.

Erpenbeck, J.; Sauter, W. (So werden wir lernen!):
So werden wir lernen! Kompetenzentwicklung in einer Welt fühlender Computer, kluger Wolken und sinnsuchender Netze. Berlin, Heidelberg: Springer Gabler, 2013.

Europäische Kommission (KMU):
Amtsblatt der Europäischen Union L 124/36. Empfehlung der Kommission vom 6. Mai 2003 betreffend die Definition der Kleinstunternehmen sowie der kleinen und mittleren Unternehmen, 2003.

Eversheim, W. (Organisation der Produktionstechnik):
Organisation in der Produktionstechnik. (Reihe: Studium und Praxis). 3. Aufl. Düsseldorf: VDI-Verlag, 1996.

Eversheim, W. (Standortplanung):
Standortplanung. In: Eversheim, W.; Schuh, G. (Hrsg.) Produktion und Management 3. Gestaltung von Produktionssystemen. Berlin, Heidelberg: Springer, 1999.

Eversheim, W.; Klocke, F. (Werkzeugbau mit Zukunft):
Werkzeugbau mit Zukunft - Strategie und Technologie. Berlin: Springer, 1998.

Eversheim, W.; Klocke, F.; Schuh, G.; Bauernhansl, T.; Deckert, C.; Kampker, A.; Knodt, S. (Orientierung für den Werkzeug- und Formenbau):
Orientierung für den Werkzeug- und Formenbau. Mit Benchmarking von den Besten lernen. Aachen, 2002.

Fleischmann, A.; Oppl, S.; Schmidt, W.; Stary, C. (Modellierungssprachen):
Modellierungssprachen. In: Fleischmann, A. (Hrsg.) Ganzheitliche Digitalisierung Von Prozessen. Perspektivenwechsel - Design Thinking - Wertegeleitete Interaktion. Wiesbaden: Springer Fachmedien Wiesbaden GmbH, 2018, S. 71-128.

Freiling, J. (Resource-based View und ökonomische Theorie):
Resource-based View und ökonomische Theorie. Grundlagen und Positionierung des Ressourcenansatzes. Wiesbaden: Deutscher Universitätsverlag, 2001.

Frese, E.; Graumann, M.; Talaulicar, T. (Grundlagen der Organisation):
Grundlagen der Organisation. Entscheidungsorientiertes Konzept der Organisationsgestaltung. 11. Aufl., 2019.

Frick, L. (Geschäftsmodelle im Werkzeugbau):
Erfolgreiche Geschäftsmodelle im Werkzeugbau. Dissertation der RWTH Aachen. Aachen: Shaker, 2006.

Gaitanides, M. (Prozessorganisation):
Prozessorganisation. Entwicklung, Ansätze und Programme des Managements von Geschäftsprozessen. (Reihe: Vahlens Handbücher der Wirtschafts- und Sozialwissenschaften). 2. Aufl. München: Vahlen, 2007.

Gälweiler, A.; Malik, F. (Strategische Unternehmensführung):
Strategische Unternehmensführung. (Reihe: Strategie). 3. Aufl. Frankfurt: Campus Verlag, 2005.

Gartner Inc. (Technology Roadmap for Midsize Enterprises):
Emerging Technology Roadmap for Midsize Enterprises. 2021 to 2023, 2021.

Gaus, F. (Geschäftsmodelle im Werkzeugbau):
Methodik zur Überprüfung der Logik eines Geschäftsmodells im Werkzeugbau. Dissertation der RWTH Aachen. Aachen: Apprimus, 2010.

Giehler, F. (Planungsproduktivität der Auftragsabwicklung):
Erhöhung der Planungsproduktivität am Beispiel der Auftragsabwicklung im Werkzeugbau. Dissertation der RWTH Aachen. Aachen: Apprimus, 2010.

Gienke, H.; Kämpf, R.; Aldinger, L. (Handbuch Produktion):
Handbuch Produktion. Innovatives Produktionsmanagement: Organisation, Konzepte, Controlling. München: Hanser, 2007.

Gierhake, O. (Integriertes Geschäftsprozessmanagement):
Integriertes Geschäftsprozessmanagement. Effektive Organisationsgestaltung mit Workflow-, Workgroup- und Dokumentenmanagement-Systemen. (Reihe: Edition Wirtschaftsinformatik). 3., verbesserte und erweiterte Aufl. Wiesbaden: Vieweg+Teubner Verlag, 2000.

Götze, U. (Investitionsrechnung):
Investitionsrechnung. Modelle und Analysen zur Beurteilung von Investitionsvorhaben. (Reihe: Springer-Lehrbuch). 7. Aufl. Berlin: Springer Gabler, 2014.

Graef, N. (Industrie 4.0-Gesamtkonzept):
Industrie 4.0-Gesamtkonzept. Zusammenspiel von intelligenten Infrastrukturen, Paradigmen und technologischen Komponenten. In: Roth, A. (Hrsg.) Einführung und Umsetzung von Industrie 4.0. Grundlagen, Vorgehensmodell und Use Cases aus der Praxis. Berlin, Heidelberg: Springer Gabler, 2016, S. 73-82.

Grünig, R.; Kühn, R. (Strategy Planning Process):
The Strategy Planning Process. Analyses, Options, Projects. 2nd ed. 2018. Berlin, Heidelberg: Springer Berlin Heidelberg, 2018.

Guba, E.; Lincoln, Y. S. (Competing Paradigms in Qualitative Research):
Competing Paradigms in Qualitative Research. In: Denzin, N. K.; Lincoln, Y. S. (Hrsg.) Handbook of Qualitative Research. Thousand Oaks: Sage Publications, 1994, S. 105-117.

Gutenberg, E. (Grundlagen der Betriebswirtschaftslehre):
Grundlagen der Betriebswirtschaftslehre. Die Produktion. 24. Aufl. Berlin, Heidelberg: Springer Berlin Heidelberg, 1971.

Haasler, B. (Facharbeit im Werkzeugbau):
Hochtechnologie und Handarbeit. Eine Studie zur Facharbeit im Werkzeugbau der Automobilindustrie. Dissertation der Universität Bremen. Bielefeld: Bertelsmann, 2004.

Haberfellner, R.; Weck, O. L. de; **Fricke, E. (Systems Engineering):**
Systems Engineering. Fundamentals and Applications, 2019.

Hammer, M.; Champy, J. (Reengineering the Corporation):
Reengineering the Corporation. A Manifesto for Business Revolution. New York: Collins Business Essentials, 2006.

Hansmann, K.-W. (Industrielles Management):
Industrielles Management. 8. Aufl. München: Oldenbourg Verlag, 2006.

Held, T.; Koch, J. (Einführungsstrategien für die Digitalisierung im Einkauf):
Einführungsstrategien für die Digitalisierung. In: Schröder, M.; Wegner, K. (Hrsg.) Logistik im Wandel der Zeit - Von der Produktionssteuerung zu vernetzten Supply Chains: Festschrift für Wolfgang Kersten zum 60. Geburtstag. Wiesbaden: Springer Fachmedien Wiesbaden, 2019, S. 495-525.

Hensen, T. (Auslegung industrieller Werkzeugbaubetriebe):
Strategische Auslegung industrieller Werkzeugbaubetriebe. Dissertation der RWTH Aachen. Aachen: Apprimus, 2017.

Herbertz, R.; Hermanns, H.; Labs, R.; Volz, H. U. (Massivumformung):
Massivumformung kurz und bündig. Hagen: Industrieverband Massivumformung, 2013.

Herfurth, K. (Fertigungsverfahren Urformen):
Fertigungsverfahren Urformen. In: Grote, K.-H.; Feldhusen, J. (Hrsg.) Dubbel. Taschenbuch für den Maschinenbau. 92. Aufl. Berlin: Springer, 2007, S. 1-114.

Herget, J.; Strobl, H. (Unternehmenskultur in der Praxis):
Unternehmenskultur. Grundlagen - Methoden - Best Practices. In: Herget, J.; Strobl, H. (Hrsg.). Wiesbaden: Springer Gabler, 2018.

Hermann, M.; Pentek, T.; Otto, B. (Design Principles for Industrie 4.0 Scenarios):
Design Principles for Industrie 4.0. In: Tagungsband zum 2016 49th Hawaii International Conference on System Sciences (HICSS), 2016, S. 3928-3937.

Herrmann, A.; Huber, F. (Produktmanagement):
Produktmanagement. Grundlagen, Methoden, Beispiele. (Reihe: Lehrbuch). 3., vollst. überarb. und erw. Aufl. Wiesbaden: Springer Gabler, 2013.

Hess, T. (Digitale Transformation strategisch steuern):
Digitale Transformation strategisch steuern. Vom Zufallstreffer zum systematischen Vorgehen. Wiesbaden: Springer Fachmedien Wiesbaden, 2019.

Higgins, J. M.; Wiese, G. G. (Innovationsmanagement):
Innovationsmanagement. Kreativitätstechniken für den unternehmerischen Erfolg. Berlin, Heidelberg: Springer Berlin Heidelberg, 1996.

Hofer, C. W.; Schendel, D. (Strategy Formulation):
Strategy Formulation. Analytical Concepts. (Reihe: The West series in business policy and planning). 7. repr. St. Paul: West Publishing Company, 1982.

Höge, R. (Organisatorische Segmentierung):
Organisatorische Segmentierung. Wiesbaden: Deutscher Universitätsverlag, 1995.

Holmes, J.; Rutherford, T.; Fitzgibbon, S. (Innovation in the Automotive Tool Industry):
Innovation in the Automotive Tool, Die and Mould Industry. A Case Study of the Windsor-Essex Region. In: Wolfe, D. A.; Lucas, M. (Hrsg.) Global Networks and Local Linkages - The Paradox of Cluster Development in an Open Economy. Montreal: McGill-Queen's University Press, 2005, S. 119-153.

Homp, C. (Aufbau von Kernkompetenzen):
Entwicklung und Aufbau von Kernkompetenzen. (Reihe: Strategische Unternehmungsführung). Wiesbaden: Deutscher Universitätsverlag, 2000.

Hoppe, G. (High-Performance Automation verbindet IT und Produktion):
High-Performance Automation. In: Bauernhansl, T.; Hompel, M. ten; Vogel-Heuser, B. (Hrsg.) Industrie 4.0 in Produktion, Automatisierung und Logistik. Anwendung · Technologien · Migration. Wiesbaden: Springer Fachmedien Wiesbaden, 2014, S. 249-275.

Hub, H. (Einführung Betriebsorganisation):
Aufbauorganisation, Ablauforganisation. Einführung in die Betriebsorganisation, Aufgabenanalyse, Aufgabensynthese, Zentralisation, Dezentralisation, Darstellungsmittel, Organisationsformen, Arbeitsabläufe. (Reihe: Praxis der Unternehmensführung). 1. Aufl. Wiesbaden: Springer Fachmedien Wiesbaden, 1994.

Hungenberg, H. (Strategisches Management):
Strategisches Management in Unternehmen. Ziele - Prozesse - Verfahren. 8. Aufl. Wiesbaden: Springer Gabler, 2014.

Hungenberg, H.; Wulf, T. (Grundlagen Unternehmensführung):
Grundlagen der Unternehmensführung. Einführung für Bachelorstudierende. 5., aktual. u. erw. Aufl. Berlin, Heidelberg: Springer Berlin Heidelberg, 2015.

Ilevbare, I. M.; Probert, D.; Phaal, R. (A review of TRIZ, and its benefits and challenges in practice):
TRIZ. In: Technovation. 33. Jg, 2013, 2-3, S. 30-37.

Ismail, M. H.; Khater, M.; Zaki, M. (Digital Business Transformation and Strategy):
Digital Business Transformation and Strategy. What Do We Know So Far? Working Paper of the University of Cambridge, 2017.

Issa, A.; Hatiboglu, B.; Bildstein, A.; Bauernhansl, T. (Industrie 4.0 roadmap):
Framework for digital Transformation & Industrie 4.0-Roadmap. Framework for digital transformation based on the concepts of capability maturity and alignment. In: Procedia CIRP. 72. Jg, 2018, S. 973-978.

Jacob, H.; Horváth, P. (Controlling und Finanzplanung als Führungsinstrumente):
Controlling und Finanzplanung. In: Jacob, H.; Horváth, P. (Hrsg.). (Reihe: Schriften zur Unternehmensführung, Bd. 27). Wiesbaden: Gabler Verlag, 1980.

Johnson, G.; Scholes, K.; Whittington, R. (Corporate Strategy):
Exploring Corporate Strategy. Text and cases. 7. ed. Harlow: Financial Times Prentice Hall, 2005.

Kagermann, H. (Chancen von Industrie 4.0 nutzen):
Chancen von Industrie 4.0. In: Bauernhansl, T.; Hompel, M. ten; Vogel-Heuser, B. (Hrsg.) Industrie 4.0 in Produktion, Automatisierung und Logistik. Anwendung · Technologien · Migration. Wiesbaden: Springer Fachmedien Wiesbaden, 2014, S. 603-614.

Kagermann, H.; Wahlster, W.; Helbig, J., 2013 **(Umsetzungsempfehlungen für das Zukunftsprojekt Industrie 4.0.** Deutschlands Zukunft als Produktionsstandort sichern. Abschlussbericht des Arbeitskreises Industrie 4.0. Hg. v. Promotorengruppe Kommunikation der Forschungsunion Wirtschaft – Wissenschaft. Bundesministerium für Bildung und Forschung - BMBF. Frankfurt. https://www.bmbf.de/files/Umsetzungsempfehlungen_Industrie4_0.pdf

Kampker, A. (Kompetenzbasierte Geschäftsausweitung):
Kompetenzbasierte Geschäftsausweitung von produzierenden Unternehmen. Dissertation der RWTH Aachen. Aachen: Shaker, 2004.

Kane, G. C.; Palmer, D.; Phillips, A. N.; Kiron, D.; Buckley, N. (Strategy, not Technology, Drives Digital Transformation):
Strategy Drives Digital Transformation. Becoming a digitally mature enterprise. Findings from the 2015 digital business global executive study and research project. In: MIT Sloan Management Review and Deloitte University Press. July 2015. Jg, 2015.

Kano, N.; Seraku, N.; Takahashi, F.; Tsuji, S. i. (Attractive Quality and Must-Be Quality):
Attractive Quality and Must-Be Quality. In: Journal of the Japanese Society for Quality Control. 14. Jg, 1984, Nr. 2, S. 147-156.

Kaplan, R. S.; Norton, D. P. (Balanced Scorecard):
The Balanced Scorecard. Translating Strategy into Action. Boston, Mass.: Harvard Business School Press, 1996.

Kelzenberg, C. (Datenstrukturmodell für den digitalen Schatten):
Datenstrukturmodell für den digitalen Schatten der Auftragsabwicklung von Werkzeugbaubetrieben. Dissertation der RWTH Aachen. Aachen: Apprimus, 2020.

Kersten, W.; Schröder, M.; Indorf, M. (Potenziale der Digitalisierung für das Supply Chain Risikomanagement):
Potenziale der Digitalisierung. Eine empirische Analyse. In: Seiter, M.; Grünert, L.; Berlin, S. (Hrsg.) Betriebswirtschaftliche Aspekte von Industrie 4.0. Wiesbaden: Springer Fachmedien Wiesbaden, 2017, S. 47-74.

Kersten, W.; See, B. von; **Indorf, M. (Digitalisierung als Wegbereiter für effiziente Wertschöpfungsnetzwerke):**
Digitalisierung als Wegbereiter. In: Khare, A.; Kessler, D.; Wirsam, J. (Hrsg.) Marktorientiertes Produkt- und Produktionsmanagement in digitalen Umwelten: Festgabe für Klaus Bellmann zum 75. Geburtstag. Festgabe für Klaus Bellmann zum 75. Geburtstag. Wiesbaden: Springer Fachmedien Wiesbaden, 2018, S. 101-118.

Kett, I. W.; Schewe, G. (Management Skills):
Management Skills. Beziehungen nutzen, Probleme lösen, effektiv kommunizieren. 1. Aufl. Wiesbaden: GABLER, 2010.

Kirchner, K.; Lemke, C.; Brenner, W. (Neue Formen der Wertschöpfung im digitalen Zeitalter):
Wertschöpfung im digitalen Zeitalter. In: Barton, T.; Müller, C.; Seel, C. (Hrsg.) Digitalisierung in Unternehmen. Von den theoretischen Ansätzen zur praktischen Umsetzung. (Reihe: Angewandte Wirtschaftsinformatik). Wiesbaden: Springer Vieweg, 2018, S. 27-45.

Kirsch, W. (Evolution von Unternehmen):
Strategisches Management. Die geplante Evolution von Unternehmen. (Reihe: Münchener Schriften zur angewandten Führungslehre, Bd. 88). Herrsching: Kirsch, 1997.

Kistner, K.-P. (Produktions- und Kostentheorie):
Produktions- und Kostentheorie. (Reihe: Physica-Lehrbuch). 2., vollst. überarb. und erw. Aufl. Heidelberg: Physica-Verlag HD, 1993.

Klocke, F.; Arntz, K. (Technologien für den Werkzeugbau):
Technologien für den Werkzeug- und Formenbau von morgen. Vortrag im Rahmen des 4. internationalen Kolloquiums "Werkzeugbau mit Zukunft". Aachen, 2004.

Klotzbach, C. (Industrieller Werkzeugbau):
Gestaltungsmodell für den industriellen Werkzeugbau. Dissertation der RWTH Aachen. Aachen: Shaker, 2007.

Kolks, U. (Strategieimplementierung):
Strategieimplementierung. Ein anwenderorientiertes Konzept. Wiesbaden: Deutscher Universitäts Verlag, 1990.

Koltzenburg, S.; Maskos, M.; Nuyken, O. (Polymere):
Polymere. Synthese, Eigenschaften und Anwendungen. Berlin: Springer Spektrum, 2014.

Komorek, N. J. (Kollaborative Wertschöpfung im Werkzeugbau):
Gestaltungsmodell für kollaborative Wertschöpfung im industriellen Werkzeugbau. Dissertation der RWTH Aachen. Aachen: Apprimus, 2014.

Kozielski, S. A. (Kennzahlensystem für den Werkzeugbau):
Integratives Kennzahlensystem für den Werkzeugbau. Dissertation der RWTH Aachen. Aachen: Apprimus, 2010.

Krah, O. (Prozessmodell):
Prozessmodell zur Unterstützung umfassender Veränderungsprojekte. Dissertation der RWTH Aachen. Aachen: Shaker, 1999.

Krüger, W.; Homp, C. (Kernkompetenz-Management):
Kernkompetenz-Management. Steigerung von Flexibilität und Schlagkraft im Wettbewerb. Wiesbaden: GABLER, 1997.

Kubicek, H. (Heuristische Bezugsrahmen):
Heuristische Bezugsrahmen und heuristisch angelegte Forschungsdesign als Elemente einer Konstruktionsstrategie empirischer Forschung. (Reihe: Arbeitspapier / Institut für Unternehmensführung im Fachbereich Wirtschaftswissenschaften der Freien Universität Berlin, Bd. 16). Berlin: Inst. für Unternehmensführung, 1977.

Kuhlmann, K. K. (Geschäftsprozesse im industriellen Werkzeugbau):
Methodik zur Gestaltung von Geschäftsprozessen im industriellen Werkzeugbau. Dissertation der RWTH Aachen. Aachen: Apprimus, 2011.

Kuhlmann, T. B. (Corporate Tooling):
Corporate Tooling. Modularer Werkzeugbau als Befähiger internationaler Produktionsnetzwerke. Dissertation der RWTH Aachen. Aachen: Apprimus, 2017.

Kuhn, T. S. (Struktur wissenschaftlicher Revolutionen):
Die Struktur wissenschaftlicher Revolutionen. Frankfurt am Main: Suhrkamp, 2020.

Kühn, T. (Leistungssysteme im Werkzeugbau):
Lebenszyklusorientierte Leistungssysteme im Werkzeugbau. Dissertation der RWTH Aachen. Aachen: Apprimus, 2016.

Lackes, R.; Siepermann, M. (Definition: Dokumente):
Definition: Dokumente. https://wirtschaftslexikon.gabler.de/definition/dokumente-33978/version-257494, Stand: 16.01.2022

Lado, A. A.; Boyd, N. G.; Wright, P. (A Competency-Based Model of Sustainable Competitive Advantage):
Competency-Based Competitive Advantage. Toward a Conceptual Integration. In: Journal of Management. 18. Jg, 1992, Nr. 1, S. 77-91.

Lakatos, I. (Falsifikation und die Methodologie wissenschaftlicher Forschungsprogramme):
Wissenschaftliche Forschungsprogramme. In: Lakatos, I. (Hrsg.) Kritik und Erkenntnisfortschritt. Abhandlungen des Internationalen Kolloquiums über die Philosophie der Wissenschaft. (Reihe: Wissenschaftstheorie, Wissenschaft und Philosophie, Bd. 9). Wiesbaden: Springer Vieweg, 1974, S. 89-189.

Lange, J. de **(Werkzeugbau im iterativen Produktentwicklungsprozess):**
Prozessmodell für den Werkzeugbau im iterativen Produktentwicklungsprozess. Dissertation der RWTH Aachen. Aachen: Apprimus, 2020.

Lasi, H.; Fettke, P.; Kemper, H.-G.; Feld, T.; Hoffmann, M. (Industrie 4.0):
Industrie 4.0. In: Business and Information Systems Engineering the international journal of Wirtschaftsinformatik. 56. Jg, 2014, Nr. 4, S. 261-264.

Laufenberg, L. (Integrierte Projektgestaltung):
Integrierte Projektgestaltung. Methodik zur integrierten Projektgestaltung für die situative Umsetzung des Simultaneous Engineering. Dissertation der RWTH Aachen. Aachen: Shaker, 1996.

Lehner, F.; Wildner, S.; Scholz, M. (Wirtschaftsinformatik):
Wirtschaftsinformatik. Eine Einführung. 2. Aufl. München: Hanser, 2008.

Lemke, C.; Brenner, W.; Kirchner, K. (Einführung in die Wirtschaftsinformatik):
Einführung in die Wirtschaftsinformatik. Band 2: Gestalten des digitalen Zeitalters. Berlin: Springer Gabler, 2017.

Li, S.; Xu, L. D.; Zhao, S. (The Internet of Things: a Survey):
Internet of Things: Survey. In: Inf Syst Front. 17. Jg, 2015, Nr. 2, S. 243-259.

Likert, R. (Measurement of Attitudes):
A technique for the measurement of attitudes. (Reihe: Archives of psychology), 1932.

Linacre, J. M. (Optimizing rating scale category effectiveness):
Optimizing Rating Scale. In: Journal of applied measurement. 3. Jg, 2002, Nr. 1, S. 85-106.

Lindemann, U.; Maurer, M.; Braun, T. (Structural Complexity Management):
Structural Complexity Management. An Approach for the Field of Product Design. Berlin, Heidelberg: Springer Berlin Heidelberg, 2009.

Linden, A.; Fenn, J. (Gartner's Hype Cycles):
Understanding Gartner's Hype Cycles, 2003.

Lipsmeier, A.; Kühn, A.; Joppen, R.; Dumitrescu, R. (Process for the Development of a Digital Strategy):
Development of Digital Strategies. In: Procedia CIRP. 88. Jg, 2020, S. 173-178.

Matt, C.; Hess, T.; Benlian, A. (Digital Transformation Strategies):
Digital Transformation Strategies. In: Business & Information Systems Engineering. 57. Jg, 2015, Nr. 5, S. 339-343.

Mazzone, D. (Digital or Death):
Digital or Death. Digital Transformation - the only Choice for Business to Survive, Smash or Conquer: Smashbox Consulting, 2014.

Meise, V. (Prozessorientierte Organisationsgestaltung):
Ordnungsrahmen zur prozessorientierten Organisationsgestaltung. Modelle für das Management komplexer Reorganisationsprojekte. Dissertation der Universität Münster. Hamburg, 2001.

Menges, G.; Michaeli, W.; Mohren, P. (Spritzgießwerkzeuge):
Spritzgießwerkzeuge - Auslegung, Bau, Anwendung. 6. Aufl. München: Hanser, 2007.

Mertens, P.; Bodendorf, F.; König, W.; Schumann, M.; Hess, T.; Buxmann, P. (Wirtschaftsinformatik):
Grundzüge der Wirtschaftsinformatik. 12., grundl. überarb. Aufl. Berlin: Springer Gabler, 2017.

Merz, S. L. (Vorgehensmodell für die Einführung von Industrie 4.0):
Vorgehensmodell für die Einführung von Industrie 4.0. In: Roth, A. (Hrsg.) Einführung und Umsetzung von Industrie 4.0. Grundlagen, Vorgehensmodell und Use Cases aus der Praxis. Berlin, Heidelberg: Springer Gabler, 2016, S. 83-132.

Merz, S. L.; Siepmann, D. (Industrie 4.0-Anwendungsbeispiel):
Industrie 4.0-Anwendungsbeispiel. Entwicklung einer Industrie 4.0-Strategie am Beispiel eines Unternehmens der Lackmittelindustrie. In: Roth, A. (Hrsg.) Einführung und Umsetzung von Industrie 4.0. Grundlagen, Vorgehensmodell und Use Cases aus der Praxis. Berlin, Heidelberg: Springer Gabler, 2016, S. 111-131.

Michel, S.; Pifko, C. (Marketingkonzept):
Marketingkonzept. Grundlagen mit zahlreichen Beispielen, Repetitionsfragen mit Lösungen und Glossar. (Reihe: Betriebswirtschaftslehre). 4., überarb. Aufl. Zürich: Compendio Bildungsmedien, 2012.

Mintzberg, H.; Ahlstrand, B. W.; Lampel, J. (Strategy Safari):
Strategy Safari. A Guided Tour Through the Wilds of Strategic Management. New York: Free Press, 1998.

Mintzberg, H.; Ahlstrand, B. W.; Lampel, J. (Strategy Bites Back):
Strategy Bites Back. Strategy is far more, and less, than you ever imagined. Harlow: Financial Times Prentice Hall, 2008.

Misra, G.; Kumar, V.; Agarwal, A.; Agarwal, K. (Internet of Things):
IoT - A Technological Analysis. A Technological Analysis and Survey on Vision, Concepts, Challenges, Innovation Directions, Technologies, and Applications (An Upcoming or Future Generation Computer Communication System Technology). In: American Journal of Electrical and Electronics Engineering. 4. Jg, 2016, S. 23-32.

Mohr, T. (Digital Navigator):
Der Digital Navigator. Wiesbaden: Springer Fachmedien Wiesbaden, 2020.

Monostori, L.; Kádár, B.; Bauernhansl, T.; Kondoh, S.; Kumara, S.; Reinhart, G.; Sauer, O.; Schuh, G.; Sihn, W.; Ueda, K. (Cyber-Physical Systems in Manufacturing):
Cyber-Physical Systems in Manufacturing. CIRP Annals, 65(2), 621-641. In: CIRP Annals. 65. Jg, 2016, Nr. 2, S. 621-641.

Müller-Seitz, G.; Beham, F.; Thielen, T. (Die digitale Transformation der Wertschöpfung):
Digitale Transformation der Wertschöpfung. In: Control Manag Rev. 60. Jg, 2016, Nr. 6, S. 24-31.

Müller-Stewens, G.; Lechner, C. (Strategisches Management):
Strategisches Management. Wie strategische Initiativen zum Wandel führen, 2011.

Neuhausen, J. (Modulare Produktionssysteme):
Modulare Produktionssysteme für Unternehmen der Serienproduktion. Methodik zur Gestaltung modularer Produktionssysteme für Unternehmen der Serienproduktion. Dissertation der RWTH Aachen. Aachen, 2001.

Neumann, J. von; **Morgenstern, O. (Theory of Economic Behavior):**
Theory of Games and Economic Behavior. (Reihe: Princeton classic editions). Princeton: Princeton University Press, 1947.

North, K. (Wissensorientierte Unternehmensführung):
Wissensorientierte Unternehmensführung. Wertschöpfung durch Wissen. (Reihe: Lehrbuch). 5., aktual. und erw. Aufl. Wiesbaden: GABLER, 2011.

Nowak, K. (Unternehmensbewertung):
Marktorientierte Unternehmensbewertung. Discounted cash flow, realoption, economic value added und der direct comparison approach. Dissertation der Universtität Mannheim. (Reihe: Gabler-Edition Wissenschaft Rechnungswesen und Unternehmensüberwachung). 1. Aufl. Wiesbaden: Dt. Univ.-Verl., 2000.

Osborn, A. F. (Applied Imagination):
Applied Imagination. Principles and Procedures of Creative Problem-solving: Scribner, 1963.

Osterwalder, A.; Pigneur, Y.; Clark, T. (Business Model Generation):
Business Model Generation. A handbook for visionaries, game changers, and challengers. Hoboken, NJ: Wiley, 2010.

Pande, P. S.; Holpp, L. (Six Sigma):
What is Six Sigma? New York: McGraw-Hill, 2002.

Patzak, G. (Planung komplexer innovativer Systeme):
Systemtechnik - Planung komplexer innovativer Systeme. Grundlagen, Methoden, Techniken. Berlin, Heidelberg: Springer Berlin Heidelberg, 1982.

Paulk, M. C.; Curtis, B.; Chrissis, M. B.; Weber, C. V. (Capability Maturity Model):
Capability Maturity Model. Version 1.1. IEEE Software, 10(4), 18-27. In: IEEE Softw. 10. Jg, 1993, Nr. 4, S. 18-27.

Pfohl, H.-C.; Burak, Y.; Kurnaz, T. (Concept and Diffusion-Factors of Industry 4.0 in the Supply Chain):
Concept and Diffusion-Factors of Industry 4.0. In: Freitag, M.; Kotzab, H.; Pannek, J. (Hrsg.) Dynamics in logistics. Proceedings of the 5th International Conference LDIC, 2016 Bremen, Germany. (Reihe: Lecture notes in logistics). Cham, Switzerland: Springer, 2017, S. 381-390.

Picot, A. (Ein neuer Ansatz zur Gestaltung der Leistungstiefe):
Gestaltung der Leistungstiefe. In: Schmalenbachs Zeitschrift für betriebswirtschaftliche Forschung. 43. Jg, 1991, S. 336-359.

Pitsch, M. (Vernetzung von Werkzeugbaustandorten):
Kompetenzfeldbasierte Vernetzung von Werkzeugbaustandorten. Dissertation der RWTH Aachen. Aachen: Apprimus, 2014.

Popper, R. K. (Die Logik der Sozialwissenschaften):
Logik der Sozialwissenschaften. In: Adorno, T. W.; Dahrendorf, R.; Pilot, H.; Albert, H. Habermas, J.; Popper, R. K. (Hrsg.) Der Positivismusstreit in der deutschen Soziologie. 4. Aufl. Neuwied: Luchterhand, 1975, S. 103-124.

Porter, M. E. (Competitive advantage):
Competitive advantage. Creating and sustaining superior performance; with a new introduction. New York: Free Press, 1998.

Pricewaterhoouse Coopers - PwC (Digitale Transformation):
Digitale Transformation. Der größte Wandel seit der industriellen Revolution: wie gelingt der Sprung in die digitale Ära? Frankfurt am Main: PwC, 2013.

Pümpin, C. (Strategische Erfolgspositionen):
Strategische Erfolgspositionen. Methodik der dynamischen strategischen Unternehmensführung. Bern: Haupt, 1992.

Rabl, M. (Kreativitätstechniken):
Kreativitätstechniken. In: Gaubinger, K.; Werani, T.; Rabl, M. (Hrsg.) Praxisorientiertes Innovations- und Produktmanagement. Grundlagen und Fallstudien aus B-to-B-Märkten. Wiesbaden: Gabler Verlag / Springer Fachmedien Wiesbaden GmbH Wiesbaden, 2009, S. 75-90.

Ritter, T.; Pedersen, C. L. (Digitization Capability and the Digitalization of Business-to-Business Firms):
Digitization Capability. Past, present, and future. In: Industrial Marketing Management. 86. Jg, 2020, S. 180-190.

Rosenstiel, L.; Pieler, D.; Glas, P. (Strategisches Kompetenzmanagement):
Strategisches Kompetenzmanagement. Von der Strategie zur Kompetenzentwicklung in der Praxis. In: Rosenstiel, L.; Pieler, D.; Glas, P. (Hrsg.). Wiesbaden: Gabler Verlag, 2004.

Roth, A. (Industrie 4.0 – Hype oder Revolution):
Industrie 4.0 – Hype oder Revolution. In: Roth, A. (Hrsg.) Einführung und Umsetzung von Industrie 4.0. Grundlagen, Vorgehensmodell und Use Cases aus der Praxis. Berlin, Heidelberg: Springer Gabler, 2016, S. 1-15.

Ruggles, R.; Ruggles, N. D. (National income accounts and income analysis):
National income accounts and income analysis. New York: McGraw-Hill Inc., 2nd revised edition, 1956.

Rumelt, R. P. (Strategy, Structure and Economic Performance):
Strategy, Structure, and Economic Performance. Boston: Div. of Research Grad. School of Business Administration Harvard Univ, 1974.

Salmen, M. (Digital vernetzter Shopfloor im Werkzeugbau):
Gestaltungsmodell für den digital vernetzten Shopfloor im Werkzeugbau. Dissertation der RWTH Aachen. Aachen: Apprimus, 2016.

Schallmo, D. et al. (Digitale Transformation von Geschäftsmodellen):
Digitale Transformation von Geschäftsmodellen. Grundlagen, Instrumente und Best Practices. In: Schallmo, D.; Rusnjak, A.; Anzengruber, J.; Werani, T.; Jünger, M. (Hrsg.). (Reihe: Schwerpunkt). Wiesbaden: Springer Gabler, 2017.

Schallmo, D.; Rusnjak, A. (Roadmap zur Digitalen Transformation von Geschäftsmodellen):
Roadmap digitale Transformation. In: Schallmo, D.; Rusnjak, A.; Anzengruber, J.; Werani, T.; Jünger, M. (Hrsg.) Digitale Transformation von Geschäftsmodellen. Grundlagen, Instrumente und Best Practices. (Reihe: Schwerpunkt). Wiesbaden: Springer Gabler, 2017, S. 1-31.

Schallmo, D.; Williams, C. A.; Boardman, L. (Digital Transformation of Business Models):
Best Practice Digital Transformation. Best Practice, Enablers and Roadmap. In: Int. J. Innov. Mgt. 21. Jg, 2017, Nr. 08, S. 1-17.

Schanz, G. (Wissenstheoretische Grundfragen der Führungsforschung):
Führungsforschung. In: Kieser, A.; Reber, G.; Wunderer, R. (Hrsg.) Handwörterbuch der Führung. (Reihe: Enzyklopädie der Betriebswirtschaftslehre, Bd. Band 10). Stuttgart: C.E. Poeschel Verlag, 1987, S. 2039-2058.

Scheer, W. (Industrie 4.0: Von der Vision zur Implementierung):
Industrie 4.0: Vision und Implementierung. In: Obermaier, R. (Hrsg.) Industrie 4.0 als unternehmerische Gestaltungsaufgabe. Betriebswirtschaftliche, technische und rechtliche Herausforderungen. Wiesbaden: Springer Gabler, 2016, S. 35-52.

Schindler, M.; Magerstedt, S.; Regtmeier, J.; Kaufmann, T.; Sören Bochmann, L.; Gehrke, L.; Gehrke, N.; Mertens, C.; Seiss, O.; Hermann, A.; Longhitano, L.; Paulus, T.; Hauske, M.; Hajizadeh, D.; Kreibich, C.; Meinzer, S.; Augustine, S.; Sarah Geffers, J. (Industrie 4.0):
Use Cases aus Forschung und Praxis. Use Cases aus Forschung und Unternehmenspraxis. In: Roth, A. (Hrsg.) Einführung und Umsetzung von Industrie 4.0. Grundlagen, Vorgehensmodell und Use Cases aus der Praxis. Berlin, Heidelberg: Springer Gabler, 2016, S. 133-246.

Schleyer, C. (Kooperationsmanagement im Werkzeugbau):
Erfolgreiches Kooperationsmanagement im Werkzeugbau. Dissertation der RWTH Aachen. (Reihe: Berichte aus der Produktionstechnik). Aachen: Shaker, 2006.

Schmelzer, H. J.; Sesselmann, W. (Geschäftsprozessmanagement):
Geschäftsprozessmanagement in der Praxis. Kunden zufriedenstellen, Produktivität steigern, Wert erhöhen. 8. Aufl. München: Hanser, 2013.

Schneider, D.; Wisselink, F.; Czarnecki, C. (Nutzen und Rahmenbedingungen informationsgetriebener Geschäftsmodelle des Internets der Dinge):
Informationsgetriebene Geschäftsmodelle des IoT. In: Barton, T.; Müller, C.; Seel, C. (Hrsg.) Digitalisierung in Unternehmen. Von den theoretischen Ansätzen zur praktischen Umsetzung. (Reihe: Angewandte Wirtschaftsinformatik). Wiesbaden: Springer Vieweg, 2018, S. 67-85.

Schreyögg, G.; Geiger, D. (Organisation):
Organisation. Wiesbaden: Springer Fachmedien Wiesbaden, 2016.

Schröder, M. (Kreativitätstechniken):
Kreativitätstechniken, Problemlösung & Ideenfindung. Heureka, ich hab's gefunden! (Reihe: Soft skills). 1. Aufl., 1. korr. Nachdr. Herdecke: W3L-Verl., 2008.

Schuh, G. (Technologiemanagement):
Technologiemanagement. Handbuch Produktion und Management 2. (Reihe: VDI-Buch). 2., vollst. neu bearb. und erw. Aufl. Berlin, Heidelberg: Springer-Verlag Berlin Heidelberg, 2011.

Schuh, G.; Anderl, R.; Dumitrescu, R.; Krüger, A.; Hompel, M. ten **(Industrie 4.0 Maturity Index):**
Industrie 4.0 Maturity Index. Managing the Digital Transformation of Companies. Update 2020. (Reihe: acatech STUDIE), 2020.

Schuh, G.; Boos, W.; Kelzenberg, C.; Lange, J. de; **Stracke, F.; Helbig, J.; Boshof, J.; Ebbecke, C. (Implementierung von Industrie 4.0):**
Industrie 4.0: Implement it! Ein Leitfaden zur erfolgreichen Implementierung von Industrie 4.0-Lösungen. 1. Aufl. Aachen: Werkzeugmaschinenlabor der Rheinisch-Westfälischen Technischen Hochschule Aachen, 2018.

Schuh, G.; Boos, W.; Kuhlmann, K.; Rittstieg, M. (Operative Exzellenz im Werkzeug- und Formenbau):
Operative Exzellenz. In: Schuh, G.; Boos, W.; Kuhlmann, K.; Rittstieg, M. (Hrsg.). Aachen: Apprimus, 2010.

Schuh, G.; Kampker, A. (Strategie und Management produzierender Unternehmen):
Strategie und Management. Handbuch Produktion und Management 1. In: Schuh, G.; Kampker, A. (Hrsg.). (Reihe: VDI-Buch). 2. Aufl. Berlin, Heidelberg: Springer-Verlag Berlin Heidelberg, 2011.

Schuh, G.; Kampker, A.; Stich, V.; Kuhlmann, K. K. (Prozessmanagement):
Prozessmanagement. In: Schuh, G.; Kampker, A. (Hrsg.) Strategie und Management produzierender Unternehmen. Handbuch Produktion und Management 1. (Reihe: VDI-Buch). 2. Aufl. Berlin, Heidelberg: Springer-Verlag Berlin Heidelberg, 2011, S. 327-382.

Schuh, G.; Kelzenberg, C.; Wiese, J.; Kessler, N. (Digitaler Produktionszwilling im industriellen Werkzeugbau):
Digitaler Produktionszwilling im industriellen Werkzeugbau. Optimierung des Change Request Managements mithilfe des digitalen Produktionszwillings im Werkzeugbau. In: wt Werkstattstechnik online. 109. Jg, 2019, Nr. 9, 667-673.

Schuh, G.; Kelzenberg, C.; Wiese, J.; Kessler, N. (Creation of Digital Production Twins for the Optimization of Value Creation in Single and Small Batch Production):
Digital Twins for the Optimization of Value Creation. In: Procedia CIRP. 93. Jg, 2020, S. 222-227.

Schuh, G.; Salmen, M.; Jussen, P.; Riesener, M.; Zeller, V.; Hensen, T.; Begovic, A.; Birkmeier, M.; Hocken, C.; Jordan, F.; Kantelberg, J.; Kelzenberg, C.; Kolz, D.; Maasem, C.; Siegers, J.; Stark, M.; Tönnes, C. (Geschäftsmodell-Innovation):
Geschäftsmodell-Innovation. In: Reinhart, G. (Hrsg.) Handbuch Industrie 4.0. Geschäftsmodelle, Prozesse, Technik. München: Hanser, 2017, S. 3-29.

Schuler GmbH (Handbuch Umformtechnik. Handbuch der Umformtechnik. Berlin: Springer, 1996.

Schwalbach, J.; Oberhammer, C. (Produktionstheorie):
Produktionstheorie. (Reihe: Vahlens Kurzlehrbücher). 2. Aufl. München: Vahlen, 2008.

See, B. von **(Digitale Transformation in Wertschöpfungsnetzwerken):**
Ein Handlungsrahmen für die digitale Transformation in Wertschöpfungsnetzwerken. Dissertation der Technichen Universität Hamburg-Harburg. Hamburg: Universitätsbibliothek der Technischen Universität Hamburg-Harburg, 2019.

Siegwart, H.; Reinecke, S.; Sander, S. (Kennzahlen für die Unternehmensführung):
Kennzahlen für die Unternehmensführung. 7., vollst. überarb. und erg. Aufl. Bern: Haupt, 2010.

Siepmann, D. (Industrie 4.0 – Grundlagen und Gesamtzusammenhang):
Grundlagen Industrie 4.0. In: Roth, A. (Hrsg.) Einführung und Umsetzung von Industrie 4.0. Grundlagen, Vorgehensmodell und Use Cases aus der Praxis. Berlin, Heidelberg: Springer Gabler, 2016, S. 17-34.

Sisinni, E.; Saifullah, A.; Han, S.; Jennehag, U.; Gidlund, M. (Industrial Internet of Things):
Industrial Internet of Things. Challenges, Opportunities, and Directions. IEEE Transactions on Industrial Informatics, 14(11), 4724-4734. In: IEEE Trans. Ind. Inf. 14. Jg, 2018, Nr. 11, S. 4724-4734.

Spennemann, F. (Organisationsstrukturen im Werkzeugbau):
Gestaltung von Organisationsstrukturen im Werkzeugbau. Dissertation der RWTH Aachen. Aachen: Shaker, 2001.

Stachowiak, H. (Allgemeine Modelltheorie):
Allgemeine Modelltheorie. Wien: Springer, 1973.

Stark, R.; Müller, P. (HLB-Entwicklungsmethodik):
Hybride Leistungsbündel. Generischer Entwicklungsprozess, Generierung von Anforderungen und Absicherung hybrider Leistungsbündel. In: Meier, H.; Uhlmann, E. (Hrsg.) Integrierte Industrielle Sach- und Dienstleistungen. Vermarktung, Entwicklung und Erbringung hybrider Leistungsbündel. Berlin, Heidelberg: Springer Berlin Heidelberg, 2012, S. 37-60.

Staudt, E. (Kennzahlensysteme):
Kennzahlen und Kennzahlensysteme. Grundlagen zur Entwicklung und Anwendung. Berlin: Schmidt, 1985.

Steinbuch, P. A. (Prozessorganisation):
Prozessorganisation - Business Reengineering - Beispiel R/3. (Reihe: Moderne Organisation für Praxis und Studium). Ludwigshafen: Kiehl, 1998.

Sunyaev, A. (The Internet of Things):
Internet of Things. In: Sunyaev, A. (Hrsg.) Internet Computing. Principles of Distributed Systems and Emerging Internet-Based Technologies. Cham: Springer International Publishing, 2020, S. 301-337.

Thommen, J.-P.; Achleitner, A.-K.; Gilbert, D. U.; Hachmeister, D.; Kaiser, G. (Betriebswirtschaftslehre):
Allgemeine Betriebswirtschaftslehre. Umfassende Einführung aus managementorientierter Sicht. 8. Aufl. Wiesbaden: Springer Gabler, 2017.

Thommen, J.-P.; Horn, G. A. (Definition: Modell):
Definition Modell, 2018. https://wirtschaftslexikon.gabler.de/definition/modell-39245/version-262658, Stand: 06.11.2021

Tomczak, T. (Forschungsmethoden in der Marketingwissenschaft):
Forschungsmethoden in der Marketingwissenschaft. Ein Plädoyer für den qualitativen Forschungsansatz. In: Marketing ZFP, 1992, Nr. 2, S. 77-87.

Troitzsch, K. G. (Modellbildung und Simulation):
Modellbildung und Simulation in den Sozialwissenschaften. (Reihe: ZUMA-Publikationen). Wiesbaden: VS Verlag für Sozialwissenschaften, 1990.

Ulrich, H. (Produktive soziale Systeme):
Die Unternehmung als produktives soziales System. Grundlagen der allgemeinen Unternehmungslehre. (Reihe: Schriftenreihe Unternehmung und Unternehmungsführung). Bern: Haupt, 1968.

Ulrich, H. (Management):
Management. (Reihe: (Schriftenreihe Unternehmung und Unternehmungsführung, Bd. 13). Bern & Stuttgart: Haupt, 1984.

Ulrich, H.; Krieg, W. (St. Galler Management-Modell):
St. Galler Management-Modell. 3., verb. Aufl. Bern: Paul Haupt, 1974.

Ulrich, P.; Hill, W. (Wissenschaftstheoretische Grundlagen):
Wissenschaftstheoretische Grundlagen. In: WiST Zeitschrift für Ausbildung und Hochschulkontakt. 5. Jg, 1976, Nr. 8, S. 304-309.

VDI (VDI-Richtlinie 2815):
VDI-Richtlinie 2815: Begriffe für die Produktionsplanung und -steuerung. Ausgemusterte und nicht ersetzte Richtlinie, dennoch weiterhin benutzt und in der Branche Werkzeugbau anerkannt. Düsseldorf: VDI, 1978.

VDMA (Präzisionswerkzeuge 2019):
Präzisionswerkzeuge. Statement zur Jahrespressekonferenz des Fachverbandes Präzisionswerkzeuge des VDMA. Frankfurt am Main, 2019.

Voigt, K.-I.; Müller, J. M.; Veile, J. W.; Becker, W.; Stradtmann, M. (Industrie 4.0 – Risiken für kleine und mittlere Unternehmen):
Industrie 4.0 – Risiken für KMU. In: Becker, W.; Eierle, B.; Fliaster, A.; Ivens, B. S.; Leischnig, A.; Pflaum, A.; Sucky, E. (Hrsg.) Geschäftsmodelle in der digitalen Welt. Strategien, Prozesse und Praxiserfahrungen. Wiesbaden, Germany: Springer Gabler, 2019, S. 517-538.

Wagner, I. (Tesla - Statistics & Facts):
Tesla - Statistics & Facts. https://www.statista.com/topics/2086/tesla/, Stand: 28.05.2020

Weber, H. K. (Wertschöpfung):
Wertschöpfungsrechnung. (Reihe: Sammlung Poeschel, Bd. 87). Stuttgart: Poeschel, 1980.

Weber, J.; Wertz, B. (Benchmarking):
Benchmarking Excellence. (Reihe: Advanced Controlling, Bd. 10). 1. Aufl. Weinheim, Bergstr: WILEY-VCH, 1999.

Welge, M. K.; Al-Laham, A. (Strategisches Management):
Strategisches Management. Grundlagen - Prozess - Implementierung. 4., aktualisierte Auflage. Wiesbaden: Gabler Verlag, 2003.

Welge, M. K.; Al-Laham, A.; Eulerich, M. (Strategisches Management):
Strategisches Management. Wiesbaden: Springer Fachmedien Wiesbaden, 2017.

Westekemper, M. (Angebotspreisbildung im Werkzeugbau):
Methodik zur Angebotspreisbildung am Beispiel des Werkzeug- und Formenbaus. Dissertation der RWTH Aachen. Aachen: Shaker, 2002.

Wheelen, T. L.; Hunger, J. D.; Hoffman, A. N.; Bamford, C. E. (Strategic Management):
Strategic Management and Business Policy. Globalization, innovation, and sustainability. Fifteenth edition, global edition. Harlow, England: Pearson, 2018.

Wiendahl, H.-P. (Grundlagen der Fabrikplanung):
Grundlagen der Fabrikplanung. In: Eversheim, W.; Schuh, G. (Hrsg.) Produktion und Management 3. Gestaltung von Produktionssystemen. Berlin, Heidelberg: Springer, 1999.

Wiendahl, H.-P. (Betriebsorganisation):
Betriebsorganisation für Ingenieure. 8. Aufl. München: Hanser, 2014.

Wöhe, G.; Döring, U. (Allgemeine Betriebswirtschaftslehre):
Einführung in die allgemeine Betriebswirtschaftslehre. (Reihe: Vahlens Handbücher der Wirtschafts- und Sozialwissenschaften). 23., vollst. neu bearb. Aufl. München: Vahlen, 2008.

Wübbenhorst, K.; Kamps, U. (Definition: Skalenniveau):
Definition: Skalenniveau, 2018. https://wirtschaftslexikon.gabler.de/definition/skalenniveau-46555/version-269833, Stand: 06.01.2021

Wunderer, R.; Jaritz, A. (Personalcontrolling):
Unternehmerisches Personalcontrolling. Evaluation der Wertschöpfung für das Personalmanagement. (Reihe: Personalwirtschaft). 4. Aufl. Köln: Luchterhand, 2007.

WZL/IPT (Gemeinsame Datenbank zum Werkzeugbau):
Gemeinsame Datenbank des Werkzeugmaschinenlabors WZL der RWTH Aachen und des Fraunhofer-Instituts für Produktionstechnologie IPT. Ausgewertete Datensätze der Jahre 2015 bis 2023.

In der Reihe **Ergebnisse aus der Produktionstechnik** zuletzt erschienen:

Kessler, Niklas:
Transformation zur digital vernetzten Wertschöpfung im Werkzeugbau
ISBN: 978-3-98555- 232-0
Erscheinungsdatum: 02.09.2024

Spierling, Robert:
Abbildung thermo-elastischer Fehler von Fräsmaschinen auf Basis des photoelektrischen Effekts und eines lernenden Modells
ISBN: 978-3-98555-208-5
Erscheinungsdatum: 12.08.2024

Hähnel, Sebastian:
Das variationskraftgeregelte, schwingungsunterstützte Schleifen von gekrümmten Werkzeugstahloberflächen mit gummigebundenen Schleifstiften
ISBN: 978-3-98555-225-2
Erscheinungsdatum: 22.07.2024

Lender, Benjamin:
Datenbasierte Identifikation von Heuristiken für das Entwicklungsmanagement
ISBN: 978-3-98555-219-1
Erscheinungsdatum: 16.07.2024

Löffler, Bernd:
Additiv gefertigte Kunststoffwerkzeuge für das Tiefziehen von Feinblech
ISBN: 978-3-98555-211-5
Erscheinungsdatum: 27.05.2024

Rodemann, Niklas:
Resiliente Produktionsnetzwerke durch datenbasierte Früherkennung
ISBN: 978-3-98555-228-3
Erscheinungsdatum: 12.08.2024

Eckel, Hans-Martin:
Kinematische Analyse von Spindellagern unter statischen und dynamischen Kräften
ISBN: 978-3-98555-226-9
Erscheinungsdatum: 01.08.2024

Kosel, Maximilian:
Prozess- und Maschinenentwicklung für das kontinuierliche, variotherme Heißprägen
ISBN: 978-3-98555-223-8
Erscheinungsdatum: 16.07.2024

Lukas, Gerret:
Gestaltungsmodell zur thermischen Auslegung additiver Prototypenwerkzeuge aus Kunststoff
ISBN: 978-3-98555-209-2
Erscheinungsdatum: 03.06.2024

Dackweiler, Jonas:
Planungseffizienz und -effektivität durch Plattformbasierte Fabrikplanung
ISBN: 978-3-98555-220-7
Erscheinungsdatum: 27.05.2024

Edition Wissenschaft
Apprimus

Schopen, Marco:
Datenbasierte hybride Analyse und Gestaltung von Geschäftsprozessen
ISBN: 978-3-98555-217-7
Erscheinungsdatum: 22.05.2024

Scholzen, Philipp:
Auslegung geräuschoptimierter pulvermetallurgischer Stirnradverzahnungen
ISBN: 978-3-98555-216-0
Erscheinungsdatum: 21.05.2024

Seelbach, Tobias:
Prädiktion der Maßhaltigkeit beim Räumen von Profilnuten
ISBN: 978-3-98555-213-9
Erscheinungsdatum: 21.05.2024

Fiedler, Falko:
Produkt- und prozessseitige Auslegung von bauteilintegrierten Vorrichtungsfunktionen
ISBN: 978-3-98555-206-1
Erscheinungsdatum: 02.04.2024

Theling, Julian:
Auslegung von Planetengetrieben im elastischen Verzahnungsumfeld unter Berücksichtigung der Wechselwirkungen des Mehrfacheingriffes
ISBN: 978-3-98555-205-4
Erscheinungsdatum: 26.03.2024

Hohenstein, Steffen:
Multidirektionaler Aufbau in der additiven Fertigung von Kunststoffen
ISBN: 978-3-98555-203-0
Erscheinungsdatum: 05.03.2024

Schukat, Esben:
Kapazitätsorientierte Auftragsfreigabe in matrixstrukturierten Montagesystemen
ISBN: 978-3-98555-189-9
Erscheinungsdatum: 20.02.2024

Ochel, Janis:
Datengetriebene Strukturierung von NC-Zerspanprozessen
ISBN: 978-3-98555-204-7
Erscheinungsdatum: 14.02.2024

Metzmacher, Amelie Isabel:
Beschäftigungsfähigkeit im produzierenden Sektor – Entwicklung des Predictive Model of Industrial Employability
ISBN: 978-3-98555-201-6
Erscheinungsdatum: 13.02.2024

Schulz, Malena:
Digital Twin Methodology for the Automated Fiber Placement with In-situ Consolidation of Thermoplastic Tape
ISBN: 978-3-98555-195-8
Erscheinungsdatum: 30.01.2024

Olivier, Marcel:
Abtragmechanismen beim drahtfunkenerosiven Bearbeiten elektrisch leitfähiger Keramiken im kohlenwasserstoffbasierten Dielektrikum
ISBN: 978-3-98555-200-9
Erscheinungsdatum: 30.01.2024

Schweins, Julian:
Datengestützte Gestaltung des nachhaltigen Werkzeuglebenszyklus
ISBN: 978-3-98555-197-2
Erscheinungsdatum: 22.01.2024

Edition Wissenschaft
Apprimus

MIX
Papier | Fördert gute Waldnutzung
FSC® C083411

Zeitfracht Medien GmbH
Ferdinand-Jühlke-Straße 7
99095 Erfurt, Deutschland
produktsicherheit@kolibri360.de